罗克韦尔自动化技术丛书

工业控制系统及应用
——PLC 与组态软件

主编 王华忠

机械工业出版社

本书系统地介绍了工业控制系统的组成、结构、发展与应用，对典型的工业控制系统——集散控制系统和监控与数据采集（SCADA）系统进行了概述介绍与对比，以使读者了解工业控制系统的基础知识。系统地介绍了罗克韦尔自动化Micro850可编程控制器软硬件。对可编程序控制器的工作原理、编程语言、应用系统设计技术、网络通信等进行了详细的介绍。对与PLC关联紧密的工控组态软件和终端设备进行了分析和介绍。同时结合案例分析了Micro850PLC在逻辑控制、过程控制与运动控制中的应用。最后详细地阐述了包含工控系统功能安全与信息安全需求的工业控制系统设计、开发与应用技术，并以此为基础剖析了大型城市污水处理厂的工控系统。

本书侧重于工业控制系统核心内容的全面介绍，重点介绍了Micro850PLC软硬件系统及其应用技术。在对工控系统核心知识介绍的基础上，结合工控系统应用案例的介绍来培养读者的工控系统设计、开发和应用能力，具有实用性、新颖性和完整性。

本书可作为自动化、测控技术及仪器、电气工程及其自动化等相关专业大学本科生、研究生的教材，也可作为工控企业、自动化工程公司和相关工程技术人员的参考书。

图书在版编目（CIP）数据

工业控制系统及应用：PLC与组态软件/王华忠主编. —北京：机械工业出版社，2016.3（2023.7重印）
（罗克韦尔自动化技术丛书）
ISBN 978-7-111-53130-2

Ⅰ.①工… Ⅱ.①王… Ⅲ.①plc技术 Ⅳ.①TM571.6

中国版本图书馆CIP数据核字（2016）第038712号

机械工业出版社（北京市百万庄大街22号 邮政编码100037）
策划编辑：林春泉 责任编辑：林春泉
版式设计：霍永明 责任校对：程俊巧 胡艳萍
责任印制：郜 敏
中煤（北京）印务有限公司印刷
2023年7月第1版·第5次印刷
184mm×260mm·23.25印张·573千字
标准书号：ISBN 978-7-111-53130-2
定价：69.00元

凡购本书，如有缺页、倒页、脱页，由本社发行部调换
电话服务 网络服务
服务咨询热线：010-88361066 机 工 官 网：www.cmpbook.com
读者购书热线：010-68326294 机 工 官 博：weibo.com/cmp1952
010-88379203 金 书 网：www.golden-book.com
封面无防伪标均为盗版 教育服务网：www.cmpedu.com

前　　言

工业控制系统在石油、化工、电力、交通、冶金、市政等关键基础设施领域得到了广泛的应用，与企业管理系统构成了现代企业的综合自动化系统。在"工业4.0"及其他形式的信息物理融合系统中，工业控制系统处于最核心的地位。工业控制系种类繁多，应用范围广，产品多样化且更新发展速度加快，造成一些用户对于工控系统有些无所适从，或者从某个行业或领域的应用来片面理解工控系统。近年来，除了传统的功能安全外，工控系统信息安全也成为工控系统相关各方最为关心的问题。本书有针对性地介绍了工业控制系统种类、组成、结构、发展与应用，以使读者能够准确全面地了解工业控制系统基础知识和发展趋势。作为系列教材之一，在介绍工业控制系统一般知识的基础上，本书侧重介绍了罗克韦尔自动化Micro850PLC与组态软件及有关控制系统设计与应用技术。

本书共分7章。其中，第1章是工业控制系统的概述性介绍，包括工业控制系统的组成、分类、发展及其体系结构。介绍了罗克韦尔自动化主要工业控制产品。此外，对安全仪表系统也进行了介绍。第2章对Micro850控制器硬件进行了介绍，包括主机、功能性插件、扩展模块和控制器通信接口，对PowerFlex525变频器也进行介绍。第3章介绍了可编程控制器编程序语言国际标准IEC61131-3。第4章介绍了Micro850指令系统。第5章通过结合大量工程案例对PLC程序设计技术进行了介绍，这是本书的重点章节。第6章介绍了工业人机界面与工控组态软件。第7章介绍了工业控制系统设计与应用技术，重点分析了大型城市污水处理厂工控系统的开发案例。对工控信息安全及其防护技术也进行了介绍。

本书由王忠华主编，孙自强、叶西宁、颜秉勇等老师参加了编写。本书的编写出版得到了教育部卓越工程师培养计划项目的支持，在此表示感谢！罗克韦尔自动化中国大学项目部为本书提供了丰富的素材和技术资料，对于本书的出版给予了大量的帮助，在此表示诚挚的谢意！感谢华东理工大学信息科学与工程学院自动化系何衍庆教授的支持和帮助。在本书的编写过程中还参考了不少书籍和资料，在此也向有关作者表示感谢。

本书是自动化、测仪、电气工程等专业本科生的专业课教材，也可作为工矿企业、科研单位、设计单元工程技术人员的参考书。

为便于教学，凡采用本书作为教材的，作者免费提供电子教案，可在出版社网站下载。

由于时间和编者的水平所限，疏漏在所难免，恳请读者提出批评建议，以便进一步修订完善，编者的E-mail是 hzwang@ ecust. edu. cn。

编　者

目　　录

前言

第1章　工业计算机控制系统 ……… 1

1.1　计算机控制基础 ……………… 1

1.1.1　计算机控制的一般概念 …… 1

1.1.2　计算机控制系统的组成 …… 2

1.2　工业计算机控制系统的分类与
发展 …………………………… 8

1.2.1　工业计算机控制系统的分类 …… 8

1.2.2　控制装置（控制器）的类型 …… 10

1.2.3　工业计算机控制系统的发展 …… 15

1.3　工业控制系统 ………………… 16

1.3.1　集散控制系统 …………… 16

1.3.2　监控与数据采集（SCADA）
系统 …………………… 17

1.3.3　现场总线控制系统 ……… 23

1.3.4　几种控制系统的比较 …… 24

1.4　工业控制系统的体系结构 …… 26

1.4.1　工业控制系统的体系结构
及其发展 ……………… 26

1.4.2　客户机/服务器结构 …… 27

1.4.3　浏览器/服务器结构 …… 27

1.4.4　两种系统结构的比较 …… 28

1.5　可编程序控制器 ……………… 29

1.5.1　可编程序控制器的产生与
发展 …………………… 29

1.5.2　可编程序控制器的工作原理 …… 33

1.5.3　可编程序控制器的功能特点 …… 35

1.5.4　可编程序控制器的应用 … 36

1.5.5　主要可编程序控制器的产品
及其分类 ……………… 37

1.6　罗克韦尔自动化工业控制系统 …… 38

1.6.1　罗克韦尔自动化可编程序控
制器 …………………… 38

1.6.2　可编程自动化控制器 …… 39

1.6.3　可编程安全控制器 ……… 42

1.6.4　PlantPAx 过程自动化系统 …… 42

1.7　安全仪表系统（SIS）……… 46

1.7.1　功能安全及相关概念 …… 46

1.7.2　安全仪表系统 …………… 48

1.7.3　安全生命周期 …………… 55

1.7.4　安全仪表产品类型 ……… 56

复习思考题 ………………………… 58

第2章　Micro850 控制器硬件 …… 59

2.1　Micro850 控制器硬件特性 …… 59

2.1.1　Micro800 系列控制器概述 …… 59

2.1.2　Micro850 控制器硬件特性 …… 63

2.2　Micro850 控制器功能性插件及其
组态 …………………………… 68

2.2.1　Micro800 功能性插件模块 …… 68

2.2.2　功能性插件组态 ………… 72

2.2.3　功能性插件错误处理 …… 74

2.3　Micro850 控制器扩展模块及其
组态 …………………………… 75

2.3.1　Micro800 扩展模块 ……… 75

2.3.2　Micro800 扩展模块组态 … 80

2.3.3　扩展 I/O 数据映射 ……… 83

2.3.4　功能性插件模块与扩展模块
的比较 ………………… 87

2.4　Micro800 系列控制器的网络通信 …… 87

2.4.1　NetLinx 网络架构及 CIP … 87

2.4.2　Micro800 控制器的网络结构 …… 92

2.4.3　Micro800 控制器通信组态 …… 96

2.5　PowerFlex 525 交流变频器 …… 99

2.5.1　PowerFlex 525 变频器特性 …… 99

2.5.2　PowerFlex 525 变频器的硬件
接线 …………………… 100

2.5.3　PowerFlex 525 集成式键盘操作 …… 102

复习思考题 ………………………… 106

**第3章　可编程序控制器编程语言及
IEC 61131-3 编程语言** ……… 107

3.1　IEC61131-3 编程语言标准的产
生与特点 ……………………… 107

3.1.1　传统的 PLC 编程语言的不足 …… 107

3.1.2　IEC 61131-3 编程语言标准

的产生 …………………… 108
  3.1.3 IEC 61131-3 编程语言标准
    的特点 …………………… 110
 3.2 IEC 61131-3 编程语言的基本
  内容 ………………………… 112
  3.2.1 语言元素 ……………… 112
  3.2.2 数据类型 ……………… 118
  3.2.3 变量 …………………… 123
 3.3 程序组织单元 ………………… 128
  3.3.1 程序组织单元及其组成 … 128
  3.3.2 功能 …………………… 130
  3.3.3 功能块 ………………… 131
  3.3.4 程序 …………………… 133
 3.4 软件、通信和功能模型 ……… 134
  3.4.1 软件模型 ……………… 134
  3.4.2 通信模型 ……………… 137
 复习思考题 ……………………… 138

第 4 章　Micro850 指令系统 …………… 140
 4.1 Micro850 控制器的内存组织 … 140
  4.1.1 数据文件 ……………… 140
  4.1.2 程序文件 ……………… 141
 4.2 Micro850 控制器的梯形图指令 … 142
  4.2.1 梯形图指令元素 ……… 142
  4.2.2 梯形图执行控制指令 … 146
 4.3 Micro850 控制器的功能块指令 … 147
 4.4 Micro850 控制器的功能指令 … 172
  4.4.1 主要的功能指令 ……… 172
  4.4.2 Micro850 控制器运算符功能
    指令 …………………… 182
 4.5 高速计数器（HSC）功能块指令 … 185
  4.5.1 HSC 功能块 …………… 185
  4.5.2 HSC 状态设置 ………… 190
  4.5.3 HSC 的应用 …………… 191
 4.6 用户中断指令 ………………… 192
 复习思考题 ……………………… 195

**第 5 章　Micro850PLC 程序设计
   技术** ………………………… 196
 5.1 Micro850 CCW（一体化编程组
  态软件）及其使用 …………… 196
  5.1.1 Micro850 CCW（一体化
    编程组态软件） ……… 196
  5.1.2 创建工程 ……………… 198

  5.1.3 工程下载与调试 ……… 205
 5.2 Micro850 编程语言 …………… 208
  5.2.1 IEC 61131-3 编程语言标准
    编程语言 ……………… 208
  5.2.2 梯形图编程语言 ……… 209
  5.2.3 结构化文本语言 ……… 212
  5.2.4 功能块图 ……………… 213
  5.2.5 顺序功能图 …………… 215
  5.2.6 指令表语言 …………… 221
 5.3 Micro850 程序设计技术 ……… 222
  5.3.1 Micro800 的程序执行 … 222
  5.3.2 典型环节编程 ………… 225
  5.3.3 功能块的创建与使用 … 234
  5.3.4 经验设计法编程技术 … 239
  5.3.5 时间顺序逻辑程序设计方法 … 243
  5.3.6 逻辑顺序程序设计方法 … 246
  5.3.7 Micro800 中断程序 …… 250
  5.3.8 PanelView 2711C 触摸屏
    编程 …………………… 252
 5.4 Micro850 逻辑控制程序设计 … 258
  5.4.1 交通灯自定义功能块的创建 … 258
  5.4.2 交通灯控制主程序的开发 … 260
 5.5 Micro850 过程控制程序设计 … 263
  5.5.1 Micro850IPID 功能块 … 263
  5.5.2 IPID 功能块应用示例 … 266
 5.6 Micro850 运动控制程序设计 … 270
  5.6.1 丝杆被控对象及其控制要求 … 270
  5.6.2 控制系统结构与设备配置 … 270
  5.6.3 丝杆运动控制 PLC 程序
    设计 …………………… 275
  5.6.4 丝杆控制人机界面设计 … 277
 复习思考题 ……………………… 280

**第 6 章　工业人机界面与工控组态
   软件** ………………………… 283
 6.1 工业人机界面 ………………… 283
 6.2 组态软件概述 ………………… 284
  6.2.1 组态软件的产生及发生 … 284
  6.2.2 组态软件的功能需求 … 286
 6.3 组态软件系统构成与技术特色 … 287
  6.3.1 组态软件的总体结构及相
    似性 …………………… 287
  6.3.2 组态软件的功能部件 … 288
  6.3.3 组态软件的技术特色 … 295

6.3.4　组态软件的发展趋势 ………… 296
6.4　嵌入式组态软件 …………………… 298
　6.4.1　嵌入式组态软件的产生 ……… 298
　6.4.2　嵌入式组态软件的功能与
　　　　　特点 ……………………………… 298
　6.4.3　嵌入式组态软件的构成 ……… 299
6.5　罗克韦尔 FactoryTalk View Studio
　　　组态软件 ……………………………… 300
　6.5.1　FactoryTalk View Studio 的特点 …… 300
　6.5.2　FactoryTalk View Studio 组件 …… 301
　6.5.3　FactoryTalk View SE 应用程序 … 304
6.6　罗克韦尔 PanelView Plus 6 HMI
　　　终端 ……………………………………… 307
　6.6.1　PanelView Plus 6 终端概述 … 307
　6.6.2　PanelView Plus 6 终端配置与
　　　　　使用 ……………………………… 311
6.7　用组态软件开发工控系统上位机的
　　　人机界面 …………………………… 315
　6.7.1　组态软件的选型 ……………… 315
　6.7.2　用组态软件设计工控系统人
　　　　　机界面 ………………………… 317
　6.7.3　数据报表开发 ………………… 320
　6.7.4　人机界面的调试 ……………… 320
复习思考题 ……………………………………… 321

第 7 章　工业控制系统的设计与
　　　　　应用 ……………………………… 322
7.1　工业控制系统的设计原则 ………… 322
　7.1.1　工业控制系统的设计概述 …… 322
　7.1.2　工业控制系统的设计原则 …… 322
7.2　工业控制系统的设计与开发步骤 … 324

7.2.1　工业控制系统的需求分析与
　　　　　总体设计 …………………………… 324
7.2.2　工业控制系统的类型确定与
　　　　　设备选型 …………………………… 327
7.2.3　工业控制系统应用软件的
　　　　　开发 ………………………………… 329
7.3　工业控制系统的安全设计 ………… 330
　7.3.1　工业控制系统的安全性概述 … 330
　7.3.2　安全仪表系统的设计 ………… 332
　7.3.3　工控系统信息安全防护技术 … 334
7.4　工业控制系统的调试与运行 ……… 337
　7.4.1　离线仿真调试 ………………… 338
　7.4.2　在线调试和运行 ……………… 339
7.5　工业控制系统的电源、接地、防
　　　雷和抗干扰设计 …………………… 339
　7.5.1　电源系统的设计 ……………… 339
　7.5.2　接地系统的设计和防雷设计 … 340
　7.5.3　抗干扰设计 …………………… 342
　7.5.4　环境适应性设计技术 ………… 345
7.6　大型污水处理厂工业控制系统 …… 346
　7.6.1　污水处理工艺 ………………… 346
　7.6.2　污水处理厂工控系统的总
　　　　　体设计 ………………………… 347
　7.6.3　现场控制站控制功能的
　　　　　设计 ………………………………… 351
　7.6.4　污水处理工控系统的程序
　　　　　设计 ………………………………… 353
　7.6.5　系统调试与运行 ……………… 360
复习思考题 ……………………………………… 362

参考文献 …………………………………………… 363

第 1 章　工业计算机控制系统

1.1　计算机控制基础

1.1.1　计算机控制的一般概念

计算机控制是关于计算机技术如何应用于工业、农业等生产和生活领域，提高其自动化程度的一门综合性学问。随着不断有新的应用领域出现，计算机控制的应用范围也在不断扩大。由于现代工业在人类文明进程中的巨大作用，因此计算机控制技术与工业生产相结合而产生的工业自动化是计算机控制最重要的一个应用领域。除了工业自动化，还有我们熟悉的商业自动化、办公自动化等。工业自动化系统与用于科学计算、一般数据处理等领域的计算机系统有较多的不同，其最大的不同之处在于计算机控制的对象是具体物理过程，因此会对物理过程产生影响和作用。计算机控制的好坏直接关系到被控物理过程的稳定性、设备和人员的安全等。按照目前最新的技术术语，工业自动化系统属于信息-物理融合系统（Cyber Physical System，CPS）。该术语更加明确地表明了工业自动化系统的本质特征。

工业自动化技术本身经历了一个发展过程，只是当计算机技术与自动化技术紧密结合后，工业自动化技术才经历了革命性的发展。现有的工业自动化技术是在常规仪表控制系统的基础上发展起来的。由于工业生产行业众多，因而存在化工过程自动化、农业自动化、矿山自动化、纺织自动化、冶金自动化、机械自动化等面向不同行业的自动化系统，但它们在本质上是有相似性的。现以液位控制系统为例，加以说明。液位控制系统是一个基本的常规控制系统，其结构组成如图 1-1 所示。系统中的测量变送环节对被控对象进行检测，把被控量（如温度、压力、流量、液位、转速、位移等物理量）转换成电信号（电流或电压）再反馈到控制器中。控制器将此测量值与给定值进行比较，并按照一定的控制规律产生相应的控制信号驱动执行

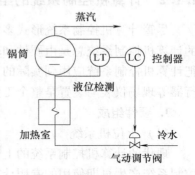

图 1-1　锅炉液位控制

器工作，使被控量跟踪给定值，抑制干扰，从而实现自动控制的目的，其控制原理框图如图 1-2 所示。把图 1-2 中的控制器用计算机及其输入/输出通道（计算机控制装置）来代替，就构成了一个典型的计算机控制系统，其结构如图 1-3 所示。

这里，计算机采用的是数字信号传递，而一次仪表多采用模拟信号。因此，系统中需要有将模拟信号转换为数字信号的模-数（A-D）转换器和将数字信号转换为模拟信号的数-模（D-A）转换器。图 1-3 中的 A-D 转换器与 D-A 转换器就表征了计算机控制系统中这种典型的输入/输出通道。

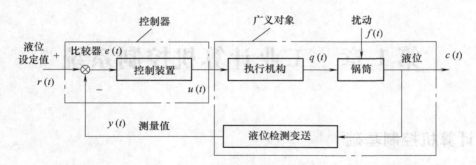

图 1-2　锅炉液位控制系统框图

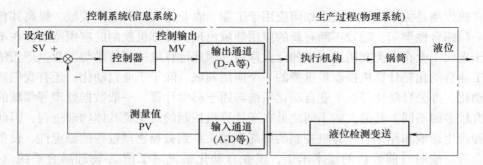

图 1-3　锅炉液位计算机控制系统原理图

1.1.2　计算机控制系统的组成

尽管计算机控制系统形式多样，设备种类千差万别，形状、大小各不相同，但一个完整的计算机控制系统总是由硬件和软件两大部分组成。当然还包括机柜、操作台等辅助设备。把计算机控制系统应用到实际的工业生产过程控制中，就构成了工业控制系统。传感器和执行器等现场仪表与装置是整个工业控制系统的重要组成部分，本书就不做介绍了。

1. 硬件组成

（1）上位机系统

现代的计算机控制系统的上位机多数采用服务器、工作站或 PC 兼容计算机。在计算机控制系统产生早期使用的专用计算机已经不再采用。这些计算机的配置随着 IT 技术的发展而不断发展，硬件配置不断增强。目前，美国 DeltaV 集散系统、日本横河电机 Centum 集散系统、美国霍尼韦尔 PKS 等集散控制系统的上位机系统（服务器、工程师站、操作员站）都建议配置 DELL 的工作站或服务器。

不同厂家的计算机控制系统在上位机层次的硬件配置上已经几乎没有差别，且多数都是通用系统。读者对于通用计算机系统的组成及其原理较为熟悉，这里就不详细介绍了。

（2）现场控制站/控制器

现场控制站虽然实现的功能比较接近，但却是不同类型的工业控制系统差别最大之处，现场控制站的差别也决定了相关的 I/O 及通信等存在的差异。现场控制站硬件一般由中央处理单元（CPU 模块）、输入/输出接口模块、通信模块、机架、扩展插槽和电源等模块组成，如图1-4所示。

对于像 DCS 这样用于大型工业生产过程的控制器，通常还会采取冗余措施。这些冗余包括 CPU 模块冗余、电源模块冗余、通信模块冗余及 I/O 模块冗余等。

1）中央处理单元　中央处理单元（CPU 模块）是现场控制站的控制中枢与核心部件，其性能决定了现场控制器的性能，每套现场控制站至少有一个 CPU 模块。和我们所见的通用计算机上的 CPU 不同，现场控制站的中央处理单元不仅包括 CPU 芯片，还包括总线接口、存储器接口及有关控制电路。控制器上通常还带有通信接口，典型的通信接口包括 USB、串行接口（RS-232、RS-485 等）及以太网。这些接口主要是用于编程或与其他控制器、上位机通信。

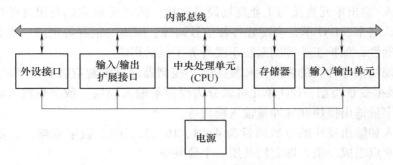

图1-4　现场控制站的组成

CPU 模块是现场控制站的控制与信号处理中枢，主要用于实现逻辑运算、数字运算、响应外设请求，还协调控制系统内部各部分的工作，执行系统程序和用户程序。控制器的工作方式与控制器的类型和厂家有关。如对于可编程序控制器，就采用扫描方式工作，每个扫描周期用扫描的方式采集由过程输入通道送来的状态或数据，并存入规定的寄存器中，再执行用户程序扫描，同时，诊断电源和 PLC 内部电路的工作状态，并给出故障显示和报警（设置相应的内部寄存器参数数值）。CPU 速度和内存容量是 PLC 最重要的参数，它们决定着 PLC 的工作速度，I/O 数量、软元件容量及用户程序容量等。

控制器中的 CPU 多采用通用的微处理器，也有采用 ARM 系列处理器或单片机。如施耐德电气的 Quantum 系列、通用电气 Rx7i、3i 系列 PLC 就采用 Intel Pentium 系列的 CPU 芯片。三菱电机 FX$_2$ 系列可编程序控制器使用的微处理器是 16 位的 8096 单片机。通常情况下，即使最新一代的 CPU 模块，PLC 采用的 CPU 芯片至少也要落后通用计算机芯片一代，即使这样，这些 CPU 对于处理任务相对简单的控制程序来说已足够了。

与一般的计算机系统不同，现场控制站的 CPU 模块通常都带有存储器，其作用是存放系统程序、用户程序、逻辑变量和其他一些运行信息。控制器中的存储器主要有只读存储器 ROM 和随机存储器 RAM。ROM 存放控制器制造厂家写入的系统程序，并永远驻留在 ROM 中，控制器掉电后再上电，ROM 内容不变。RAM 为可读写的存储器，读出时其内容不被破坏，写入时，新写入的内容覆盖原有的内容。控制器中配备有掉电保护电路，当掉电后，锂电池为 RAM 供电，以防止掉电后重要信息的丢失。一般的控制器新买来的时候，锂电池的插头是断开的，用户如果要使用，需要把插头插上。除此之外，控制器还有 EPROM、EEP-ROM 存储器。通常调试完成后不需要修改的程序可以放在 EPROM 或 EEPROM 中。

控制器产品样本或使用说明书中给出的存储器容量一般是指用户存储器。存储器容量是控制器的一个重要性能指标。存储器容量大，可以存储更多的用户指令，能够实现对复杂过程的控制。

除了 CPU 自带的存储器，为了保存用户程序和数据，目前不少 PLC 还采用 SD 卡等外部存储介质。

2）输入/输出接口单元（I/O）　输入/输出接口单元是控制器与工业过程现场设备之间的连接部件，是控制器的 CPU 单元接受外界输入信号和输出控制指令的必经通道。输入单元和各种传感器、电气元件触点等连接，把工业现场的各种测量信息送入到控制器中。输出单元与各种执行设备连接，应用程序的执行结果改变执行设备的状态，从而对被控过程施加调节作用。输入/输出单元直接与工业现场设备连接，因此要求它们有很好的信号适应能力和抗干扰能力。通常，I/O 单元会配置各种信号调理、隔离、锁存等电路，以确保信号采集的可靠性、准确性，保护工业控制系统不受外界干扰的影响。

由于工业现场信号种类的多样性和复杂性，控制器通常配置有各种类型的输入/输出单元（模块）。根据变量类型，I/O 单元可以分为模拟量输入模块、数字量输入模块、模拟量输出模块、数字量输出模块和脉冲量输入模块等。

数字量输入和输出模块的点数通常为 4、8、16、32、64。数字量输入、输出模块会把若干个点，如 8 点组成一组，即它们共用一个公共端。

模拟量输入和输出模块的点数通常为 2、4、8 等。有些模拟量输入支持单端输入与差动输入两种方式，对于一个差动输入为 8 路的模块，设置为单端输入时，可以接入 16 路模拟量信号。对于模拟量采样要求高的场合，有些模块具有通道隔离功能。

用户可以根据控制系统信号的类型和数量，并考虑一定 I/O 冗余量的情况下，来合理选择不同点数的模块组合，从而节约成本。

A. 数字量输入模块　通常可以按电压水平对数字量模块分类，主要有直流输入单元和交流输入单元。直流输入单元的工作电源主要有 24V 及 TTL 电平。交流输入模块的工作电源为 220V 或 110V，一般当现场节点与 I/O 端子距离远时采用。一般来说，如果现场的信号采集点与数字量输入模块的端子之间距离较近，就可以用 24V 直流输入模块。根据作者的工程经验，如果电缆走线干扰少，120m 之内完全可以用直流模块。数字量输入模块多采用光耦合电路，以提高系统的抗干扰能力。

在工业现场，特别是在过程工业中，对于数字输入信号，会采用中间继电器隔离，即数字量输入模块的信号都是从继电器的触点来。对于继电器输出模块，该输出信号都是通过中间继电器隔离和放大，才和外部电气设备连接。因而，在各种工业控制系统中，直流输入/输出模块广泛使用，交流输入/输出模块使用较少。

B. 数字量输出模块　按照现场执行机构使用的电源类型，可以把数字量输出模块分为直流输出（继电器和晶体管）和交流输出（继电器和晶闸管）。

继电器输出型模块有许多优点，如导通压降小，有隔离作用，价格相对较便宜，承受瞬时过电压和过电流的能力较强等。但其不能用于频繁通断的场合。对于频繁通断的感性负载，应选择晶体管或晶闸管输出类型。

开关量输出模块在使用时，一定要考虑每个输出点的容量（额定电压和电流）、输出负载类型等。如在温控中，若采用固态继电器，则一定要配晶体管输出模块。

C. 模拟量输入模块　模拟量信号是一种连续变化的物理量，如电流、电压、温度、压力、位移、速度等。在工业控制中，要对这些模拟量进行采集并送给控制器的 CPU 处理，必须先对这些模拟量进行模-数（A-D）转换。模拟量输入模块就是用来将模拟信号转换成控制器所能接收的数字信号的。生产过程的模拟信号是多种多样的，类型和参数大小也不相同，因此一般在现场先用变送器把它们变换成统一的标准信号（如 4~20mA 的直流电流信号），然后再送入模拟量输入模块将模拟量信号转换成数字量信号，以便控制器进行处理。模拟量输入模块一般由滤波、模-数（A-D）转换、光耦合器等部分组成。光耦合器有效防止了电磁干扰。对多通道的模拟量输入单元，通常设置多路转换开关进行通道的切换，且在输出端设置信号寄存器。

此外，由于工业现场大量使用热电偶、热电阻测温，因此控制设备厂家都生产相应的模块。热电偶模块具有冷端补偿电路，以消除冷端温度变化带来的测量误差。热电阻的接线方式有二线、三线和四线 3 种。通过合理的接线方式，可以减弱连接导线电阻变化的影响，提高测量精度。

选择模拟量输入模块时，除了要明确信号类型外，还要注意模块（通道）的精度、转换时间等是否满足实际数据采集系统的要求。

传感器/测量仪表有二线制和四线制之分，因而这些仪表与模拟量模块连接时，要注意仪表类型是否与模块匹配。通常，PLC 中的模拟量模块同时支持二线制或四线制仪表。信号类型可以是电流信号，也可以是电压信号（有些产品要进行软硬件设置，接线方式会有不同）。对于采用二线制接法的，通常仪表的工作电源由模块供电。DCS 的模拟量输入模块对于信号的限制要大。例如，某些型号模拟量输入只支持二线制仪表，即必须由该模块的端子为现场仪表供电，外部不能再接 24V 直流电源。而如果使用了四线制仪表，则必须选配支持四线制的模拟量输入模块。

D. 模拟量输出模块　现场的执行器，如电动调节阀、气动调节阀等都需要模拟量来控制，所以模拟量输出通道的任务就是将计算机计算的数字量转换为可以推动执行器动作的模拟量。模拟量输出模块一般由光耦合器、数-模（D-A）转换器和信号驱动等环节组成。

模拟量输出模块输出的模拟量可以是电压信号，也可以是电流传号。电压或电流信号的输出范围通常可调整，如电流输出，可以设置为 0~20mA 或 4~20mA。不同厂家的设置方式不同，有些需要通过硬件进行设置，有些需要通过软件设置，而且电压输出或电流输出时，外部接线也不同，这需要特别注意。通常，模拟量输出模块的输出端要外接 24V 直流电源，以提高驱动外部执行器的能力。

3）通信接口模块　通信接口模块包括与上位机通信接口及与现场总线设备通信接口两类。这些接口模块有些可以集成到 CPU 模块上，有些是独立的模块。如横河电机 Centum VP 等型号 DCS 的 CPU 模块上配置有两个以太网接口。对于 PLC 系统，CPU 模块上通常还会配置有串行通信接口。这些接口通常能满足控制站编程及上位机通信的需求。但由于用户的需求不同，因此各个厂家，特别是 PLC 厂家，都会配置独立的以太网等通信模块。

对于现场控制站来说，由于目前广泛采用现场总线技术，因此现场控制站还支持各种类型的总线接口通信模块，典型的包括 FF、Profibus-DP、ControlNet 等。由于不同厂家通常支持不同的现场总线，因此总线模块的类型还与厂商或型号有关。如 A-B 公司就有 DeviceNet 和 ControlNet 模块，三菱电机有 CC-Link 模块，ABB 有 ARCNET 网络接口和 CANopen 接口模块等。

由于在大的工厂，通常除了 DCS，还存在多种类型的 PLC（这些控制系统通常随设备一起供货），为了全厂监控，要求 DCS 能与 PLC 通信，所以一般 DCS 上还会配置 Modbus 通信模块。

4）智能模块与特殊功能模块 所谓智能模块就是由控制器制造商提供的一些满足复杂应用要求的功能模块。这里的智能表明该模块具有独立的 CPU 和存储单元，如专用温度控制模块或 PID 控制模块，它们可以检测现场信号，并根据用户的预先组态进行工作，把运行结果输出给现场执行设备。

特殊功能模块还有用于条形码识别的 ASCII/BASIC 模板，用于运行控制、机械加工的高速计数模板、单轴位置控制模板、双轴位置控制模板、凸轮定位器模板和称重模块等。

这些智能与特殊模块的使用，不仅可以有效地降低控制器处理特殊任务的负荷，也增强了对特殊任务的响应速度和执行能力，从而提高了现场控制站的整体性能。

5）电源 所有的现场控制站都要独立可靠的供电。现场控制站的电源包括给控制站设备本身供电的电源及控制站 I/O 模块的供电电源两种。除了一体化的 PLC 等设备，一般的现场控制站都有独立的电源模块，这些电源模块为 CPU 等模块供电。有些产品需要为模块单独供电，有些只需要为电源模块供电，电源模块通过总线为 CPU 及其他模块供电。一般的 I/O 模块连接外部设备时都要再单独供电。

电源类型有交流电源（AC220V 或 AC110V）或直流电源（常用为 DC24V）。虽然有些电源模块可以为外部电路提供一定功率的 24V 的工作电源，但一般不建议这样用。

6）底板、机架或框架 从结构上分，现场控制站可分为固定式和组合式（模块式）两种。固定式控制站包括 CPU、I/O、显示面板、内存块、电源等，这些元素组合成一个不可拆卸的整体。模块式控制站包括 CPU 模块、I/O 模块、电源模块、通信模块、底板或机架，这些模块可以按照一定规则组合配置。虽然不同产品的底板或机架形式不同，甚至叫法不一样，但它们的功能是基本相同的。不同厂家对模块在底板的安装顺序有不同的要求，如电源模块与 CPU 模块的位置通常是固定的，CPU 模块通常不能放在扩展机架上等。

在底板上通常还有用于本地扩展的接口，即扩展底板通过接口与主底板通信，从而确保现场控制器可以安装足够多的各种模块，具有较好的扩展性，适应系统规模从小到大的各种应用需求。

2. 软件组成

（1）上位机系统软件

上位机系统的软件包括服务器、工作站上的系统软件和各种应用软件。早期除了部分 DCS 采用 UNIX 等作为操作系统，目前普遍采用 Windows 操作系统。

上位机系统等应用软件包括各种人机界面、控制器组态软件、通信配置软件、实时和历史数据库软件和其他高级应用软件（如资产管理等）。通常 DCS 只要安装产家提供的软件包就可以了，而 SCADA 等系统要根据系统功能要求配置相应的应用软件包。

（2）现场控制站软件

现场控制站的软件包括 CPU 模块中的操作系统和用户编写的应用程序。由于现场控制站开放性较差，厂商只提供编程软件作为开发平台，对于其操作系统等细节厂家从不告知，因此用户对于其操作系统知识甚少。由于现场控制站要进行实时控制，且硬件资源有限，因此其操作系统一般是支持多任务的嵌入式实时操作系统。这些操作系统的主要特点是将应用系统中的各种功能划成若干任务，并按其重要性赋予不同的优先级，各任务的运行进程及相互间的信息交换由实时多任务操作系统调度和协调。

施耐德电气的 Quantum 系列和罗克韦尔自动化公司的 ControlLogix 系列 PLC 的操作系统采用 VxWorks。VxWorks 操作系统是美国 WindRiver 公司于 1983 年设计开发的一种嵌入式实时操作系统。早在 Windows 风行之前，VxWorks 及 QNX 等就已是十分出色的实时多任务操作系统。VxWorks 具有可靠性高、实时性强、可裁减性等特点。并以其良好的持续发展能力、高性能的内核以及友好的用户开发环境，在嵌入式实时操作系统领域占据一席之地。在通信、军事、航空、航天等高精尖技术及实时性要求极高的领域广泛应用。美国的 F-16 和FA-18 战斗机、B-2 隐形轰炸机和爱国者导弹甚至火星探测器上也使用了 VxWorks。

以可编程自动化控制器 PAC 为代表的现场控制站以开放性为其特色之一，因而多采用Windows CE 作为操作系统。大量的消费类电子产品和智能终端设备也选用 Windows CE 作操作系统。此外，不少厂家对 Linux 进行裁剪，作为其开发的控制器的操作系统。

控制站上的应用软件是控制系统设计开发人员针对具体的应用系统要求而设计开发的。通常，控制器厂商会提供软件包以便于技术人员开发针对具体控制器的应用程序。目前，这类软件包主要基于 IEC61131-3 标准。有些厂商软件包支持该标准中的所有编程语言及规范，有些是部分支持。该软件包通常是一个集成环境，提供了系统配置、项目创建与管理、应用程序编辑、在线和离线调试、应用程序仿真、诊断及系统维护等功能。

为了便于应用程序开发，软件包提供了大量指令给用户调用，主要包括以下类别：

1）运算指令：包括各种逻辑与算术运算。

2）数据处理指令：包括传送、移位、字节交换、循环移位等。

3）转换指令：包括数据类型转换、码类型转换以及数据和码之间的类型转换。

4）程序控制指令：循环、结束、顺序、跳转、子程序调用等。

5）其他特殊指令

除了上述指令，编程系统还提供了大量的功能块或程序，主要包括：

1）通信功能块：包括以太网通信、串行通信及现场总线通信等功能块。

2）控制功能块：包括 PID 及其变种等各种功能块。

3）其他功能块：包括 I/O 处理、时钟、故障信息读取、系统信息读写等。

此外，用户还可以自定义各种功能块，以满足行业应用的需要，同时增加软件的可重用性，也有利于知识产权的保护。

3. 辅助设备

计算机控制系统除了上述硬件和软件外，还有机柜、操作台等辅助设备。机柜主要用于安装现场控制器、I/O 端子、隔离单元、电源等设备。而操作台主要用于操作和管理用。操作台一般由显示器、键盘、开关、按钮和指示灯等构成。操作员通过操作台可以了解与控制整个系统的运行状态，而且在紧急情况下，可以实施紧急停车等操作，确保安全生产。

现代计算机控制系统还会配置有视频监控系统，有些监控设备也会安装在操作台上或通过中控室的大屏幕显示，以加强对重要设备与生产过程的监控，进一步提高生产运行和管理水平。由于视频监控系统与工业生产控制的关联度较小，在实践中，视频监控系统的设计、部署和维护都是独立于工控系统的。

1.2　工业计算机控制系统的分类与发展

1.2.1　工业计算机控制系统的分类

1. 数据采集系统（DAS）

数据采集系统（Data Acquisition System，DAS）是计算机应用于生产过程控制最早、也
是最基本的一种类型，其原理如图 1-5 所示。生产
过程中的大量参数经仪表发送和 A-D 通道或 DI 通
道巡回采集后送入计算机，由计算机对这些数据进
行分析和处理，并按操作要求进行屏幕显示、制表
打印和越限报警等。该系统可以代替大量的常规显
示、记录和报警仪表，对整个生产过程进行集中监
视。因此，该系统对于指导生产以及建立或改善生
产过程的数学模型是有重要作用的。

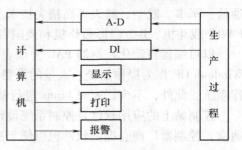

图 1-5　数据采集系统原理图

2. 操作指导控制（OGC）系统

操作指导控制（Operation Guide Control，
OGC）系统是基于数据采集系统的一种开环系统，
如图 1-6 所示。计算机根据采集到的数据以及工艺
要求进行最优化计算，计算出的最优操作条件，并
不直接输出以控制生产过程，而是显示或打印出
来，操作人员据此去改变各个控制器的给定值或操
作执行器输出，从而起到操作指导的作用。显然，
这属于计算机离线最优控制的一种形式。操作指导
控制系统的优点是结构简单，控制灵活和安全。缺
点是要由人工操作，速度受到限制，不能同时控制
多个回路。因此，常常用于计算机控制系统操作的
初级阶段，或用于试验新的数学模型、调试新的控制程序等场合。

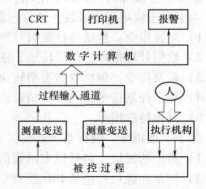

图 1-6　操作指导控制系统原理图

3. 直接数字控制（DDC）系统

直接数字控制（Direct Digital Control，DDC）系统是用一台计算机不仅完成对多个被控
参数的数据采集，而且能按一定的控制规
律进行实时决策，并通过过程输出通道发
出控制信号，实现对生产过程的闭环控制，
如图 1-7 所示。为了操作方便，DDC 系统还
配置一个包括给定、显示、报警等功能的
操作控制台。

DDC 系统中的一台计算机不仅完全取
代了多个模拟调节器，而且在各个回路的

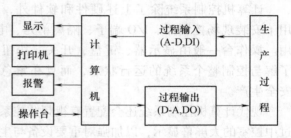

图 1-7　直接数字控制系统原理图

控制方案上，不改变硬件只通过改变程序就能有效地实现各种各样的复杂控制，因此 DDC 控制方式在理论上有其合理性和优越性。但是，由于这种控制方式属于集中控制与管理，因此风险的集中会对安全生产带来威胁，特别是早期的计算机可靠性较差，因而这种控制方式并没有大规模推广。

4. 计算机监督控制（SCC）系统

计算机监督控制（Supervisory Computer Control，SCC）系统是 OGC 系统与常规仪表控制系统或 DDC 系统综合而成的两级系统，如图 1-8 所示。SCC 系统有两种不同的结构形式，一种是 SCC + 模拟调节器系统（也可称计算机设定值控制系统即 SPC 系统），另一种是 SCC + DDC 控制系统。其中，作为上位机的 SCC 计算机按照描述生产过程的数学模型，根据原始工艺数据与实时采集的现场变量计算出最佳动

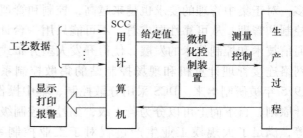

图 1-8　计算机监督控制系统原理图

态给定值，送给作为下位机的模拟调节器或 DDC 计算机，由下位机控制生产过程。这样，系统就可以根据生产工况的变化，不断地修正给定值，使生产过程始终处于最优工况。显然，这属于计算机在线最优控制的一种实现形式。

另外，当上位机出现故障时，可由下位机独立完成控制。下位机直接参与生产过程控制，要求其实时性好、可靠性高和抗干扰能力强；而上位机承担高级控制与管理任务，应配置数据处理能力强、存储容量大的高档计算机。

5. 基于 PC（PC-Based）的控制系统

PLC 作为传统主流控制器，具有抗恶劣环境、稳定性好、可靠性高、逻辑顺序控制能力强等优点，在自动化控制领域具有不可替代的优势。但 PLC 也有明显的不足：封闭式架构、封闭式软、硬件系统、产品兼容性差、编程语言不统一等。这些都造成了 PLC 的应用壁垒，也增加了用户维修的难度和集成成本。而脱胎于商用 PC 的工业控制计算机 IPC，具有价格相对低廉、结构简单、开放性好、软硬件资源丰富、环境适应能力强等特点。因此 IPC 除了可以用于监控系统做人机界面主机外，还可以分出部分资源来模拟现场控制站中 CPU 的功能，即同时具有实时控制功能。因而，首先产生了所谓软 PLC（SoftPLC，也称为软逻辑 SoftLogic）的概念，其基本思想如图 1-9 所示。

软 PLC 利用 PC 的部分资源来模拟 PLC 的 CPU 的功能，从而在 PC 上运行 PLC 的程序。软 PLC 综合了计算机和 PLC 的开关量控制、模拟量控制、数学运算、数值处理、网络通信、PID 调节等功能，通过一个多任务控制内核，提供强大的指令集、快速而准确执行控制任务。随着对软 PLC 的认识深入及控制技术的发展，进一步产生了基于 PC（PC-Based）的控制概念。目前，有两种基于 PC 的控制解

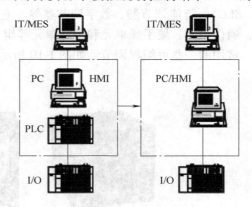

图 1-9　软 PLC 的基本原理
（从 PLC 控制到软 PLC 控制）

决方案，它们分别是软 PLC 解决方案和基于 PLC 技术的解决方案。后一种方案针对软 PLC 解决方案控制与监控功能集中而导致可靠性下降的问题，采用独立的硬件 CPU。这两种类型的基于 PC 的控制方法及相关的产品具有各自的特点和应用领域，随着这些技术与产品的不断成熟，它们的应用领域也在不断增加。

6. 集散控制系统（DCS）

随着生产规模的扩大，不仅对控制系统的 I/O 处理能力要求更高，而且随着信息量的增多，对于集中管理的要求也越来越高，控制和管理的关系也日趋密切。对于大型企业生产的控制和管理，从可靠性要求看，不可能只用一台计算机来完成。另外一方面，计算机技术、通信技术和控制技术的发展，使得开发大型分布式计算机控制系统成为可能。终于通过通信网络连接管理计算机和现场控制站的集散控制系统（Distributed Control System，DCS）在 1975 年被研制出来。DCS 采用分散控制、集中操作、分级管理、分而自治和综合协调的设计原则，自下而上可以分为若干级，如过程控制级、控制管理级、生产管理级和经营管理级等，满足了大规模工业生产过程对于工业控制系统的需求，成为主流的工业过程控制系统。

7. 计算机集成制造系统（CIMS）

计算机集成制造系统是把企业内部各个环节，包括工程设计、在线和离线过程监控、产品销售、市场预测、订货和生产计划、新品开发、产品设计、经营管理和用户反馈信息等高度计算机化、自动化和智能化，形成的管控一体化系统，是随着计算机辅助设计与制造的发展而产生的，适用于多品种、小批量生产，实现整体效益的集成化和智能化制造系统。从功能层方面分析，CIMS 大致可以分为六层：生产/制造系统，硬事务处理系统，技术设计系统，软事务处理系统，信息服务系统，决策管理系统。从生产工艺方面分，CIMS 可大致分为离散型制造业、连续性制造业和混合型制造业三种；从体系结构来分，CIMS 也可以分成集中性、分散性和混合型三种类型。

1.2.2　控制装置（控制器）的类型

1. 可编程调节器

可编程调节器（Programmable Controller，PC），又称单回路调节器（Single Loop Controller，SLC）、智能调节器、数字调节器等。它主要由微处理器单元、过程 I/O 单元、面板单元、通信单元、硬手操单元和编程单元等组成，在过程工业特别是单元级设备控制中广泛使用。常用的一些可编程调节器如图 1-10 所示。

图 1-10　典型的可编程调节器

可编程调节器实际上是一种仪表化了的微型控制计算机，它既保留了仪表面板的传统操作方式，易于为现场人员接受，又发挥了计算机软件编程的优点，可以方便灵活地构成各种过程控制系统。与一般的控制计算机不同，可编程调节器在软件编程上使用一种面向问题的语言（Problem Oriented Language，POL）。这种 POL 组态语言为用户提供了几十种常用的运算和控制模块。其中，运算模块不仅能实现各种组合的四则运算，还能完成函数运算。而通过控制模块的系统组态编程更能实现各种复杂的控制算法，诸如 PID、串级、比值、前馈、选择、非线性、程序控制等。而这种系统组态方式又简单易学，便于修改与调试，因此极大地提高了系统设计的效率。用户在使用可编程调节器时在硬件上无需考虑接口问题、信号传输和转换等问题。为了满足集中管理和监控的需求，可编程调节器配置的通信接口可以与上位机通信。可编程调节器具有的断电保护和自诊断功能等功能提高了其可靠性。因此，利用可编程调节器的现场回路控制功能，结合上位管理和监控计算机，可以构成集散控制系统。特别是对于一些规模较小的生产过程控制，这种方案具有较高的性价比。

近年来，不少传统的无纸记录仪在其显示和记录的基础上增加了调节功能，构成了功能强大的调节器，这类新型的可编程调节器使用越来越多。

2. 智能仪表

智能仪表可以看作是功能简化的可编程调节器。它主要由微处理器、过程 I/O 单元、面板单元、通信单元、硬手操单元等组成。常用的一些智能仪表如图 1-11 所示。与可编程调节器相比，智能仪表不具有编程功能，其只有内嵌的几种控制算法供用户选择，典型的有 PID、模糊 PID 和位式控制。用户可以通过按键设置与调节有关的各种参数，如输入通道类型

图 1-11　典型智能仪表

及量程、输出通道类型、调节算法及具体的参数、报警设置、通信设置等。智能仪表也可选配通信接口，从而与上位计算机构成分布式监控系统。

3. 可编程序控制器（PLC）

可编程逻辑控制器（Programmable Logical Controller，PLC），简称可编程序控制器，是计算机技术和继电逻辑控制概念相结合的产物，其低端产品为常规继电逻辑控制的替代装置，而高端为一种高性能的工业控制计算机。

关于 PLC，本书随后章节会详细介绍。

4. 可编程自动化控制器（PAC）

可编程自动化控制器（Programmable Automation Controller，PAC）是将 PLC 强大的实时控制、可靠、坚固、易于使用等特性与 PC 强大的计算能力、通信处理、广泛的第三方软件支持等结合在一起而形成的一种新型的控制系统。一般认为 PAC 系统应该具备以下一些主要的特征和性能：

1）提供通用开发平台和单一数据库，以满足多领域自动化系统设计和集成的需求。

2）一个轻便的控制引擎，可以实现多领域的功能，包括逻辑控制、过程控制、运动控制和人机界面等。

3）允许用户根据系统实施的要求在同一平台上运行多个不同功能的应用程序，并根据控制系统的设计要求，在各程序间进行系统资源的分配。

4）采用开放的模块化的硬件架构以实现不同功能的自由组合与搭配，减少系统升级带来的开销。

5）支持 IEC61158 现场总线规范，可以实现基于现场总线的高度分散性的工厂自动化环境。

6）支持事实上的工业以太网标准，可以与工厂的 MES、ERP 等系统集成。

7）使用既定的网络协议、IEC61131-3 程序语言标准来保障用户的投资及多供应商网络的数据交换。

近年来，主要的工业控制厂家都推出了一系列 PAC 产品，这些产品有罗克韦尔自动化的 ControlLogix5000 系统、美国通用电气公司的 PACSystems RX3i/7i、美国国家仪器公司的 Compact FieldPoint、德国倍福 Beckoff 公司的 CX1000、泓格科技的 WinCon/LinCon 系列、PAC-7186EX 和研华科技公司的 ADAM-5510EKW 等。然而，NI 的 PAC 不支持 IEC61131-3 的编程方式，因此严格来说不是典型的 PAC。其他在传统 PLC 和基于 PC 控制的设备基础上衍生而来的产品总体上更符合 PAC 的特点。

常用的一些 PAC 如图 1-12 所示。

图 1-12　几种 PAC 产品

PLC、PAC 和基于 PC 的控制设备是目前几种典型的工控设备，PLC 和 PAC 从坚固性和可靠性上要高于 PC，但 PC 的软件功能更强。一般认为，PAC 是高端的工控设备，其综合功能更强，当然价格也比较贵。

5. 远程终端单元（RTU）

RTU（Remote Terminal Unit，RTU）是安装在远程现场用来监测和控制远程现场设备的智能单元设备。RTU 将测得的状态或信号转换成数字信号以向远方发送，同时还将从中央计算机发送来的数据转换成命令，实现对设备的远程监控。许多工业控制厂家生产各种形式的 RTU，不同厂家的 RTU 通常自成体系，即有自己的组网方式和编程软件，开放性较差。

远程终端单元（RTU）作为体现"测控分散、管理集中"思路的产品从 20 世纪 80 年代起被介绍到我国并迅速得到广泛的应用。它在提高信号传输可靠性、减轻主机负担、减少信号电缆用量、节省安装费用等方面的优点也得到用户的肯定。

与常用的工业控制设备 PLC 相比，RTU 具有如下特点：

1）同时提供多种通信端口和通信机制。RTU 产品往往在设计之初就预先集成了多个通信端口，包括以太网和串口（RS-232/RS-485）。这些端口满足远程和本地的不同通信要求，包括与中心站建立通信，与智能设备（流量计、报警设备等）以及就地显示单元和终端调试设备建立通信。通信协议多采用 Modbus RTU、Modbus ASCII、Modbus TCP/IP、DNP3 等标准协议，具有广泛的兼容性。同时通信端口具有可编程特性，支持对非标准协议的通信定制。

2）提供大容量程序和数据存储空间　从产品配置来看，早期 PLC 提供的程序和数据存储空间往往只有 6~13KB，而 RTU 可提供 1~32MB 的大容量存储空间。RTU 的一个重要的产品特征是能够在特定的存储空间连续存储/记录数据，这些数据可标记时间标签。当通信中断时 RTU 能就地记录数据，通信恢复后可补传和恢复数据。

3）高度集成的、更紧凑的模块化结构设计　紧凑的、小型化的产品设计简化了系统集成工作，适合无人值守站或室外应用的安装。高度集成的电路设计增加了产品的可靠性，同时具有低功耗特性，简化备用供电电路的设计。

4）更适应恶劣环境应用的品质　PLC 要求环境温度在 0~55℃，安装时不能放在发热量大的元器件下面，四周通风散热的空间应足够大。为了保证 PLC 的绝缘性能，空气的相对湿度应小于 85%（无凝露），否则会导致 PLC 部件的故障率提高，甚至损坏。RTU 产品就是为适应恶劣环境而设计的，通常产品的设计工作环境温度为-40~60℃。某些产品具有 DNV（船级社）等认证，适合船舶、海上平台等潮湿环境应用。

远程终端单元（RTU）产品有鲜明的行业特性，不同行业产品在功能和配置上有很大的不同。RTU 最主要的运用是在电力系统，在其他需要遥测、遥控的应用领域也得到应用，如在油田、油气输送、水利等行业，RTU 也有一定的使用。图 1-13 所示为在油田监控等领域用的 RTU，图 1-14 所示为电力系统常用的 RTU。

　　a) 一体化结构　　　　　　　　　　b) 模块化结构

图 1-13　油田常用 RTU

6. 总线式工控机

随着计算机设计的日益科学化、标准化与模块化，一种总线系统和开放式体系结构的概念应运而生。总线即是一组信号线的集合，一种传送规定信息的公共通道。它定义了各引线的信号特性、电气特性和机械特性。按照这种统一的总线标准，计算机厂家可设计制造出若干具有某种通用功能的模板，而系统设计人员则根据不

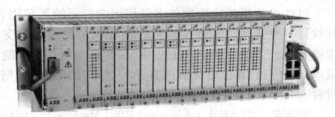

图 1-14　电力行业用 RTU

同的生产过程，选用相应的功能模板组合成自己所需的计算机控制系统。

这种采用总线技术研制生产的计算机控制系统就称为总线式工控机。图 1-15 为其系统组成示意图，在一块无源的并行底板总线上，插接多个功能模板。除了构成计算机基本系统的 CPU、RAM/ROM 和人机接口板外，还有 A-D、D-A、DI、DO 等数百种工业 I/O。其中的接口和通信接口板可供选择，其选用的各个模板彼此通过总线相连，均由 CPU 通过总线直接控制数据的传送和处理。

图 1-15　典型工业控制计算机主板与主机

这种系统结构具有的开放性方便了用户的选用，从而大大提高了系统的通用性、灵活性和扩展性。而模板结构的小型化，使之机械强度好，抗振动能力强；模板功能的单一，则便于对系统故障进行诊断与维修；模板的线路设计布局合理，即由总线缓冲模块到功能模块，再到 I/O 驱动输出模块，使信号流向基本为直线，这都大大提高了系统的可靠性和可维护性。另外在结构配置上还采取了许多措施，如密封机箱正压送风、使用工业电源、带有 Watchdog 系统支持板等。

总线式工控机具有小型化、模板化、组合化、标准化的设计特点，能满足不同层次，不同控制对象的需要，又能在恶劣的工业环境中可靠地运行，因而其应用极为广泛。我国工控领域总线工控机主要有 3 种系列：Z80 系列、8088/86 系列和单片机系列。

7. 专用控制器

随着微电子技术与超大规模集成技术的发展，计算机技术的另一个分支——超小型化的单片微型计算机（sing chip microcomputer）简称单片机诞生了。它抛开了以通用微处理器为核心构成计算机的模式，充分考虑到控制的需要，将 CPU、存储器、串并行 I/O 接口、定时/计数器，甚至 A-D 转换器、脉宽调制器、图形控制器等功能部件全都集成在一块大规模集成电路芯片上，构成了一个完整的具有相当控制功能的微控制器，也称片上系统（SoC）。

单片机主要有两种结构：一种是将程序存储器和数据存储器分开，分别编址的 Harvard 结构，如 MCS-51 系列；另一种是对两者不作逻辑上区分，统一编址的 Princeton 结构，如 MCS-98 系列。

由于单片机具有体积小、功耗低、性能可靠、价格低廉、功能扩展容易、使用方便灵活、易于产品化等诸多优点，特别是强大的面向控制的能力，使它在工业控制、智能仪表、外设控制、家用电器、机器人、军事装置等方面得到了极为广泛的应用。

以往单片机的应用软件多采用面向机器的汇编语言，随着高效率结构化语言的发展，其软件开发环境已在逐步改善，现有大量单片机多支持 C 语言开发。单片机的应用从 4 位机开始，历经 8 位、16 位、32 位四种。但在小型测控系统与智能化仪器仪表的应用领域里，8 位和 16 位单片机因其品种多、功能强、价格廉，目前仍然是单片机系列的主流机种。

近年来，以 ARM（Advanced RISC Machine）架构为代表的精简指令集（RISC）处理器架构大量使用。除了在消费电子领域，如移动电话、多媒体播放器、掌上型电子游戏等设备上使用外，在工控设备中 ARM 处理器也广泛使用，各种基于 ARM 的专用控制器被大量开发，如电力系统继电保护设备就大量使用 ARM 处理器。ARM 家族占了所有 32 位嵌入式处理器 75% 的比例，成为占全世界最多数的 32 位架构之一。

8. 安全控制器

不同的应用场合发生事故后其后果不一样，一般通过对所有事件发生的可能性与后果的严重程度及其他安全措施的有效性进行定性的评估，从而确定适当的安全度等级。目前，IEC-61508 将过程安全所需要的安全完整性水平划分为 4 级，从低到高为 SIL1～SIL4。为了实现上述一定的安全完整性水平，需要使用安全仪表系统（Safety instrumentation System，简称 SIS），该系统也称为安全联锁系统（Safety interlocking System）。该系统是常规控制系统之外的侧重功能安全的系统，保证生产的正常运转、事故安全联锁。安全仪表系统包括传感器、逻辑运算器和最终执行元件，即检测单元、控制单元和执行单元。SIS 系统可以监测生产过程中出现的或者潜伏的危险，发出告警信息或直接执行预定程序，防止事故的发生、降低事故带来的危害及其影响。安全仪表系统的核心是安全控制器，在实际的应用中，可以采用独立的控制单元，也可以采用集成的安全控制方式。

罗克韦尔 GuardLogix 集成安全控制系统具有标准 ControlLogix 系统的优点，并提供了支持 SIL 3 安全应用项目的安全功能，如图 1-16 所示。GuardLogix 安全控制器提供了集成安全控制、离散控制、运动控制、驱动控制和过程控制，并且可无缝连接到工厂范围的信息系统，所有这些都在同一个控制器中

图 1-16　罗克韦尔 GuardLogix 集成安全控制系统（图中深色为安全控制器）

完成。使用 EtherNet/IP 或 ControlNet 网络，可实现 GuardLogix 控制器之间的安全互锁，还可通过 EtherNet/IP 或 DeviceNet 网络连接现场设备。GuardLogix 控制器支持以下的使用方式：

1）在一个控制器中的标准控制和安全控制。
2）在一个共同框架内的标准控制器和安全控制器。
3）在共同网络中的标准控制与系统控制。

1.2.3　工业计算机控制系统的发展

计算机控制系统是融计算机技术与工业过程控制为一体的计算机应用的领域，其发展历程必然与计算机技术的发展息息相关。计算机控制技术及系统的发展大体上经历了以下几个阶段。

1965 年以前是试验阶段。1946 年，世界上第一台电子计算机问世，又历经十余年的研究，1958 年，美国 Louisina 公司的电厂投入了第一个计算机安全监视系统。1959 年，美国 Texaco 公司的炼油厂安装了第一个计算机闭环控制系统。1960 年，美国 Monsanto 公司的氨厂实现了第一个计算机监督控制系统。1962 年，美国 Monsanto 公司的乙烯厂实现了第一个直接数字计算机控制系统。

早期的计算机采用电子管，不仅运算速度慢、价格贵，而且体积大、可靠性差。所以，这一阶段，计算机系统主要用于数据处理和操作指导。

1965 年到 1969 年是实用阶段。随着半导体技术与集成电路技术的发展，出现了专用于工业过程控制的高性价比的小型计算机。但当时的硬件可靠性还不够高，且所有的监视和控制任务都由一台计算机来完成，故使得危险也集中化。为了提高控制系统的可靠性，常常要另外设置一套备用的模拟式控制系统或备用计算机。这样就造成了系统的投资过高，因而限制了发展。

1970 年以后计算机控制系统的应用逐渐走向成熟阶段。随着大规模集成电路技术的发展，1972 年生产出运算速度快、可靠性高、价格便宜和体积很小的微型计算机，从而开创了计算机控制技术的新时代，即从传统的集中控制系统革新为集散控制系统。世界上几个主要的计算机和仪表制造厂于 1975 年几乎同时生产出 DCS，如美国 Honeywell 公司的 TDC-2000 系统，日本横河电机（Yokogawa）公司的 Centum 系统等。

20 世纪 80 年代，随着超大规模集成电路技术的飞速发展以及计算机技术、软件技术的发展。计算机控制设备的功能不断增强，种类也不断丰富。除了能控制更多回路的集散控制系统，20 世纪 80 年代中期还出现了只控制 1～2 个回路的数字调节器。而 20 世纪 80 年代末随着专家系统、模糊理论、神经网络等智能控制技术的出现，先进控制技术也融入到了常规的集散控制系统中，提升了过程控制的水平。网络技术、计算机技术、无线通信技术的发展更促进了工业控制技术的飞速发展、工控设备应用领域的扩大和现场应用水平的提高，有力推动了生产力的发展。

1.3 工业控制系统

根据目前国内外文献介绍，可以把工业计算机控制系统（简称为工业控制系统）分为两大类，即集散控制系统（DCS）和监督控制与数据采集（SCADA）系统。由于同属于工业计算机控制系统，因此从本质上看，两种工控系统有许多共性的地方，当然也存在不同点。随着现场总线技术和工业以太网的发展，逐步出现了完全基于现场总线和工业以太网的现场总线控制系统（Fieldbus Control System，FCS）。传统的 DCS 和 SCADA 系统中也能更好地支持总线设备。

1.3.1 集散控制系统

集散控制系统产生于 20 世纪 70 年代末。它适用于测控点数多而集中、测控精度高、测控速度快的工业生产过程（包括间歇生产过程）。DCS 有其自身比较统一、独立的体系结构，具有分散控制和集中管理的功能。DCS 测控功能强、运行可靠、易于扩展、组态方便、操作维护简便，但系统的价格相对较贵。目前，集散控制系统已在石油、石化、电站、冶金、建材、制药等领域得到了广泛应用，是最具有代表性的工业控制系统之一。随着企业信息化的发展，集散控制系统已成为综合自动化系统的基础信息平台，是实现综合自动化的重要保障。依托 DCS 强大的硬件和软件平台，各种先进控制、优化、故障诊断、调度等高级功能得以运用在各种工业生产过程，提高了企业效益，促进了节能降耗和减排。这些功能的实施，同时也进一步提高了 DCS 的应用水平。

DCS 产品种类较多，但从功能和结构上看总体差别不太大。图 1-17 所示为罗克韦尔自动化 PlantPAx 集散控制系统结构图。当然，由于不同行业有不同的特点以及使用要求，DCS

的应用体现出明显的行业特性，如电厂要有 DEH 和 SOE 功能；石化厂要有选择性控制；水泥厂要有大纯滞后补偿控制等。通常，一个最基本的 DCS 应包括 4 个大的组成部分：一个现场控制站、至少一个操作员站一台工程师站（也可利用一台操作员站兼做工程师站）和一个系统网络。有些系统中要求有一个可以作为操作员站的服务器。

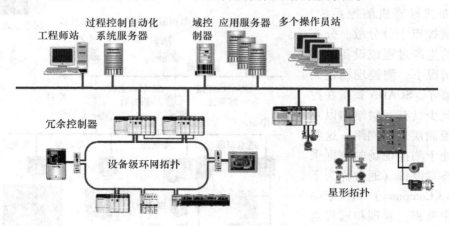

图 1-17 PlantPAx 集散控制系统结构图

DCS 的系统软件和应用软件组成主要依附于上述硬件。现场控制站上的软件主要完成各种控制功能，包括回路控制、逻辑控制、顺序控制以及这些控制所必需的现场 I/O 处理；操作员站上的软件主要完成运行操作人员所发出的各个命令的执行、图形与画面的显示、报警的处理、对现场各类检测数据的集中处理等；工程师站软件则主要完成系统的组态功能和系统运行期间的状态监视功能。按照软件运行的时间和环境，可将 DCS 软件划分为在线的运行软件和离线的应用开发工具软件两大类，其中控制站软件、操作员站软件、各种功能站上的软件及工程师站上在线的系统状态监视软件等都是运行软件，而工程师站软件（除在线的系统状态监视软件外）则属于离线软件。实时和历史数据库是 DCS 系统中的重要组成部分，对整个 DCS 的性能都起重要的作用。

目前，DCS 产品种类较多，特别是一些国产的 DCS 发展很快，在一定的领域也有较高的市场份额。主要的国外 DCS 产品有罗克韦尔自动化 PlantPAx、Honeywell 公司的 Experion PKS、Emerson 过程管理公司的 DeltaV 和 Ovation、Foxboro 公司的 I/A、横河电机公司的 Centum、ABB 公司的 IndustrialIT 和西门子公司的 PCS7 等。国产 DCS 厂家主要有北京和利时、浙大中控和上海新华控制等。

DCS 的应用具有较为鲜明的行业特性，通常某类产品在某个行业有很大的市场占有率，而在另外的行业可能市场份额较低。

1.3.2 监控与数据采集（SCADA）系统

1. SCADA 系统概述

SCADA 是英文 "Supervisory Control And Data Acquisition" 的简称，翻译成中文就是"监督控制与数据采集"，有些文献也简略为监控系统。从其名称可以看出，其包含两个层次的基本功能：数据采集和监督控制。图 1-18 所示为污水处理厂 SCADA 系统结构示意图，这种结构也用于城市排水泵站远程监控系统、城市煤气管网远程监控等和电力调度自动化等。

目前，对 SCADA 系统无统一的定义，一般来讲，SCADA 系统特指分布式计算机测控系统，主要用于测控点十分分散、分布范围广泛的生产过程或设备的监控，通常情况下，测控现场是无人或少人值守。SCADA 系统在控制层面上至少具有两层结构以及连接两个控制层通信网络，这两层设备是处于测控现场的数据采集与控制终端设备（通常称为下位机，Slave Computer）和位于中控室的集中监视、管理和远程监控计算机（上位机，Master Computer）。

参考国内外的一些文献，这里作者给出一个 SCADA 系统的定义：SCADA 系统是一类功能强大的计算机远程监督控制与数据采集系统，它综合利用了计算机技术、控制技术、通信与网络技术，完成了对测控点分散的各种过程或设备的实时数据采集，本地或远程的自动控制，以及生产过程的全面实时监控，并为安全生产、调度、管理、优化和故障诊断提供必要和完整的数据及技术支持。

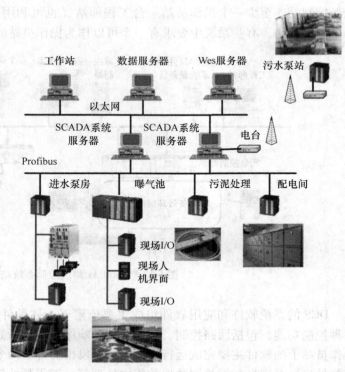

图 1-18　SCADA 系统实例——污水处理厂监控系统

近年来，随着网络技术、通信技术特别是无线通信技术的发展，SCADA 系统在结构上更加分散，通信方式更加多样，系统结构从 C/S（客户机/服务器）架构向 B/S（浏览器/服务器）与 C/S 混合的方向发展，各种通信技术如数传电台、GPRS、PSTN、VPN、卫星通信等得到更加广泛的应用。

2. SCADA 系统组成

SCADA 系统作为生产过程和事务管理自动化最为有效的计算机软硬件系统之一，它包含 3 个部分：第一个是分布式的数据采集系统，也就是通常所说的下位机；第二个是过程监控与管理系统，即上位机；第三个是数据通信网络，包括上位机网络系统、下位机网络以及将上、下位机系统连接的通信网络。典型的 SCADA 系统的结构如图 1-19 所示。SCADA 系统的这三个组成部分的功能不同，但三者的有效集成则构成了功能强大的 SCADA 系统，完成对整个过程的有效监控。SCADA 系统广泛采用"管理集中、控制分散"的集散控制思想，因此即使上、下位机通信中断，现场的测控装置仍然能正常工作，确保系统的安全和可靠运行。以下分别对这 3 个部分的组成、功能等做介绍。

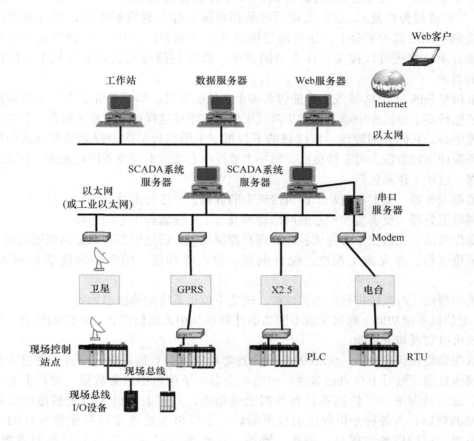

图 1-19 SCADA 系统的结构

（1）下位机系统

下位机一般来讲都是各种智能节点，这些下位机都有自己独立的系统软件和由用户开发的应用软件。该节点不仅完成数据采集功能，而且还能完成设备或过程的直接控制。这些智能采集设备与生产过程各种检测与控制设备结合，实时感知设备各种参数的状态，各种工艺参数值，并将这些状态信号转换成数字信号，并通过各种通信方式将下位机信息传递到上位机系统中，并且接受上位机的监控指令。典型的下位机有远程终端单元 RTU、可编程序控制器 PLC、近年才出现的 PAC 和智能仪表等。

（2）上位机系统（监控中心）

1）上位机系统组成　国外文献常称上位机为"SCADA Server"或 MTU（Master Terminal Unit）。上位机系统通常包括 SCADA 服务器、工程师站、操作员站、Web 服务器等，这些设备通常采用以太网联网。实际的 SCADA 系统上位机系统到底如何配置还要根据系统规模和要求而定，最小的上位机系统只要有一台 PC 即可。根据可用性要求，上位机系统还可以实现冗余，即配置两台 SCADA 服务器，当一台出现故障时，系统自动切换到另外一台工作。上位机通过网络，与在测控现场的下位机通信，以各种形式，如声音、图形、报表等方式显示给用户，以达到监视的目的。同时数据经过处理后，告知用户设备的状态（报警、正常或报警恢复），这些处理后的数据可能会保存到数据库中，也可能通过网络系统传输到不同的监控平台上，还可能与别的系统（如 MIS、GIS）结合形成功能更加强大的系统；上位机还可以接受操作人员的指令，将控制信号发送到下位机中，以达到远程控制的目的。

对结构复杂的 SCADA 系统，可能包含多个上位机系统。即系统除了有一个总的监控中心外，还包括多个分监控中心。如对于西气东输监控系统这样的大型系统而言，就包含多个地区监控中心，它们分别管理一定区域的下位机。采用这种结构的好处是系统结构更加合理，任务管理更加分散，可靠性更高。每一个监控中心通常由完成不同功能的工作站组成一个局域网，这些工作站包括：

①数据服务器　负责收集从下位机传送来的数据，并进行汇总。

②网络服务器　负责监控中心的网络管理及与上一级监控中心的连接。

③操作员站　在监控中心完成各种管理和控制功能，通过组态画面监测现场站点，使整个系统平稳运行，并完成工况图、统计曲线、报表等功能。操作员站通常是 SCADA 客户端。

④工程师站　对系统进行组态和维护；改变下位机系统的控制参数等。

2）上位机系统功能　通过完成不同功能计算机及相关通信设备、软件的组合，整个上位机系统可以实现如下功能。

①数据采集和状态显示　SCADA 系统的首要功能就是数据采集，即首先通过下位机采集测控现场数据，然后上位机通过通信网络从众多的下位机中采集数据，进行汇总、记录和显示。通常情况下，下位机不具有数据记录功能，只有上位机才能完整地记录和保存各种类型的数据，为各种分析和应用打下基础。上位机系统通常具有非常友好的人机界面，人机界面可以以各种图形、图像、动画、声音等方式显示设备的状态和参数信息、报警信息等。

②远程监控　SCADA 系统中，上位机汇集了现场的各种测控数据，这是远程监视、控制的基础。由于上位机采集数据具有全面性和完整性，监控中心的控制管理也具有全局性，能更好地实现整个系统的合理、优化运行。特别是对许多常年无人值守的现场，远程监控是安全生产的重要保证。远程监控的实现不仅表现在管理设备的开、停及其工作方式，如手动还是自动，还可以通过修改下位机的控制参数来实现对下位机运行的管理和监控。

③报警和报警处理　SCADA 系统上位机的报警功能对于尽早发现和排除测控现场的各种故障，保证系统正常运行起着重要作用。上位机上可以以多种形式显示发生的故障的名称、等级、位置、时间和报警信息的处理或应答情况。上位机系统可以同时处理和显示多点同时报警，并且对报警的应答做记录。

④事故追忆和趋势分析　上位机系统的运行记录数据，如报警与报警处理记录、用户管理记录、设备操作记录、重要的参数记录与过程数据的记录对于分析和评价系统运行状况是必不可少的。对于预测和分析系统的故障，快速地找到事故的原因并找到恢复生产的最佳方法是十分重要的，这也是评价一个 SCADA 系统其功能强弱重要的指标之一。

⑤与其他应用系统的结合　工业控制的发展趋势就是管控一体化，也称为综合自动化，典型的系统架构就是 ERP/MES/PCS 三级系统结构，SCADA 系统就属于 PCS 层，是综合自

动化的基础和保障。这就要求 SCADA 系统是开放的系统，可以为上层应用提供各种信息，也可以接收上层系统的调度、管理和优化控制指令，实现整个企业的优化运行。

（3）通信网络

通信网络实现 SCADA 系统的数据通信，是 SCADA 系统的重要组成部分。与一般的过程监控相比，通信网络在 SCADA 系统中扮演的作用更为重要，这主要因为 SCADA 系统监控的过程大多具有地理分散的特点，如无线通信机站系统的监控。在一个大型的 SCADA 系统，包含多种层次的网络，如设备层总线，现场总线；在控制中心有以太网；而连接上、下位机的通信形式更是多样，既有有线通信，也有无线通信，有些系统还有微波、卫星等通信方式。

3. SCADA 系统的应用

在电力系统中，SCADA 系统应用最为广泛，技术发展也最为成熟。它作为能量管理系统（EMS）的一个最主要的子系统，有着信息完整、效率高、能正确掌握系统运行状态、可加快决策、能帮助快速诊断出系统故障状态等优势，现已经成为电力调度不可缺少的工具。它对提高电网运行的可靠性、安全性与经济效益，减轻调度员的负担，实现电力调度自动化与现代化，提高调度的效率和水平发挥着不可替代的作用。图 1-20 为某电力 SCADA 系统结构图。

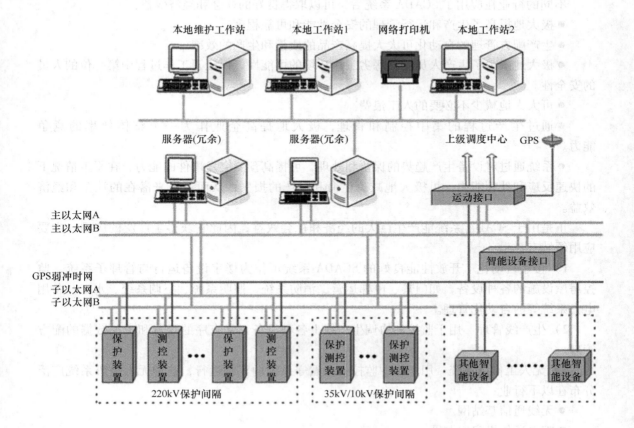

图 1-20 电力 SCADA 系统结构图

SCADA 在油气采掘与长距离输送中占有重要的地位，系统可以对油气采掘过程、油气输送过程进行现场直接控制、远程监控、数据同步传输记录，监控管道沿线及各站控系统运行状况。在油气远距离输送中，各站场的站控系统、阀室作为管道自动控制系统的现场控制单元，除完成对所处站场的监控任务外，同时负责将有关信息传送给调度控制中心并接受和执行其下达的命令，并将所有的数据记录储存。除此基本功能外，新型的 SCADA 管道系统还具备泄漏检测、系统模拟、水击提前保护等新功能。

在武广高铁上采用 SCADA 技术建立了铁路防灾系统。武广高铁全长 995km，有 10 个车站，3 个数据调度中心，分别位于武昌新火车站、长沙火车站和广州南站内。全线共设置 155 个防灾监控单元，包括两处监控数据处理设备、两处调度所监控设备。整个防灾监控系统采用贝加莱工业自动化公司的 SCADA 产品。该系统实现了对远程无人值守站点、环境恶劣站点的监控。系统设有风速监测站点 109 个、雨量监测站点 51 个、异物监测站点 125 个，可以将暴风在机车运行时产生的影响，暴雨造成的潜在泥石流、路基塌陷等潜在的因素以及在桥梁、隧道、山体等区段出现异物进入轨道与运行区域时，及时进行数据采集，并将上述数据上传给数据调度中心，以便能够及时给出调整。由于该 SCADA 系统的可靠运行对于保障列车的运行安全和乘客的生命安全具有非常重要的作用，因此在进行 SCADA 系统配置时，采用了冗余设计，包括电源、机架、CPU、I/O 和通信等。

不同的行业在应用了 SCADA 系统后，可以取得良好的社会和经济效益：

● 极大地提高了生产和运行管理的安全性能和可靠程度。

● 生产配方管理的自动化可大大提高产品的质量和生产的效率。

● 极大地减少了生产人员面临恶劣工作环境的可能性，保证了工作过程中第一位的人员的安全性。

● 可大大地减少不必要的人工浪费。

● 通过生产过程的集中控制和管理，极大地提高企业作为一个整体效率的竞争能力。

● 系统通过对设备生产趋势的保留和处理，可提高预测突发事件的能力，在紧急情况下的快速反应和处理能力，可极大地减少生命和财产的损失，从而可带来潜在的社会和经济效益。

正是由于 SCADA 系统能产生巨大的经济和社会效益，因此它获得了广泛的应用，主要应用领域有：

1）楼宇自动化　开放性能良好的 SCADA 系统可作为楼宇设备运行与管理子系统，监控房屋设施的各种设备，如门禁、电梯运营、消防系统、照明系统、空调系统、水工、备用电力系统等的自动化管理。

2）生产线管理　用于监控和协调生产线上各种设备正常有序的运营和产品数据的配方管理。

3）无人工作站系统　用于集中监控无人看守系统的正常运行，这种无人值班系统广泛分布在以下行业：

● 无线通信基站网。

● 邮电通信机房空调网。

● 电力系统配电网。

- 铁路系统电力系统调度网。
- 铁路系统道口，信号管理系统。
- 坝体、隧道、桥梁、机场和码头等安全监控网。
- 石油和天然气等各种管道监控管理系统。
- 地铁、铁路自动收费系统。
- 交通安全监控。
- 城市供热、供水系统监控和调度。
- 环境、天文和气象无人检测网络的管理。
- 其他各种需要实时监控的设备。

4）机械人、机件臂系统　用于监视和控制机械人的生产作业。

5）其他生产行业　如大型轮船生产运营、粮库质量和安全监测、设备维修、故障检测、高速公路流量监控和计费系统等。

1.3.3　现场总线控制系统

随着通信技术和数字技术的不断发展，逐步出现了以数字信号代替模拟信号的总线技术。1984 年，现场总线的概念得到正式提出。IEC（International Electrotechnical Commission，国际电工委员会）对现场总线（Fieldbus）的定义为：现场总线是一种应用于生产现场，在现场设备之间、现场设备和控制装置之间实行双向、串行、多节点的数字通信技术。以现场总线为基础，产生了全数字的新型控制系统——现场总线控制系统。现场总线控制系统一方面突破了 DCS 采用通信专用网络的局限，采用了基于公开化、标准化的解决方案，克服了封闭系统所造成的缺陷；另一方面把 DCS 的集中与分散相结合的集散系统结构，变成了新型全分布式结构，把控制功能彻底下放到现场。可以说，开放性、分散性与数字通信是现场总线系统最显著的特征。

现场总线控制系统具有如下显著特性：

1）互操作性与互用性　互操作性是指实现互联设备间、系统间的信息传送与沟通，可实行点对点，一点对多点的数字通信。而互用性则意味着不同生产厂家的性能类似的设备可进行互换而实现互用。

2）智能化与功能自治性　它将传感测量、补偿计算、工程量处理与控制等功能分散到现场设备中完成，仅靠现场设备即可完成自动控制的基本功能，并可随时诊断设备的运行状态。

3）系统结构的高度分散性　现场设备本身具有较高的智能特性，有些设备具有控制功能，因此可以使得控制功能彻底下放到现场，现场设备之间可以组成控制回路，从根本上改变了现有 DCS 控制功能仍然相对集中的问题，实现彻底的分散控制，简化了系统结构，提高了可靠性。

4）对现场环境的适应性　作为工厂网络底层的现场总线工作在现场设备前端，是专为在现场环境工作而设计的，它可支持双绞线、同轴电缆、光缆、射频、红外线、电力线等，具有较强的抗干扰能力，能采用两线制实现供电与通信，并可满足本质安全防爆要求等。

1.3.4　几种控制系统的比较

SCADA 系统和集散控制系统（DCS）的共同点表现在：

1）两种具有相同的系统结构。从系统结构看，两者都属于分布式计算机测控系统，普遍采用客户机/服务器模式。具有控制分散、管理集中的特点。承担现场测控的主要是现场控制站（或下位机），上位机侧重监控与管理。

2）通信网络在两种类型的控制系统中都起重要的作用。早期 SCADA 系统和 DCS 都采用专有协议，目前更多的是采用国际标准或事实的标准协议。

3）下位机编程软件逐步采用符合 IEC61131-3 标准的编程语言，编程方式逐步趋同。

然而，SCADA 系统与 DCS 也存在不同，主要表现在：

1）DCS 是产品的名称，也代表某种技术，而 SCADA 更侧重功能和集成，在市场上找不到一种公认的 SCADA 产品（虽然很多厂家宣称自己有类似产品）。SCADA 系统的构建更加强调集成，根据生产过程监控要求从市场上采购各种自动化产品而构造满足客户要求的系统。正因为如此，SCADA 的构建十分灵活，可选择的产品和解决方案也很多。有时候也会把 SCADA 系统称为 DCS，主要是这类系统也具有控制分散、管理集中的特点。但由于 SCA-DA 系统的软、硬件控制设备来自多个不同的厂家，而不像 DCS 那样，主体设备来自一家 DCS 制造商，因此把 SCADA 系统称为 DCS 并不恰当。

2）DCS 具有更加成熟和完善的体系结构，系统的可靠性等性能更有保障，而 SCADA 系统是用户集成的，因此其整体性能与用户的集成水平紧密相关，通常要低于 DCS。

3）应用程序开发有所不同

①DCS 中变量不需要两次定义。由于 DCS 中上位机（服务器、操作员站等）、下位机（现场控制器）软件集成度高，特别是有统一的实时数据库，因此变量只要定义一次，在控制器回路组态中可以用，在上位机人机界面等其他地方也可以用。而 SCADA 系统中同样一个 I/O 点，比如现场的一个电机设备故障信号，在控制器中要定义一次，在组态软件中还要定义一次，同时还要求两者之间做映射（即上位机中定义的地址要与控制器中存储器地址一致），否则上位机中的参数状态与控制器及现场不一致。

②DCS 具有更多的面向模拟量控制的功能块。由于 DCS 主要面向模拟量较多的应用场合，各种类型的模拟量控制较多。为了便于组态，DCS 开发环境中具有更多的面向过程控制的功能块。

③组态语言有所不同。DCS 编程主要是图形化的编程方式，如西门子 PCS7 用 CFC、罗克韦尔的功能块图等。当然，编写顺控程序时，DCS 中也用 SFC 编程语言，这点与 SCADA 系统中下位机编程是一样的。

④DCS 控制器中的功能块与人机界面的面板（Faceplate）通常成对。即在控制器中组态一个 PID 回路后，在人机界面组态时可以直接根据该回路名称调用一个具有完整的 PID 功能的人机界面面板，面板中参数自动与控制回路中的一一对应，如图 1-21 所示。而 SCADA 中必须自行设计这样的面板，设计过程较为繁琐。

⑤DCS 应用软件组态和调试时有一个统一环境，在该环境中，可以方便地进行硬件组态、网络组态、控制器应用软件组态和人机界面组态及进行相关的调试。而 SCADA 系统整个功能的实现和调试相对分散。

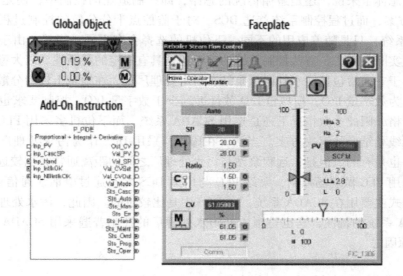

图 1-21　罗克韦尔 PlantPAx 集散控制系统中
的增强型 PID 功能块及其控制面板

4）应用场合不同。DCS 主要用于控制精度要求高、测控点集中的流程工业，如石油、化工、冶金、电站等工业过程。而 SCADA 系统特指远程分布式计算机测控系统，主要用于测控点十分分散、分布范围广泛的生产过程或设备的监控。通常情况下，测控现场是无人或少人值守，如移动通信基站、长距离石油输送管道的远程监控、流域水文、水情的监控、城市煤气管线的监控等。通常每个站点 I/O 点数不太多。一般来说，SCADA 系统中对现场设备的控制要求低于 DCS 中被控对象要求。有些 SCADA 应用中，只要求进行远程的数据采集而没有现场控制要求。总的来说，由于历史的原因，造成了不同的控制设备各自称霸一个行业市场。

SCADA 系统、DCS 与 PLC 的不同主要表现在：

1）DCS 具有工程师站、操作员站和现场控制站，而 SCADA 系统具有上位机（包括 SCADA 服务器和客户机），而 PLC 组成的系统是没有上位机的，其主要功能就是现场控制，常选用 PLC 作为 SCADA 系统的下位机设备，因此可以把 PLC 看作是 SCADA 系统的一部分。PLC 也可以集成到 DCS 中，成为 DCS 的一部分。从这个角度来说，PLC 与 DCS 和 SCADA 是不具有可比性的。

2）系统规模不同。PLC 可以用在控制点数从几个到上万个点领域，因此其应用范围极其广泛。而 DCS 或 SCADA 系统主要用于规模较大的过程，否则其性价比就较差。此外，在顺序控制、逻辑控制与运动控制领域，PLC 应用广泛。然而，随着技术的不断发展，各种类型的控制系统相互吸收融合其他系统的特长，DCS 与 PLC 在功能上不断增强，具体地说，DCS 的逻辑控制功能在不断增强，而 PLC 连续控制的功能也在不断增强，两者都广泛吸收了现场总线技术，因此它们的界限也在不断模糊。

随着技术的不断进步，各种控制方案层出不穷，一个具体的工业控制问题可以有不同的解决方案。但总体上来说，还是遵循传统的思路，即在制造业的控制中，还是首选 PLC 或 SCADA 解决方案，而过程控制系统首选 DCS。对于监控点十分分散的控制过程，多数还是会选 SCADA 系统，只是随着应用的不同，下位机的选择会有不同。当然，由于控制技术的不断融合，在实际应用中，有些控制系统的选型还是具有一定的灵活性。以大型的污水处理工程为例，由于它通常包括污水管网、泵站、污水处理厂等，在地域上较为分散，检测与控制点绝大多数为数字量 I/O，模拟量 I/O 数量远远少于数字量 I/O，控制要求也没有化工生产过程那么严格，因此多数情况下还是选用 SCADA 系统，而下位机多采用 PLC，通信系统采用有线与无线相结合的解决方案。当然，在国内，采用 DCS 作为污水处理厂计算机控制系统主控设备也是有的。但是，远程泵站与污水处理厂之间的距离通常会比较远，且比较分散，还是会选用 PLC 做现场控制，泵站 PLC 与厂区 DCS 之间通过电话线通信或无线通信，而这种通信方式主要用在 SCADA 系统，在 DCS 中是比较少的。因此，污水处理过程控制具有更多 SCADA 系统的特性，这也是国内外污水处理厂的控制普遍采用 SCADA 系统而较少采用 DCS 的原因之一。

1.4　工业控制系统的体系结构

1.4.1　工业控制系统的体系结构及其发展

工业控制系统体系结构的发展经历了集中式控制结构、分布式控制结构和网络化结构三个阶段。与集中式控制结构对应的是所有的监控功能依赖于一台主机（mainframe），采用广域网连接现场控制器和主机，网络协议比较简单，开放性差，功能较弱。分布式控制系统结构充分利用了局域网技术和计算机 PC 化的成果，可以配置专门的通信服务器，应用服务器服务器、工程师站和操作站，普遍采用组态软件技术。网络化控制系统结构以各种网络技术为基础，网络的层次化使得控制结构更加分散化，信息管理更集中。系统普遍以客户机/服务器（C/S）和浏览器/服务器结构（B/S）为基础，多数系统结构上包含这两者结构，但以 C/S 结构为主，B/S 结构主要是为了支持 Internet 应用，以满足远程监控的需要。第三代控制系统在结构上更加开放，兼容性更好，整个控制系统可以无缝集成到全厂综合自动化系统中。

虽然目前主流的控制系统都实现了控制分散、管理集中，但在具体实现细节上，还是有所不同，以 DCS 为例，目前主流的控制系统在结构上主要具有以下两种类型：

（1）点对点结构

即整个系统中没有设置独立的服务器，即每个工作站都可以和现场控制站通信。从硬件上来说，系统中的节点之间、包括工作站和控制站等通过冗余工业以太网进行通信。这种点对点的对等网络架构不同于一般的客户机/服务器架构、不会因为任一单个节点的故障影响到其他节点的正常工作。但由于控制器与多个工作站通信，因此其通信负载较高。艾默生的 DeltaV 系统和横河的 Centum 系统都采用这种结构。当然从体系上看，这种结构属于特殊的客户机/服务器结构。

（2）客户机/服务器架构

整个控制系统必然存在至少一个服务器，该服务器与现场的控制站进行通信，而系统中的工作站（工程师站、操作员站等）不直接与控制站通信。因此，控制站与服务器之间构成了客户机/服务器结构，服务器与工作站又构成了客户机/服务器结构。对于小型系统，可以采用一个工作站，同时做服务器和工作站；而对于大型系统，要设置多个服务器和工作站。这种结构的好处是可以简化控制器的通信负载，但是服务器故障会引起整个系统无法正常工作。罗克韦尔的 PlantPAx 系统、霍尼韦尔的 PKS 和西门子 PCS7 等集散控制系统都采用这种结构。

1.4.2 客户机/服务器结构

C/S 结构中客户机和服务器之间的通信以"请求-响应"的方式进行。客户机先向服务器发出请求，服务器再响应这个请求，如图 1-22 所示。

C/S 结构最重要的特征是：它不是一个主从环境，而是一个平等的环境，即 C/S 系统中各计算机在不同的场合既可能是客户机，也可能是服务器。在 C/S 应用中，用户只关心完整地解决自己的应用问题，而不关心这些应用问题由系统中哪台或哪几台计算机来完成。能为应用提供服务的计算机，

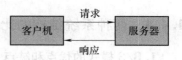

图 1-22 客户机/服务器结构

当其被请求服务时就成为服务器。一台计算机可能提供多种服务，一个服务也可能要由多台计算机组合完成。与服务器相对，提出服务请求的计算机在当时就是客户机。从客户应用角度看，这个应用的一部分工作在客户机上完成，其他部分的工作则在（一个或多个）服务器上完成。

软件体系采用 C/S 结构，能保证数据的一致性、完整性和安全性。多服务器结构可实现软件的灵活配置和功能分散。如数据采集单元、实时数据管理、历史数据管理、报警管理及日志管理等任务均作为服务器任务，而各种功能的访问单元如操作员站、工程师站、先进控制计算站及数据分析站等构成不同功能的客户机，真正实现了功能分散。

严格说来，C/S 模型并不是从物理分布的角度来定义的，它所体现的是一种软件任务间数据访问的机制。系统中每一个任务都作为一个特定的客户服务器模块，扮演着自己的角色，并通过客户—服务器体系结构与其他的任务接口，这种模式下的客户机任务和服务器任务可以运行在不同的计算机，也可以运行在同一台计算机上。换句话说，一台机器正在运行服务器程序的同时，还可运行客户机程序。目前，采用这种结构的工业控制系统应用已经非常广泛。

1.4.3 浏览器/服务器结构

随着 Internet 的普及和发展，以往的主机/终端和 C/S 结构都无法满足当前的全球网络开放、互连、信息随处可见和信息共享的新要求，于是就出现了 B/S 型结构，如图 1-23 所示。

B/S 结构最大特点是：用户可以通过浏览器去访问 Internet 上的文本、数据、图像、动画、视频点播和声音信息，这些信息都是由许许多多的（Web）服务器产生的，而每一个

图 1-23 B/S（浏览器/服务器）结构

Web 服务器又可以通过各种方式与数据库服务器连接，大量的数据实际存放在数据库服务器中。这种结构的最大优点是，客户机统一采用浏览器，这不仅让用户使用方便，而且使得客户端不存在维护的问题。当然，软件开发和维护的工作不是自动消失了，而是转移到了 Web 服务器端。可以采用基于 Socket 的 ActiveX 控件或 Java Applet 程序两种方式实现客户端与远程服务器之间的动态数据的交换。ActiveX 控件和 Java Applet 都是驻留在 Web 服务器上，用户登录服务器后下载到客户机。Web 服务器在响应客户程序过程中，若遇到与数据库有关的指令，则交给数据库服务器来解释执行，并返回给 Web 服务器，Web 服务器再返回给浏览器。在这种结构中，将许许多多的网连接到一块，形成一个巨大的网，即全球网。而各个企业可以在此结构的基础上建立自己的 Intranet。对于大型分布式 SCADA 系统而言，B/S 的引入有利于解决远程监控中存在的问题，已经得到主流的 SCADA 系统供应商的支持。

1.4.4 两种系统结构的比较

1. B/S 模式的优点和缺点

B/S 结构的优点表现在：

1）具有分布性特点，可以随时随地进行查询、浏览等业务处理。

2）业务扩展简单方便，通过增加网页即可增加服务器功能。

3）维护简单方便，只需要改变网页，即可实现所有用户的同步更新。

4）开发简单，共享性强。

B/S 结构的缺点表现在：

1）个性化特点明显降低，无法实现具有个性化的功能要求。

2）操作是以鼠标为最基本的操作方式，无法满足快速操作的要求。

3）页面动态刷新、响应速度明显降低。

4）功能弱化，难以实现传统模式下的特殊功能要求。

2. C/S 模式的优点和缺点

C/S 结构的优点表现在：

1）由于客户端实现与服务器的直接相连，没有中间环节，因此响应速度快。

2）操作界面漂亮、形式多样，可以充分满足客户自身的个性化要求。

3）C/S 结构的管理信息系统具有较强的事务处理能力，能实现复杂的业务流程。

C/S 模式的缺点表现在：

1）需要专门的客户端安装程序，分布功能弱，针对点多面广且不具备网络条件的用户群体，不能够实现快速部署安装和配置。

2）兼容性差，对于不同的开发工具，具有较大的局限性。若采用不同工具，需要重新改写程序。

3）开发成本较高，需要具有一定专业水准的技术人员才能完成。

一般而言，B/S 和 C/S 两者结构上具有各自特点，都是流行的计算 SCADA 系统结构。在 Internet 应用、维护与升级等方面，B/S 比 C/S 要强得多；但在运行速度、数据安全、人机交互等方面，B/S 不如 C/S。

1.5 可编程序控制器

1.5.1 可编程序控制器的产生与发展

1. 可编程序控制器的产生

在工业设备或生产过程中，存在大量的开关量顺序控制问题，它们要求按照逻辑条件进行顺序动作，在异常情况下，可以根据逻辑关系进行联锁保护。传统上，这些功能是通过气动或电气控制系统来实现的。其中典型的电气控制系统是由导线、继电器、接触器、各种主令元件等按照一定的逻辑关系通过硬接线的方式组成的。这类系统的主要问题是难以实现复杂逻辑控制，不适应柔性生产的需要，可靠性差，维护复杂。随着现代制造业的快速发展，市场竞争的日趋激烈，产品更新换代步伐的加快，这种传统的控制方式已经远远不能满足企业要求。另一方面，在 20 世纪 60 年代出现了半导体逻辑器件，特别是随着大规模集成电路和计算机技术的快速发展，为开发和制造一种新型的控制装置取代传统的继电器－接触器控制系统打下了基础。1968 年美国通用汽车（GM）公司向全世界提出了研制新型逻辑顺序控制装置的标书，这些指标条件主要是：

1）在工厂里，能以最短中断服务时间，迅速而方便地对其控制的硬件和（或）设备进行编程及重新进行程序设计。

2）所有的系统器件必须能够在工厂无特殊支持的设备、硬件及环境条件下运行。

3）系统维修必须简单易行。在系统中应设计有状态指示器及插入式模块，以便在最短停车时间内使维修和故障诊断工作变得简单易行。

4）装置占用的空间必须比它所代替的继电器控制系统占用的空间小。此外，与现有的继电器控制系统相比，该新型控制装置的能耗也应该少。

5）该新型控制装置必须能够与中央数据收集处理系统进行通信，以便监测系统运行状态及运行情况。

6）输入开关量可以是已有的标准控制系统的按钮和限位开关的交流 115V 电压信号（美国电网电压）。

7）输出信号必须能够驱动以交流运行的电动机启动器及电磁阀线圈，每个输出量将设计为可启停和连续操纵具有 115V、2A 以下容量的负载。

8）具有灵活的扩展能力，在扩展时，必须能以系统最小的变动及在最短的更换和停机时间内，将系统的最小配置扩展到系统的最大配置。

9）在购买及安装费用上，新型的控制装置与现行使用的继电器和固态逻辑系统相比，应更具竞争力。

10）新型的控制装置的用户存储容量至少可以扩展到 4KB 的容量。

上述 10 条要求实际上可以归纳为以下几点：

1）控制功能通过软件实现，从而可以方便地对系统功能的修改及系统规模的扩展。这一点实际上是新型控制装置最核心的特征，它也标志着以数字控制系统取代模拟控制系统，实现制造业控制方式的一场革命。

2）适应工业现场环境，易于安装、使用、替换和维护。

3）驱动能力强，可靠性高。

4）方便与其他智能设备与管理系统进行数字通信。

5）性/价比高。

1969 年美国数字设备公司（DEC，该公司后被 COMPAQ 收购）根据该技术要求，开发了首台可编程逻辑控制器 PDP-14，并在通用汽车的生产线上获得成功应用，这宣告了一种新型的数字控制设备的产生。其后，美国 Modicon 公司也推出了同名的 084 控制器。1971 年日本研制出型号为 DCS-8 第一台可编程序控制器；德国于 1973 年研制出其第一台可编程序控制器。我国于 1977 年研制出第一台具有实用价值的可编程序控制器。在可编程序控制器的发展历史上，日本、德国和美国等国家是主要的可编程序控制器产品生产和制造强国，这也与这些国家是世界制造业的强国相适应的。

2. 可编程序控制器的定义

可编程序控制器（Programmable Logic Controller，PLC）是指以计算机技术为基础的新型数字化工业控制装置。1987 年 2 月国际电工委员会（International Electrical Committee，IEC）在其颁布的可编程序控制器标准草案的第三稿中对可编程序控制器做了如下定义：

可编程序控制器是一种专门为在工业环境下应用而设计的数字运算操作的电子装置。它采用一类可编程的存储器，用于存储其内部程序，执行逻辑运算，顺序运算、定时、计数与算术操作等面向用户的指令，并通过数字或模拟式的输入/输出控制各种类型的机械或生产过程。可编程序控制器及其有关外部设备都应该按易于与工业控制系统形成一个整体、易于扩展其功能的原则而设计。

由于可编程序控制器是一类数字化的智能控制设备，因此相对于传统的模拟式控制，它有了软件系统，该软件系统包括系统软件与应用软件。系统软件是由可编程序控制器生产厂家编写并固化到只读式存储器（ROM）中的，用户不能访问，它主要控制可编程序控制器完成各种功能的程序。而用户程序用户根据设备或生产过程的控制要求编写的程序。该程序可以写入到可编程序控制器的随机存储器（RAM）中。用户可以通过在线或离线的方式修改、补充该程序，并且可以启停应用程序。

与现有的数字控制设备或系统，如集中式计算机控制系统、集散控制系统及新型嵌入式控制系统相比，可编程序控制器具有如下特点：

（1）可编程序控制器的产品类型更加丰富

可编程序控制器覆盖从几个 I/O 点的微型系统到具有上万点的大型控制系统，这种特性决定了可编程序控制器应用领域的广泛性，从单体设备到大型流水线的控制无不可以采用可编程序控制器。特别是各种经济的超小型微型可编程序控制器，其最小配置的 8 ~ 16 个 I/O 点，可以很好地满足小型设备的控制需要，这是其他类型控制系统很难做到的。采用各种板卡加计算机的控制方式，其 I/O 的数量通常较少，不适用于大系统，且其可靠性也比可编程序控制器控制系统差。集散控制系统只有在中、大型应用中才能体现其性价比，通常 I/O 点数小于 300 的生产过程较少使用集散控制系统。

（2）主要应用在制造业

由于可编程序控制器产生于制造业，因此其主要的应用领域还是在生产线及机械设备上。集散控制系统主要用于流程工业的非安全控制，但其安全控制（联锁控制、紧急停车系统）等主要的控制设备通常是可编程序控制器。虽然近年来，可编程序控制器与 DCS 分别在扩展它们的模拟量控制能力和逻辑控制功能，但由于历史的传承，这两类控制装置的主流应用领域与它们产生时还是没有太大区别。

（3）可编程序控制器控制系统开放性比较差

开放性差是可编程序控制器控制系统的软肋，即使同一个厂家的不同系列的可编程序控制器产品，软、硬件也不是直接兼容。而计算机控制系统中，操作系统软件以 Windows 系列为主，有大量的应用软件资源。系统的硬件设备也是通用的，及 PC 兼容的。当然，集散控制系统的开放性也较差。

（4）编程语言的不同

可编程序控制器的产生是要替代继电器－接触器控制等传统控制系统，这就要求可编程序控制器的编程语言也要为广大的电气工程师接受，因而与电气控制原理图有一定相似性的梯形图编程语言成为可编程序控制器应用程序开发最主要的编程语言。此外，还有一些专为可编程序控制器编程而开发的图形或文本编程语言。这些编程语言相对来说比较学习和使用，但灵活性不如高级编程语言。而计算机控制系统中，常使用诸如 C 语言之类的高级程序语言，虽然这类语言更容易实现复杂功能，但对编程人员的要求也更高，而且应用软件的稳定性与编程人员的水平密切相关。DCS 的组态主要采用图形化的编程语言，如连续功能块图等。

（5）软、硬件资源的局限性

与计算机控制系统相比，可编程序控制器中采用的 CPU 及存储设备等其速度和处理能力要远远低于工控机等通用计算机系统。不同的可编程序控制器产品其操作系统的各异性决定了可编程序控制器上应用软件的局限性，因为专门为一款可编程序控制器开发的应用程序是没有办法被其他的可编程序控制器用户所共享的，其他的可编程序控制器用户只能根据该软件的开发思想用其支持的编程语言来重新开发。

3. 可编程序控制器的发展

在可编程序控制器产生之初，由于当时的元器件条件及计算机发展水平，多数可编程序控制器主要由分立元件和中小规模集成电路组成，只能完成简单的逻辑控制及定时、计数功能。20 世纪 70 年代初微处理器出现后，被很快引入到可编程序控制器中，使可编程序控制器增加了运算、数据传送及处理等功能，成为真正具有计算机特征的工业数字控制装置。

20 世纪 70 年代中末期，可编程序控制器进入实用化发展阶段，计算机技术已全面引入可编程序控制器中，使其功能发生了飞跃。更高的运算速度、更小的体积、更可靠的工业抗干扰设计、模拟量运算、PID 功能及极高的性价比奠定了它在现代工业中的地位。20 世纪 80 年代初，可编程序控制器在先进工业国家中已获得广泛应用。这个时期可编程序控制器发展的特点是大规模、高速度、高性能、产品系列化。这个阶段的另一个特点是世界上生产可编程序控制器的国家日益增多，产量日益上升。这标志着可编程序控制器已步入成熟阶段。

20 世纪 80 年代至 90 年代中期，是可编程序控制器发展最快的时期，年增长率一直保持为 30% ~40% 。在这时期，可编程序控制器在处理模拟量能力、数字运算能力、人机接口能力和网络能力得到大幅度提高，可编程序控制器逐渐进入过程控制领域，在某些应用上取代了在过程控制领域处于统治地位的 DCS。

20 世纪末期，可编程序控制器的发展特点是更加适应于现代工业的需要。从控制规模上来说，这个时期发展了大型机和超小型机；从控制能力上来说，诞生了各种各样的特殊功能单元，用于压力、温度、转速、位移、称重等各式各样的控制场合；从产品的配套能力来说，产生了各种人机界面单元、通信单元，使应用可编程序控制器的工业控制设备的配套更加容易。目前，可编程序控制器在机械制造、家电制造、油气采输、冶金钢铁、汽车、轻工业等领域的应用都得到了长足的发展。

我国可编程序控制器的引进、应用、研制、生产是伴随着改革开放开始的。最初是在引进设备中大量使用了可编程序控制器。接下来在各种企业的生产设备及产品中不断扩大了可编程序控制器的应用。目前，我国已可以生产从大型到中小型可编程序控制器，当然，目前市场占有率还比较低。

在 21 世纪，由于计算机软、硬件技术、通信技术、现场总线技术、嵌入式系统等快速发展，为可编程序控制器的发展提供了极大的技术支撑。可编程序控制器的未来发展主要会体现在以下几个方面：

（1）处理速度更快

现代化的工业生产对控制设备提出了更高的要求，如在许多伺服控制中，要求响应时间小于 0.1ms，这就要求可编程序控制器具有更高的处理速度。目前，有的可编程序控制器的扫描速度可以达到 0.1ms/k 步左右。

（2）联网能力更强

加强可编程序控制器联网通信的能力，是可编程序控制器技术进步的潮流。可编程序控制器的联网通信有两类：一类是可编程序控制器之间联网通信，各可编程序控制器生产厂家都有自己的专有联网手段；另一类是可编程序控制器与计算机之间的联网通信，一般可编程序控制器都有专用通信模块与计算机通信。为了加强联网通信能力，可编程序控制器生产厂家之间也在协商制订通用的通信标准，以构成更大的网络系统，可编程序控制器已成为集散控制系统不可缺少的重要组成部分。

正是由于可编程序控制器联网能力的增强，才导致大型可编程序控制器市场的萎缩。以往采用一台大型可编程序控制器进行集中控制的方案被多台联网的中型 PLC 方案所代替。这种解决方案在技术上更加可靠，同时系统造价也降低。

（3）模拟控制功能的增强

虽然传统上可编程序控制器主要用于逻辑与顺序控制，但近些年来，可编程序控制器在模拟量处理能力上不断增强，其在模拟量回路调节能力不断增强，处理的回路数也不断增加。有些型号的可编程序控制器，可以在机架上再配置过程控制 CPU 模块，如三菱电机的 Q 系列和罗克韦尔自动化 ControlLogix 系统等，这样在传统的逻辑控制基础上，还可以更好地满足过程控制的需要。此外，可编程序控制器运动控制功能也越来越强。

（4）功能单元更丰富

为满足各种自动化控制系统的要求，近年来各种功能单元模块被开发出，如高速计数模块、温度控制模块、远程 I/O 模块、通信和人机接口模块等。这些带 CPU 和存储器的智能 I/O 模块，提高了可编程序控制器的处理能力，也方便了安装和使用，降低了用户的成本。

（5）增强的外部故障的检测与处理能力

根据统计资料表明：在可编程序控制器控制系统的故障中，CPU 占 5%，I/O 接口占 15%，输入设备占 45%，输出设备占 30%，线路占 5%。前两项共 20% 故障属于可编程序控制器的内部故障，它可通过可编程序控制器本身的软、硬件实现检测、处理；而其余 80% 的故障属于可编程序控制器的外部故障。因此，可编程序控制器生产厂家都致力于研制、发展用于检测外部故障的专用智能模块，进一步提高系统的可靠性。

（6）编程语言标准化

可编程序控制器的发展过程也是可编程序控制器的兼容性越来越差的过程，硬件的兼容性几乎不存在，而应用软件也很难移植。在可编程序控制器的应用中，编程语言的不统一给用户和开发人员都带来的极大的不便，造成了应用软件开发、维护成本高。随着 IEC61131-3 标准的推出，可编程序控制器编程语言的标准化也是大势所趋。

1.5.2　可编程序控制器的工作原理

1. 循环扫描工作模式

可编程序控制器采用独特的循环扫描技术来工作的。当可编程序控制器投入运行后，其工作过程一般分为三个阶段，即输入采样、用户程序执行和输出刷新三个阶段。整个过程执行一次所需要的时间称为扫描周期。在整个运行（RUN）期间，可编程序控制器的 CPU 以一定的扫描速度重复执行上述三个阶段，如图 1-24 所示。

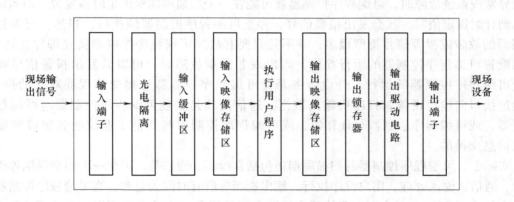

图 1-24　可编程序控制器运行时扫描工作过程

（1）输入处理阶段

在输入采样阶段，可编程序控制器以扫描方式依次地读入所有输入状态和数据，并将它们存入输入映象区相应的单元内。输入采样结束后，转入用户程序执行和输出刷新阶段。在这两个阶段中，即使输入状态和数据发生变化，输入映象区中相应单元的状态和数据也不会改变，只有在下一个扫描周期才可能把该状态读入。因此，如果输入是脉冲信号，则该脉冲信号的宽度必须大于一个扫描周期，才能保证在任何情况下，该输入均能被读入。

（2）用户程序执行阶段

在用户程序执行阶段，可编程序控制器总是按由上而下的顺序依次地扫描用户程序。以梯形图程序为例，在扫描每一条指令时，又总是先扫描梯形图左边的由各触点构成的控制线路，并按先左后右、先上后下的顺序对由触点构成的控制线路进行逻辑运算，然后根据逻辑运算的结果，刷新该逻辑线圈在系统 RAM 存储区中对应位的状态（即内部寄存器变量）；或者刷新该输出线圈输出映像区中对应位的状态（即输出变量）。在用户程序执行过程中，输入点在输入映像区内的状态和数据不会发生变化，而其他输出点和软设备在输出映像区或系统 RAM 存储区内的状态和数据都有可能发生变化，而且排在上面的梯形图，其程序执行结果会对排在下面的凡是用到这些线圈或数据的梯形图起作用；相反，排在下面的梯形图，其被刷新的逻辑线圈的状态或数据只能到下一个扫描周期才能对排在其上面的程序起作用。因此，在梯形图程序中，双线圈输出通常是被禁止的。当然在顺气功能图中，同一个输出是可以反复在动作中使用的。

（3）输出刷新阶段

当扫描用户程序结束后，可编程序控制器就进入输出刷新阶段。在此期间，CPU 按照输出映象区内对应的状态和数据刷新所有的输出锁存电路，再经输出电路驱动相应的执行设备，从而改变被控过程的状态。

实际上，可编程序控制器在工作中，除了执行上面与用户程序有关的 3 步外，还要处理一些其他任务，包括运行监控、外设服务及通信处理等。运行监控是通过设置一个俗称"看门狗"（Watchdog）的系统监视定时器实现的，它监视扫描时间是否超过规定的时间。正常情况下，可编程序控制器在每个扫描周期都对该系统监视定时器进行复位操作。当程序出现异常或系统故障时，可编程序控制器就可能在一个扫描周期对该定时器复位，而当定时器达到计时设定值时，就会发出报警信号，停止可编程序控制器的执行。当然，可编程序控制器的故障或报警信号类型很多，并不是只要有故障可编程序控制器就立即停止运行。可以配置可编程序控制器的运行参数，当出现非严重故障时，可以只发出报警信号而不停止可编程序控制器的运行。外设服务是让可编程序控制器可接受编程器对它的操作，或通过接口向输出设备如打印机输出数据。通信处理是实现可编程序控制器与可编程序控制器，或可编程序控制器与计算机，或可编程序控制器与其他工业控制装置或智能部件间信息交换的。

实际上，可编程序控制器的扫描周期还包括自诊断、通信等，因此一个扫描周期等于自诊断、通信、输入处理、用户程序执行、输出刷新等所有时间的总和。当可编程序控制器的 CPU 在停止（STOP）状态时，只执行自诊断和通信服务（有些产品可以定义在 STOP 状态时执行的任务）。

正因为如此，可编程序控制器的工作速度（或扫描时间）称为衡量可编程序控制器性能的一个重要参数。CPU 速度快、执行指令时间短，可编程序控制器的任务处理能力就越强，系统实时性就越高。目前，小型的可编程序控制器执行一条指令在几微秒到几十微秒之间，而中大型可以做到零点几到或零点零几微秒。

2. 中断工作方式

显然，可编程序控制器的循环扫描工作方式是有一定不足的，即在输入扫描后，系统对新的输入状态的变化缺乏足够的快速响应能力。为了提高可编程序控制器对这类事件的处理能力，一些中型可编程序控制器在以扫描方式为主要的程序处理方式的基础上，又增加了中断方式。其基本原理与计算机中断处理过程类似。当有中断请求时，操作系统中断目前的处理任务转向执行中断处理程序。待中断程序处理完成后，又返回运行原来程序。当有多个中断请求时，系统会按照中断的优先级进行排队后顺序处理。

可编程序控制器的中断处理方法有几种：

1）外部输入中断 设置可编程序控制器部分输入点作为外部输入中断源，当外部输入信号发生变化后，可编程序控制器立即停止执行，转向执行中断程序。对于这种中断处理方式，要求将输入端设置为中断非屏蔽状态。

2）外部计数器中断 即可编程序控制器对外部的输入信号进行计数，当计数值达到预定值时，系统转向执行中断处理程序。

3）定时器中断 当定时器的定时值达到预定值时，系统转向处理中断程序。

可编程序控制器对中断程序的执行只有在中断请求被接受时才执行一次，而用户程序在每个扫描周期都要被执行。

1.5.3 可编程序控制器的功能特点

可编程序控制器之所以得到快速的发展和广泛的应用，是与其如下特点分不开的：

1. 可靠性高，抗干扰能力强

只有具有高运行可靠性和强抗干扰能力的产品才能被接受和广泛应用，这与工业生产过程"安全至上"原则是一致的。可编程序控制器在设计、生产和制造上采用了许多先进技术，以适应恶劣的工作环境，确保长期、可靠、稳定与安全运行。如采用了现代大规模集成电路技术，采用了严格的生产工艺制造，在软件、硬件等多个环节都采取了先进的抗干扰技术，因而具有很高的可靠性。例如一些安全型可编程序控制器平均无故障时间高达 100 万 h，而使用冗余 CPU 的可编程序控制器的平均无故障工作时间则更长。与传统继电器－接触器控制系统相比，可编程序控制器应用系统中各种触点数大量减少。另外，可编程序控制器还带有多层次的故障检测与报警功能，出现故障时可及时发出报警信息，这些报警信息保存在相应的数据寄存器中，上位机可以显示该信息，也可利用该信息驱动外部报警设备。除了系统具有的故障检测与报警功能外，用户在设计应用软件时，也可以编写专门的处理设备或过程保护与故障诊断程序。通过这两个方面的工作，可以使整个系统具有极高的可靠性。

2. 产品丰富、适用面广

没有一种控制器有可编程序控制器这么丰富的产品及相应的配套外围设备可供用户选择。从系统规模看，大、中、小、微型的 PLC 产品可以满足各种规模的应用要求，控制系统 I/O 点数可以从几点到几万点。从系统功能看，处理传统的逻辑和顺序控制外，现代可编程序控制器大多具有较强的数学运算能力，可用于各种模拟量控制领域。近年来出现了各种面向特定应用的功能模块，如运动控制、温度控制、称重等极大地扩展了可编程序控制器的应用范围。大量的配套设备，如各种人机界面（触摸屏）等，可与可编程序控制器组成各种满足工业现场使用的控制系统。

3. 易操作性

可编程序控制器的易操作性表现在多个方面。从安装来看，非常适合与各种电器配套使用。从编程来看，编程语言丰富多样，易为工程技术人员接受。从系统功能的修改看，只要修改应用软件，就可以实现功能的改变。从扩展性能看，它可以根据系统的规模不断的扩展，既可以作为主控设备，也可以作为辅控系统与 DCS 等协同工作。

4. 易于实现机电一体化

现代的可编程序控制器产品体积小、功能强、抗干扰性好，很容易装入机械内部，与仪表、计算机、电气设备等组成机电一体化系统。

1.5.4 可编程序控制器的应用

可编程序控制是因为工厂自动化的需要才产生的，因此传统上通过气动或电气控制系统来实现的大量逻辑控制系统很快被可编程序控制器所取代，并且该领域一直是可编程序控制器的最主要的应用领域。可编程序控制器的发展，一直是在适应处理大量的离散量的逻辑与顺序控制。随着网络化技术的普及和现场总线的发展，可编程序控制器的应用从单机控制扩展到网络化控制系统，控制规模从设备级到车间级和厂级。随着可编程序控制器功能的不断增强和产品的不断丰富，其应用领域也从传统的机械、汽车、轻工、电子扩展到钢铁、石化、电力、建材、交通运输、环保及文化娱乐等各个行业。

根据控制过程的要求和特点，其使用范围可归纳到以下几类：

1. 开关量的逻辑控制

这是可编程序控制器最基本、最广泛的应用领域，它取代传统的继电器电路，实现逻辑控制、顺序控制，既可用于单台设备的控制，也可用于多机群控及自动化流水线。如电梯、注塑机、印刷机、订书机械、组合机床、磨床、包装生产线、电镀流水线等。

2. 运动控制

可编程序控制器可以用于圆周运动或直线运动的控制。从控制机构配置来说，早期直接用于开关量 I/O 模块连接位置传感器和执行机构，现在一般使用专用的运动控制模块。如可驱动步进电动机或伺服电动机的单轴或多轴位置控制模块。世界上各主要可编程序控制器厂家的产品几乎都有运动控制功能，广泛用于各种机械、机床、机器人和电梯等场合。

3. 过程控制

与制造业不同，在工业生产过程当中，其典型的测控变量，如温度、压力、流量、物位等都是连续变化的模拟量。传统上，可编程序控制器并不擅长处理模拟量，特别是对模拟量进行数学运算及 PID 控制。为了扩展可编程序控制器处理模拟量的能力，可编程序控制器的制造商在硬件模块上增加了实现模拟量和数字量之间相互转换的 A-D 及 D-A 模块，在指令系统中增加了模拟量处理指令和 PID 控制指令，从而把可编程序控制器的应用领域扩展到传统上由集散控制系统或智能仪表占据的过程控制领域。当然，对于模拟量点数多于数字量的系统，采用集散控制系统还是要比可编程序控制器更合适。

4. 数据处理

现代可编程序控制器具有数学运算（含矩阵运算、函数运算、逻辑运算）、数据传送、数据转换、排序、查表、位操作等功能，可以完成数据的采集、分析及处理。这些数据可以与存储在存储器中的参考值比较，完成一定的控制操作，也可以利用通信功能传送到别的智能装置，或将它们打印制表。数据处理一般用于大型控制系统，如无人控制的柔性制造系统；也可用于过程控制系统，如造纸、冶金、食品工业中的一些大型控制系统。

1.5.5　主要可编程序控制器的产品及其分类

1. 主要可编程序控制器的产品

由于可编程序控制器应用范围非常广泛，全世界众多的厂商生产出了大量的产品。目前主要的可编程序控制器制造商有美国罗克韦尔自动化（Rockwell Automaiton）及通用电气（GE），日本欧姆龙（OMRON）、三菱电机（MITSUBISHI）、富士（FUJI）及松下（NATIONAL），德国的西门子（SIEMENS），法国的施耐德（SCHNEDER）等。这些产品虽然各自都具有一定的特性，其外形或结构尺寸也不一样，但总体上来说，其功能是大同小异。按照结构形式和系统规模的大小，可以对可编程序控制器进行分类。按照结构形式，可以分为一体式和模块式；按照系统规模（或 I/O 点）及内存容量，可以分为微型、小型、中型和大型。

所谓微型是指 I/O 点小于 64 点，内存在 256Byet ~ 1KB。小型机的 I/O 在 65 ~ 256 点。中型机的 I/O 在 257 ~ 1024 点。大型机的 I/O 点在 1025 ~ 4096 点。超大型机器指 I/O 点大于 4096 点。一般而言，中型以上产品均采用 16 位 ~ 32 位 CPU，早期微、小型产品多采用 8 位 CPU，现也有用 16 位 ~ 32 位 CPU 的。需要指出的是，这里 I/O 点数是指数字量点。每种型号的 PLC 对于模拟量输入和输出点数特别是 PID 控制回路数都有一定的限制。

在实际的应用中，微型和小型机用量极大，而中型和大型机用的相对较少，超大型机的用量最少。可编程序控制器的这种应用现状，一方面与各种需要一定控制功能的单体设备数量庞大有关，另一方面是因为当控制系统 I/O 点数小于 256 时，采用集散控制系统的性价比较低，而可编程序控制器系统具有较大的优势。

2. 可编程序控制器的典型结构

（1）一体式可编程序控制器

所谓一体式可编程序控制器，是指把实现可编程序控制器所有功能所需要的硬件模块，包括电源、CPU、存储器、I/O 及通信口等组合在一起，物理上形成一个整体，如图 1-25 所示。这类产品的一个显著特点就是结构非常紧凑，功能相对较弱，特别是模拟量处理能力。这类产品主要针对一些小型设备或单台设备，如注塑机等的控制。由于受制于尺寸，这类产品的 I/O 点比较少。

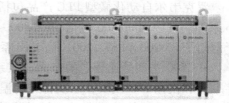

图 1-25　一体式可编程序控制器
罗克韦尔自动化公司 Micro850

虽然是一体化的产品，其种类也比较多，如罗克韦尔自动化公司 Micro800 系列和 MicroLogix 系列、西门子的 S7-1200，三菱电机的 FX3U 等。对于某一类产品，可以根据基本控制器的 I/O 点数来分。如罗克韦尔自动化公司的型号为 2080-LC50-48AWB 的产品就是一个具有 28 个数字量输入和 20 个数字量输出共 48 个点的 Micro850 一体化可编程序控制器。

为了扩展系统的 I/O 处理能力和系统功能，这类一体化的系统也采用模块式的方式来加以扩展。这些扩展模块包括数字量扩展模块、模拟量扩展模块、特殊功能模块以及通信扩展模块等。随着现场总线技术的发展，一体化的可编程序控制器也支持现场总线模块。扩展模块通过专用的接口电缆与主机或前一级的模块连接。

一体化的小型或微型产品的用量占到了可编程序控制器总用量的 75% 以上。

（2）模块式可编程序控制器

所谓模块式可编程序控制器，顾名思义，就是指把可编程序控制器的各个功能组件单独封装成具有总线接口的模块，如 CPU 模块、电源模块、输入模块、输出模块、输入和输出模块、通信模块、特殊功能模块等，然后通过底板把模块组合在一起构成一个完整的可编程序控制器系统。这类系统的典型特点就是系统构建灵活，扩展性好，功能较强。典型的产品包括罗克韦尔自动化 Control-Logix，如图 1-26 所示，西门子 S7-300 系列，施耐德 Quantum 系列，通用电气 Rx3i 及三菱电机 Q 系列等。

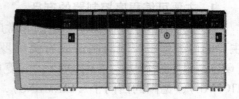

图 1-26　模块式可编程序控制器
罗克韦尔自动化公司 ControlLogix

1.6　罗克韦尔自动化工业控制系统

罗克韦尔自动化公司总部位于美国威斯康星州密尔沃基市，是世界上最大的专注于工业自动化与信息化的跨国公司，提供一流的动力、控制和信息技术解决方案。其旗下品牌包括艾伦 - 布拉德利（Allen-Bradley（罗克韦尔自动化公司））的控制产品和工程服务以及罗克韦尔软件（Rockwell Software）生产的工控软件。

目前，罗克韦尔自动化公司的 PLC 和 PAC 的产品覆盖从微型到大型系列，支持运动控制、顺序控制、过程控制和安全控制等，可以通过网络组成更加复杂和大型的应用系统。其主要控制产品包括小型和微型 PLC、大型 PAC、安全控制器和集散控制系统等。

1.6.1　罗克韦尔自动化可编程序控制器

罗克韦尔自动化微型 PLC 产品包括 SLC500 系列、Micro800 系列、MicroLogix 系列和 Pico 系列。其中 Micro800 包括 Micro800 ~ Micro850。Micro800 系列和 MicroLogix 系列产品相当于西门子 S7-200 和 S7-1200，而 Pico 系统则相当于西门子 LOGO!。

SLC500 是型号比较老的产品，该系列产品采用模块化结构。SLC 500 系统提供多种数字 I/O 和模拟 I/O 模块，以及特殊的温度模块、计数模块和过程处理等模块。SLC500 还提供了与各类"智能"设备的现场总线接口，这类设备包括各种传感器、按钮、电动机起动器、现场操作员站和传动设备等。

MicroLogix 产品主要包括 MicroLogix1000、MicroLogix1200 和 MicroLogix1500 这三种不同级别。MicroLogix1000 为一体化结构，体积小巧、功能全面、是小型控制系统的理想选择；MicroLogix1200 为模块型结构，能够在空间有限的环境中，为用户提供强大的控制功能，满足不同应用项目的需要。该系列产品最多可扩展 6 个模块，扩展后最大 I/O 点达到 96 点；MicroLogix1500 为模块型结构，不仅功能完善，而且还能根据应用项目的需要进行灵活扩展，扩展后的最大 I/O 点达到 512 点，适用于要求较高的控制系统。

Micro800 系列控制器是罗克韦尔自动化全新推出的新一代微型 PLC，型号包括 Micro800 ~ Micro850。此系列控制器具有超过 21 种模块化插件，控制器的点数从 10 点到 48 点不等，可以实现高度灵活的硬件配置，在提供足够的控制能力的同时满足用户的基本应用，并且便于安装和维护。不同型号控制器之间的模块化组件可以共用，内置 RS-232、RS-485、USB 和 Ethernet/IP 等通信接口，具有强大的通信功能。免费的编程软件支持程序的开发、调试，并可使用通用的 USB 编程电缆，给编程人员带来极大的便利。

Pico 控制器提供简单的逻辑、定时、计数和实时时钟操作。为增强性能，Pico GFX 增加了图形画面的使用，提供高级编程特征：如 PID 控制、高速计数器以及位序列。Pico 是替代继电器应用的理想选择，适合于简单控制应用，如楼宇、暖通空调、停车场照明以及一些对成本要求很严的场合。Pico 控制器易于使用，所有的编程和数据调整都能够通过面板上的键盘和显示来完成，或者利用 PicoSoft 和 PicoSoft Pro 配置软件来完成。

1.6.2　可编程自动化控制器

可编程自动化控制器包括 FlexLogix、CompactLogix、ControlLogix 和 SoftLogix 等系列产品。ControlLogix 是该平台的最大的系统，和西门子 S7-400 相当。

1. FlexLogix 系列

FlexLogix 系统为工业控制提供了分散控制的方法。不仅 I/O 点能被分散到传感器/执行器件附近，处理器也可分散到部分的 Flex、Flex Ex 或 Flex 集成 I/O 模块以上，远程控制其他的 I/O 模块。FlexLogix 处理器可以与网络连接，用于分布式处理及分布式 I/O。由于它具有 Logix 控制引擎，FlexLogix 处理器可同时完成顺序控制、运动控制、过程控制及驱动控制。

一个 FlexLogix 系统最少由一个内置电源的处理器模块和 1794 Flex I/O 模块组成，端子排底座并排安装在 DIN 导轨上，形成长度可变的背板。最大组合可增到 8 个 I/O 模块，可增加一个本地 I/O 扩展适配器（1794-FLA），把 8 个（1794 系列）I/O 模块并排安装在处理器 3 英尺电缆范围内。此外，1794 Flex I/O 模块都可在底板上电时装卸，不会影响系统中其他模块的运行，因此可在保持系统其他部分运行中调换故障模块。

FlexLogix 控制器和其他的 Logix 控制器有着共同的编程方式和配置输入输出模块的方式，都采用 RSLogix5000 编程软件。

2. CompactLogix PLC

CompactLogix PLC 提供面向低端到中型应用的 Logix 解决方案。典型的应用包括设备级别的控制应用（只要求有限的输入输出数量以及有限的通信要求）。Compactlogix 1769-L31 提供两个串行通信接口。1769-L32C 和 1769-L35CR 控制器提供一个集成的 ControlNet 通信口。1769-L32E 和 1769-L35E 提供一个集成的以太网接口。

CompactLogix PLC 系统支持从中心 CompactLogix 控制器通过 EtherNet/IP、控制网、设备网来远程控制输入输出和现场设备，实现不同地点的分布式控制解决方案。通过将 CompactLogix 控制器连接到 EtherNet/IP 以太网或 ControlNet 控制网，用户可以以很低的成本将一台机器或一个项目集成到一个工厂范围控制系统中去。比如，可以使用 1769-L35E 控制器连接数量众多的产品，如 Allen-Bradley PanelView Plus 操作员界面、Point I/O、和 PowerFlex 70 驱动器，以实现全范围的集成解决方案。

3. ControlLogix 系列 PLC

ControlLogix 是罗克韦尔自动化公司在 1998 年推出的模块化 PLC，是目前世界上最具有竞争力的控制系统之一，Controllogix 将顺序控制、过程控制、传动控制及运动控制、通信、

IO 技术集成在一个平台上，可以为各种工业应用提供强有力的支持，适用于各种场合。其最大的特点是可以使用网络将其相互连接，各个控制站之间能够按照客户的要求进行信息的交换。

ControlLogix 采用框架式结构，所有的模块都插在框架的背板上，背板支持模块的热插拔。ControlLogix 系统采用了模块化的设计，并且模块种类不仅包括模拟量、数字量这些常用的模块，而且还有专门的运动控制模块及相应的全套运动控制指令，为工业控制提供一种非常灵活并十分完整的控制方案。ControlLogix 可以通过网络与罗克韦尔自动化公司的各种产品组成规模更大的网络化控制系统。通过扩展模块，还可以和 FF 等现场总线设备连接。ControlLogix 网络结构如图 1-27 所示。

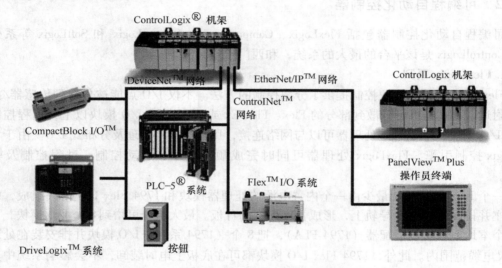

图 1-27　ControlLogix 网络结构

ControlLogix 产品的主要特点有：

1）系统之间的结合紧密　Control1Logix 系统与现有的 PLC 系统之间的连接方便，Logix5550 处理器与 PLC 及 SLC 之间通信都可由专门的指令完成。Logix5550 与现有的 Rockwell 各层网络上的设备都可通过相应的连接模块进行信息交换，实现与其他网络上的程序处理器之间无缝对接。

2）模块化的设计　ControlLogix 系统的模块化的 I/O、内存及通信接口提供了一种既可组态又便于扩展的系统，用户可以根据需要灵活地配置所需的 I/O 数量、内存容量以及通信网络，以后当需要进一步扩展系统时，可随时添加 I/O、内存及通信接口。

3）带电插拔（热插拔）　ControlLogix 允许用户带电插拔系统中的任何模块，而不会对模块造成损坏。这对于系统的维护与检修有着很大的帮助，因为这样用户就可以在继续维持系统运行的同时更换有故障的模块，而不会影响整个系统其他部分的正常运行。

4）高速数据交换　Control1Logix 可以在网络之间、网络的链路之间以及通过背板的模块之间实现信息的高速传送。

5）高强度的硬件平台　ControlLogix 系统采用特殊设计的高强度工业硬件平台，从而可耐受振动、高温以及各种工业环境下的电气干扰。

6）小型化、精致化　所有硬件模块采取小型化的设计，这使得 ControlLogix 系统适用于有限的安装空间。

7）多个 Logix5550 处理器模块可以在一个机架上并存　这是罗克韦尔自动化公司以前处理器所不具备的功能。Controllogix 允许多个 Logix5550 处理器模块插在同—个背板上。高速度的背板使每个处理器都可轻而易举的访问其他处理器的数据，从而实现 I/O 数据及其他信息的共享。

8）分布式处理　通过 Ethernet、ControlNet 和 DeviceNet 等网络将处理器连接起来，可以实现分布式处理。

9）分布式 I/O　通过 ControlNet，DeviceNet 和普通的 Remote I/O 链路即可将远离处理器的分布式 I/O 连接起来。

10）支持 IEC61131 标准　提供了真正具有优先级的多任务环境，允许用户通过单独安排软件组件来满足自己的应用要求，这能大大提高处理器的效率并且可以相对降低成本，因为它可以减少用户对整个控制系统所需的处理器数量的要求。

11）ControlLogix 的无源数据总线背板消除了通信瓶颈现象，ControlLogix 的无源数据总线背板采用了生产者/客户（producer/consumer）技术，可提供高性能的确定性数据传送。

RSLogix 5000 编程环境如图 1-28 所示。与早期的可编程序控制器编程软件相比，RSLogix 5000 功能更加强大，更加方便实用。RSLogix 5000 编程软件除了为顺序控制提供梯形图编程外，还可以为运动控制提供完整的编程及调试支持。RSLogix 5000 可同时完成顺序控制与运动控制。使用 RSLogix 5000 软件可以完全实现对模块的设置和监视，通过 I/O 实现 ControlLogix 背板连接所有模块相关数据都包含在一个处理器数据对象中，这便于配置、监视和连接模块参数。

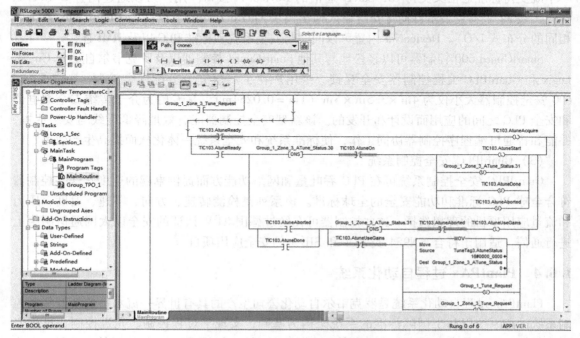

图 1-28　RSLogix5000 编程软件界面

4. SoftLogix

SoftLogix 是一种基于 PC 的控制系统产品，其 CPU 功能在 PC 内实现，由于采用了同其他系列产品相同的 I/O 总线，因此可以采用其他系列产品的 I/O 扩展模块，使可扩展模块种类大大增加，应用范围得到扩展。SoftLogix 软 PLC 产品采用了 Logix 平台都使用的 Logix 执行引擎，即 RSLogix 5000 编程软件和 NetLinx 开放型网络（设备网、控制网和以太网），使得它具备 Logix 平台的通用性。SoftLogix 系统的核心部件是"虚拟背板"，它拥有传统 PLC 背板的功能。利用软件背板监视工具，用户可以方便、快捷地完成一项工程的创建、组态与编程。

1.6.3　可编程安全控制器

罗克韦尔自动化安全控制器包括 Logix 集成安全产品 GuradLogix、小型安全控制器 SmartGuard 和 GuardPLC 安全控制系统。

（1）GuardLogix 集成安全控制器

GuardLogix 集成安全控制系统具有标准 ControlLogix 系统的优点，并提供了支持 SIL 3 安全应用项目的安全功能。GuardLogix 安全控制器提供了集成安全控制、离散控制、运动控制、驱动控制和过程控制，并且可无缝连接到工厂范围的信息系统，所有这些都在同一个控制器中完成。使用 EtherNet/IP 或 ControlNet 网络，可实现 GuardLogix 控制器之间的安全互锁。GuardLogix 控制器通过 EtherNet/IP 或 DeviceNet 网络连接现场设备。

（2）小型安全控制器 SmartGuard

SmartGuard 也是 SIL3 级的安全控制器，支持 DeviceNet Safety 应用。SmartGuard 600 安全控制器共有 16 个安全输入和 8 个安全输出、4 个脉冲测试源、一个用来组态的 USB 接口、一个既支持标准通信又支持 CIP Safety 通信的 DeviceNet 接口。用户可以通过内置 DeviceNet 接口扩展 32 个罗克韦尔自动化安全输入输出模块 Guard I/O 的节点（与 GuardLogix 系统中相同的分布式 I/O）。DeviceNet 内置可以同时与安全系统和标准 PLC 以及 HMI 连接。

SmartGuard 600 控制器可以轻松地与其他 SmartGuard 控制器以及罗克韦尔自动化 GuardLogix 和 GuardPLC 编程控制器安全互锁，令用户在工厂层充分分配安全控制。SmartGuard 600 安全控制器大小仅为 $4in \times 3.5in \times 5in$（$1in = 0.0254m$），是专门为介于传统安全继电器和安全 PLC 之间的应用而设计和开发的。该新型安全控制器能有效地降低配线与安装成本，并能和普通可编程序控制器协同工作，使标准系统和安全系统一体化从而提高生产效率。

（3）GuardPLC 安全控制系统

GuardPLC 安全控制系统可在 PLC 吞吐量和网络功能方面提供卓越的速度。这些控制器符合全球 PLC 标准和功能安全的全球标准。该系列是检测转速、方向、零速、温度、压力和流量应用项目的理想选择。这些控制器可在经过德国 TÜV 认证的安全以太网通信网络上进行通信，适用于符合 EN954 类别 4 和 SIL 3 的安全应用项目。

1.6.4　PlantPAx 过程自动化系统

PlantPAx 过程自动化系统是罗克韦尔自动化公司生产的具有世界一流水平的新型集散控制系统。该系统以基于国际标准的系统架构为基础，实现了过程控制、先进控制、过程安全、数据库管理的全方位过程自动化控制系统。该系统还利用了集成架构元件实现了多策略控制以及与罗克韦尔自动化智能电机控制产品组合的集成。

PlantPAx 结构类型如图 1-29 所示，其结构可以分成以下几种类型：

1）集过程控制自动化系统服务器、操作员站和工程师站于一体的独立站系统架构，适应小型过程控制系统应用要求。

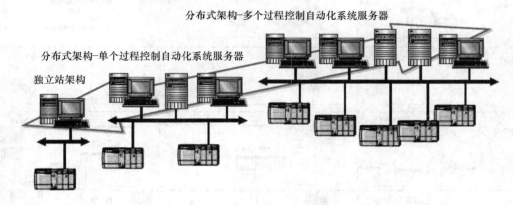

图 1-29　PlantPAx 的架构类型

2）带多个操作员站和工程师站的单服务器分布式系统架构，适应中等规模的过程控制系统应用要求。

3）带多个操作员站和工程师站的多服务器分布式系统架构，适应大型过程控制系统等应用要求。

PlantPAx 系统的主干网络采用国际标准的工业以太网 EtherNet/IP，可实现系统元件间的无缝集成以及与更高级别业务系统的连接。PlantPAx 系统支持通过 ControlNet 或 EtherNet/IP 网络进行设备级通信，为车间和管理层提供了一种具有实时结果的业务解决方案，能够为企业管理提供实时信息，以协助管理人员做出更明智的经营决策。

典型的 PlantPAx 系统结构如图 1-30 所示。该控制系统包括从现场设备级到企业商务信息管理级的多级结构，属于大型综合自动化系统。其工厂监控、控制及现场设备级主要设备（系统元素）包括过程自动化系统服务器、域控制器、应用服务器、工程师站、操作员站和现场控制器和网络系统。网络包括 EtherNet/IP 主干网、现场的设备级环形网络和连接现场控制器和现场总线设备的现场总线。PlantPAx 支持多种标准的现场总线，特别是过程工业主流的现场总线 FF 和 Profibus-PA。通过网关，这些现场总线设备可以集成到 EtherNet/IP 网络实现与控制器的信息交换。此外，PlantPAx 还支持 Hart 总线设备，从而可以兼容更多的传统的现场仪表设备。PlantPAx 还支持各种安全控制产品的集成，从而确保了安全相关系统的功能安全的实现。

PlantPAx 系统中典型的元素说明见表 1-1。

PlantPAx 系统中主要的应用软件包括：

（1）RSLogix 5000 软件（版本 20. x 及以上），控制器配置、编程

RSLogix 5000 系列编程环境提供了易于使用且符合 IEC 61131-3 标准的接口，采用结构和数组的符号化编程，以及专用于顺序控制、运动控制、过程控制和传动控制场合的指令集，大大提高了生产效率。

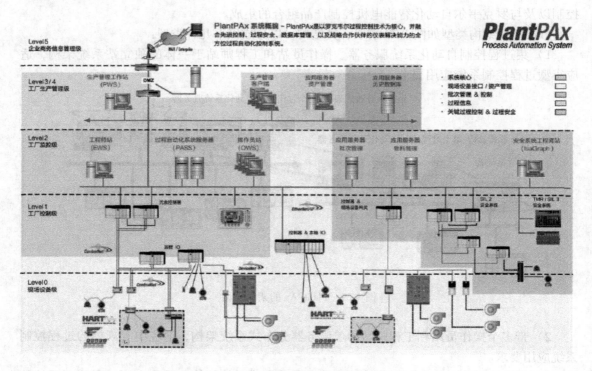

图 1-30 PlantPAx 集散控制系统 6 级系统结构图

表 1-1 PlantPAx 的系统元素

系统元素	说　明
过程控制自动化系统服务器（PASS）	过程控制自动化系统服务器是必需的系统元素，可以提供画面服务、报警服务以及与控制器之间的数据连接服务。可以根据过程需要使用多个过程控制自动化系统服务器提供附中系统容量或创建应用内容的逻辑隔离
操作员站（Operator workstation，OWS）	操作员站具有交互式图形界面，可对过程进行监控
工程师站（Engineering workstation，EWS）	工程师站提供集中实现系统组态和监视维护系统操作的功能
Appserv-Information 管理服务器	信息管理服务器除存储和管理生产数据外，还可提供决策支持工具。决策支持工具包括实时报告、趋势或通过 Web 浏览器发布关键绩效指标（KPI）的仪表板
Appserv-Asset 管理服务器	资产管理服务器作为集中式工具，可用于管理自动化相关的资产信息（包括罗克韦尔自动化资产和第三方资产）。资产管理应用服务器具有源代码控制、操作审计追踪、更改通知、报表和系统安全管理功能
Appserv-Batch 服务器	批次应用服务器提供了全面的批次管理功能，包括单元监控、配方管理、过程管理和物料管理。批次应用服务器可与操作员站上的可视化元素和工程师站上的组态客户端相连
控制器	ControlLogix 和 CompactLogix 控制器支持连续过程应用，具有高级过程控制功能。这些控制器还支持批次、离散和运动控制应用
独立工作站	独立工作站是集过程控制自动化系统服务器、工程师站和操作员站于一体的单站系统（独立级）

（2）FactoryTalk View 软件（版本 7.0），人机界面软件

FactoryTalk View 软件支持罗克韦尔自动化集成架构平台，是可扩展的统一监控解决方案套装的一部分，该套装旨在通过网络将机器级应用与监管级人机界面（HMI）应用结合起来。该 HMI 软件产品套件可提供统一的开发环境、架构和应用重用功能，以提高产量、降低运营成本并提升质量。

FactoryTalk View 包括 Site Edition（SE）和 FactoryTalk View Machine Edition（ME）。FactoryTalk View 软件支持用于监控单台机器或小规模过程的开放式和嵌入式操作员界面解决方案。该软件具有跨平台（包括 Microsoft Windows CE、Windows 7、Vista、XP 和 Server 解决方案）的统一操作员界面。Factory Talk View ME 软件包括设计和运行环境。FactoryTalk View SE 是一款用于开发监管级监控应用的 HMI 软件。这一分布式的可扩展架构可应用于独立的、单服务器/单用户应用，也可应用于多服务器连接多用户的应用。支持运行服务器和客户端，允许客户开发并部署多服务器/多客户端应用。

（3）FactoryTalk Batch 软件（版本 11.01），批处理

FactoryTalk Batch 提供高效率、可预测的批处理执行，保证各个批处理的一致性，以及批处理运行期间的事件信息记录。FactoryTalk Batch 过程管理允许用户在类似流程中重用编码、配方、计划和逻辑。FactoryTalk Batch 为用户提供了批处理自动化和过程管理所有方面的内容，是最全面的批处理管理软件。使用 FactoryTalk Batch 用户可以：建立和管理配方，并自动执行配方；减少确认和调试所需的时间；配置物理和流程模型；集成各种互补型应用软件；按流程详细选择电子批处理数据可生成详细报告；与企业信息系统集成和交换批处理及配方信息；仿真整个的批处理过程。

（4）FactoryTalk Asset Centre 软件（4.1 或更高版本），资产管理

FactoryTalk Asset Centre 为用户提供了一种集中化的工具，用于收集、管理和保护整个企业的自动化资产。更重要的是，它能够自动地完成这些工作，减少了由于人员在管理和工作中所发生的疏忽。FactoryTalk Asset Centre 是一个真正的二合一的资产管理平台。它建立在一个服务器之上，提供了公共基础功能和各种附加的能力，使得用户在特定的自动化资产类型中，完成确定的功能。这种集成化和模块化的设计，使得系统能够按用户的目标和生产的需要进行变化。使用 FactoryTalk Asset Centre，用户能够：安全地访问控制系统；跟踪用户的行为；管理资产配置文件；配置过程仪表；提供备份和运行资产配置的恢复；管理校对行动等。

（5）FactoryTalk VantagePoint 软件（4.5 或更高版本），企业智能解决方案

罗克韦尔自动化的 FactoryTalk VantagePoint 可以帮助生产线工人、主管和高级管理人员进行更好、更及时的决策，在较低成本的基础上，提高生产率、质量、改进资产利用。FactoryTalk VantagePoint 与各种制造数据源连接（包括实时数据、历史数据、关系型数据和事务型数据），创建一个可通过 Web 浏览器进行访问、融合、关联、基于角色的集中虚拟数据源，将信息提供给信息工人、主管和高级管理人员，灵活配置的基于角色的报表、仪表盘和 KPI，以作出深入的、可行的生产决策。

（6）FactoryTalk Historian 软件（3.01 或更高版本），现场实时历史数据库

FactoryTalk Historian 是罗克韦尔自动化软件分布式历史库策略的重要组件。它是可靠的过程、生产数据采集和分析的基础。FactoryTalk Historian 帮助操作人员、生产主管、维护人

员、支持人员和业务人员管理并改进工厂、车间或生产设备的性能。FactoryTalk Historian 比传统的历史数据库更容易实施和管理。安装、组态和管理历史数据采集仅需要很少的工程量，自动化的组态过程可以帮助识别和连接控制系统，而且能够迅速地组态和开始数据采集。通过使用现成的接口，它提供了与其他控制系统方便地连接，允许在中控室中完成对每个分布式 Historian 子系统的日常管理工作。可靠实时地访问精确的信息是提高生产力和生产效率的重要组成部分，大大加快决策过程并帮助改进生产瓶颈。

1.7　安全仪表系统（SIS）

1.7.1　功能安全及相关概念

1. 功能安全概念及其标准

（1）功能安全概念

历年来，在全球不断有工厂由于安全保障系统的缺失或者不完善而引发的惨案，全世界每年死于工伤事故和职业病危害的人数约为 200 万，是人类最严重的死因之一，这也引起了各个行业及各国政府对功能安全的高度重视。

功能安全是在 2000 年以后逐渐兴起的一项安全工程学科，是指针对规定的危险事件，为达到或保持受控设备的安全状态，采用 E/E/PE（电子/电气/可编程设备）安全系统、外部风险降低设施或其他技术安全系统实现的功能。功能安全是系统整体安全的重要组成部分，它取决于安全相关设备或系统对输入信号正确反应的能力。采用功能安全相关技术可以检测出潜在的危险失效，并及时地启动保护设备或调控装置，以防止危害的扩大或把危害的影响降低到可接受的范围。功能安全包括技术和管理两个方面的内容，涉及石油、能源、制造、化工等多个领域，是通过提高安全设施有效性来控制与保护各类危险源等手段，减少或避免工业事故对公众和环境的影响，防止各类装备尤其是成套装置发生不可接受危险的技术。

功能安全具有以下特点：

1）功能安全将安全转化为 SIL 控制。结合发生事故后可能会造成的人员伤亡、环境破坏、财产损失的严重程度，国家采用法律的手段来明确由各生产经营单位所承担的安全风险控制目标，然后各生产经营单位将企业的安全风险控制目标逐步分解对应到每一个危险源，最后把针对每个危险源采取安全设施。

2）功能安全是从整体系统的安全要求出发，不仅将安全责任与组织管理程序进行科学合理的分解，而且把构成系统的各个结构与各种元素的 SIL 等级进行科学的分解。再把这些分解组成有序的整体系统，在合理分工的基础上进行严密有效的协作，通过科学的组织管理体系和使用安全仪表系统集成来实现安全要求的总体目标。

3）功能安全是由系统论、现代安全管理、控制论等多学科进行相互的渗透、交叉而发展起来的。功能安全方法就是应用这些技术来实现对系统的模型化和最优化，并且把定性分析和定量分析紧密结合起来，对系统进行整体的分析和设计。

功能安全是安全仪表系统是否能有效地执行其安全功能的体现，功能安全是一种基于风险的安全技术和管理模式。风险评估是实施功能安全管理的前提，安全完整性等级是功能安全技术的体现，安全生命周期是功能安全管理的方法。因此，风险评估、安全完整性等级和安全生命周期是 IEC61508 的精髓。

（2）功能安全标准

1996 年美国仪器仪表协会完成了第一个关于过程工业安全仪表系统的标准 ANSL/ISA-S84.01。随后，国际电工委员会于 2000 年出台了功能安全国际标准 IEC61508：电气/电子/可编程电子（E/E/PE）安全相关系统的功能安全。该标准是功能安全的通用标准，是其他行业制订功能安全标准的基础。2003 年，IEC 发布了适用于石油、化工等过程工业的标准 IEC61511。随即，美国用 IEC61511 取代了 ANSI/ISA-S84.01 成为国家标准。IEC61508 标准发布之后，适用于其他行业的功能安全标准相继出台，例如，核工业的 IEC61513 标准，机械工业的 IEC62021 标准等。我国已于 2006 年、2007 年分别等同采用了 IEC61508 标准和 IEC61511 标准，发布了 GB/T20438《电气/电子/可编程电子安全相关系统和功能安全》和 GB/T21109《过程工业领域安全仪表系统的功能安全》两个国家推荐功能安全标准。

2. 风险评估

风险评估包括对在危险分析中可能出现的危险事件的风险程度进行分级。但是安全是相对的，风险是不可能完全消除的，所以要通过风险分析得到一个可接受的风险程度。对于那些可能会导致严重后果的危险事件的风险，必须采用技术手段把风险降低到可接受的水平。IEC61508 标准中虽然没有规定具体的风险分析技术，但给出了选用技术时应考虑的一些因素。

风险降低包括三个部分：E/E/PE 安全相关系统、外部风险降低设施和其他技术安全相关系统，如图 1-31 所示。可见，对于整个安全手段来讲，E/E/PE 安全相关系统只是其中一部分。风险评估得到的结果用于确定安全系统所

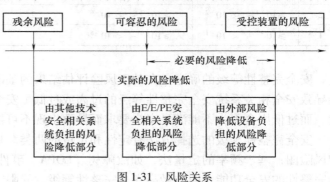

图 1-31　风险关系

需要达到的安全完整性等级，再将整体安全完整性等级分配到不同的安全措施中，使系统的风险降低到允许的水平。

3. 安全完整性等级（SIL）

安全完整性等级（Safety Integrity Level，SIL），也称安全完整性水平。国际标准 IEC61508 定义了 SIL 的概念：在一定时间、一定条件下，安全相关系统执行其所规定的安全功能的可能性。为了降低风险以及危险事件发生的频率，要对安全仪表系统确定安全完整性等级，只有达到了指定的安全完整性等级，才能够满足生产过程的安全要求，从而将风险降低到可以容忍的水准。

安全完整性等级包括两个方面的内容：

1）硬件安全完整性等级，这里的安全完整性等级由相应危险失效模式下硬件随机失效决定，应用相应的计算规则，对安全仪表系统各部分设备的安全完整性等级进行定量计算，概率运算规则也可以应用于此过程中，如确定子系统于整体的关系。

2）系统安全完整性等级，此处的安全完整性等级由相应危险失效模式下系统失效决

定。系统失效与硬件失效不同，往往在设计之初就已经出现，难以避免。失效统计数据不容易获得，即使系统引发的失效率可以估算，也难以推测失效分布。

IEC61508 中将 SIL 分为四个等级：SIL1～SIL4，其中 SIL1 是最低的安全完整性水平，SIL4 是最高的安全完整性水平。SIL 等级的确定是通过计算系统的平均要求时失效概率 PF-Davg 来实现的。不同的失效概率对应着不同的 SIL 等级，SIL 等级越高，失效概率越小。所谓时失效概率，是发生危险事件时安全仪表系统没有执行安全功能的概率；而平均时失效概率是指在整个安全生命周期内的危险失效概率。

一般把某一安全完整性水平要达到的危险失效概率范围分为两种，它们分别是对于低要求操作模式下的要求时失效的平均概率和对于高要求或连续操作模式的每小时危险失效（PFH）的概率。不同模式下的安全相关系统的目标失效概率见表 1-2。

对于 SIL 的定性描述见表 1-3，对安全仪表系统来说，因安全仪表系统自身失效导致的后果是决定安全仪表系统 SIL 的主要因素之一。

<table>
<tr><td colspan="3">表 1-2　两种模式的 SIL 等级划分</td></tr>
<tr><th>SIL</th><th>低要求操作模式</th><th>高要求操作模式</th></tr>
<tr><td>4</td><td>$\geq 10^{-5} \sim\ < 10^{-4}$</td><td>$\geq 10^{-9} \sim\ < 10^{-8}$</td></tr>
<tr><td>3</td><td>$\geq 10^{-4} \sim\ < 10^{-3}$</td><td>$\geq 10^{-8} \sim\ < 10^{-7}$</td></tr>
<tr><td>2</td><td>$\geq 10^{-3} \sim\ < 10^{-2}$</td><td>$\geq 10^{-7} \sim\ < 10^{-6}$</td></tr>
<tr><td>1</td><td>$\geq 10^{-2} \sim\ < 10^{-1}$</td><td>$\geq 10^{-6} \sim\ < 10^{-5}$</td></tr>
</table>

<table>
<tr><td colspan="2">表 1-3　SIL 的定性描述</td></tr>
<tr><th>SIL</th><th>事故后果</th></tr>
<tr><td>4</td><td>引起社会灾难性的影响</td></tr>
<tr><td>3</td><td>对工厂员工及社会造成影响</td></tr>
<tr><td>2</td><td>引起财产损失并有可能伤害工厂内的员工</td></tr>
<tr><td>1</td><td>较少的财产损失</td></tr>
</table>

安全完整性等级的确定是在基于风险评估结果的基础上进行的，不合理的风险评估技术会导致安全相关系统安全完整性等级的过高或过低。安全完整性等级过高会造成不必要的浪费，而过低则会因为不能满足安全要求而导致出现不可接受风险。

安全完整性等级的选择方法有定性和定量的两类。目前，常用的定性方法有风险矩阵法和风险图；基于频率的定量法，如故障树、LOPA、事件树、根据频率定量计算法。硬件安全完整性的安全功能声明的最高安全完整性等级，受限于硬件的故障裕度和执行安全功能的子系统的安全失效分数。子系统可以分成 A 类和 B 类，A 类表示所有组成元器件的失效模式都被很好地定义了；并且故障情况下子系统的行为能够完全地确定；并且通过现场经验获得充足的可靠数据，可现实满足所声明的检测到的和没有检测到危险失效的失效率。B 类中至少有一个组成部件的失效模式未被很好地定义；或故障情况下子系统的行为不能被完全地确定；或通过现场经验获得的可靠数据不够充分，不足以显示出满足所声明到的和未检测到的危险失效的失效率。

1.7.2　安全仪表系统

1. 安全仪表系统概念

安全仪表系统是指可以起到与单个或多个仪表相同安全功能的系统，应用于生产过程的危险状态，例如系统超压或高温，安全仪表系统能把处于危险状态的系统转入安全状态，保障设备、环境及生产人员安全。安全仪表系统主要由传感器、逻辑控制器和执行器等三部分构成。传感器用来检测生产过程中的某些参数，而逻辑控制器对传感器采集来的参数进行分析，如果达到了构成危险的条件，由最终执行元件进行相应的安全操作，进而保障整个生产过程的安全。安全仪表系统是一个自动化的系统，其典型的结构框图如图 1-32 所示。

图 1-33 是一个液体满溢保护系统，图 a 是没有设置满溢保护装置的系统，图 b 是设有满溢保护装置的系统。图 b）的满溢保护系统可以防止由于水箱水满而使液体流出水箱而散布到环境中。这个系统由一个电子振动的水平测量装置（液位传感器）、可编程逻辑控制器或基于分布式控制系统的逻辑控制器以及一个管道关闭阀组成。

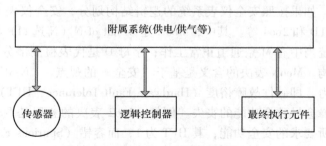

图 1-32　典型安全仪表系统结构框图

液体满溢保护系统的工作流程描述为：图 a 装置当水箱水满时没有任何保护措施，液体将会流出水箱到环境中去，如果是有毒有害的液体将会对周围环境以及工作人员带来危害；对于图 b 来说，当水箱液体达到一定的液位以后，图中 1 液位传感器就会把采集到的液位信号通过 2 这个开关放大器将信号传送给逻辑控制器，逻辑控制器就会根据事先预定的联锁功能来关闭阀门 4，

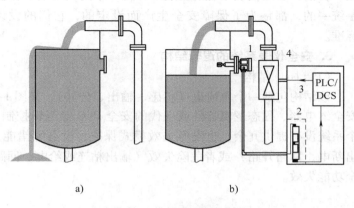

图 1-33　水箱满溢保护系统

停止向水箱进水，这样就保证了水箱的液体不会溢出到环境中，起到了安全防护的作用。

图例说明：

a—无满溢保护装置的水箱

b—具有满溢保护装置的水箱：

1—液位传感器；

2—电源供应和开关放大器；

3—逻辑控制器（PLC 或 DCS）；

4—关闭阀。

2. 安全仪表系统分类

安全仪表系统按照其应用行业的不同可以划分为化工安全仪表、电力工业安全仪表、汽车安全仪表、矿业安全仪表和医疗安全仪表等。在每个行业中又可以进行更进一步的细分，例如矿业又可以分为煤矿、金属矿、非金属矿及放射性矿等。此外还可以根据安全仪表系统实现的功能来分类，如可燃、有毒气体监测系统、紧急停车系统、移动危化品源跟踪监测系统以及自动消防系统等。

在 IEC61508 标准出来以前，在油气开采运输、石油化工和发电等过程工业，就有紧急停车系统（Emergency Shut Down System，ESD）、火灾和气体安全系统（Fire and Gas Safety System，FGS）、燃烧管理系统（Burner Management System，BMS）和高完整性压力保护系统

（High Integrity Pressure Protection System，HIPPS）等。目前，这些都归并到安全仪表系统概念中。

如果按照安全仪表系统的逻辑结构划分，安全仪表系统又可以分为 1oo1、1oo2、2oo3、1oo1D 和 2oo4 等。其中，MooN 是 M out of N（N 选 M）的缩写，代表 N 条通道的安全仪表系统当中有 M 条通道正常工作；字母 D 是代表检测部分，是带有诊断电路检测模块的逻辑结构。MooN 表决的含义是基于"安全"的观点，"N-M"的差值代表了对危险失效的容错能力，即硬件故障裕度（Hardware Fault Tolerance，HFT）。硬件故障裕度 N 意味着 N + 1 个故障会导致安全功能的丧失。例如，1oo2 表决的意思是两个通道中的一个健康操作，就能完成所要求的安全功能，其 HFT 为 1，而容错（Spurious Fault Tolerance，SFT）为 0。

根据安全完整性等级的不同，安全仪表系统又分为 SIL1、SIL2、SIL3 和 SIL4 等不同等级。目前，安全仪表系统的发展多样化，不同应用领域有着不同的类型，但其实现的功能都是统一的，都是为了保障安全生产而设定的，它们的设计、生产等相关过程都遵循国际标准。

3. 安全仪表系统的逻辑结构

（1）1oo1 结构

该结构包括一个单通道（传感、输出、公共），如图 1-34 所示。这里的公共电路可以是安全继电器、固态逻辑器件或现代的安全 PLC 等逻辑控制器。该系统是一个最小系统，这个系统没有提供冗余，也没有失效模式保护，没有容错能力，电子电路可以安全失效（输出断电，回路开路）或者危险失效（输出粘连或给电，回路短路），而危险失效都会导致安全功能失效。

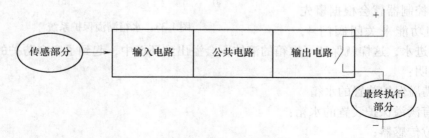

图 1-34　1oo1 物理结构图

（2）1oo2 结构

图 1-35 为 1oo2 的物理结构图，该结构将两个通道输出触点串联在一起。正常工作时，两个输出触点都是闭合的，输出回路带电。但输入存在"0"信号时，两个输出触点断开，输出回路失电，确保安全功能的实现。

其失效模式分析如下：

1）当任意一个输出触点出现开路故障，输出电路失电，都造成工艺过程的误停车。也就是说，只有两个输出触点都正常工作才能避免整个系统的安全失效。因此，这种结构的可用性较低（SFT = 0）。

2）当任意一个输出触点出现短路故障时，不会影响系统的正常安全功能实现。只有当两个触点都出现短路故障时，才会造成系统的安全功能丧失，即导致系统的危险失效。因

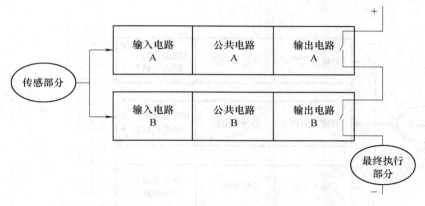

图 1-35　1oo2 物理结构图

此，这种结构系统的安全性有提高（HFT = 1）。

（3）2oo2 结构

图 1-36 所示为 2oo2 结构，此结构由并联的两个通道构成，系统正常运行时，两个回路输出都是闭合的。当存在安全故障时，两个回路都断开，输出失电。

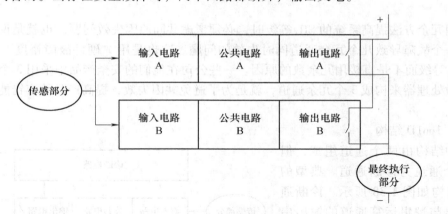

图 1-36　2oo2 物理结构图

这种双通道系统的失效模式和影响分析如下：

1）当任意一个输出触点出现开路故障时，不会造成输出电路失电，只有当两个触点同时存在开路故障时，才会造成工艺过程误停车。即只要两个输出触点中的一个正常工作，就能避免危险失效。

2）当任意一个输出触点出现短路故障时，将会导致危险失效，使得系统安全功能丧失。该结构降低了系统安全性（HFT = 0），但提高了过程可用性（SFT = 1）。

（4）2oo3 结构

图 1-37 为 2oo3 结构的物理框图，此结构由 3 个并联通道构成，其输出信号具有多数表决安排，仅其中一个通道的输出状态与其他两个通道的输出状态不同，不会改变系统的输出状态。任意两个通道发生危险失效就会导致系统危险失效；任意两个通道发生安全失效将导致系统安全失效。采用上述冗余结构可以提高安全仪表系统的硬件故障裕度。

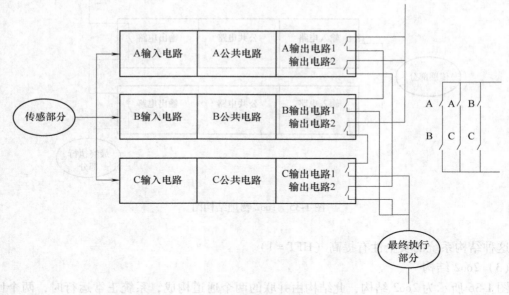

图 1-37　2oo3 物理结构图

采用冗余方法提高系统的 SIL 等级时，必须考虑共同原因失效问题，也就是说，必须尽力防止一个故障导致几个冗余通道同时失效的问题。这也是用"硬件故障裕度"来评价产品的 SIL 等级而不是直接用冗余数的原因。一些公司在他们的安全产品中采用 3 个不同厂家生产的微处理器来构成 3 个冗余通道，就是为了避免共因失效，提高产品的容错能力与安全性能。

（5）1oo1D 结构

这种结构由两个通道组成，但其中一个通道为诊断通道。典型的 1oo1D 结构如图 1-38 所示。诊断通道的输出与逻辑运算通道的输出串联在一起，当检测到系统内的危险故障存在时，诊断电路的输出可以切断系统的最终输出，使工艺过程处于安全状态。

这种一选一诊断系统功能相当

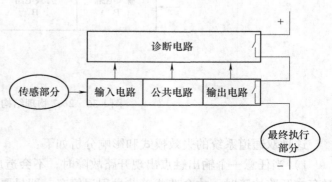

图 1-38　1oo1D 物理结构图

于一种二选一系统。因为这种系统的造价相对低廉，所以在安全应用中被广泛使用。其结构通常由一个单一逻辑解算器和一个外部的监视时钟而构成，定时器的输出与逻辑解算器的输出进行串联接线。

4. 安全仪表系统与基本过程控制系统（BPCS）

基本过程控制系统是执行基本的生产要求，实现基本功能，如 PID 控制的自动控制系统。常规的 DCS 或 PLC 控制系统、SCADA 系统等也都属于常规控制系统。与安全仪表系统不同的是，基本过程控制系统 BPCS 只执行基本控制功能，其关注的是生产过程能否正常运行，而不是生产过程的安全。一般过程控制系统采用反馈控制的形式，对生产过程，即物质和能量在生产装置中相互转换的过程进行控制。基本过程控制系统就是通过对温度、压力、液位等参量的控制，达到提高生产的产品产量，减少能量消耗的目的。

　　基本过程控制系统与安全仪表系统一般要做到相互独立，两者执行的功能不同，不可相互混淆。安全仪表系统监视整个生产过程的状态，当发生危险时动作，使生产过程进入安全状态，降低风险，防止危险事件的发生。

　　图 1-39 为一个反应器设置的过程控制系统和安全仪表系统构成图。从图中可以看出，该反应器生产过程配置了基本过程控制系统与安全仪表系统，且两个系统相互独立。

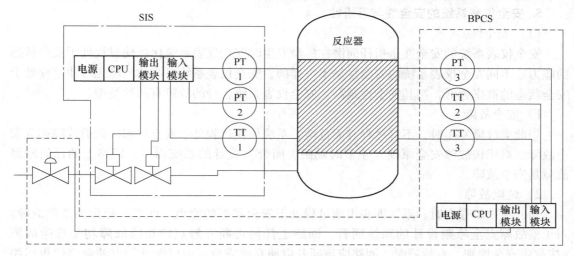

图 1-39　基本过程控制系统与安全仪表系统

　　安全仪表系统与工业中的 DCS 在功能和应用上都有所不同，主要体现在以下几点：

　　（1）符合一定的安全完整性水平

　　安全仪表系统的设计和开发过程必须遵循 IEC61508 标准，投入使用的安全仪表系统必须满足要求的安全完整性水平。

　　（2）容错性的多重冗余系统

　　为了提高系统的硬件故障裕度，安全仪表系统一般都采用多重的冗余结构，使系统的安全功能不会因为单一故障而丧失。

　　（3）响应速度快

　　SIS 具有较好的实时性，从输入变化到输出变化的响应时间一般都在 10～50ms 左右，甚至有些小型的 SIS 都可以达到几毫秒的响应速度。

　　（4）全面的故障自诊断能力

　　安全仪表系统在设计和开发时考虑了避免失效和系统故障控制的要求，系统的各个部件都应明确其故障诊断能力，在其失效后能及时采取相应措施，系统的整体诊断覆盖率一般高达 90% 以上。安全仪表系统的硬件具有高度的可靠性，能承受各种环境应力，可以较好地应用到不同的工业环境中。

　　例如，对于 DCS 或 PLC 而言，通常一个开关量输入 DI 信号是直接被用于程序逻辑运算。但在安全仪表中（以黑马 F35 机器级安全仪表为例），在使用该 DI 信号前，要把该信号与系统自检的结果进行联合判断，联合判断的结果作为该 DI 信号参与程序逻辑的值。如果系统自检发现安全仪表出现故障，则不论 DI 信号是"1"还是"0"，联合判断的结果是"0"，从而使安全仪表系统输出"0"（安全仪表设计的原则是只要出现故障就失电）。虽然这会造成系统的可用性降低，但避免了危险失效。

（5）事件顺序记录功能

安全仪表系统一般都具有事件顺序记录（Sequence Of Events，SOE）功能，即可按时间顺序记录故障发生的时间和事件类型，方便事后分析，记录精度一般可以精确到毫秒级。

5. 安全仪表系统的安全性与可用性

（1）安全性

安全仪表系统的安全性是指任何潜在危险发生时安全仪表系统保证使过程处于安全状态的能力。不同安全仪表系统的安全性是不一样的，安全仪表系统自身的故障无法使过程处于安全状态的概率越低，则其安全性越高。安全仪表系统自身的故障有两种类型。

1）安全故障

当此类故障发生时，不管过程有无危险，系统均使过程处于安全状态。此类故障称为安全故障。对于按故障安全原则（正常时励磁、闭合）设计的系统而言，回路上的任何断路故障是安全故障。

2）危险故障

当此类故障存在时，系统即丧失使过程处于安全状态的能力。此类故障称为危险故障。对于按故障安全原则设计的系统而言，回路上任何可断开触点的短路故障均是危险故障（按故障安全原则，有故障时，回路应该断开以使系统安全，而可断开触点的短路使得回路不可能处于断开状态，丧失了使过程处于安全状态的能力）。

换言之，一个系统内发生危险故障的概率越低，则其安全性越高。

（2）可用性

安全仪表系统的可用性是指系统在冗余配置的条件下，当某一个系统发生故障时，冗余系统在保证安全功能的条件下，仍能保证生产过程不中断的能力。

与可用性比较接近的一个概念是系统的容错能力。一个系统具有高可用性或高容错能力不能以降低安全性作为代价，丧失安全性的可用性是没有意义的。严格地讲，可用性应满足以下几个条件。

1）系统是冗余的；

2）系统产生故障时，不丧失其预先定义的功能；

3）系统产生故障时，不影响正常的工艺过程。

（3）安全性与可用性的关系

从某种意义上说，安全性与可用性是矛盾的两个方面。某些措施会提高安全性，但会导致可用性的下降，反之亦然。例如，冗余系统采用二取二逻辑，则可用性提高，安全性下降；若采用二取一逻辑，则相反。采用故障安全原则设计的系统安全性高，采用非故障安全原则设计的系统可用性好。

安全性与可用性是衡量一个安全仪表系统的重要指标，无论是安全性低、还是可用性低，都会使发生损失的概率提高。因此，在设计安全仪表系统时，要兼顾安全性和可用性。

安全性是前提，可用性必须服从安全性。可用性是基础，没有高可用性的安全性是不现实的。

1.7.3　安全生命周期

IEC61508 国际标准把安全生命周期定义为：在安全仪表功能（SIF）实施中，从项目的概念设计阶段到所有安全仪表功能停止使用之间的整个时间段。

IEC61508 中对安全系统整体安全生命周期的定义通过图 1-40 来表示。安全生命周期使用系统的方式建立的一个框架，用以指导过程风险分析、安全系统的设计和评价。IEC61508 是关于 E/E/PES 安全系统的功能安全的国际标准，其应用领域涉及许多工业部门，比如化工工业、冶金、交通等。整体安全生命周期包括了系统的概念（concept）、定义（definition）、分析（analysis）、安全需求（safety requirement）、设计（design）、实现（realization）、验证计划（validation plan）、安装（installation）、验证（validation）、操作（operation）、维护（maintenance）和停用（decommission）等各个阶段。对于以上各个阶段，标准根据它们各自的特点，规定了具体的技术要求和安全管理要求。对于每个阶段规定了该阶段要实现的目标、包含的范围和具体的输入和输出，并规定了具体的责任人。其中每一阶段的输入往往是前面一个阶段或者前面几个阶段的输出，而这个阶段所产生的输出又会作为后续

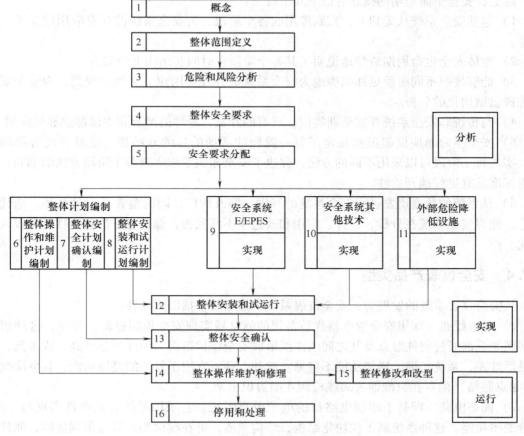

图 1-40　安全生命周期的描述

阶段的输入，即成为后面阶段实施的基础。比如，标准规定了整体安全要求阶段的输入就是前一阶段——风险分析所产生的风险分析的描述和信息，而它所产生的对于系统整体的安全功能要求和安全完整性等级要求则被用来作为下一阶段——安全要求分配的输入。通过这种一环扣一环的安全框架，标准将安全生命周期中的各项活动紧密地联系在一起；又因为对于每一环节都有十分明确的要求，使得各个环节的实现又相对独立，可以有不同的人负责，各环节间只有时序方面的互相依赖。由于每一个阶段都是承上启下的环节，因此如果某一个环节出了问题，其后所进行的阶段都要受到影响，所以标准规定，当某一环节出了问题或者外部条件发生了变化，整个安全生命周期的活动就要回到出问题的阶段，评估变化造成的影响，对该环节的活动进行修改，甚至重新进行该阶段的活动。因此，整个安全系统的实现活动往往是一个渐进的、迭代的过程。

IEC61508 标准中安全生命周期管理的对象包括了系统用户、系统集成商和设备供应商。IEC61508 标准中的安全生命周期与一般概念的工程学术语不同。功能安全标准中，在评估风险和危险时，安全生命周期是评价和制定安全相关系统 SIL 设计的一个重要方面。也就是说，不同的功能安全系统的安全生命周期管理程序是不同的，一些变量如维护程序、测试间隔等，可以通过计算，实现安全、经济的最优化。这是最先进的安全管理技术，在国外少数过程工业的公司里，这已经是标准程序。

综上，安全生命周期的概念有以下几个特点：

1）包括安全系统从无到有，直到停用的各个阶段，为安全系统的开发应用建立了一个框架。

2）整体安全生命周期清楚地说明了其各个阶段在时间和结构上的关系。

3）能够按照不同阶段更加明确地为安全系统的开发应用建立文档、规范，为整个安全系统提供结构化的分析。

4）与传统非安全系统开发周期类似，已有的开发、管理的经验和手段都能够被应用。

5）安全生命周期框架虽然规定了每一阶段的活动的目的和结果，但是并没有限制过程，实现每一阶段可以采用不同的方法，促进了安全相关系统实现各个阶段方法的创新，也使得标准具有更好地开放性。

6）从系统的角度出发进行安全系统的开发，涉及面广，同时蕴含了一种循环、迭代的理念，使得安全系统在分析、设计、应用和改进中不断完善，保证更好的安全性能和投入成本比。

1.7.4　安全仪表产品类型

从安全仪表系统的发展看，安全仪表系统产品主要包括以下几种：

1）继电线路　即用安全继电器代替常规的继电器实现安全控制逻辑。显然，这种解决方案属于全部通过硬件触点及其之间的连线形成安全保护逻辑，因此可靠性高，成本低，但是灵活性差，系统扩展、增加功能不容易。此外，还不宜用于复杂的逻辑功能，其危险故障（如触点黏结）的存在只能通过离线检测才能辨识出来。

2）固态电路　即基于印制电路板的电子逻辑系统。它采用晶体管元器件实现与、或、非等逻辑功能。这种系统属于模块化结构，结构紧凑，可在线检测。容易识别故障，原件互换容易，可以冗余配置。但可靠性不如继电器型，操作费用高，灵活性不高。这类安全仪表系统与现代安全型 PLC 等安全仪表系统的根本区别是设有 CPU。

3）安全 PLC　这种解决方案以微处理器为基础，有专用的软件和编程语言，编程灵活，具有强大的自测试、自诊断能力。系统可以冗余配置，可靠性高。

安全 PLC 指的是在自身或外围元器件或执行机构出现故障时，依然能正确响应并及时切断输出的可编程系统。与普通 PLC 不同，安全 PLC 不仅可提供普通 PLC 的功能，更可实现安全控制功能，符合 EN ISO 13849-1 以及 IEC 61508 等控制系统安全相关部件标准的要求。安全 PLC 中所有元器件采用的是冗余多样性结构，两个处理器处理时进行交叉检测，每个处理器的处理结果存储在各自内存中，只有处理结果完全一致时才会进行输出，如果处理期间出现任何不一致，系统立即停机。

此外，在软件方面，安全 PLC 提供的相关安全功能块，如急停、安全门、安全光栅等均经过认证并加密，用户仅需调用功能块进行相关功能配置即可，保证了用户在设计时不会因为安全功能上的程序漏洞而导致安全功能丢失。

与常规 PLC 相比，安全 PLC 除了产品本身不一样，在具体的使用上也有明显的不同。首先安全 PLC 的输入和常规 PLC 的输入接法也有区别，常规 PLC 的输入通常接传感器的常开触点，而安全 PLC 的输入通常接传感器的常闭触点，用于提高输入信号的快速性和可靠性。有些安全 PLC 输入还具有"三态"功能，即"常开""常闭"和"断线"三个状态，而且通过"断线"来诊断输入传感器的回路是否断路，提高了输入信号的可靠性。另外，有些安全 PLC 的输出和常规的 PLC 的输出也有区别。常规 PLC 输出信号之后，就和 PLC 本身失去了关联，也就是说输出后，比如说"接通外部继电器，继电器本身最后到底通没通，PLC 并不知道，这是因为没有外部设备的反馈所致。安全 PLC 具有所谓"线路检测"功能，即周期性的对输出回路发送短脉冲信号（毫秒级，并不让用电器导通）来检测回路是否断线，从而提高了输出信号的可靠性。

在安全控制系统中，若使用总线，则需要使用安全总线。安全总线指的是通信协议中采用安全措施的现场总线。相比于普通总线来说，安全总线可以达到 EN ISO 13849-1 以及 IEC 61508 等控制系统安全相关部件标准的要求，主要用于如急停按钮、安全门、安全光幕、安全地毯等安全相关功能的分布式控制要求。安全总线可拥有多种拓扑结构，例如线型、树型等。安全总线中采用的安全措施主要包括：（Cyclic Redundancy Check，CRC）冗余校验，Echo 模式，连接测试，地址检测，时间检测等。相比传统现场总线可靠性更高。若采用以太网，则需要选用安全以太网。安全以太网是适用于工业应用的基于以太网的多主站总线系统，用于分布式系统控制。安全以太网的协议中包含一条安全数据通道，该通道中的数据传输符合 IEC 61508 SIL 3 的要求。通过同一根电缆或者光纤，可同时传输安全相关数据以及非安全相关数据。在拓扑结构上，安全以太网和标准以太网类似，支持如星形、树形、线形和环形等不同的以太网结构。安全以太网拥有较高的网络灵活性，较强的可用性，较大的网络覆盖范围等特点。

4）故障安全控制系统　采用专用的紧急停车系统模块化设计，完善的自检功能，系统的硬件、软件都取得相应等级的安全标准证书，可靠性非常高，但价格较贵。这类产品主要包括德国黑马（HIMA）公司、英国英维斯集团的 Tricon 系列产品。主要的 DCS 厂家也有类似的产品，但最高的安全等级达不到上述两家产品。

这类安全产品的主流系统结构主要有 TMR（三重化）、2oo4D（四重化）、1oo1D、

1oo2D 等。

1）TMR 结构　它将三路隔离、并行的控制系统（每路称为一个分电路）和广泛的诊断集成在一个系统中，用三取二表决提供高度完善、无差错，不会中断的控制。Tricon、ICS、GE 等均是采用 TMR 结构的系统。

2）2oo4D 结构　2oo4D 系统是有两套独立并行运行的系统组成，通信模块负责其同步运行，当系统自诊断发现一个模块发生故障时，CPU 将强制其失效，确保其输出的正确性。同时，安全输出模块中 SMOD 功能（辅助去磁方法），确保在两套系统同时故障或电源故障时，系统输出一个故障安全信号。一个输出电路实际上是通过 4 个输出电路及自诊断功能实现的，这样确保了系统的高可靠性，高安全性及高可用性。霍尼韦尔公司、德国黑马公司的 SIS 均采用了 2oo4D 结构。

3）其他一些 SIL 等级低的产品会采用 1oo1D、1oo2D 等结构。如 ABB、Moore 等公司产品。

复习思考题

1. 试举例说明计算机控制系统组成包括哪几个部分。其作用各是什么？
2. 工业计算机控制系统经历了哪些发展过程？主要的控制器有哪些？各自有何特点和使用场合？
3. 集散控制系统、监控与数据采集系统的异同点有哪些？
4. 客户机/服务器模式与浏览器/服务器模式各自有哪些特点？
5. 可编程序控制器有哪些主要特点？其组成是什么？
6. 可编程序控制器程序执行的过程是什么？与一般的事件驱动程序相比，有何特点？
7. 罗克韦尔 Logix 自动化平台主要有哪些产品？其各自适用领域是什么？
8. 什么是功能安全？安全仪表系统与常规控制系统有哪些不同？
9. 安全型 PLC 与普通 PLC 的异同点有哪些？
10. 安全仪表系统的逻辑结构有哪些？各有什么特点？

第 2 章　Micro850 控制器硬件

2.1　Micro850 控制器硬件特性

2.1.1　Micro800 系列控制器概述

1. Micro800 控制器特性

罗克韦尔自动化 Micro800 系列控制器主要包括 810、830 和 850 等。该系列 PLC 用于经济型单机控制。根据基座中 I/O 点数的不同，这种经济的小型 PLC 具有不同的配置，从而满足用户的不同需求。Micro800 系列 PLC 共用编程环境、附件和功能性插件，用户可对控制器进行个性化设置，从而使其具有特定的功能。

Micro 810 控制器是该系统中的低端产品，相当于一个带大电流继电器输出的智能型继电器，同时兼具微型 PLC 的编程功能。Micro810 控制器采用 Micro800 系列相同的指令集（包括 PID 等高级功能）以及智能型继电器通常没有的浮点数据类型。

Micro830 是灵活且具备简单运动控制功能的微型 PLC。该控制器可支持多达 5 个功能性插件模块，其灵活性可满足各种单机控制应用的需求，主要特性包括：

（1）不同的控制器类型共享相同的外形尺寸和附件

—外形尺寸取决于基座中内置的 I/O 点数：10、16、24 或 48；

—最多达 88 个数字量 I/O（使用 48 点型号）；

—最多达 20 个模拟量输入（使用 48 点型号）。

（2）具有内置支持，可在 24V 直流输出型号上实现最多 3 轴的运动控制

—多达 3 个 100kHz 脉冲序列输出（PTO），可实现与步进电动机和伺服控制器的低成本接线；

—多达 6 个 1 00kHz 高速计数器输入（HSC）；

—通过运动控制功能块支持轴运动；

—基本运动控制指令包括 Home、Stop、MoveRelative、MoveAbsolute、MoveVelocity；

— TouchProbe 指令，根据异步事件寄存轴的准确位置。

（3）嵌入式通信

—用于程序下载的 USB 端口；

—非隔离型端口（RS-232/485），ModbusRTU 协议支持，用于与人机界面、条形码阅读器和调制解调器通信。

Micro850 控制器是一种新型经济型砖式控制器，具有嵌入式输入和输出。Micro850 控制器通过功能性插件模块和扩展 I/O 模块实现最理想的个性化定制和灵活性。

Micro850 控制器具有与 24 点和 48 点 Micro830 控制器相同的外形尺寸、功能性插件支持、指令系统和运动控制功能。与 Micro830 控制器相比，还增加了以下特性：

1）比 Micro830 更多 I/O 及更高性能模拟量 I/O 处理能力，可以适应大型单机应用；

2）嵌入式以太网端口，可实现更高性能的连接；

3）EtherNet/IP 支持（仅限服务器模式），用于 ConnectedComponents Workbench 编程、RTU 应用和人机界面连接；

4）高速输入中断；

5）支持多达 4 个 Micro850 扩展 I/O 模块；

6）最多达 132 个 I/O 点（使用 48 点型号）。

2. Micro800 控制器型号与技术参数

Micro800 系列 PLC 的产品目录号如图 2-1 所示。从该目录号可以知道主机类型、I/O 点数、输入和输出类型及电源类型等信息。

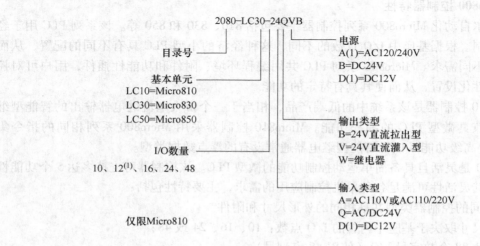

图 2-1　Micro850PLC 产品目录号说明

表 2-1 所示为 Micro850 48 点 PLC 输入和输出数量及类型，这对于进行控制器选型是必不可少的。其他型号的 PLC 的技术参数，可以参考罗克韦尔自动化公司网站上的技术资料。

表 2-1　Micro850 48 点 PLC 输入和输出数量及类型

产品目录号	输　　入			输　　出			PTO 支持	HSC 支持[1]
	AC 120V	DC 24V /ACV	继电器	24V 灌入型	24V 拉出型			
2080-LC50-48AWB	28		20					
2080-LC50-48QBB		28			20		3	6
2080-LC50-48QVB		28		20			3	6
2080-LC50-48QWB		28	20					6

　　用户选型时，除了要关注 I/O 点数，包括数字量输入、数字量输出、HSC、PTO 支持外，还需要注意数字量输入和输出的类型。对于模拟量，要注意信号的种类（电流或电压，单极性或双极性）、分辨率、采样速率、通道隔离等是否满足要求。

　　对于单机控制 PLC 的选型，其硬件配置过程是：首先确定系统对各种类型 I/O 点的要求以及通信需求等，然后确定主控制器模块，接着确定功能性插件，最后确定扩展模块。待这些确定后可以确定 PLC 电源模块。

　　表 2-2 所示为 Micro850 系列具有主机点数为 48 点 PLC 的通用技术参数，在使用时，一般要特别注意"I/O 额定"，要保证电源类型和容量符合要求。PLC 的输入和输出技术参数见表 2-3 和表 2-4。

表 2-2　Micro850 48 点 PLC 通用技术参数

属性	2080-LC50-48AWB	2080-LC50-48QWB	2080-LC50-48QVB	2080-LC50-48QBB
I/O 数量	48（28 个输入，20 个输出）			
尺寸，HxWxD	90×238×80mm（3.54×9.37×3.75in.）			
近似运输重量	0.725kg（1.60lb）			
线规	<table><tr><td></td><td>最小值</td><td>最大值</td></tr><tr><td>单芯</td><td>0.2mm²（24AWG）</td><td>25mm²（14AWG）</td></tr><tr><td>多芯</td><td>0.2mm²（24AWG）</td><td>25mm²（14AWG）</td></tr></table>		最高额定绝缘温度为 90°（194°F）	
接线类别[1]	2—信号端口 2—电源端口 2—通信端口			
线类型	仅使用铜导线			
端子螺丝扭矩	0.4~0.5Nm（3.5~4.4lh-in） （使用 0.6×3.5mm 一字螺丝刀）			
输入电路类型	AC 120V	DC 24V 灌入型/拉出型（标准和高速）		
输出电路类型	继电器		DC 24V（灌入型） （标准和高速）	DC 24V 拉出型 （标准和高速）
功耗	33W			
电源电压范围	DC（20.4~26.4V）2 类			
I/O 额定值	输入 AC 120V，16mA 输出 2A，AC 240V 2A，DC 24V	输入 DC 24V，8.8mA 输出 2A，AC 240V，2A，DC 24V	输入 DC 24V，8.8mA 输出 DC 24V，1A/点（周围空气温度 30℃） DC 24V，0.3A/点（周围空气温度 65℃）	
绝缘剥线长度	2mm（0.28in.）			
外壳防护等级	符号 IP20			
一般用途额定值	C300，R150		—	

（续）

属性	2080-LC50-48AWB	2080-LC50-48QWB	2080-LC50-48QVB	2080-LC50-48QBB
隔离电压	250V（连续），强化绝缘型，输出至辅助和网络，输入至输出类型测试：DC 3250V 下持续 60s，输出至辅助和网络，输入至输出。 150V（连续 1，强化绝缘型，输入至辅助和网络类型测试：DC 220V 下持续 60s，输入至辅助和网络）	250V（连续），强化绝缘型，输出至辅助和网络，输入至输出类型测试：DC 3250V 下持续 60s，输出至辅助和网络，输入至输出。 150V（连续），强化绝缘型，输入至辅助和网络类型测试：DC 220V 下持续 60s，输入至辅助和网络）		50V（连续），强化绝缘型，I/O 至辅助和网络，输入至输出 类型测试：DC 220V 下持续 60s，I/O 至辅助和网络，输入至输出

表 2-3　　Micro850 48 点 PLC 输入技术参数

属性	2080-LC50-48AWB	2080-LC50-48QWB/2080-LC50-48QVB/20480-LC50-48QBB	
	120V 交流输入	高速直流输入 （输入 0~11）	标准直流输入 （输入 12 及以上）
输入数量	28	12	16
输入组与背板隔离	经下列绝缘强度测试验证： DC 1950V，持续 2s 150V 工作电压（IEC 2 类强化绝缘）	经下列绝缘强度测试验证：DC 220V，持续 2s DC 50V 工作电压（IEC 2 类强化绝缘）	
电压类别	110V AC	DC 24V（灌入型/拉出型）	
工作电压范围	最大 132V，60Hz AC	DC 16.8~26.4V/65°（149°F） DC 16.8~30.0V/30°（86°F）	DC 16.8~26.4V/65°（149°F） DC 16.8~30.0V/30°（86°F）
最大断态电压	AC 20V	DC 5V	
最大断态电流	1.5mA	1.5mA	
最小通态电流	5mA/AC 79V	5.0mA/DC 16.8V	1.8mA/DC 10V
标称通态电流	12mA/AC 120V	7.6mA/DC 24V	6.15mA/DC 24V
最大通态电流	16mA/AC 132V	12.0mA/DC 30V	
标称阻抗	12kΩ/50Hz 10kΩ/60Hz	3kΩ	3.74kΩ
IEC 输入兼容性	类型 3		
最大浪涌电流	250mA/AC 120V	—	
最大输入频率	63Hz	—	

表 2-4　Micro850 48 点 PLC 输出技术参数

属性	2080-LC50-48AWB/ 2080-LC50-48QB	2080-LC50-48QVB/2080-LC50-48QBB	
	继电器输出	高速输出（输出 0 到 3）	标准输出（输出 4 及以上）
输出数量	20	4	16
最小输出电压	DC 5V、AC 5V	DC 10.8V	DC 10V
最大输出电压	DC 125V、AC 265V	DC 26.4V	DC 26.4V
最小负载电流	10mA		
最大负载电流	2.0A	100mA（高速运行） 1.0A/30℃ 0.3A/65℃（标准运行）	1.0A/30℃ 0.3A/65℃（标准运行）
每个点的浪涌电流	请参见第 18 页的"继电器触点额定值"	30℃下每 1s 内 40A 的浪涌电流持续 10ms； 65℃下每 2s 内 40A 的浪涌电流持续 10ms；	
每个公共端的最大电流	5A	—	—
最长接通时间/关断时间	1ms	2.5μs	0.1ms 1ms

2.1.2　Micro850 控制器硬件特性

1. Micro850 控制器及其扩展配置

Micro850 控制器可以在单机控制器的基础上，根据控制器类型的不同，可进行功能扩展。它最大可容纳 2~5 个功能性插件模块，额外支持 4 个扩展 I/O 模块。使得其 I/O 点最高达到 132 点。图 2-2 所示为 48 点主机 PLC 加上电源附件、功能性插件和扩展 I/O 模块后的最大配置情况。与其他一体式 PLC 不同，Micro850 控制器主机不带电源，需要另外根据

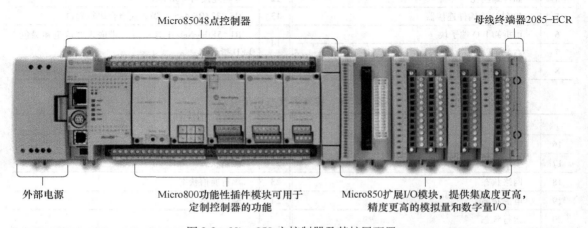

图 2-2　Micro850 主控制器及其扩展配置

主机及扩展模块的功率要求选择外部电源模块（如 AC 2080-PS120-240V）。电源等级为 DC 24V 类型的数字量输入和输出模块也需要外接电源，通常，为这些设备另外配接电源模块以驱动负载，PLC 的附件电源只作为 PLC 本身的工作电源。为了抑制干扰，在有些应用场合，PLC 工作电源模块的 AC 220V 进线要经过隔离变压器。

2. Micro850 控制器主机

（1）Micro850 控制器主机组成

虽然 Micro850 控制器和其他微型 PLC 一样，可以外扩模块，但传统上，这类控制器仍然属于一体式微型控制器，因此其硬件结构包括一体式主机和扩展部分。其 48 点的控制器主机外形如图 2-3 所示。控制器组成详细说明及其状态指示分别见表 2-5 和表 2-6。

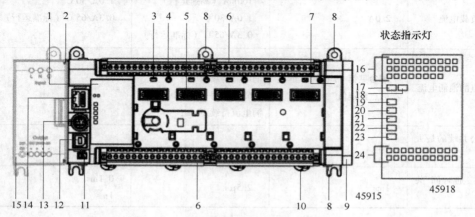

图 2-3　Micro850 48 点控制器和状态指示灯

表 2-5　控制器说明

	说　明		说　明
1	状态指示灯	9	扩展 I/O 插槽盖
2	可选电源插槽	10	DIN 导轨安装锁销
3	插件锁销	11	模式开关
4	插件螺丝孔	12	B 型连接器 USB 端口
5	40 针高速插件连接器	13	RS-232/RS-485 非隔离式组合串行端口
6	可拆卸 I/O 端子块	14	RJ-45 EtherNet/IP 连接器（带嵌入式黄色和绿色 LED 指示灯）
7	右侧盖		
8	安装螺丝孔/安装脚	15	可选交流电源

表 2-6　控制器状态指示说明

	说　明		说　明
16	输入状态	21	故障状态
17	模块状态	22	强制状态
18	网络状态	23	串行通信状态
19	电源状态	24	输出状态
20	运行状态		

　　PLC 控制器上的状态指示灯，可以帮助用户更好地了解 PLC 的工作状态和一些外部信号状态，这些状态指示灯含义如下：

　　1）输入状态：若熄灭表示输入未通电；点亮表示输入已通电（端子状态）。

　　2）电源状态：熄灭表示无输入电源或电源出现错误；绿灯表示电源接通。

　　3）运行状态：熄灭表示未执行用户程序；若绿灯表示正在运行模式下执行用户程序；若绿灯闪烁表示存储器模块传输中。

　　4）故障状态：熄灭表示未检测到故障；红灯表示控制器出现硬件故障；红灯闪烁表示检测到应用程序故障。

　　5）强制状态：熄灭表示未激活强制条件；琥珀色表示强制条件已激活。

　　6）输出状态：熄灭表示输出未通电；点亮表示输出已通电（逻辑状态）。

　　7）模块状态：常灭表示未上电；绿灯闪烁表示待机；绿灯常亮表示设备正在运行；红灯闪烁表示次要故障（主要和次要可恢复故障）；红灯常亮表示主要故障（不可恢复故障）；绿灯红灯交替闪烁表示自检。

　　在 PLC 的运行、调试和维护工作中，要充分利用状态指示灯的外部信息。例如，对于 PLC 的 DO 输出，即使外部不接负载，如果程序运行或通过强制使其有输出，且相应点的指示灯是亮的，即表示该输出状态正常。如果该路输出带了负载，而负载不动作，则需要检查外部负载的接线，而不是检查程序。当然，PLC 的状态信息也可通过编程软件来查看。通过编程软件可以看到 PLC 内部更多的信息。

　　（2）通信接口

　　1）USB 接口　Micro800 控制器具有一个 USB 接口，可将标准 USB A 公头对 B 公头电缆作为控制器的编程电缆。

　　2）串行接口　控制器上还有一个嵌入式串行端口，可以使用该串行端口进行编程，所有嵌入式串行端口电缆长度不得超过 3m。串行通信状态可通过串行通信指示灯反映，若灯熄灭，表示 RS-232/RS-485 无通信；若绿灯表示 RS-232/RS-485 上有通信。

　　3）嵌入式以太网　对于 Micro850 控制器，可通过其自带的 10/100 Base-T 端口（带嵌入式绿色和黄色 LED 指示灯）使用任何标准 RJ-45 以太网电缆将其连接到以太网，实现网络编程和通信。LED 指示灯用于指示以太网通信发送和接收状态。以太网端口引脚映射如图 2-4 所示。网络状态指示及其含义见表 2-7。

触点编号	信号	方向	主要功能
1	TX+	OUT	发送数据+
2	TX-	OUT	发送数据-
3	RX+	IN	差分以太网接收数据+
4			端接
5			端接
6	RX-	IN	差分以太网接收数据-
7			端接
8			端接
屏蔽			框架地

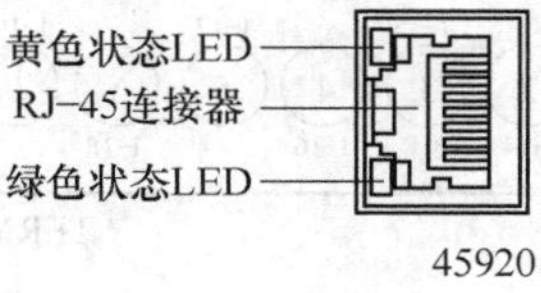

黄色状态LED —
RJ-45连接器 —
绿色状态LED —

45920

黄色状态LED指示有链接(黄色常亮)或无链接(熄灭)。

绿色状态LED指示有活动(绿色闪烁)或无活动(熄灭)。

图 2-4　以太网端口引脚映射

表 2-7　网络状态指示说明

序号	状　态	说　明
1	常灭	未上电，无 IP 地址。设备电源已关闭，或设备已上电但无 IP 地址
2	绿灯闪烁	无连接。IP 地址已组态，但没有连接以太网应用
3	红灯闪烁	连接超时（未接通）
4	红灯常亮	IP 重复。设备检测到其 IP 地址正被网络中另一设备使用。此状态只有启用了设备的重复 IP 地址检测（ACD）功能才适用
5	绿灯红灯交替闪烁	自检。设备正在执行上电自检（POST）。执行 POST 期间，网络状态指示灯变为绿灯和红灯交替闪烁

（3）控制器安装

1）DIN 导轨安装　在 DIN 导轨上安装模块之前，使用一字旋具向下撬动 DIN 导轨锁销，直至其到达不锁定位置。先将控制器 DIN 导轨安装部位的顶部挂在 DIN 导轨中，然后按压底部直至控制器卡入 DIN 导轨，最后将 DIN 导轨锁销按回至锁定位置。

2）面板安装　首先将控制器按在要安装的面板上，确保控制器与外部设备保持正确间距，以利于其散热和通风，减少外部干扰。通过安装螺丝孔和安装脚标记钻孔，然后取下控制器。在标记处钻孔，最后将控制器放回并进行安装。

（4）控制器外部接线

Micro850 可编程序控制器有 12 种型号，不同型号的控制器的 I/O 配置不同。下面以 48 点产品目录号分别为 2080-LC30-48QVB/2080-LC30-48QBB/2080-LC50-48QVB/2080-LC50-48QBB 控制器为例，介绍 Micro850 控制器的输入输出端子及其信号模式。

1）输入输出端子　上述主机为 48 点控制器的外部接线如图 2-5 和图 2-6 所示。在接线时要按照要求接线。输入、输出端子中的公共端（COM）一般都是内部短接的，即用户不需要用导线在端子上把他们连接。

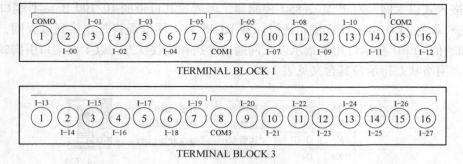

图 2-5　PLC 输入端子块

2）输入输出类型　择 PLC 的数字量输入和输出时，要注意模块的"Sink"或"Source"类型。所谓"Sink"即 PLC 外设电路以负极为公共端，而"Source"则以正极为公共端。"Sink"以往也翻译成"漏型"，"Source"翻译成"源型"。罗克韦尔自动化公司称这两种类型为拉出型和灌入型。之所以有这方面的要求，是因为有些外设（如接近开关）

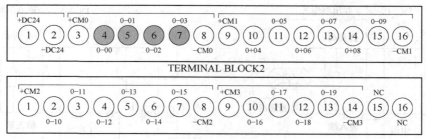

图 2-6　PLC 输出端子块

需要开关电源供电，由于接近开关有 NPN 和 PNP 型，因此对电源的极性接法要求不同。而接近开关要和 PLC 的数字量输入连接，因此要考虑电流的方向。同样，对于像发光二极管等外部设备，PLC 的数字量输出要驱动它，而发光二极管是有电流方向要求的。

当然不是所有的情况下都要考虑模块的灌入型和拉出型。当外设对电流方向没有要求时，就可以不考虑。例如，在工业现场，出于电气隔离的考虑，会把所有的开关量信号都通过继电器进行隔离，再把继电器的触点与 PLC 的数字量输入连接，这时选用哪种类型都可以。另外，如果负载是继电器，也不用考虑。

Micro850 控制器的数字量输入和输出可分为灌入型和拉出型（这仅针对数字量输入，对如模拟量输入则没有灌入型和拉出型之分），其接线如图 2-7 ~ 图 2-10 所示。

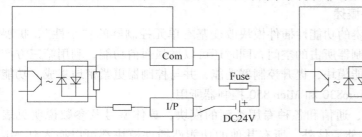

图 2-7　灌入型输入接线图

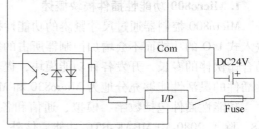

图 2-8　拉出型输入接线图

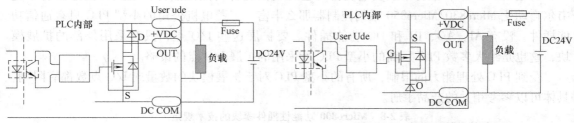

图 2-9　灌入型输出接线图

图 2-10　拉出型输出接线图

查看图 2-11，通过看 PLC 模块内部电路和外部电路，读者可以更好地理解这两种不同的输入信号类型及其工作电路。

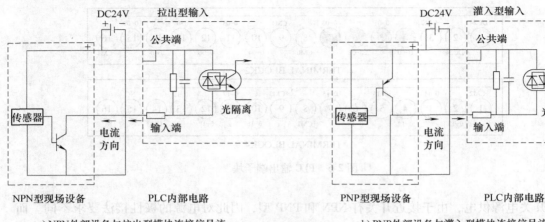

a) NPN外部设备与拉出型模块连接信号流　　　　　　　　b) PNP外部设备与灌入型模块连接信号流

图 2-11 Sink 和 Source 模式时电路原理图

2.2　Micro850 控制器功能性插件及其组态

2.2.1　Micro800 功能性插件模块

1. Micro800 功能性插件模块概述

Micro800 控制器通过尺寸紧凑的功能性插件模块改变基本单元控制器的"个性"，扩展嵌入式 I/O 的功能而不会增加控制器所占的空间，同时还可以增强通信功能，利用第三方产品合作伙伴的专长，开发各种功能模块，提升控制器功能，并与控制器更紧密地集成。功能性插件的灵活性能够充分地为 Micro830 和 Micro850 控制器所用。

功能性插件包括数字、模拟、通信和各种专用类型的模块，具体型号及参数说明见表 2-8。除了 2080-MEMBAK-RTC 功能插件外，所有其他的功能性插件模块都可以插入到 Micro830/Micro850 控制器的任意插件插槽中。

有些 PLC 厂家，如日本三菱电机公司也有类似这种功能性插件，但其种类远没有罗克韦尔自动化 Micro830/Micro850 系列控制器那么丰富。三菱电机公司的小型 PLC 只有通信功能插件，没有 AI、AO、DI 和 DO 功能插件。要扩展这些 I/O 点，只有采用外部的扩展模块，这也是绝大多数 PLC 厂商的小型 PLC 所采用的扩展 I/O 点的策略。

受到 PLC 处理能力的限制，所有的小型 PLC 对于扩展模块的数量或 I/O 点数都有限制，具体可以参考相关的产品手册。

表 2-8　Micro800 功能性插件模块的技术规范

模　块	类　型	说　　　明
2080-IQ4	离散	4 点，DC 12/24V 灌入型/拉出型输入
2080-IQ40B4	离散	8 点，组合型，DC 12/24V 灌入型/拉出型输入 DC 12/24V 拉出型输出
2080-IQ40V4	离散	8 点，组合型，DC 12/24V 灌入型/拉出型输入 DC 12/24V 灌出型输出

（续）

模　块	类　型	说　明
2080-OB4	离散	4 点，DC 12/24V 拉出型输出
2080-OV4	离散	4 点，DC 12/24V 灌入型输出
2080-OW4I	离散	4 点，交流/直流继电器输出
2080-IF2	模拟	2 通道，非隔离式单极电压/电流模拟量输入
2080-IF4	模拟	4 通道，非隔离式单极电压/电流模拟量输入
2080-OF2	模拟	2 通道，非隔离式单极电压/电流模拟量输出
2080-TC2	专用	2 通道，非隔离式热电偶模块
2080-RTD2	专用	2 通道，非隔离式热电阻模块
2080-MEMBAK-RTC	专用	存储器备份和高精度实时时钟
2080-TRIMPOT6	专用	6 通道微调电位计模拟量输入
2080-SERIALISOL	通信	RS-232/485 隔离式串行端口

2. Micro830/850 功能性插件模块特性

（1）离散型功能性插件

这些模块将来自用户设备的交流或直流通/断信号转换为相应的逻辑电平，以便在处理器中使用。只要指定的输入点发生通到断和断到通的转换，模块就会用新数据更新控制器。离散性功能插件功能较简单，比较容易使用。

（2）模拟量功能性插件

2080-IF2 或 2080-IF4 功能性插件能够提供额外的嵌入式模拟量 I/O，2080-IF2 最多可增加 10 个模拟量输入，而 2080-IF4 最多可增加 20 个模拟量输入，并提供 12 位分辨率。它们的输入技术参数见表 2-9。

表 2-9　2080-IF2、2080-IF4 主要输入技术参数

属　性	2080-IF2	2080-IF4	属　性	2080-IF2	2080-IF4
非线性度（满量程的百分比）	±0.1%		现场输入校准	不需要	
可重复性	±0.1%		扫描时间	180ms	
整个温度范围内的模块误差，−20～65℃（−4～149°F）	电压：±1.5% 电流：±2.0%		输入组与总线的隔离	无隔离	
输入通道组态	通过组态软件屏幕或用户程序		通道与通道的隔离	无隔离	
			最大电缆长度	10m	

2080-OF2 功能性插件能够提供额外的嵌入式模拟量 I/O，它最多可增加 10 个模拟量输出，并提供 12 位分辨率。其输出技术参数见表 2-10。这些功能性插件可在 Micro830/850 控制器的任意插槽中使用，不支持带电插拔（RIUP）。从表中可以看出，模拟量功能性插件的最大电缆长度只有 10m，因此这种插件主要适用于单机控制应用，而不适用于工业生产应

用，因为后者通常传感器或执行器到控制器输入输出模块端子的距离要远远超过 10m。

表 2-10 　 2080-OF2 输出技术参数

属 性	2080-OF2	属 性	2080-OF2
输出数，单端	2	最大电容性负载（电压输出）	0.1μF
模拟量正常工作范围	电压：DC 10V 电流：0~20mA	总体精度	电压端子：±1% 满量程@25℃ 电流端子：±1% 满量程@25℃
最大分辨率	12 位（单极性）		
输出计数范围	0~65535	非线性度（满量程的百分比）	±0.1%
最大 D/A 转换速率（所有通道）	2.5ms	可重复性（满量程的百分比）	±0.1%
达到 63% 时的阶跃响应	5ms	整个温度范围内的输出误差，−20~65℃（−4~149°F）	电压：±1.5% 电流：±2.0%
电压输出时的最大电流负载	10mA	开路和短路保护	是
电流输出时的阻性负载	Ω（包括导线电阻）	输出过电压保护	是
电压输出时的负载范围	>1kΩ@DC 10V	输入组与总线的隔离	无隔离
		通道与通道的隔离	无隔离
最大感性负载（电流输出）	0.01mH	最大电缆长度	10mm

2080-IF4 与传感器的接线如图 2-12 所示。
需要外接电源，而由模块内部电源向有关的
端子供电。2080-OF2 与外部负载的接线如图
2-13 所示。电压负载或电流负载与模块连接
时都不需要外接电源，而由模块的端子供电。

对于不同的输入输出信号类型，模拟量
功能性插件模块除了要在软件中进行相应设
置外，在端子接线时也是不一样的，这点要
十分注意。

（3）专用功能性插件

1）非隔离式热电偶和热电阻功能性插
件模块 2080-TC2 和 2080-RTD2　这些功能性
插件模块（2080-TC2 和 2080-RTD2）能够在
使用 PID 时，帮助实现温度控制。这些功能
性插件可在 Micro830/Micro850 控制器的任意
插槽中使用。不支持带电插拔。

电压传感器或电流传感器与模块连接时都不

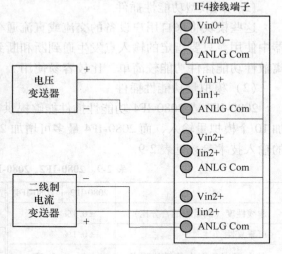

图 2-12 　 2080-IF4 功能性插件端子接线

2080-TC2 双通道功能性插件模块支持热电偶测量。该模块可对 8 种热电偶传感器（分
度号为 B、E、J、K、N、R、S 和 T）的任意组合中的温度数据进行数字转换和传输，模块随
附的外部 NTC 热敏电阻能提供冷端温度补偿。通过 CCW（Connected Components Work-
bench）一体化编程组态软件，可单独为各个输入通道组态特定的传感器、滤波频率。该模
块支持超范围和欠范围条件报警，即对于所选定的传感器，当通道温度输入低于正常温度范
围的最小值，则模块将通过 CCW 一体化编程组态软件的全局变量报告欠范围错误；如果通

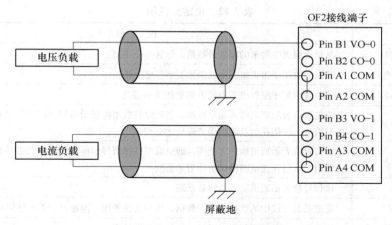

图 2-13　2080-OF2 功能性插件端子接线

道读取高于正常温度范围的最大值，则报告超范围错误。欠范围和超范围错误报告检查并非基于 CCW（一体化编程组态软件）的温度数据计数，而是基于功能性插件模块的实际温度（°C）或电压。

　　2080-RTD2 模块最多可支持两个通道的热电阻测量应用。该模块支持 2 线和 3 线热电阻传感器接线。它对模拟量数据进行数字转换，然后再在其映像表中传送转换的数据。该模块支持与最多 11 种热电阻传感器的任意组合相连接。通过 CCW（一体化编程组态软件），可对各通道单独组态。组态为热电阻输入时，模块可将热电阻读数转换成温度数据。和 2080-TC2 一样，该模块也支持超范围和欠范围条件报警处理。

　　为了增加抗干扰能力，提高测量精度，2080-TC2 和 2080-RTD2 模块使用的所有电缆必须是屏蔽双绞线，且屏蔽线必须短接到控制器端的机架地。建议使用 22AWG（American wire gauge）导线连接传感器和模块。为获取稳定一致的读数，传感器应外包油浸型热电阻保护套管。

　　热电偶和热电阻功能插件完成了模数转换后，把转换结果存储在全局变量中。表 2-11 描述了 CCW（一体化编程组态软件）全局变量中从热电偶和热电阻功能性插件模块读取的位/字信息。表 2-11 中位信息及其含义见表 2-12。

表 2-11　全局变量数据映射表

字偏移量	位															
	15	14	13	12	11	10	09	08	07	06	05	04	03	02	01	00
00（如：_ IO _ P1 _ AI _ 00）	通道 0 的温度数据															
01（如：_ IO _ P1 _ AI _ 01）	通道 1 的温度数据															
02（如：_ IO _ P1 _ AI _ 02）	通道 0 的信息															
	UKT	UKR	保留				保留		OR	UR	OC	DI	CC	保留		
03（如：_ IO _ P1 _ AI _ 03）	通道 1 的信息															
	UKT	UKR	保留				保留		OR	UR	OC	DI	CC	保留		
04（如：_ IO _ P1 _ AI _ 04）	系统信息															
	保留				SOR	SUR	COC	CE	保留							

表 2-12　位定义说明

位名称	说　明
通道温度数据	从摄氏温度映射来的温度计数值，包含一位小数
UKT（未知类型）	该位置位用于报告组态中的未知类型传感器错误
UKR（未知速率）	该位置位用于报告组态中的未知更新速率错误
OR（超范围）	该位置位表示通道输入超出范围。通道温度数据将显示所使用的各类型传感器的最大温度计数值，该值在超范围错误清除后才会变化
UR（欠范围）	该位置位表示通道输入欠范围。通道温度数据将显示所使用的各类型传感器的最小温度计数值，该值在欠范围错误清除后才会变化
OC（开路）	该位置位表示通道输入传感器开路
DI（非法数据）	通道数据字段中的数据为非法数据，用户无法使用。温度数据不可使用时，该位置位
CC（代码已校准）	该位置位表示温度数据已通过系统校准系数校准
SOR（系统超范围）	该位置位表示系统超范围错误，即环境温度高于70℃
SUR（系统欠范围）	该位置位表示系统欠范围错误，即环境温度高于 -20℃
COC（CJC 开路）	该位置位表示没有为热电偶模块连接 CJC 传感器，即开路该位仅针对热电偶模块
CE（校准错误）	该位置位表示模块精度不佳。默认情况下该位设置为 0，且应始终为 0，如果值不是 0，请联系技术支持人员

为了保持从热电偶和热电阻功能性插件模块读取的温度值的精度，在将实际温度传送至 CCW（一体化编程组态软件）之前，会在固件中进行常规的数据映射转换，即固件将摄氏温度映射为 CCW（一体化编程组态软件）的数据计数，其计算公式为：

$$CCW(一体化编程组态软件)的数据计数 = (温度(℃) + 270.0) * 10$$

根据表 2-11 中两个通道的映射数据，可以根据以下公式得出摄氏温度值：

$$温度(℃) = (映射数据 - 2700)/10$$

2）存储器备份和高精度实时时钟功能性插件模块 2080-MEMBAK-RTC　该插件可生成控制器中项目的备份副本，并增加精确的实时时钟功能而无需定期校准或更新。它还可用于复制/更新 Micro830/Micro850 应用程序代码。但是，它不可用作附加的运行时程序或数据存储。该插件本身带键，因此只可将其安装在 Micro830/Micro850 控制器最左端的插槽（插槽1）中。该插件支持带电热插拔。

3）Micro800 6 通道微调电位计模拟量输入功能性插件模块 2080-TRIMPOT6　该插件可增加 6 个模拟量预设以实现速度、位置和温度控制。此功能性插件可在 Micro830/Micro850 控制器的任意插槽中使用。不支持带电插拔（RIUP）。

4）通信功能插件 2080-SERIALISOL　2080-SERIALISOLRS232/RS-485 隔离式串行端口功能性插件模块支持 CIP Serial（仅 RS-232）、Modbus RTU（仅 RS-232）以及 ASCII（仅 RS-232）协议。不同于嵌入式 Micro830/Micro850 串行端口，该端口是电气隔离的，因此非常适合连接噪声设备（如变频器和伺服驱动器），以及长距离电缆通信，使用 RS-485 时最长距离为 100m。

2.2.2　功能性插件组态

以下步骤使用带三个功能性插件插槽的 Micro850 24 点控制器来说明组态过程。本示例中采用 2080-RTD2 和 2080-TC2 功能性插件模块。

1）启动 CCW（一体化编程组态软件），并打开 Micro850 项目。在项目管理器窗格中，右键单击 Micro850 并选择"打开"（Open），将显示"控制器属性"（Controller Properties）页面。

2）要添加 Micro800 功能性插件，可通过以下两种方式实现：

1）右键单击想要组态的功能性插件插槽，然后选择功能性插件，如图 2-14 所示。

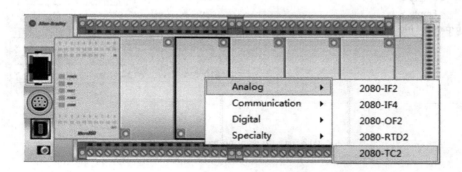

图 2-14　在设备图形页面添加功能性插件

2）右键单击控制器属性树中的功能性插件插槽，然后选择想要添加的功能性插件，如图 2-15 所示。

上述操作完成后，设备组态窗口中的设备图形显示页面和控制器属性页面都将显示所添加的功能性插件模块，如图 2-16 所示。

3）单击 2080-RTD 或 2080-TC2 功能性插件模块，设置组态属性。

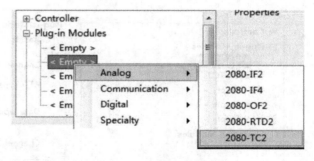

图 2-15　在控制器属性页面添加功能性插件

①为 2080-TC2 指定通道 0 的"热电偶类型"（ThermocoupleType）和"更新速率"（Update Rate）。通道 1 的"热电偶类型"为 E 型和"更新速率"为 12.5Hz。热电偶的默认传感器类型为"K 型"（Type K），默认更新速率为 16.7Hz，如图 2-17 所示。

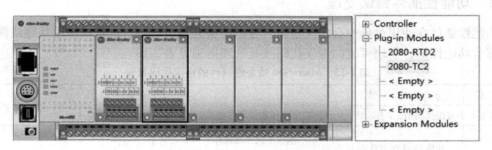

a）控制器图形页面　　　　　　　　　　　　b）控制器属性

图 2-16　添加两个功能性插件后的控制器

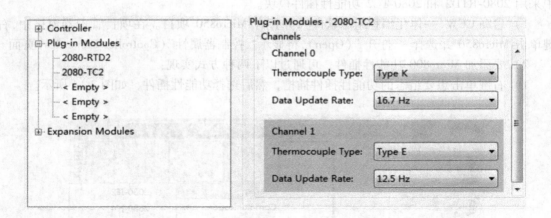

图 2-17　设置 2080-TC2 通道参数

②为 2080-RTD2 指定"热电阻类型"（RTD Type）和"更新速率"（UpdateRate）。热电阻的默认传感器类型为 100 Pt 385，默认更新速率为 16.7Hz，如图 2-18 所示。

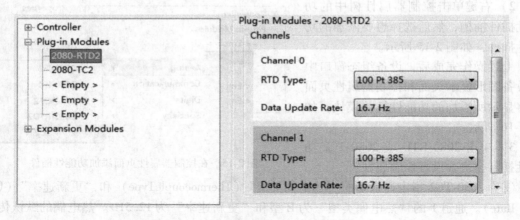

图 2-18　设置 2080-RTD2 通道参数

2.2.3　功能性插件错误处理

功能性插件在使用过程中会出现错误，可以根据其错误代码，进行初步的处理或恢复操作。部分功能性插件模块可能的错误代码及其处理措施见表 2-13。

表 2-13　Micro800 功能性插件的错误代码列表

错误代码	说　　明	建议的措施
在以下 4 个错误代码中，z 表示功能性插件模块的插槽编号，如果 z = 0，则无法识别插槽编号		
0xF0Az	功能性插件 I/O 模块在运行过程中出现错误	执行下列一项操作： ● 检查功能性插件 I/O 模块的状态和运行情况 ● 对 Micro800 控制器循环上电

（续）

错误代码	说　明	建议的措施
0xF0Bz	功能性插件 I/O 模块组态与检测到的实际 I/O 组态不匹配	执行下列一项操作： ● 更正用户程序中的功能性插件 I/O 模块组态，使其与实际的硬件配置相匹配 ● 检查功能性插件 I/O 模块的状态和运行情况 ● 对 Micro800 控制器循环上电 ● 更换功能性插件 I/O 模块
0xF0Dz	对功能性插件 I/O 模块上电或移除功能性插件 I/O 模块时，发生硬件错误	执行以下操作： ● 在用户程序中更正功能性插件 I/O 模块组态 ● 使用一体化编程组态软件构建并下载该程序 ● 使 Micro800 控制器进入运行模式
0xF0Ez	功能性插件 I/O 模块组态与检测到的实际 I/O 组态不匹配	执行以下操作： ● 在用户程序中更正功能性插件 I/O 模块组态 ● 使用一体化编程组态软件构建并下载该程序 ● 使 Micro800 控制器进入运行模式

2.3　Micro850 控制器扩展模块及其组态

2.3.1　Micro800 扩展模块

1. Micro800 扩展模块概述

　　Micro850 扩展模块牢固地卡在 Micro850 控制器右侧，带有便于安装、维护和接线的可拆卸端子块；高集成度数字量和模拟量 I/O 减少了所需空间；隔离型的高分辨率模拟量、RTD 和 TC（分辨率高于功能性插件模块），精度更高。可以将最多 4 个扩展 I/O 模块以任何组合方式连接至 Micro850 控制器，只要这些嵌入式、插入式和扩展离散 I/O 点的总数小于或等于 132。Micro850 扩展模块如图 2-19 所示。Micro800 扩展性模块的技术规范见表 2-14。

图 2-19　Micro800 扩展模块

表 2-14　Micro800 扩展性模块的技术规范

扩展 I/O 模块		
类别	产品目录号	描　述
数字量 I/O	2085-IQ16	16 点数字量输入，DC 12/24V，灌入型/拉出型
	2085-IQ32T	32 点数字量输入，DC 12/24V，灌入型/拉出型
	2085-QV16	16 点数字量输出，DC 12/24V，灌入型

（续）

扩展 I/O 模块

类别	产品目录号	描　　述
数字量 I/O	2085-OB16	16 点数字量输出，DC 12/4V，拉出型
	2085-OW8	8 点继电器输出，2A
	2085-OW16	16 点继电器输出，2A
	2085-IA8	8 点 120VAC 输入
	2085-IM8	8 点 240VAC 输入
	2085-OA8	8 点 120/240VAC 输出
模拟量 I/O	2085-IF4	4 通道模拟量输入，0~20mA，−10V~+10V，隔离型，14 位
	2085-IF8	8 通道模拟量输入，0~20mA，−10V~+10V，隔离型，14 位
	2085-OF4	4 通道模拟量输出，0~20mA，−10V~+10V，隔离型，12 位
专用	2085-IRT4	4 通道 RTD 以及 TC，隔离型，±0.5℃
母线终端器	2085-ECR	终端盖板

2. 离散量扩展 I/O

Micro830/850 离散量扩展 I/O 模块是用于提供开关检测和执行的输入输出模块。离散量扩展模块主要包括：2085-IA8、2085-IM8、2085-IQ16 和 2085-IQ32T。离散量扩展 I/O 模块在每个输入/输出点都有一个黄色状态指示灯，用于指示各点的通/断状态。

3. 模拟量扩展 I/O 模块

（1）模拟值与数字值转换

2085-IF4 和 2085-IF8 模块分别支持四路和八路输入通道，而 2085-OF4 支持四路输出通道。各通道可组态为电流或电压输入/输出，默认情况下组态为电流模式。

为了更好地了解模拟量模块的信号转换，需要了解以下几个概念：

1）原始/比例数据　向控制器显示的值与所选输入成比例，且缩放成 A/D 转换器位分辨率所允许的最大数据范围。例如，对于电压范围是-10V~10V 的用户输入数据二进制值范围是-32，768~32，767，此范围覆盖来自传感器的-10.5~10.5V 满量程范围。

2）工程单位　模块将模拟量输入数据缩放为所选输入范围的实际电流或电压值。工程单位的分辨率是 0.001V 或 0.001mA 每计数。

3）范围百分比　输入数据以正常工作范围的百分比形式显示。例如，DC 0V~10V 相当于 0~100%。也支持高于和低于正常工作范围（满量程范围）的量值。

4）满量程范围

a. 有效范围为 0~20mA 信号的满量程范围值是 0~21mA；

b. 有效范围 4~20mA 信号的满量程范围值是 3.2~21mA；

c. 有效范围 −10~10V 信号的满量程范围值是 −10.5~10.5V；

d. 有效范围 0~10V 信号的满量程范围值是 −0.5~10.5V。

2085-IF4、2085-IF8 和 2085-OF4 数据格式的有效范围见表 2-15。各数据格式的有效范围与各类型/范围（或正常范围）的满量程范围相对应。例如，0~20mA 有效范围的信号满量程范围是 0~21mA（表中为 0~21000，因为该数值单位是 0.001mA）。其范围百分比是 0

~105%（表中为 0～10500，因为该数值单位是 0.01%）。其他以此类推。

表 2-15　2085-IF4、2085-IF8 和 2085-OF4 数据格式的有效范围

数据格式	类型/范围			
	0～20mA	4～20mA	−10～10V	0～10V
原始/比例数据	−32768～32767			
工程单位	0～21000	3200～21000	−10500～10500	−500～10500
范围百分比	0～10500	−500～10625	不支持	−500～10500

可以采用以下公式实现模拟值与数据格式的相互转换：

$$Y = \frac{(X - X_{fmin}) * Y_{fscale}}{X_{scale}} + Y_{fmin} \qquad (2\text{-}2)$$

式中　X——原始数据；

X_{fmin}——X 范围的最小值；

X_{scale}——X 对应的范围；

Y_{fscale}——Y 的满量程范围；

Y_{fmin}——Y 的满量程范围的最小值。

例如：假设信号范围为 4～20mA，求原始/比例数据 X 等于 −20000 时的模拟值 Y。根据题意，这里给定 $X = -20000$，$X_{fmin} = -32768$，$X_{scale} = 32767 - (-32768) = 65535$，$Y_{fscale} = 21 - 3.2 = 17.8$mA，$Y_{fmin} = 3.2$mA，代入公式（2-1）可得：

$$Y = \frac{(20000 - (-32768)) * 17.8}{65535} + 3.2 = 6.668\text{mA}$$

假设信号范围为 4～20mA 的传感器信号为 X = 10mA，求其转换后的二进制 Y 值。这时也可以采用（2-1）计算。

根据题意，这里给定 $X = 10$mA，$X_{fmin} = 3.2$mA，$X_{scale} = 21 - 3.2 = 17.8$mA，$Y_{fscale} = 32767 - (-32768) = 65535$，$Y_{fmin} = -32768$，代入公式（2-1）可得：

$$Y = \frac{(10 - 3.2) * 65535}{17.8} + (-32768) = -7732$$

（2）输入滤波器

对于输入模块 2085-IF4 和 2085-IF8，可以通过输入滤波器参数指定各通道的频率滤波类型。输入模块使用数字滤波器来提供输入信号的噪声抑制功能。移动平均值滤波器减少了高频和随机白噪声，同时保持最佳的阶跃响应。频率滤波类型影响噪声抑制，如下所述。用户需要根据可接受的噪声和响应时间选择频率滤波类型：

1）50/60Hz 抑制（默认值）；

2）无滤波器；

3）2 点移动平均值；

4）4 点移动平均值；

5）8 点移动平均值。

（3）过程级别报警

当模块超出所组态的各通道上限或下限时，过程级别报警将发出警告（对于输入模块，

还提供附加的上上限报警和下下限报警）。当通道输入或输出降至低于下限报警或升至高于上限报警时，状态字中的某个位将置位。所有报警状态位都可单独读取或通过通道状态字节读取。

对于输出模块 2085-OF4，当启用锁存组态时，可以锁存报警状态位。可以单独组态各通道报警。

（4）钳位限制和报警

对于输出模块 2085-OF4，钳位会将来自模拟量模块的输出限制在控制器所组态的范围内，即使控制器发出超出该范围的输出。此安全特性会设定钳位上限和钳位下限。模块的钳位确定后，当从控制器接收到超出这些钳位限制的数据时，数据便会转换为该限值，但不会超过钳位值。在启用报警时，报警状态位还会置位。还可以在启用锁存组态时，锁存报警状态位。

例如，一项应用可能会将模块的钳位上限设为 8V，钳位下限设为 -8V。如果控制器将对应于 9V 的值发送到该模块，模块仅会对螺丝端子施加 8V 电压。可以对每个通道组态钳位限制（钳位上限/下限）、相关报警及其锁存。

4. 专用模块 2085-IRT4 温度输入模块

（1）2085-IRT4 支持的传感器

2085-IRT4 允许为 4 个输入通道分别组态传感器类型，以将模拟信号线性化为温度值。2085-IRT4 扩展 I/O 模块支持热电偶见表 2-16，支持的热电阻类型及参数见表 2-17。

表 2-16   2085-IRT4 扩展 I/O 模块支持的热电偶

传感器范围	范　　围	传感器范围	范　　围
B	300 ~ 1800℃ （572 ~ 3272°F）	N	−270 ~ 1300℃ （−454 ~ 2372°F）
C	0 ~ 2315℃ （32 ~ 4199°F）	R	−50 ~ 1768℃ （−58 ~ 3214°F）
E	−270 ~ 1000℃ （−454 ~ 1732°F）	S	−50 ~ 1768℃ （−58 ~ 3214°F）
J	−210 ~ 1200℃ （−346 ~ 2192°F）	T	−270 ~ 400℃ （−454 ~ 752°F）
K	−270 ~ 1372℃ （−454 ~ 2502°F）	mV	0 ~ 100mV
TXK/XK（L）	−200 ~ 800℃ （−328 ~ 1472°F）		

表 2-17   2085-IRT4 扩展 I/O 模块支持的热电阻

传感器范围	范　　围
100ΩPtα = 0.00385 欧洲	−200 ~ 870℃ （−328 ~ 1598°F）
200ΩPtα = 0.00385 欧洲	−200 ~ 400℃ （−328 ~ 752°F）
100ΩPtα = 0.003916 美国	−200 ~ 630℃ （−328 ~ 1166°F）
200ΩPtα = 0.003916 美国	−200 ~ 400℃ （−328 ~ 752°F）
100Ω 镍 618	−60 ~ 250℃ （−76 ~ 482°F）
200Ω 镍 618	−60 ~ 200℃ （−76 ~ 392°F）
120Ω 镍 672	−80 ~ 260℃ （−112 ~ 500°F）
10Ω 铜 427	−200 ~ 260℃ （−328 ~ 500°F）
欧姆	0 ~ 500 欧姆

（2）2085-IRT4 专用模块的数据转换

可以通过 CCW（一体化编程组态软件）为通道 0 ~ 3 组态以下数据格式。2085-IRT4 的数据格式见表 2-18。数据格式包括以下几种：

1）工程单位 x1　如果选择工程单位 x1 作为热电偶和热电阻输入的数据格式，模块会根据热电偶/热电阻标准将输入数据缩放为所选热电偶/热电阻类型的实际温度值。它以 0.1℃/°F 为单位指示温度。对于电阻输入，模块以 0.1Ω 每计数指示电阻。对于 mV 输入，模块以 0.01mV 每计数指示。

表 2-18　2085-IRT4 数据格式的有效范围

数据格式	传感器类型-温度 （10 个热电偶，8 个热电阻）	传感器类型 0 ~ 100mV	传感器类型 0 ~ 500Ω
原始/比例数据[1]		−32768 ~ 32767	
工程单位 ×1	温度值[3]（℃/°F）	0 ~ 10000[5]	0 ~ 5000[7]
工程单位 ×10	温度值[4]（℃/°F）	0 ~ 1000[6]	0 ~ 500[8]
范围百分比[2]		0 ~ 10000	

2）工程单位 x10　对于热电偶或热电阻输入，模块根据热电偶/热电阻标准将输入数据缩放为所选热电偶/热电阻类型的实际温度值。使用此格式时，模块以 1℃ 为单位表示温度。对于电阻输入，模块以 1Ω 每计数指示电阻。对于 mV 输入，模块以 0.1mV 每计数指示。

3）原始/比例数据格式　向控制器显示的值与所选输入成比例，且缩放成 A/D 转换器位分辨率允许的最大数据范围。例如，热电偶类型 B 的满量程数据值范围 300 ~ 1800℃ 映射为 -32768 ~ 32767。

4）范围百分比　输入数据以正常工作范围的百分比形式显示。例如，对于热电偶类型 B 传感器，0 ~ 100mV 相当于 0 ~ 100% 或 300 ~ 1800℃。

表 2-18 中有关脚注的说明：

（1）即模块输出的二进制数原始范围。

（2）分辨率是 0.01% 每计数。例如，9999 在这里表示 99.99%（或 9999 × 0.01%）。

（3）分辨率是 0.1℃/°F 每计数。例如，999 在这里表示 99.9℃/°F（或 999 × 0.1℃/°F）。范围取决于所选的传感器类型。

（4）分辨率是 1℃/°F 每计数。例如，999 在这里表示 999℃/°F（或 999 × 1℃/°F）。范围取决于所选的传感器类型。

（5）分辨率是 0.01mV 每计数。例如，9999 在这里表示 99.99mV（或 9999 × 0.01mV）。

（6）分辨率是 0.1mV 每计数。例如，999 在这里表示 99.9mV（或 999 × 0.1mV）。

（7）分辨率是 0.1Ω 每计数。例如，4999 在这里表示 499.9Ω（或 4999 × 0.1Ω）。

（8）分辨率是 1Ω 每计数。例如，499 在这里表示 499Ω（或 499 × 1Ω）。

仍然可以采用公式（2-1）实现模拟值与数据值的转换：

例如求原始/比例数据 X 等于 −20000 时 K 型热电偶的温度值 Y 的过程如下：

根据该模块的技术参数，可以知道：

$X = -20000$（原始/比例值）；

$X_{f\min} = -32768$（原始/比例数据的最小值）；

$X_{scale} = 32767 - (-32768) = 65535$（原始/比例数据的范围）；

$Y_{fscale} = 1372 - (-270) = 1642$（以℃ 表示的 K 型热电偶的测温范围）；

$Y_{fmin} = -270℃$（K 型热电偶的测温下限）；

代入公式(2-1)可得：

$$Y = \frac{(-20000 - (-32768)) * 1642}{65535} + (-270) = 49.0℃$$

（3）开路响应

此参数定义开环时模块做出的响应。

1）高标度端　将输入设为通道数据字的满量程值上限。满量程值由所选的输入类型、数据格式和比例决定。

2）低标度端　将输入设为通道数据字的满量程值下限。量程值下限由所选的输入类型、数据格式和比例决定。

3）保持最后状态　将输入设为上一次的输入值。

4）零　将输入设为 0 以强制使通道数据字为 0。

（4）滤波频率

2085-IRT4 模块使用数字滤波器来提供输入信号的噪声抑制功能。默认情况下，滤波器设为 4 Hz。数字滤波器以 4 Hz 的滤波频率提供-3dB（50% 幅值）的衰减。

-3 dB 频率为滤波器的截止频率。截止频率定义为频率响应曲线上输入信号的频率分量以 3 dB 的衰减通过的点。所有小于或等于截止频率的输入频率分量都以小于 3 dB 的衰减通过数字滤波器。所有大于截止频率的频率分量将逐渐衰减。

各通道的截止频率由其所选的滤波器频率定义，且与滤波器频率设置相等。需选择一个滤波频率，使变化最快的信号低于滤波器的截止频率。截止频率不应与更新时间相混淆。截止频率与数字滤波器如何衰减输入信号的频率分量有关。更新时间定义扫描输入通道以及更新通道数据字的速率。

滤波频率越低，噪声抑制效果越好，但更新时间会更长。相反，滤波频率越高，更新时间越短，但会降低噪声抑制效果和有效分辨率。

2.3.2　Micro800 扩展模块组态

1. 添加扩展 I/O 模块

1）在项目管理器窗格中，右键单击 Micro850 并选择"打开"（Open），或者鼠标双击"Micro850"，Micro850 项目界面随即在中央窗口中打开，且 Micro850 控制器的图形副本位于第一层、控制器属性位于第二层，输出框位于最后一层。

2）在 CCW（一体化编程组态软件）窗口最右侧的"设备工具箱"（Device Toolbox）窗格中，选中 Expansion Modules 文件夹，如图 2-20 中①所示。

3）单击 2085-IQ32T 并将其拖动到中央窗格的控制器图片右侧。随即显示 4 个蓝色的插槽，表示扩展 I/O 模块的可用插槽。将 2085-IQ32T 放到第一个插槽即控制器最左侧的插槽，如图 2-20 中②所示。

4）在"设备工具箱"（Device Toolbox）窗格的 Expansion Modules 文件夹中，将 2085-IF4 拖放到第二个扩展 I/O 插槽中，与 2085-IQ32T 相邻。

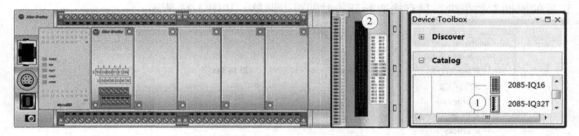

图 2-20　Micro800 扩展模块

5）在"设备工具箱"（Device Toolbox）上的 Expansion Modules 文件夹中，将 2085-OB16 拖放到第三个扩展 I/O 插槽，与 2085-IF4 相邻。

6）在"设备工具箱"（Device Toolbox）窗格的 Expansion Modules 文件夹中，将 2085-IRT4 拖放到第 4 个扩展 I/O 插槽，与 2085-OB16 相邻。

需要注意的是，最后安装的扩展模块后需要安装 2085-ECR 终端盖板（母线终端器），否则系统会报错误。

至此完成了 4 个扩展模块的添加。模块添加完成后的控制器硬件如图 2-21 所示。在控制器属性窗口中可以看到扩展插槽上的控制器名称及其位置。

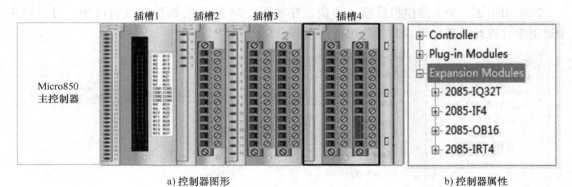

a) 控制器图形　　　　　　　　　　　　b) 控制器属性

图 2-21　添加 4 个扩展模块后的控制器

除了上述方法外，还可以在控制器属性界面的窗口中，选中"Expansion Modules"，把该文件夹打开后，可以看到 4 个插槽，会显示已经插入的模块以及还是空闲的插槽。选中希望安装扩展模块的插槽，鼠标点击右键，会弹出模拟量与数字量菜单，还可以从菜单中进一步弹出模块，选用希望的模块，就完成了模块的插入过程，如图 2-22 所示。这样操作更加简单快速。

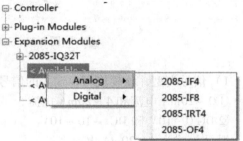

2. 编辑扩展 I/O 模块

（1）2085-IQ32T 属性配置

2085-IQ32T 是 32 为晶体管输出模块，可以

图 2-22　从控制器属性
页面添加扩展模块

设置的属性参数很少，只有接通断开的时间可以调整，如图 2-23 所示。

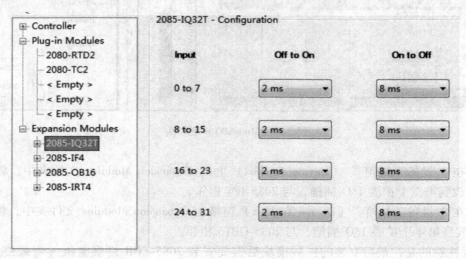

图 2-23　2085-IQ32T 属性配置窗口

（2）2085-IF4 属性配置

2085-IF4 是一个 4 路模拟量输入模块，在如图 2-24 所示的属性配置窗口中，可以对 4 个通道单独进行设置。设置的参数包括：

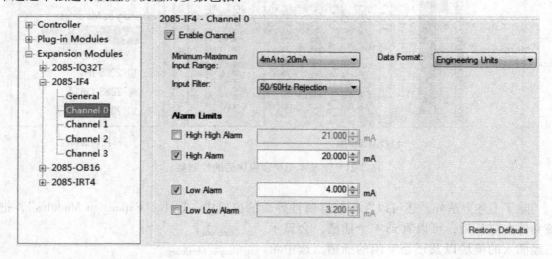

图 2-24　2085-IF4 属性配置窗口

1）信号类型，该模块可以输入的信号包括以下电流和电压共 4 种类型：

①0～20mA 电流和 4～20mA 电流；

②DC 0～10V 和 DC－10～10V。

默认模式为 4～20mA 电流。

2）滤波频率：可有 5 种类型可以选择。

3）报警限：包括高报警限和低报警限。

4）数据格式等。包括原始/比例数据、工程单位或范围百分比三种。参数具体说明见前一节。

（3）2085-OB16 属性设置

2085-OB16 是一个 16 个通道的继电器输出模块，没有参数可以设置。

（4）2085-IRT4 属性设置

2085-IRT4 是一个 4 路热电偶输入模块。属性配置窗口如图 2-25 所示。可以设置的参数包括热电偶的类型、单位、数据格式、滤波参数等。具体可以见前节。

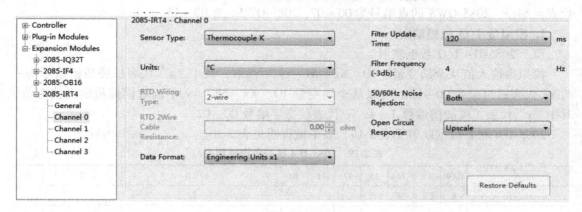

图 2-25　2085-IRT4 属性配置窗口

3. 删除和更换扩展 I/O 组态

控制器扩展模块配置好后，还可以进行编辑，包括删除、更换等。尝试删除插槽 2 中的 2085-IF4 和插槽 3 中的 2085-OB16。然后分别使用 2085-OW16 和另一个 2085-IQ32T 模块替换插槽 2 和 3 中的模块。该操作可以用两种方式完成，即在控制器设备图形界面上完成，或在控制器属性界面完成。首先选中相应插槽预删除的模块，然后执行删除操作。用先前介绍的添加扩展模块的方法添加所需要的模块。

2.3.3　扩展 I/O 数据映射

1. 离散量 I/O 数据映射

（1）2085-IQ16 和 2085-IQ32T I/O 数据映射

可以从全局变量 _IO_Xx_DI_yy 中读取离散量输入状态，其中 x 代表扩展插槽编号 1 ~ 4，yy 代表点编号，2085-IQ16 的点编号为 00 ~ 15，2085-IQ32T 为 00 ~ 31。

（2）2085-OV16 和 2085-OB16 I/O 数据映射

可以从全局变量 _IO_Xx_ST_yy 中读取离散量输出状态，其中"x"代表扩展插槽编号 1 ~ 4，yy 代表点编号 00 ~ 15。可以将离散量输出状态写入到全局变量 _IO_Xx_DO_yy 中，其中"x"代表扩展插槽编号 1 ~ 4，yy 代表点编号 00 ~ 15。

（3）2085-IA8 和 2085-IM8 I/O 数据映射

可以从全局变量 _IO_Xx_DI_yy 中读取离散量输入状态，其中 x 代表扩展插槽编号 1 ~ 4，yy 代表点编号 00 ~ 07。

（4）2085-OA8 I/O 数据映射

可以从全局变量 _ IO _ Xx _ ST _ yy 中读取离散量输出状态，其中"x"代表扩展插槽编号 1 ~ 4，yy 代表点编号 00 ~ 07。可以将离散量输出状态写入到全局变量 _ IO _ Xx _ DO _ yy 中，其中"x"代表扩展插槽编号 1 ~ 4，yy 代表点编号 00 ~ 07

（5）2085-OW8 和 2085-OW16 I/O 数据映射

可以从全局变量 _ IO _ Xx _ ST _ yy 中读取离散量输出状态，其中"x"代表扩展插槽编号 1 ~ 4，yy 代表点编号，2085-OW8 的点编号为 00 ~ 07，2085-OW16 为 00 ~ 15。可以将离散量输出状态写入到全局变量 _ IO _ Xx _ DO _ yy 中，其中"x"代表扩展插槽编号 1 ~ 4，yy 代表点编号。2085-OW8 的点编号为 00 ~ 07，2085-OW16 为 00 ~ 15。

2. 模拟量 I/O 数据映射

（1）2085-IF4 I/O 数据映射

模拟量输入值从全局变量 _ IO _ Xx _ AI _ yy 中读取，其中"x"代表扩展插槽编号 1 ~ 4，yy 代表通道编号 00 ~ 03。可以从全局变量 IO _ Xx _ ST _ yy 中读取模拟量输入状态值，其中"x"代表扩展插槽编号 1 ~ 4，yy 代表状态字编号 00 ~ 02。

2085-IF4 状态数据映射见表 2-19，表中域说明见表 2-20。

表 2-19　2085-IF4 状态数据映射表

字	R/W	15	14	13	12	11	10	9	8	7	6	5	4	3	2	1	0
状态 0	R	PU	GF	CRC	保留												
状态 1	R	保留	HHA1	LLA1	HA1	LA1	DE1	S1	保留		HHA0	LLA0	HA0	LA0	DE0	S0
状态 2	R	保留	HHA3	LLA3	HA3	LA3	DE3	S3	保留		HHA2	LLA2	HA2	LA2	DE2	S2

表 2-20　2085-IF4 和 2085-IF8 输入模块的域说明

域		说　明
CRC	CRC 错误	当接收的数据中存在 CRC 错误时此位置位（1）。当下一次接收到正确的数据时，此位清零
DE#	数据错误	当启用的输入通道未获取电流采样读数时，这些位置位（1）。相应的返回输入数据值与上次采样结果相同
GF	常规故障	当发生以下任何故障时，此位置位（1）：RAM 测试失败、ROM 测试失败、EEPROM 故障以及保留位。所有通道故障位（S#）也都置位
HA#	上限报警超范围	当输入通道超出所选组态（UL# 置位）定义的预设上限时，这些位置位（1）
HHA#	上上限报警超范围	当输入通道超出所选组态（UL# 置位）定义的预设上上限时，这些位置位（1）
LA#	下限报警（欠范围）	当输入通道降至低于所组态的下限报警时，这些位置位（1）
LLA#	下下限报警（Low Low Alarm）（欠范围）	当输入通道降至低于所组态的下下限报警值时，这些位置位（1）
PU	上电	1. 上电后此位置位。当模块接收到正确的组态数据后，此位清零 2. 当运行模式下意外发生 MCU 复位时，此位置位。所有通道故障位（S#）也都置位。复位后，模块保持无组态连接状态。接收到正确的组态后，PU 和通道故障位（S#）清零
S#	通道故障	如果相应的通道打开，存在数据错误或欠范围/超范围，则这些位置位（1）

（2）2085-IF8 I/O 数据映射

模拟量输入值从全局变量 _ IO _ Xx _ AI _ yy 中读取，其中"x"代表扩展插槽编号 1 ~ 4，yy 代表通道编号 00 ~ 07。可以从全局变量 IO _ Xx _ ST _ yy 中读取模拟量输入状态值，其中"x"代表扩展插槽编号 1 ~ 4，yy 代表状态字编号 00 ~ 04。要想读取状态字中的各个位，可以在全局变量名称后附加 . zz，其中"zz"表示位编号 00 ~ 15。

2085-IF8 状态数据映射表与表 2-21 类似，限于篇幅所限这里不在赘述。

（3）2085-OF4 I/O 数据映射

可以将模拟量输出数据写入到全局变量 _ IO _ Xx _ AO _ yy 中，其中"x"代表扩展插槽编号 1 ~ 4，yy 代表通道编号 00 ~ 03。可以将控制位状态写入到全局变量 _ IO _ Xx _ CO _ 00. zz 中，其中"x"代表扩张插槽编号 1 ~ 4，"zz"代表位编号 00 ~ 12。

2085-OF4 控制数据映射见表 2-21。状态数据映射表 2-22。表 2-22 中域说明见表 2-23。

表 2-21　2085-OF4 控制数据映射

字	位位置															
	15	14	13	12	11	10	9	8	7	6	5	4	3	2	1	0
控制 0	保留				CE3	CE2	CE1	CE0	UU3	UO3	UU2	UO2	UU1	UO1	UU0	UO0

表 2-22　2085-OF4 状态数据映射

字	位位置															
	15	14	13	12	11	10	9	8	7	6	5	4	3	2	1	0
状态 0	通道 0 数据道															
状态 1	通道 1 数据道															
状态 2	通道 2 数据道															
状态 3	通道 3 数据道															
状态 4	PU	GF	CRC	保留	保留				E3	E2	E1	E0	S3	S2	S1	S0
状态	保留		U3	O3	保留		U2	O2	保留		U1	O1	保留		U0	O0
状态 6	保留															

表 2-23　2085-OF4 状态字的域说明

域		说　明
CRC	CRC 错误	指示接收数据时发生 CRC 错误。所有通道故障位（Sx）也都置位。当下一次接收到正确的数据时，错误会清除
Ex	错误	指示存在与通道 x 有关的 DAC 硬件错误，导线中断或负载电阻过高情况，相应的输入字（0 ~ 3）会显示错误代码，在用户通过在输出数据中写入 CEx 位来清除错误之前，相应通道会锁定（禁用）
GF	常规故障	指示已发生故障，包括：RAM 测试失败，ROM 测试失败，EEPROM 故障以及保留位。所有通道故障位（Sx）也都置位
Ox	超范围标志	指示控制器正在试图使模拟量输出超出其正常工作范围或高于通道的钳位上限。但是，如果通道未设置钳位限制，则模块会继续将模拟量输出数据转换为最大满量程范围值
PU	上电	指示运行模式下意外发生 MCU 复位。所有通道错误位（Ex）和故障位（Sx）也都置位。复位后，模块保持无组态连接状态。下载正确的组态后，PU 和通道故障位清零

（续）

域		说　明
Sx	通道故障	指示存在与通道 x 相关的错误
Ux	欠范围标志	指示控制器正在试图使模拟量输出低于其正常工作范围或小于通道的钳位下限（如果为通道设置了钳位限制）

对模块通道报警/错误解锁过程如下：

在运行模式下，写入 UUx 和 UOx 可清除任何锁存的欠范围和超范围报警。当解锁位置位并且报警条件不复存在时，报警将解锁。如果仍存在报警条件，则解锁位不起作用。

在运行模式下，写入 CEx 可清除任何 DAC 硬件错误位并重新启用错误禁用的通道 x。需要使解锁位保持置位，当来自相应输入通道状态字的验证结果表明报警状态位已清零后，需要将解锁位复位。

3. 专用 I/O 数据映射

2085-IRT4 I/O 数据映射：可以从全局变量 _ IO _ Xx _ AI _ yy 中读取模拟量输入值，其中"x"代表扩展插槽编号 1~4，yy 代表通道编号 00~03。可以从全局变量 IO _ Xx _ ST _ yy 中读取模拟量输入状态，其中"x"代表扩展插槽编号 1~4，yy 代表状态字编号 00~02。要想读取状态字中的各个位，可以在全局变量名称后附加 . zz，其中"zz"表示位编号 00~15。

状态数据映射表 2-24。表 2-24 中域说明见表 2-25。

表 2-24　2085-IRT4 状态数据映射

字	位位置															
	15	14	13	12	11	10	9	8	7	6	5	4	3	2	1	0
状态 0	DE3	DE2	DE1	DE0	OC3	OC2	OC1	OC0	R3	R2	R1	R0	S3	S2	S1	S0
状态 1	O3	O2	O1	O0	U3	U2	U1	U0	T3	T2	T1	T0	CJC over	CJC under	CJC OC	CJC DE
状态 2	PU	GF	CRC	保留												

表 2-25　2085-IRT4 的域说明

域		说　明
CJC OC	冷端补偿开路	指示冷端传感器为开路。此位置位时，CJC DE 位指示冷端传感器当前读数不可靠。应改为使用上一次的读数。如果 Tx 置位，则 CJC DE 位指示内部补偿状态
CJC DE	冷端补偿数据错误	指示冷端传感器当前读数不可靠。将改为使用上一次的读数。如果 Tx 置位。则指示内部补偿状态
CJC over	冷端补偿超范围	指示冷端传感器超范围（高于 75℃）
CJC under	冷端补偿欠范围	指示冷端传感器欠范围（低于 -25℃）
CRC	CRC 错误	指示接收数据时发生 CRC 错误，所有通道故障位（Sx）也都置位。下一次接收到正确的数据时，将清除错误
DEx	数据错误	指示当前输入数据不可靠。改为向控制器发送先前的输入数据。诊断状态位仅供内部使用
GF	常规故障	指示已发生故障。包括：RAM 测试失败，ROM 测试失败，EEPROM 故障以及保留位。所有通道故障位（Sx）也都置位

（续）

域		说　明
OCx	开路标志	指示通道 x 中存在开路情况
Ox	超范围标志	指示控制器正在试图使模拟量输出超出其正常工作范围或高于通道的钳位上限。但是，如果通道未设置钳位限制，则模块会继续将模拟量输出数据转换为最大满量程范围值
PU	上电	指示运行模式下意外发生 MCU 复位。所有通道错误位（Ex）和故障位（Sx）也都置位。复位后，模块保持无组态连接状态。下载正确的组态后，PU 和通道故障位清零
Rx	热电阻补偿	指示通道 x 的热电阻补偿不起作用。此域仅对热电阻和欧姆类型有效
Sx	通道故障	指示存在与通道 x 相关的错误
Tx	热电偶补偿	指示通道 x 的热电偶补偿不起作用。此域仅对热电偶类型有效
Ux	欠范围	指示通道 x 的输入为通道正常工作范围的最小值。当欠范围情况清除，数据值在正常工作范围内时，模块将自动使该位复位

2.3.4　功能性插件模块与扩展模块的比较

对于 Micro830/Micro850 系列 PLC 的功能性插件与扩展 I/O 模块，从先前的介绍来看，似乎是可以互相替代的。但实际上，两者在性能等特点上还是有一定的不同的。表 2-26 为两种类型的模块比较。用户在使用时，可以根据表格中有关的参数结合应用需求合理确定选用功能性模块还是扩展模块或他们的组合。

表 2-26　功能性插件与扩展 I/O 模块的比较

序号	特点	功能性插件	扩展 I/O 模块
1	接线端子	不可拆卸	可拆卸
2	输入隔离	不隔离	隔离
3	模拟量转换精度	12-位 1% 精度 1degC（TC/RTD）	14-位 12-位（输出） 0.1% 0.5degC（TC/RTD）
4	滤波时间	固定 50/60Hz	可设置
5	I/O 模块密度	2 点到 4 点	4 点到 32 点
6	尺寸大小	不增加原有尺寸	会增加安装原有尺寸
7	不同的模块种类	隔离串口，Trimpot，内存备份模块，RTC，支持第三方模块	交流输入/输出模块

2.4　Micro800 系列控制器的网络通信

2.4.1　NetLinx 网络架构及 CIP

1. NetLinx 三层网络架构

现代工业控制系统已经发展成为了复杂的管控一体化系统，为了适应这种发展趋势，不同公司都提出了自己的解决方案。在这样的复杂系统中，不同功能的子系统对信息的要求不一样，信息处理过程也不一样。例如，在现场层，为了完成实时控制，要求数据采集的实时性；而在管理层，则侧重事务的管理功能，对实时性无特殊要求。因此，可以把自动化系统分成若干层，根据各个部分对通信的要求来选择合适的网络。NetLinx 是罗克韦尔自动化公司提出的开放式网络架构解决方案，通过该网络系统，连接罗克韦尔自动化的控制平台、可视化平台和企业级信息平台，从而形成一个综合自动化系统。

　　NetLinx 体系结构将网络服务、公共协议以及开放的软件接口结合到一起，以获得高效、无缝的信息流和控制数据流。NetLinx 体系结构由作为符合 IEC61158 国际现场总线标准的信息层网络 EtherNet/IP、控制层网络 ControlNet 与设备层网络 DeviceNet 组成，如图 2-26 所示。这种从底层到顶层全部开放的、扁平的网络体系结构使控制功能高度分散，网络、设备诊断和纠错功能极其强大，接线、安装、系统调试时间大大减少，可实现数据共享以及主/从、多主、广播和对等的通信结构。此外，NetLinx 使用了 CIP 来实现三种网络之间的信息透明互访。

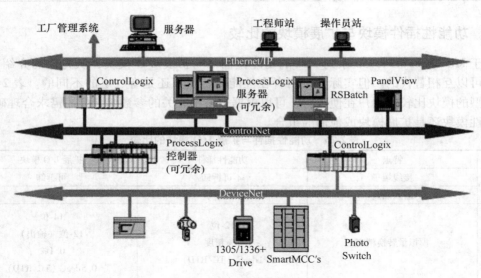

图 2-26　NetLinx 体系结构示意图

　　NetLinx 定义了三种最基本的功能。

　　1）实时控制　基于控制器或智能设备内所储存的组态信息，通过网络通信中的状态变化来实现实时控制，可提供操作或过程中的实时工厂级数据交换。

　　2）网络组态　通过总线既可实现对同层网络的组态，也可实现上层网络对下层网络的组态。网络组态可以在网络启动时进行，而设备参数修改或控制器逻辑修改也可在线通过网络实现。

　　3）数据采集　基于既定节拍或应用需要来方便地实现数据采集。所需要的数据通过人机接口显示，包括趋势分析、配方管理、系统维护和故障诊断等。

　　2. 通用工业协议（CIP）

　　（1）CIP 概述

1）CIP 特点　通用工业协议（Common Industrial Protocol，CIP）是一种为工业应用开发的应用层协议，被工业以太网、控制网、设备网三种网络所采用。三种 CIP 的网络模型和 ISO/OSI 参考模型对照如图 2-27 所示。可以看出，三种类型的协议在各自网络底层协议的支持下，CIP 用不同的方式传输不同类型的报文，以满足它们对传输服务质量的不同要求。

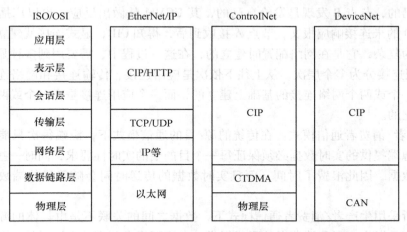

图 2-27　CIP 与 ISO/OSI 参考模型对比示意图

相对而言，采用 CIP 的 CIP 网络功能强大、灵活性强，并且具有良好的实时性、确定性、可重复性和可靠性。CIP 网络功能的强大，体现在可通过一个网络传输多种类型的数据，完成了以前需要两个网络才能完成的任务。其灵活性体现在对多种通信模式和多种 I/O 数据触发方式的支持。由于 CIP 具有介质无关性，即 CIP 作为应用层协议的实施与底层介质无关，因而可以在控制系统和 I/O 设备上灵活实施这一开放协议。

2）显式报文与隐式报文　CIP 根据所传输的数据对传输服务质量要求的不同，把报文分为两种：显式报文和隐式报文。显式报文用于传输对时间没有苛求的数据，比如程序的上载、下载、系统维护、故障诊断、设备配置等。由于这种报文包含解读该报文所需要的信息，所以称为显式报文。隐式报文用于传输对时间有苛求的数据，如 I/O、实时互锁等。由于这种报文不包含解读该报文所需要的信息，其含义是在网络配置时就确定的，所以称为隐式报文。由于隐式报文通常用于传输 I/O 数据，隐式报文又称为 I/O 报文或隐式 I/O 报文。

DeviceNet 给予不同类型的报文不同的优先级，隐式报文使用优先级高的报头，显式报文使用优先级低的报头。ControlNet 在预定时间段发送隐式报文，在非预定时间段发送显式报文。而 EtherNet/IP 对于面向控制的实时 I/O 数据采用 UDP/IP 来传送，而对于显式信息则采用 TCP/IP 来传送。

3）面向连接特性　CIP 还有一个重要特点是面向连接，即在通信开始之前必须建立起连接，获取惟一的连接标识符（connection ID，CID）。如果连接涉及双向的数据传输，就需要两个 CID。CID 的定义及格式是与具体网络有关的，比如，DeviceNet 的 CID 定义是基于 CAN 标识符的。通过获取 CID，连接报文就不必包含与连接有关的所有信息，只需要包含 CID 即可，从而提高了通信效率。不过，建立连接需要用到未连接报文。未连接报文需要包括完整的目的地节点地址、内部数据描述符等信息，如果需要应答，还要给出完整的源节点地址。

对应于两种 CIP 报文传输，CIP 连接也有两种，即显式连接和隐式连接。建立连接需要用到未连接报文管理器（unconnected Message Manager，UCMM），它是 CIP 设备中专门用于处理未连接报文的一个部件。如果节点 A 试图与节点 B 建立显式连接，它就以广播的方式发出一个要求建立显式连接的未连接请求报文，网络上所有的节点都接收到该请求，并判断是否发给自己的，节点 B 发现是发给自己的，其 UCMM 就做出反应，也以广播的方式发出一个包含 CID 的未连接响应报文，节点 A 接收到后，得知 CID，显式连接就建立了。隐式连接的建立更为复杂，它是在网络配置时建立的，在这一过程中，需要用到多种显式报文传输服务。CIP 把连接分为多个层次，从上往下依次是应用连接、传输连接和网络连接。一个传输连接是在一个或两个网络连接的基础上建立的，而一个应用连接是在一个或两个传输连接的基础上建立的。

4）生产者/消费者通信模式　在传统的源/目的通信模式下，源端每次只能和一个目的地址通信，源端提供的实时数据必须保证每一个目的端的实时性要求，同时一些目的端可能不需要这些数据，因此浪费了时间，而且实时数据的传送时间会随着目的端数目的多少而改变。

而 CIP 所采用生产者/消费者通信模式下，数据之间的关联不是由具体的源、目的地址联系起来，而是以生产者和消费者的形式提供，允许网络上所有节点同时从一个数据源存取同一数据，因此使数据的传输达到了最优化，每个数据源只需要一次性地将数据传输到网络上，其他节点就可以选择性地接收这些数据，避免了带宽浪费，提高了系统的通信效率，能够很好地支持系统的控制、组态和数据采集。

（2）三种 CIP 概述

1）工业以太网 EtherNet/IP　在企业信息系统中，TCP/IP 以太网已经成为事实上的标准网络，将标准 TCP/IP 以太网延伸到工业实时控制，从而将控制系统与监视和信息管理系统集成起来，而 EtherNet/IP 就是为实现这一目的的标准工业以太网技术。EtherNet/IP 采用标准的 EtherNet 和 TCP/IP 技术来传送 CIP 通信包，这样，通用且开放的应用层协议 CIP 加上已经被广泛使用的 EtherNet 和 TCP/IP，就构成 EtherNet/IP 的体系结构，其主要技术特点见表 2-27。EtherNet/IP 在物理层和数据链路层采用以太网，其主要由以太网控制器芯片来实现。

表 2-27　EtherNet/IP 的主要特点和功能

网络大小	最多 1024 个节点	传输介质	同轴电缆，光纤，双绞线
网络长度	10m	总线拓扑结构	星形，总线型
波特率	10Mbit/s	传输寻址	主从、对等、多主等
数据包	0~1500B	系统特性	网络不供电，介质冗余，支持设备热插拔

2）控制网（ControlNet）　ControlNet 适用于一些对确定性、可重复性、实时性和传输的数据量要求较高的场合，其主要技术特点见表 2-28。ControlNet 的这些特点是通过多方面来保证的：一是应用层使用 CIP，而 CIP 对不同类型的报文采用不同的传输方法，并且 CIP 提供对多播的支持；二是数据链路层的 MAC 子层采用"同时间域多路访问"（CTDMA）协议；三是其通信波特率相对较高，传输相同量的数据花费的时间相对较少，或者可以在单位时间内传输相对较多的数据。

　　ControlNet 中的令牌传送机理依据的是 CTDMA 协议。该协议把网络时间分割成一个个时间片，每个时间片的持续长度为一个网络更新周期（NUT），规定 NUT 为 0.5-100ms。在每一个 NUT 内 CTDMA 协议根据一定算法分配隐性令牌。NUT 分为三个部分：预定时段、非预定时段和网络维护时段。在预定时段，传输隐式报文，即对时间有苛刻要求的报文；非预订时间段用于传输显式报文；网络维护时段用于同步网络上所有节点的内部时钟和公布一些重要的参数。

表 2-28　ControlNet 的主要功能和特点

网络大小	最多 99 个	传输介质	光纤，同轴电缆
网络长度	1Km（同轴电缆）3Km（光纤）	总线拓扑结构	主干—分支，星形，树形
波特率	5Mbit/s	传输寻址	对等、多主、主从等
数据包	0～510B	系统特性	总线不供电，介质冗余，支持设备热插拔

　　3）设备网（DeviceNet）　DeviceNet 是 20 世纪 90 年代中期发展起来的一种基于 CAN 总线技术的符合全球工业标准的开放型通信网络。它既可连接底端工业设备，又可连接变频器、操作员终端这样的复杂设备。它通过一根电缆将诸如可编程控制器、传感器、测量仪表、光电开关、操作员终端、电动机、变频器和软启动器等现场智能设备连接起来，它是分布式控制系统的理想解决方案。这种网络虽然是工业控制网的底端网络，通信速率不高，传输的数据量也不太大，但它采用了先进的通信概念和技术，具有低成本、高效率、高性能、高可靠性等优点。

　　DeviceNet 的数据链路层完全遵守 CAN 协议，应用层协议采用 CIP。CAN 总线是从应用在汽车工业的串行通信协议发展来的，它也能在其他有严格时间要求的工业应用中提供很好的性能。CAN 协议是面向消息的，每个消息都有规定的优先级，这样可以在多个节点同时发送时，对总线的访问进行仲裁处理。CAN 协议采用多主竞争方式：网络上任意节点均可以在任意时刻主动地向网络上其他节点发送信息，而不分主从，即当发现总线空闲时，各个节点都有权使用网络。在发生冲突时，采用"优先级仲裁"技术，即"带非破坏性逐位仲裁的载波侦听多址访问"（CSMA/NBA）：当几个节点同时向网络发送消息时，运用逐位仲裁原则，借助帧中开始部分的标识符，优先级低的节点主动停止发送数据，而优先级高的节点可不受影响的继续发送信息，从而有效地避免了总线冲突，使信息和时间均无损失。

3. 基于 EtherNet/IP 工业以太网的新型网络架构

　　工业控制系统的分层结构及与之对应的不同类型的总线协议确实给工业自动化系统的信息化带来了深刻的影响，但是，由于现场总线种类太多，多种现场总线互不兼容，导致不同公司的控制器之间、控制器与远程 I/O 及现场智能单元之间在实时数据交换上还存在很多障碍，同时异构总线网络之间的互联成本也较高，这都制约了现场总线的进一步应用。

　　工业以太网具有价格低廉、稳定可靠、通信速率高、软硬件产品丰富、应用广泛以及支持技术成熟等优点，已成为最受欢迎的通信网络之一。为了适应工业现场的应用要求，各种工业以太网产品在材质的选用、产品的强度、适用性、可互操作性、可靠性、抗干扰性、本质安全性等方面都不断做出改进。特别是为了满足工业应用对网络可靠性能的要求，各种工业以太网的冗余功能也应运而生。为了满足工控系统对数据通信实时性要求，多种应用层协议被开发。目前，HSE、Modbus TCP/IP、ProfiNet、Ethernet/IP 等 4 种类型应用层协议的工业以太网已经得到广泛支持，基于上述协议的各种类型控制器、变频器、远程 I/O 等已大量面世，以工业以太网为统一网络的工业控制系统集成方案已成熟并在实践中得到成功应用。

图 2-28 为基于 Ethernet/IP 工业以太网的工业控制系统结构示意图。该系统摒弃了传统的控制网和设备网，全部采用工业以太网设备。第三方设备可以通过网关连接到 Ethernet/IP 网络上。这种采用一种网络系统结构的好处是整个控制系统网络更加简单，设备种类减少，从厂级监控到现场控制层的数据通信更加直接。

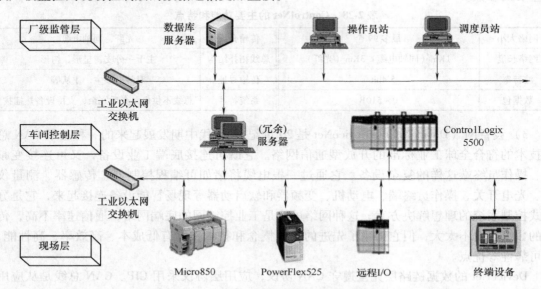

图 2-28 基于工业以太网的工业控制系统结构示意图

2.4.2 Micro800 控制器的网络结构

1. Micro830/Micro850 控制器支持的通信方式

Micro830/Micro850 控制器通过嵌入式 RS-232/485 串行端口以及任何已安装的串行端口功能性插件模块支持以下串行通信协议：

- Modbus RTU 主站和从站；
- CIP Serial 服务器（仅 RS-232）；
- ASCII（仅 RS-232）。

新增加的 CIP Serial 为串口带来了一些与 EtherNet/IP 相同的功能，即基于与 EtherNet/IP 相同的 CIP，但是却通过 RS-232 串行端口实现。CIP Serial 的两个主要的应用是：

1）通过串口连接到终端（Panel View Component，PVC） 该方式与 Modbus 通信相比，易用性显著改善。与通过 EtherNet/IP 在 PVC 中以标签化方式引用变量的功能基本相同。当然，默认的通信速率为 38400bit/s，与 Modbus RTU 相比，性能稍差。

2）可利用串口将远程调制解调器连接到 CCW（一体化编程组态软件） 此外，嵌入式以太网通信通道允许 Micro850 控制器连接到由各种设备组成的局域网，而该局域网可在各种设备间提供 10Mbit/s/100Mbit/s 的传输速率。Micro830/850 控制器支持以下以太网协议：

- EtherNet/IP 服务器；

● Modbus/TCP 服务器；
● DHCP 客户端。

2. CIP 通信直通

在任何支持通用工业协议 CIP 的通信端口上，Micro830 和 Micro850 控制器都支持直通。支持的最大跳转数目为 2。跳转被定义为两个设备之间的中间连接或通信链路。在 Micro850 中，跳转通过 EtherNet/IP 或 CIP Serial 或 CIP USB 实现。

（1）USB 到 EtherNet/IP

用户可通过 USB 从 PC 上下载程序到控制器 1。同样，可以通过 USB 到 EtherNet/IP 将程序下载到控制器 2 和控制器 3。从 USB 到 EtherNet/IP 跳转如图 2-29 所示。

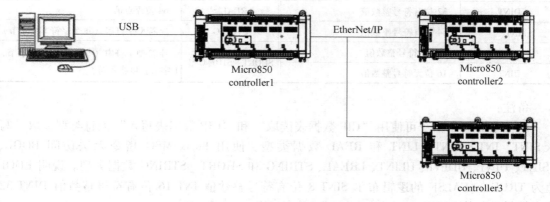

图 2-29　USB 到 EtherNet/IP 跳转示意图

（2）EtherNet/IP 到 CIP Serial

从 EtherNet/IP 到 CIP Serial 的跳转如图 2-30 所示。Micro800 控制器不支持 3 个跳转（例如，EtherNet/IP→CIP Serial→EtherNet/IP）。

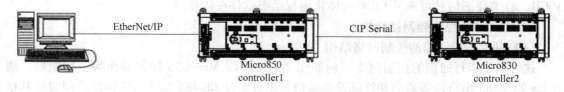

图 2-30　EtherNet/IP 到 CIP Serial 跳转示意图

3. CIP Symbolic 服务器

任何符合 CIP 的接口都支持 CIP Symbolic，其中包括以太网（EtherNet/IP）和串行端口（CIP Serial）。该协议能够使人机界面软件或终端设备轻松地连接到 Micro830/Micro850 控制器。Micro850 控制器最多支持 16 个并行 EtherNet/IP 服务器连接。Micro830 和 Micro850 控制器均支持的 CIP Serial 使用 DF1 全双工协议，该协议可在两个设备之间提供点对点连接。协议中结合了数据透明性（美国国家标准协会 ANSI - X3. 28-1976 规范子类别 D1）和带有嵌入式响应的双向同步传输（子类别 F1）。Micro800 控制器通过与外部设备之间的 RS-232 连接支持该协议，这些外部设备包括运行 RSLinx Classic 软件、PanelViewComponent 终端的计算机（防火墙版本 1.70 及更高版本）或者通过 DF1 全双工支持 CIP Serial 的其他控制器，例如带有嵌入式串行端口的 ControlLogix 和 CompactLogix 控制器。通过 CIP Symbolic 寻址，用户可访问除系统变量和保留变量之外的任何全局变量。

CIP Symbolic 支持的数据类型见表 2-29。

表 2-29　CIP Symbolic 支持的数据类型

数据类型[1]	说　明	数据类型[1]	说　明
BOOL	值为 TRUE 和 FALSE 的逻辑布尔	UDINT	32 位无符号整数值
SINT	8 位有符号整数值	ULINT[2]	64 位无符号整数值
INT	16 位有符号整数值	REAL	32 位浮点值
DINT	32 位有符号整数值	LREAL[2]	64 位浮点值
LINT[2]	64 位有符号整数值	STRING	字符型字符串（每个字符 1 个字节）
USINT	8 位无符号整数值	SHORT _ STRING[2]	字符型字符串（每个字符 1 个字节，1 字节长度指示符）
UINT	16 位无符号整数值		

备注：

1）Logix MSG 指令可使用"CIP 数据表读取"和"CIP 数据表写入"消息类型读取／写入 SINT、INT、DINT、LINT 和 REAL 数据类型。使用 Logix MSG 指令无法访问 BOOL、USINT、UINT、UDINT、ULINT、LREAL、STRING 和 SHORT _ STRING 数据类型。说明 BOOL 值为 TRUE 和 FALSE 的逻辑布尔 SINT 8 位有符号整数值 INT 16 位有符号整数值 DINT 32 位有符号整数值 LINT

2）PanelView Component 中不支持。

4. ASCII 通信

ASCII 提供了到其他 ASCII 设备的连接，例如条码阅读器、电子秤、串口打印机和其他智能设备。通过配置 ASCII 驱动器的嵌入式或任何插入式串行 RS-232 端口，便可使用 ASCII。有关详细信息可参见 CCW 一体化编程组态软件在线帮助。

5. Micro850 控制器网络结构

（1）基于串行通信的控制网络结构

这种基于串行通信的控制网络结构如图 2-31 所示。Micro850 控制器作为主控制器，通过 RS-232/485 串行设备通信和终端设备通信，也可通过 RS-485 总线与变频器或伺服等其他串行设备通信。上位机可以通过串行通信或以太网与控制器通信。上位机还可以通过 USB 口下载终端程序。当然，由于控制器上串行接口的限制，当需要多个串口时，可以添加串行通信功能插件。

（2）基于 EtherNet/IP 的控制网络结构

由于以太网的普及以及互联的方便性、通信的快速性等特点，建议使用基于以太网的系统结构，该系统结构如图 2-32 所示。系统中各种控制器、终端设备、变频器、上位机等都通过以太网连接，实现数据交换。而且 Micro850 控制器还可以和网络中的其他 Logix 控制器通信，从而组成更大规模的控制网络，实现更广泛的监控功能。上位机中安装控制器 OPC 服务器，与控制器进行数据交换。Logix 控制器采用主动方式通过 CIP Symoblic 从 Micro850 控制器中读取数据。

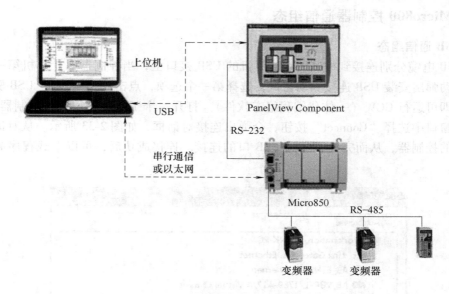

图 2-31　基于串行通信的网络结构示意图

由于上位机通过 OPC 服务器与现场控制器通信，因此上位机中的监控软件的选择面更加广泛，目前多数的监控软件都支持 OPC 规范。而且在系统调试等方面采用 OPC 也有较多的好处。

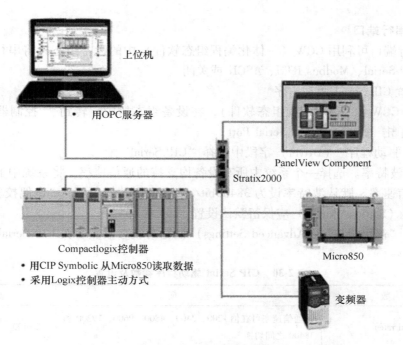

图 2-32　基于 EtherNet/IP 的控制网络结构示意图

2.4.3　Micro800 控制器通信组态

1. USB 通信组态

把 USB 电缆分别连接到控制器和计算机的 USB 接口上，当控制器和计算机第一次连接时，会自动弹出安装 USB 连接驱动窗口，选择第一个选项，点击"下一步"。USB 驱动安装成功后，即可运行 CCW（一体化编程组态软件）。打开一个工程项目，双击控制器的图标。在弹出的窗口中选择"Connect"按钮，会弹出连接对话框，如图 2-33 所示。从对话框中选择要连接的控制器，从而完成了通过 USB 口的连接。连接成功后，可以下载程序或监控程序的运行。

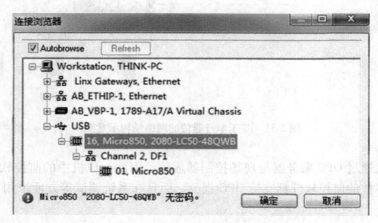

图 2-33　USB 驱动安装成功后的连接窗口

2. 配置串行端口

配置串行端口可利用 CCW（一体化编程组态软件）中的设备组态树将串行端口驱动程序配置为 CIP Serial、Modbus RTU、ASCII 或关闭。

（1）配置 CIP Serial 驱动程序

1）打开 CCW（一体化编程组态软件），在设备组态树中，转到"控制器"（Controller）属性。单击"串行端口"（Serial Port）。

2）从"驱动程序"（Driver）字段中选择"CIP Serial"。

3）指定波特率。选择一个系统中所有设备均支持的通信速率。将系统中的所有设备配置为同一通信速率。默认波特率设为 38400bit/s。在大多数情况下，"奇偶校验"（Parity）和"站地址"（StationAddress）应保留默认设置。

4）单击"高级设置"（Advanced Settings）设置高级参数。有关 CIP Serial 参数的描述见表 2-30。

表 2-30　CIP Serial 驱动程序参数及设置

参　　数	选　　项	默认值
波特率（Baud rate）	通信速率可在值 1200，2400，4800，9600，19200 和 38400 之间切换	38400

（续）

参　数	选　项	默认值
奇偶校验（Parity）	指定串行端口的奇偶校验设置。"奇偶校验"（Parity）可进行附加消息包错误检测。可选择"偶校验"（Even），"奇校验"（Odd）或"无校验"（None）	无校验（None）
站地址（Station Address）	DF1 主站串行端口的站地址。惟一的有效地址为 1	1
DF1 模式（DF1 Mode）	DF1 全双工（DF1 Full Duplex）（只读）	默认情况下配置为全双工
控制行（Control Line）	无握手（No Handshake）（只读）	默认情况下配置为无握手
重复数据包检测（Duplicate Packet Detection）	检测和消除消息的重复响应，如果发送方的重试次数未设为 0，则可能在噪声通信环境下发送重复数据包。可在"已启用"（Enabled）和"已禁用"（Disabled）之间切换	已启用（Enabled）
错误检测（Error Detection）	可在 CRC 和 BCC 之间切换	CRC
嵌入式响应（Embedded Responses）	要使用嵌入式响应，需选择"无条件启用"（Enabled Unconditionally）。如果想让控制器仅在检测到另一个设备的嵌入式响应时使用嵌入式响应，需选择"接收到一个消息后"（After One Received） 如果正在与另一个 Allen-Bradley 设备通信，需选择"无条件启用"（Enabled Unconditionally）。嵌入式响应会提高网络通信效率	接收到一个消息后（After One Received）
NAK 重试（NAK retries）	由于处理器接收到之前消息包传送的 NAK 响应而使控制器再次发送消息包的次数	3
ENQ 重试（ENQ Retries）	ACK 超时后希望控制器发送的查询（ENQ）次数	3
传送重试（Transmit Retries）	指定在声明无法送达消息之前，首次尝试之后的重试次数。输入一个 0~127 之间的数值	3
RTS 关断延迟（RTS Off Delay）	指定将最后一个串行字符发送到调制解调器到取消激活 RTS 之间的延迟时间。留给调制解调器额外的时间传输数据包的最后一个字符。有效范围为 0~255，可将增量设为 5ms	0
RTS 发送延迟（RTS Send Delay）	指定设置 RTS 一直到检查 CTS 响应之间的时间延迟。与收到 RTS 后来不及立即响应 CTS 的调制解调器配合使用。有效范围为 0~255，可将增量设为 5ms	0

（2）配置 Modbus RTU

1）打开 CCW（一体化编程组态软件）项目。在设备组态树中，转到"控制器"（Controller）属性。单击"串行端口"（Serial Port）。

2）从"驱动程序"（Driver）字段中选择"Modbus RTU"（Modbus RTU）。

3）指定以下参数：波特率、奇偶校验、单元地址及 Modbus 角色（即是主站（Master)、从站（Slave）或自动（Auto））。波特率的默认值是 19200，奇偶校验默认值为无校验（None），Modbus 角色默认值为主站。

4）单击"高级设置"（Advanced Settings）设置高级参数。有关高级参数的适用选项和默认配置，见表 2-31。

表 2-31   Modbus RTU 高级参数

参　　数	选　　项	默认值
介质（Media）	RS-232，RS-232 RTS/CTS，RS-485	RS-232
数据位（Data bits）	始终为 8	8
停止位（Stop bits）	1，2	1
响应时间（Response timer）	0～999，999，999ms	200
广播暂停（Broadcast Pause）	0～999，999，999ms	200
内部字符超时（Inter-char timeout）	0～999，999，999ms	0
RTS 预延迟（RTS Pre-delay）	0～999，999，999ms	0
RTS 后延迟（RTS Post-delay）	0～999，999，999ms	0

（3）配置 ASCII

1）打开 CCW（一体化编程组态软件）项目。在设备组态树中，转到"控制器"（Controller）属性。单击"串行端口"（Serial Port）。

2）在"驱动程序"（Driver）字段中选择"ASCII"。

3）指定波特率和奇偶校验。波特率的默认值是 19200，奇偶校验设置为无校验（None）。

4）单击"高级设置"（Advanced Settings）配置高级参数，见表 2-32。

表 2-32   ASCII 高级参数

参数	选项	默认值
控制行（Control Line）	全双工（Full Duplex） 带连续载波的半双工（Half-duplex with continuous carrier） 不带连续载波的半双工 （Half-duplex without continuous carrier） 无握手（No Handshake）	无握手（No Handshake）
删除模式（Deletion Mode）	CRT 忽略（lgnore） 打印机（Printer）	忽略（lgnore）
数据位（Data bits）	7，8	8
停止位（Stop bits）	1，2	1
XON/XOFF	启用或禁用	禁用
回应模式（Echo Mode）	启用或禁用	禁用
附加字符（Append Chars）	0x0D、0x0A 或用户指定值	0x0D、0x0A
端子字符（Term Chars）	0x0D、0x0A 或用户指定值	0x0D、0x0A

3. Ethernet 通信配置

1）打开 CCW（一体化编程组态软件）项目（例如，Micro850）。在设备组态树中，转到"控制器"（Controller）属性。单击"以太网"（Ethernet）。

2）在"以太网"（Ethernet）下，单击"Internet 协议"（InternetProtocol）。配置"Internet 协议（IP）设置"（Internet Protocol（IP）Settings）。指定是"使用 DHCP 自动获取 IP 地址"（Obtain the IP addressautomatically using DHCP）还是手动配置"IP 地址"（IP address）、"子网掩码"（Subnet mask）和"网关地址"（Gateway address）。

3）单击"检测重复 IP 地址"（Detect duplicate IP address）复选框以启用重复地址的检测。

4）在"以太网"（Ethernet）下，单击"端口设置"（Port Settings）。

5）设置端口状态（Port State）为"启用"（Enabled）或"禁用"（Disabled）。

6）要手动设置连接速度和双工，取消选中"自动协调速度和双工"（Auto-Negotiate speed and duplexity）选项框。然后，设置"速度"（Speed）（10 或 100 Mbps）和"双工"（Duplexity）（"半双工"（Half）或"全双工"（Full））值。

7）如果希望将这些设置保存到控制器，则单击"保存设置到控制器"（Save Settings to Controller）。

8）在设备组态树上的"以太网"（Ethernet）下，单击"端口诊断"（Port Diagnostics），监视接口和介质计数器。控制器处于调试模式时，可使用和更新计数器。

2.5　PowerFlex 525 交流变频器

2.5.1　PowerFlex 525 变频器特性

PowerFlex 525 是罗克韦尔公司的新一代交流变频器产品。它将各种电机控制选项、通信、节能和标准安全特性组合在一个高性价比变频器中，适用于从单机到简单系统集成的多种系统的各类应用。它设计新颖，功能丰富，具有以下特性：

- 功率额定值涵盖 0.4 ~ 22 kW/0.5 ~ 30 Hp（380/480V 时）；满足全球各地不同的电压等级（100 ~ 600V）。
- 模块化设计采用创新的可拆卸控制模块，允许安装和配置同步完成，显著提高生产率。
- EtherNet/IP 嵌入式端口支持无缝集成到 Logix 环境和 EtherNet/IP 网络。
- 选配的双端口 EtherNet/IP 卡提供更多的连接选项，包括设备级环网（DLR）功能。
- 使用简明直观的软件简化编程，借助标准 USB 接口加快变频器配置速度。
- 动态 LCD 人机接口模块（HMI）支持多国语言，并提供描述性 QuickView 动文本功能。
- 提供针对具体应用（例如传送带、搅拌机、泵机、风机等应用项目）的参数组，使用 AppView 具更快地启动、运行变频器。
- 使用 CustomView 工具定义自己的参数组。
- 通过节能模式、能源监视功能和永磁电机控制降低能源成本。
- 使用嵌入式安全断开扭矩功能帮助保护人员安全。
- 可承受高达 50℃（122 °F）的环境温度；具备电流降额特性和控制模块风扇套件，工作温度最高可达 70℃ （158 °F）。

- 电机控制范围广，包括压频比、无传感器矢量控制、闭环速度矢量控制和永磁电机控制。
- 在同等功率条件下提供非常紧凑的外形尺寸。

2.5.2　PowerFlex 525 变频器的硬件接线

PowerFlex 525 变频器的控制端子接线方式如图 2-34 所示，各端子说明见表 2-33。

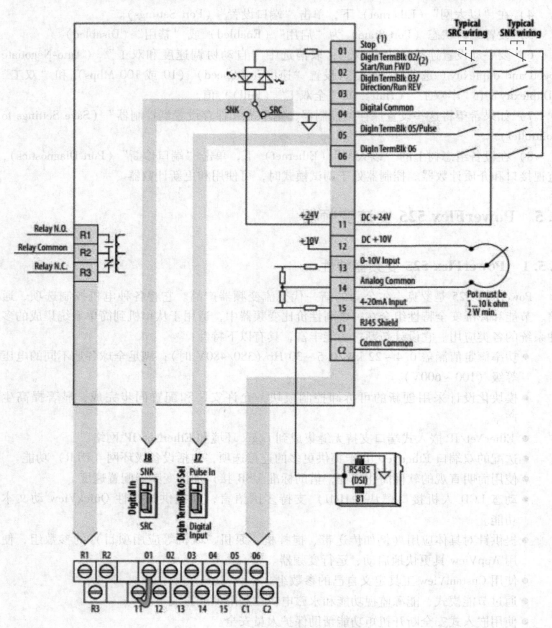

图 2-34　PowerFlex 525 变频器控制端子接线图

表 2-33　PowerFlex 525 变频器控制 I/O 端子

序号	信号名称	默认值	说　明	相关参数
R1	常开继电器 1	故障	输出继电器的常开触点	T076
R2	常开继电器 1 公共端	故障	输出继电器的公共端	
R5	常开继电器 2 公共端	电机运行	输出继电器的公共端	T081
R6	常闭继电器 2	电机运行	输出继电器的常闭触点	
1	停止	滑坡停止	三线停止，但是当它作为所有输入的停止模式时，不能被禁用	P045
2	启动/正转	正向运行	用于启动 motion，也可用来作为一个可编程的数字输入。他可以通过编程 T062 用来作为三线（开始/停止方向）或两线（正向运行/反向运行）的控制。电流消耗 6mA	P045、P046
3	方向/反转	反向运行	用于启动 motion，也可用来作为一个可编程的数字输入。他可以通过编程 T063 用来作为三线（开始/停止方向）或两线（正向运行/反向运行）的控制。电流消耗 6mA	T063
4	数字量公共端		返回数字 I/O。与驱动器的其他部分电气隔离（包括数字 I/O）	
5	DigInTermBlk 05	预存频率	编程 T065。电流消耗 6mA	T065
6	DigInTermBlk 06	预存频率	编程 T066。电流消耗 6mA	T066
7	DigInTermBlk 07/脉冲输入	启动源 2 + 速度参考 2	编程 T067。作为参考输入或速度反馈的一个脉冲序列，它的最大频率为 100Hz，电流消耗为 6mA	T067
8	DigInTermBlk 08	正向点动	编程 T068。电流消耗 6mA	T068
C1	C1		此端子连接到屏蔽的 RJ-45 端口。当使用外部通信时，减少噪声干扰	
C2	C2		这是通信信号的信号 common 端	
S1	安全 1	安全 1	安全输入 1，电流消耗 6mA	
S2	安全 2	安全 2	安全输入 2，电流消耗 6mA	—
S +	安全 + 24V	安全的 24V	+ 24 电源的安全端口。内部连接到 DC + 24V 端（引脚 11）	
11	DC + 24V		参考数字 common 端，变频器电源的数字输入，最大输出电流为 100mA	
12	DC + 10V		参考模拟 common 端，变频器电源外接电位器 0 ~ 10V，最大输出电流 15mA	P047、P049
13	± 10V 输入	未激活	对于外部 0 到 10V（单极性）或正负 10（双极性）的输入电源或电位器。电压源的输入阻抗为 100kΩ，允许的电位器阻值范围为 1 ~ 10kΩ	P047、P049 T062、T063 T065、T066 T093 A459 A471

（续）

序号	信号名称	默认值	说　　　明	相关参数
14	模拟量公共端		返回的模拟 I/O，从驱动器的其余部分隔离出来的电气（连同模拟 I/O）	
15	4~20mA 输入	未激活	外部输入电源 4~20mA，输入阻抗 250Ω	P047、P049 T062、T063 T065、T066 A459、A471
16	模拟量输出	输入频率 0~10	默认的模拟输出为 0~10V，通过更改输出跳线改变模拟输出电流 0~20mA。编程 T088，最大模拟值可以缩放 T089，最大载重 4~20mA = 525Ω（10.5V）0~10V = 1 kΩ（10MA 电阻）	T088、T089
17	光电耦合输出 1	电机运行	编程 T069，每个光电输出额定 30V 直流 50MA（非感性）	T069、T070
18	光电耦合输出 2	频率	编程 T072，每个光电输出额定 30V 直流 50mA（非感性）	T072、T073 T075
19	光电耦合公共端		光耦输出（1 和 2）的发射端连接到光耦的 commom 端	

在电动机起动前，用户必须检查控制端子接线。

1）检查并确认所有输入都连接到正确的端子且很安全。

2）检查并确认所有的数字量控制电源是 24V。

3）检查并确认灌入（SNK）/拉出（SRC）DIP 开关被设置与用户控制接线方式相匹配。

注意：默认状态 DIP 开关为拉出（SRC）状态。I/O 端子 01（停止）和 11（DC +24V）短接以允许从键盘起动。如果控制接线方式改为灌入（SNK），该短接线必须从 I/O 端子 01 和 11 间去掉，并安装到 I/O 端子 01 和 04 之间。

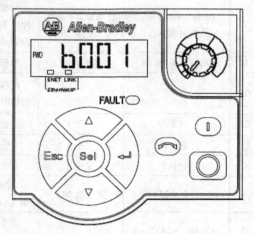

图 2-35　PoweFlex525 内置键盘外观

2.5.3　PowerFlex 525 集成式键盘操作

PowerFlex 525 集成式键盘的外观如图 2-35 所示，菜单说明见表 2-34，各 LED 和按键指示见表 2-35 和表 2-36。

表 2-34　菜单说明

菜　单	说　明	菜　单	说　明
b	基础显示组 包括通常要查看的变频器运行状况	P	基础程序组 包括大多数常用的可编程功能

（续）

菜　单	说　明	菜　单	说　明
t	端子模块组 包括可编程端子功能	N	网络组 包括通信卡使用时的网络功能
C	通信组 包括可编程通信功能	M	修改组 包括其他组中默认值被修改的功能
L	逻辑组 包括可编程逻辑功能	f	默认和诊断组 包括特殊故障情况的代码 只有当故障发生时才显示
d	高级显示组 包括变频器的运行情况	G	AppView 和 CustomView 组 包括从其他组中为具体应用组织的功能
A	高级编程组 包括剩余的可编程功能	b	基础显示组 包括通常要查看的变频器运行状况

表 2-35　各指示灯说明

显示	显示状态	说　明
ENET	不亮	设备无网络连接
ENET	稳定	设备已连接上网络并且驱动由以太网控制
ENET	闪烁	设备已连接上网络但是以太网没有控制驱动
LINK	不亮	设备没连接到网络
LINK	稳定	设备已连接上网络但是没有信息传递
LINK	闪烁	设备已连接上网络并且正在进行信息传递
FAULT	红色闪烁	表明驱动出现故障

表 2-36　各按键说明

按　键	名　称	说　明
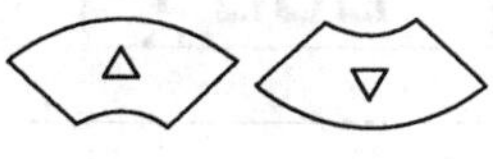 △ ▽	上下箭头	在组内和参数中滚动。增加/减少闪烁的数字值
 Esc	退出	在编程菜单中后退一步。取消参数值的改变并退出编程模式
 Sel	选定	在编程菜单中进一步。在查看参数值时，可选择参数数字

（续）

按　键	名　称	说　　明
	进入	在编程菜单中进一步。保存改变后的参数值
	反转	用于反转变频器方向。默认值为激活
	启动	用于起动变频器。默认值为激活
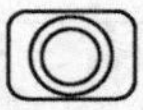	停止	用于停止变频器或清除故障。该键一直激活
	电位计	用于控制变频器的转速。默认值为激活

　　熟悉内置键盘各部分含义后，通过表 2-37 了解如何查看和编辑变频器的参数。

表 2-37　查看和编辑变频器参数

步　骤	按　键	显示实例
1. 当上电时，上一个用户选择的基本显示组参数号以闪烁的字符简单地显示出来。然后，默认显示该参数的当前值。（例子是变频器停止时，b001［输出频率］的值）		 FWD **0.00** HERTZ
2. 按下 ESC，显示上电时，基本显示组的参数号，并且该参数号将会闪烁	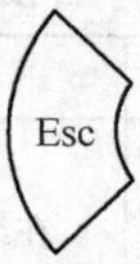 Esc	 FWD **b001**
3. 按下 ESC，进入参数组列表。参数组字母将会闪烁	 Esc	 FWD **b001**
4. 按向上或向下，去浏览组列表（b，P，t，C，L，d，A，f 和 Gx）	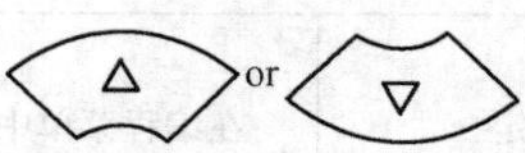 △ or ▽	 FWD **P031**

（续）

步　骤	按　键	显示实例
5. 按 Enter 或 Sel 进入一个组。上一次浏览的该组参数的右端数字将闪烁	← or Sel	P031
6. 按向上或向下浏览参数列表	△ or ▽	P031
7. 按 Enter 键查看参数值，或者按 Esc 返回到参数列表	←	230 VOLTS
8. 按 Enter 或 Sel 进入编辑模式编辑该值。右端数字将闪烁，并且在 LCD 显示屏上将亮起 Program	← or Sel	230 VOLTS
9. 按向上或向下改变参数值	△ or ▽	229 VOLTS
10. 如果需要，按 Sel，从一个数字到另一个数字或者从一位到另一位。你可以改变的数字或位将会闪烁	Sel	229 VOLTS
11. 按 Esc，取消更改并且退出编辑模式。或者，按 Enter 保存更改并退出编辑模式。该数字将停止闪烁，并且在 LCD 显示屏上的 Program 将关闭	Esc or ←	230 VOLTS 229 VOLTS
12. 按 Esc 键返回到参数列表。继续按 Esc 返回到编辑菜单。如果按 Esc 键不改变显示，那么 b001［输出频率］会显示出来。按 Enter 或 Sel 再次进入组列表	Esc	P031

复习思考题

1. 请上网查阅资料，比较罗克韦尔自动化 Micro850PLC 与西门子 S7-1200 及三菱电机 FX3U 产品的差异。

2. Micro850 功能性插件与扩展模块相比有何异同。

3. Micro850 支持的通信方式有哪些？

4. 为何目前工业以太网的应用在 I/O 层越来越多？

5. 上网查阅 CIP 的主要内容是什么？还有哪些工业以太网协议，其各自的主要应用领域是什么？

6. CIP 采用的生产者/消费者通信模式有何特点？

7. 什么是隐性报文？什么是显性报文？各用于什么数据的传输。

第 3 章 可编程序控制器编程语言及 IEC 61131-3 编程语言

3.1 IEC61131-3 编程语言标准的产生与特点

3.1.1 传统的 PLC 编程语言的不足

由于 PLC 的 I/O 点数可以从十几点到几千甚至上万点，因此其应用范围极广，大量用于从小型设备到大型系统的控制，是用量最大的一类控制器设备，众多的厂家生产各种类型的 PLC 产品或为之配套。由于大量的厂商在 PLC 的生产、开发上各自为战，造成 PLC 产品从软件到硬件的兼容性很差。在编程语言上，从低端产品到高端产品都支持的就是梯形图，它虽然遵从了广大电气自动化人员的专业习惯，具有易学易用等特点，但也存在许多难以克服的缺点。虽然一些中、高端的 PLC 还支持其他一些编程语言，但总体上来讲，传统的以梯形图为代表的 PLC 编程语言存在许多不足之处，主要表现在以下方面：

1）梯形图语言规范不一致。虽然不同厂商的 PLC 产品都可采用梯形图编程，但各自的梯形图符号和编程规则均不一致，各自的梯形图指令数量及表达方式相差较大。

2）程序可复用性差。为了减少重复劳动，现代软件工程特别强调程序的可重复使用性，而传统的梯形图程序很难通过调用子程序实现相同的逻辑算法和策略的重复使用，更不用说同样的功能块在不同的 PLC 之间使用。

3）缺乏足够的程序封装能力。一般要求将一个复杂的程序分解为若干个不同功能的程序模块。或者说，人们在编程时希望用不同的功能模块组合成一个复杂的程序，但梯形图编程难以实现程序模块之间具有清晰接口的模块化，也难以对外部隐藏程序模块的内部数据从而实现程序模块的封装。

4）不支持数据结构。梯形图编程不支持数据结构，无法实现将数据组织成如 Pascal、C 语言等高级语言中的数据结构那样的数据类型。对于一些复杂控制应用的编程，它几乎无能为力。

5）程序执行具有局限性。由于传统 PLC 按扫描方式组织程序的执行，因此整个程序的指令代码完全按顺序逐条执行。这对于要求即时响应的控制应用（如执行事件驱动的程序模块），具有很大的局限性。

6）对顺序控制功能的编程，只能为每一个顺控状态定义一个状态位，因此难以实现选择或并行等复杂顺控操作。

7）传统的梯形图编程在算术运算处理、字符串或文字处理等方面均不能提供强有力的支持。

由于传统编程语言的不足，影响了 PLC 技术的应用和发展，非常有必要制定一个新的控制系统编程语言国际标准。

3.1.2　IEC 61131-3 编程语言标准的产生

IEC 英文全称是 International Electrotechnical Commission，中文名称是国际电工技术委员会。IEC 成立于 1906 年，是世界上最早的国际性电工标准化机构，总部设在瑞士日内瓦，负责有关电工、电子领域的国际标准化工作。IEC 61131-3 是 IEC 61131 国际标准的第三部分，是第一个为工业自动化控制系统的软件设计提供标准化编程语言的国际标准。该标准得到了世界范围的众多厂商的支持，但又独立于任何一家公司。该国际标准的制定，是 IEC 工作组在合理地吸收、借鉴世界范围的各 PLC 厂家的技术和编程语言等的基础之上，形成的一套编程语言国际标准。

IEC 61131-3 编程语言国际标准得到了包括美国罗克韦尔自动化公司、德国西门子公司等世界知名大公司在内的众多厂家的共同推动和支持，它极大地提高了工业控制系统的编程软件质量，从而也提高了采用符合该规范的编程软件编写的应用软件的可靠性、可重用性和可读性，提高了应用软件的开发效率。它定义的一系列图形化编程语言和文本编程语言，不仅对系统集成商和系统工程师的编程带来很大的方便，而且对最终用户同样也带来很大的好处。它在技术上的实现是高水平的，有足够的发展空间和变动余地，能很好地适应未来的进一步发展。IEC 61131-3 编程语言标准最初主要用于可编程序控制器的编程系统，但由于其显著的优点，目前在过程控制、运动控制、基于 PC 的控制和 SCADA 系统等领域也得到越来越多的应用。总之，IEC 61131-3 编程语言国际标准的推出，创造了一个控制系统的软件制造商、硬件制造商、系统集成商和最终用户等多赢的结局。

IEC61131 标准共由 9 部分组成。我国等同采用了该标准，发布了 GB/T 15963 国家推荐标准。

- IEC61131-1 通用信息（2003）：定义可编程序控制器及其外围设备，例如，编程和调试工具（PADT）、人机界面（HMI）等的有关术语。
- IEC61131-2 装置要求与测试（2007）：规定适用于可编程序控制器及有关外围设备的工作条件、结构特性、安全性及试验的一般要求、试验方法和步骤等。
- IEC61131-3 编程语言（2013）：规定可编程序控制器编程语言的语法和语义，规定编程语言有文本语言和图形语言，并描述了可编程序控制器与第一部分规定的程序登录、测试、监视和操作系统的功能。
- IEC61131-4 用户导则（2004）：为从事自动化项目各阶段的用户提供可编程序控制器系统应用中除第 8 部分外的其他方面的参考。例如，系统分析、装置选择、系统维护等。
- IEC61131-5 通信服务规范：规定可编程序控制器的通信范围。包括任何设备与作为服务器的 PLC 通信、PLC 与任何设备的通信、PLC 为其他设备提供服务和 PLC 应用程序向其他设备请求服务时 PLC 的行为特性等。
- IEC 61131-6 功能安全（2012）：为可编程序控制器用于 E/E/PE 安全相关系统制定的规范。满足这些规范的可编程序控制器可称为功能安全可编程序控制器（FS-PLC）。
- IEC61131-7 模糊控制编程软件工具实施：根据第三部分编程语言，将它与模糊控制的应用结合，为制造商和用户提供基本意义的综合理解，提供不同编程系统间交换可移植模糊控制程序的可能性。
- IEC61131-8 编程语言应用和实现导则：为实现在可编程序控制器系统及其程序支持的环境下编程语言的应用提供导则，为可编程序控制器系统应用提供编程、组态、安装和维护指南。
- IEC 61131-9 用于小型传感器和执行器的单点（single-drop）数字通信接口规范（2013）可把 IEC 61131-2 中定义的传统数字输入和输出扩展到点对点的通信链接。

在这 9 个部分中，IEC 61131-3 编程语言是 IEC 61131 标准中最重要、最具代表性的部分。IEC 61131-3 编程语言国际标准是下一代 PLC 的基础。IEC 61131-5 通信服务规范（2000）是 IEC 61131 的通信部分，通过 IEC 61131-5 通信服务规范可实现可编程序控制器与其他工业控制系统，如机器人、数控系统和现场总线等的通信。

IEC 61131-3 编程语言的制定的背景是：PLC 在标准的制定过程中正处在其发展和推广应用的鼎盛时期，而编程语言越来越成其进一步发展和应用的瓶颈之一；另一方面 PLC 编程语言的使用具有一定的地域特性：在北美和日本，普遍运用梯形图语言编程；在欧洲，则使用功能块图和顺序功能图编程；在德国和日本，又常常采用指令表对 PLC 进行编程。为了扩展 PLC 的功能，特别是加强它的数据与文字处理以及通信能力，许多 PLC 还允许使用高级语言（如 BASIC、C）编程。同时，计算机技术特别是软件工程领域有了许多重要成果。因此，在制定标准时就要做到兼容并蓄，既要考虑历史的传承，又要把现代软件的概念和现代软件工程的机制应用于新标准中。IEC 61131-3 编程语言规定了两大类编程语言：文本化编程语言和图形化编程语言。前者包括指令表（Instruction List，IL）语言和结构化文本语言（Structured Text，ST），后者包括梯形图语言（Ladder Diagram，LD）和功能块图（Function Block Diagram，FBD）语言。至于顺序功能图（Sequential Function Chart，SFC），该标准未把它单独列为编程语言的一种，而是将它在公用元素中予以规范。这就是说，不论在文本化语言，或者在图形化语言，都可以运用 SFC 的概念、句法和语法。于是，在现在所使用的编程语言中，可以在梯形图语言中使用 SFC，也可以在指令表语言中使用 SFC。

自 IEC 61131-3 编程语言正式公布后，它获得了广泛的接受和支持。首先，国际上各大 PLC 厂商都宣布其产品符合该标准，在推出其编程软件新产品时，遵循该标准的各种规定。其次，许多稍晚推出的 DCS 产品，或者 DCS 的更新换代产品，也遵照 IEC61131-3 编程语言的规范，提供 DCS 的编程语言，而不像以前每个 DCS 厂商都搞自己的一套编程软件产品。再次，以 PC 为基础的控制作为一种新兴控制技术正在迅速发展，大多数基于 PC 的控制软件开发商都按照 IEC61131-3 编程语言的编程语言标准规范其软件产品的特性。最后，正因为有了 IEC61131-3 编程语言，才真正出现了一种开放式的可编程序控制器的编程软件包，它不具体地依赖于特定的 PLC 硬件产品，这就为 PLC 的程序在不同机型之间的移植提供了可能。

标准的出台对 PLC 制造商、集成商和终端用户都有许多益处。技术人员不再为某一种 PLC 的特定语言花费大量的时间学习培训，也减少对语言本身的误解；对于相同的控制逻辑，不管控制设备如何，只需相同的程序代码，为一种 PLC 家族开发的软件，理论上可以运行在任何兼容 IEC61131 的系统上；用户可以集中精力于具体问题的解决，消除了对单一生产商的依赖。当系统硬件或软件功能需要升级时，用户不再担心以往的投资，可以选用对特定应用更好的工具；PLC 厂商提供了符合 IEC 61131-3 编程语言标准的编程语言后，不再需要组织专门的语言培训，只需将注意力集中到 PLC 自身功能的改进和提高上，也不用花费时间精力和财力考虑与其他 PLC 的编程兼容问题。迄今为止，IEC 61131-3 编程语言标准已经被大多数 PLC 自动化设备制造商所接受，并对 PLC 的体系结构产生了巨大影响；另外，越来越多的 DCS 制造商也开始考虑采用 IEC 61131-3 编程语言的编程标准对分散过程控制进行编程组态，IEC 61131-3 编程语言已经成为自动控制领域的一种通用编程标准。

当然，需要说明的是，虽然许多 PLC 制造商都宣称其产品支持 IEC 61131-3 编程语言标准，但应该看到，这种支持只是部分的，特别是对于一些低端的 PLC 产品，这种支持就更弱了。因此，IEC 61131-3 编程语言标准的推广还有许多工作要做。

3.1.3　IEC 61131-3 编程语言标准的特点

IEC 61131-3 编程语言允许在同一个 PLC 中使用多种编程语言，允许程序开发人员对每一个特定的任务选择最合适的编程语言，还允许在同一个控制程序中不同的软件模块用不同的编程语言编制，以充分发挥不同编程语言的应用特点。标准中的多语言包容性很好地正视了 PLC 发展历史中形成的编程语言多样化的现实，为 PLC 软件技术的进一步发展提供了足够的技术空间和自由度。

IEC 61131-3 编程语言的优势还在于它成功地将现代软件的概念和现代软件工程的机制和成果用于 PLC 传统的编程语言。IEC 61131-3 编程语言的优势具体表现在以下几方面：

1）采用现代软件模块化原则，主要内容包括：

- 编程语言支持模块化，将常用的程序功能划分为若干单元，并加以封装，构成编程的基础。
- 模块化时，只设置必要的、尽可能少的输入和输出参数，尽量减少交互作用和内部数据交换。
- 模块化接口之间的交互作用均采用显性定义。
- 将信息隐藏于模块内，对使用者来讲只需了解该模块的外部特性（即功能、输入和输出参数），而无需了解模块内算法的具体实现方法。

2）IEC 61131-3 编程语言支持自顶而下（Top Down）和自底而上（Bottom Up）的程序开发方法。自顶而下的开发过程是用户首先进行系统总体设计，将控制任务划分为若干个模块，然后定义变量和进行模块设计，编写各个模块的程序；自底而上的开发过程是用户先从底部开始编程，例如先导出函数和功能块，再按照控制要求编制程序。无论选择何种开发方法，IEC 61131-3 所创建的开发环境均会在整个编程过程中给予强有力的支持。

3）IEC 61131-3 编程语言所规范的编程系统独立于任一个具体的目标系统，它可以最大限度地在不同的 PLC 目标系统中运行。这样不仅创造了一种具有良好开放性的氛围，奠定了 PLC 编程开放性的基础，而且可以有效规避标准与具体目标系统关联而引起的利益纠葛，体现标准的公正性。

4）将现代软件概念浓缩，并加以运用。例如：数据使用 DATA _ TYPE 声明机制；功能（函数）使用 FUNCTION 声明机制；数据和功能的组合使用 FUNCTION _ BLOCK 声明机制。

在 IEC 61131-3 编程语言中，功能块并不只是 FBD 语言的编程机制，它还是面向对象组件的结构基础。一旦完成了某个功能块的编程，并通过调试和验证证明了它确能正确执行所规定的功能，那么，就不允许用户再将它打开，改变其算法。即使是一个功能块因为其执行效率有必要再提高，或者是在一定的条件下其功能执行的正确性存在问题，需要重新编程，只要保持该功能块的外部接口（输入/输出定义）不变，仍可照常使用。同时，许多原始设备制造厂（OEM）将他们的专有控制技术压缩在用户自定义的功能块中，既可以保护知识产权，又可以反复使用，不必一再地为同一个目的而编写和调试程序。

5）完善的数据类型定义和运算限制。软件工程师很早就认识到许多编程的错误往往发生在程序的不同部分，其数据的表达和处理不同。IEC61131-3 编程语言从源头上注意防止这类低级的错误，虽然采用的方法可能导致效率降低一点，但换来的价值却是程序的可靠性、可读性和可维护性。IEC 61131-3 编程语言采用以下方法防止这些错误：

- 限制功能与功能块之间互联的范围，只允许兼容的数据类型与功能块之间的互联。
- 限制运算，只可在其数据类型已明确定义的变量上进行。
- 禁止隐含的数据类型变换。比如，实型数不可执行按位运算。若要运算，编程者必须先通过显式变换函数 REAL-TO-WORD，把实型数变换为 WORD 型位串变量。标准中规定了多种标准固定字长的数据类型，包括位串、带符号位和不带符号位的整数型（8、16、32 和 64 位字长）。

6）对程序执行具有完全的控制能力。传统的 PLC 只能按扫描方式顺序执行程序，对程序执行的其他要求，如由事件驱动某一段程序的执行、程序的并行处理等均无能为力。IEC 61131-3 编程语言允许程序的不同部分、在不同的条件（包括时间条件）下、以不同的比率并行执行。

7）结构化编程。对于循环执行的程序、中断执行的程序、初始化执行的程序等可以分开设计。此外，循环执行的程序还可以根据执行的周期分开设计。

虽然 IEC 61131-3 编程语言的标准借鉴和吸收了控制技术、软件工程和计算机技术的许多发展成果和历史经验，但它还存在一些不足，这是因为它在体系结构和硬件上依赖于传统的 PLC，具体表现在以下两方面：

1）IEC 61131-3 编程语言沿用了直接表示与硬件有关的变量的方法，这就妨碍了均符合标准的 PLC 系统之间做到真正意义上的程序可移植。由于不同机种有各自与硬件紧密相关的不同的输入、输出的定义，（例如对于内部寄存器变量，在三菱电机 PLC 中用 M#表示，#是依赖于 PLC 型号的一定范围内的整数；而西门子 S7 系列 PLC 用 M#. ×表示，其中#是依赖于 PLC 型号的一定范围内的整数，而×是 0～7 中的任意数），如果想把一个在某个厂商的 PLC 中运行得很好的程序原封不动地搬到另一个 PLC 厂商的机器上，必须先从技术文件中找到有关与硬件相关变量的定义，然后再在另一个机型中对此重新定义。

2）IEC 61131-3 编程语言只给出一个单一的集中 PLC 系统的配置机制，这显然不能适应分布式结构的软件要求。由于工业通信技术的飞速发展，特别是现场总线和以太网在工业中的实际应用，引起了工业自动化体系结构的显著变化，其中一个重要的趋势就是多 PLC 控制系统的联网以实现控制的分散化，因此 IEC 61131-3 编程语言必须适应客观形势的发展，在这方面进行突破。它应该允许功能块不一定集中常驻在单个硬件中，允许分散于不同硬件中，通过通信方式可以构成一个控制程序。这就正是正处于制定中的 IEC 61499 的主攻方向之一。

IEC61499 标准是 IEC 61131 标准的进一步发展。它是一个功能块的通用模型的标准，工程师可以比较容易地使用标准模块建立自己的系统，而无需了解模块中的具体算法、结构及其实现。

3.2　IEC 61131-3 编程语言的基本内容

IEC 61131-3 编程语言标准分为两个部分：公共元素和编程语言，如图 3-1 所示。

公共元素部分规范了数据类型定义与变量，给出了软件模型及其元素，并引入配置（Configuration）、资源（Resources）、任务（Tasks）和程序（Program）的概念，还规范了程序组织单元（程序、功能、功能块）和顺序功能图。

3.2.1　语言元素

每个 PLC 程序可以看出是各种语言元素的集合。IEC 61131-3 编程语言标准为编程语言提供语言元素。例如，分界符、关键字、直接量和标识符。语言元素示例见表 3-1。

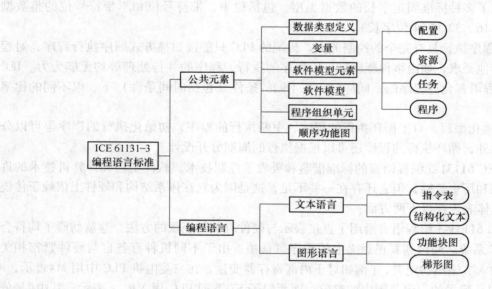

图 3-1　IEC61131-3 编程语言标准的层次与结构

表 3-1　语言元素示例

语言元素	含　义	示　例
分界符	具有不同含义的专用字符	(,), =, +, -, *, $,;,: =, #, 空格符
关键字	标准标识符，作为编程语言中的"字"	RETAIN, CONFIGURATION, END_VAR, FUNCTION, PROGRAM
直接量	用于表示不同数据类型的数值	78, 4.372E-5, 16#a5
标识符	字母数字字符串，用于用户指定的变量名、标号或 POU 等	MW212, Doutput1, SwitchIn, realyout, P1_V3

1. 分界符

分界符（Delimiter）用于分隔程序语言元素的字符或字符组合。它是专用字符，不同分界符具有不同的含义。表 3-2 为各种分界符及其应用场合。

表 3-2　分界符及其应用场合

分界符	应用场合	示例和备注
空格	允许在 PLC 中插入空格	不允许在关键字、文字和枚举值中插入空格
(＊ ＊)	注释开始符号 注释结束符号	用户注释。可设置在程序允许的任何位置，不允许注释嵌套，如不允许（＊（＊A＝2＊）＊）
＋	十进制数的前缀符号	＋529
	加操作	3＋7
－	十进制数的前缀符号	－920
	年-月-日的分隔符	D#2007-04-35
	减操作	9-2
	水平线	图形编程语言中表示水平连接线
#	基底数的分隔符	2#1111 _ 1110 或 16#FE（表示十进制数254）
	时间文字的分隔符	T#19ms，T#14h _ 51m，TOD#17：24：35.25
.	整数和分数的分隔符	3.1416
	分级寻址分隔符	％IW2.5.7.1
	结构元素分隔符	MOD _ 5 _ CONFIG.CHANNEL［5］.RANGE
	功能块结构分隔符	TON _ 1.Q
e 或 E	实指数分隔符	1.0e＋6，1.2345E6
'	字符串开始和结束符号	'SWITCH'
$	串中特殊字符的开始	'$L'表示换行，'$R'表示回车，'$P'表示换页等
:	时刻文字分隔符	TOD#15：36：35.25
	类型名称/指定分隔符	REAL：1.0
	变量/类型分隔符	ANALOG _ DATA：INT（-4095..4095）
	步名称终结符	STEP STEP5：END _ STEP
	程序名/类型分隔符	PROGRAM P1 WITH PER _ 2：
	存取名/路径/类型分隔符	ABLE：STATION _ 1.％IX1.1：BOOL REAAD _ ONLY
	指令标号终结符	L1：LD ％IX1
	网络标号终结符	NEXT1：后接梯形图程序
：＝	初始化操作符	MIN _ SCALE：ANALOG _ DATA：＝-4095
	输入连接操作符	TASK INT _ 2（SINGLE：＝Z2，PRIORITY：＝1）
	赋值操作符	J：＝J＋2
（）	枚举表分界符	V：（BI _ 10V，UP _ 10V，UP _ 1 _ 5V）：＝UP _ 1 _ 5V
	子范围分界符	ANALOG _ DATA：INT（-4095..4095）
	多重初始化	ARRAY（1..2，1..3）OF INT：＝1，2，3（4），6
	指令表修正符操作符	（A＞B）

（续）

分界符	应用场合	示例和备注
( )	功能自变量	A + B-C * ABS（D）
	子表达式分级	（A * （B-C）+D）
	功能块输入表分界符	CMD _ TMR（IN：= % IX5.1，PT：= T#100ms）
[ ]	数组下标分界符	MOD _ 5 _ CFG.CH [5].RANGE：= BI _ 10V
	串长度分界符	A _ ARAY [% MB6，SYM] = I _ ARAY [2] +I _ ARAY [5]
,	枚举表分隔符	V：（BI _ 10V，UP _ 10V，UP _ 1 _ 5V）：= UP _ 1 _ 5V
	初始值分隔符	ARRAY（1..2，1..3）OF INT：=1，2，3（4），6
	数值下标分隔符	ARRAY（1..2，1..3）OF INT：=1，2，3（4），6
	被说明变量的分隔符	VAR _ INPUT A，B，C：REAL；END _ VAR
	功能块初始值分隔符	TERM _ 2（RUN：=1，A1：= AUTO，XIN：= START）
	功能块输入表分隔符	SR _ 1（S1：= % IX1，RESET：= % IX2）
	操作数表分隔符	ARRAY（1..2，1..3）OF INT：=1，2，3（4），6
	功能自变量表分隔符	SR _ 1（S1：= % IX1，RESET：= % IX2）
	C ASE 值表分隔符	CASE TW OF 1，5：DISPLAY：= OVEN _ TEMP
;	类型分隔符	TYPE R：REAL；END _ TYPE
	语句分隔符	QU：=5 * （A + B）；QD：=4 * （A-B）
..	子范围分隔符	ARRAY（1..2，1..3）
	CASE 范围分隔符	CASE TW OF 1..5：DISPLAY：= OVEN _ TEMP
%	直接表示变量的前缀	% IX1，% QB5
= >	输出连接操作符	C10（CU：= % IX10，Q = > OUT）
│ 或 !	垂直线	图形编程语言中表示垂直线
	中间操作符	用于逻辑运算和算术运算等
	时间文字分界符	用于表示时间、时刻等时间文字

2. 关键字

关键字（keyword）是语言元素特征化的词法单元。关键字是标准标志符。在 IEC61131-3 编程语言标准中，关键字是结构声明和语句的固定符号表示法，其拼写和含义均由 IEC61131-3 编程语言标准明确规定。因此，关键字不能用于用户定义的变量或其他名称。这一点与高级编程语言是一致的。

关键字不区分字母的大、小写。例如，关键字"FOR"和"for"是等价的。为了更好地进行区别，关键字通常以大写字母表示。表 3-3 为关键字及其含义。

表 3-3　关键字及其含义

关键字	含　义
CONFIGURATION	配置段开始
END _ CONFIGURATION	配置段结束
RESOURCE ON	资源段开始
END _ RESOURCE ON	资源段结束

（续）

关键字	含　义
TASK	任务
PROGRAM END _ PROGRAM	程序段开始 程序段结束
PROGRAM WITH	与任务结合的程序
FUNCTION END _ FUNCTION	功能段开始 功能段结束
FUNCTION _ BLOCK END _ FUNCTION _ BLOCK	功能块段开始 功能块段结束
ABS，ADD，GT，BCD _ TO _ INT 等	功能
SR，TON，TOF，R _ TRIG 等	功能块
VAR END _ VAR	内部变量段开始 变量段结束
VAR _ INPUT END _ VAR	输入变量段开始 变量段结束
VAR _ OUTPUT END _ VAR	输出变量段开始 变量段结束
VAR _ IN _ OUT END _ VAR	输入/输出变量段开始 变量段结束
VAR _ GLOBAL END _ VAR	全局变量段开始 变量段结束
VAR _ EXTERNSL END _ VAR	外部变量段开始 变量段结束
VAR _ ACCESS END _ VAR	存取路径变量段开始 变量段结束
VAR _ TEMP END _ VAR	暂存变量段开始 变量段结束
VAR _ CONFIG END _ VAR	组态变量段开始 变量段结束
RETAIN NON _ RETAIN	具有掉电保持功能的变量 不具有掉电保持功能的变量
CONSTANT	常数变量
ARRAY OF	数组
INT，REAL，BOOL，WORD 等	数据类型名称
AT	直接表示变量的地址
EN，ENO	使能端输入和输出
TRUE FALSE	逻辑真 逻辑假

（续）

关键字	含　义
TYPE	数据类型段开始
END _ TYPE	数据类型段结束
STRUCT	结构段开始
END _ STRUCT	结构段结束
IF　THEN　ELSIF ELSE　END _ IF	选择语句 IF
CASE　OF　ELSE END _ CASE	选择语句 CASE
FOR　TO BY DO END _ FOR	循环语句 FOR
REPEAT UNTIL END _ REPEAT	循环语句 REPEAT
WHILE DO END _ WHILE	循环语句 WHILE
WITH	与任务结合的程序组织单元
RETURN	跳转返回符
MOD，NOT，AND，OR，XOR	逻辑操作符
STEP	步段开始
END _ STEP	步段结束
INITIAL _ STEP	初始步段开始
END _ STEP	初始步段结束
TRANSTION FROM TO	转换段开始
END _ TRANSTION	转换段结束
ACTION	动作段开始
END _ ACTION	动作段结束
R _ EDGE	上升沿
F _ EDGE	下降沿
READ _ WRITH	读/写
READ _ ONLY	只读

　　关键字主要包括：基本数据类型的名称、标准功能名、标准功能块名、标准功能的输入参数名、标准功能块的输入和输出参数名、图形编程语言中的 EN 和 ENO 变量、指令表语言中的运算符、结构化文本语言中的语言元素、顺序功能图语言中的语言元素。

　　3. 直接量

　　直接量用来表示常数变量的数值，其格式取决于变量的数据类型。直接量有 3 种基本类型。

　　（1）数字直接量

　　数字直接量可以用于定义一个数值，它可以是十进制或其他进制的数。数值文字分为整数和实数。用十进制符号表示的数中，用小数点的是否存在表示它是实数还是整数。通常有二进制数、八进制数、十进制数、十六进制数。为了说明数值的基，可用元素数据类型名称和"#"符号表示，但十进制的基数 10#可以省略。

对十进制数值，为了表示数值的正负，可在数值文字前添加前缀分界符。例如-15、-126.83。但对数制的基（即 2、8、10 和 16）不能添加类型前缀的分界符。因此，-8#456 是错误的数据外部表示，应表示为 8#-456。

布尔数据用整数 0 和 1 表示，也可用 FALSE 和 TRUE 的关键字表示。

（2）字符串直接量

字符串是直接量在单引号之间的表示形式，由单字节字符串或双字节字符串组成。

单字节字符串文字由一系列通用的字节表示或 $、英文双引号"、$ 与十六进制数组成。例如，'ABC'，'"'，'$ D7'等。当美元符号 $ 用做前缀，使特殊字符能包含在一个字符串内。非印刷体的特殊字符用于显示或打印输出的格式化文本。因此，美元符号和引号本身必须用附加的前缀"$"标识。

双字节字符串文字由一系列通用的字节表示或由 $"、英文单引号'、$ 与十六进制数组成。它们用双引号在其前后标识。例如，"A"，"'"，"$ ""，"$ UI8T"等。

需要注意的是单字节字符串不能用单引号开始，双字节字符串不能用双引号开始。字符串可以是空串，例如，" "和' '。

表 3-4 所示为在字符串中使用"$"符号对应的含义。

表 3-4　在字符串中使用"$"符号及其含义

$ 的组合	含　　义	$ 的组合	含　　义
$ nn	十六进制数表达式的字符	$ N，$ n	新的行
$ $	美元符号	$ P，$ p	新的页
$ '	单引号	$ R，$ r	回车（ = $ OD）
$ L，$ l	换行（ = $ OA）	$ T，$ t	制表

（3）时间直接量

时间直接量用于时间、持续时间和日期的数值。

时间直接量分为两种类型：持续时间直接量和日时直接量。持续时间直接量由关键字 T#或 TIME#在左边界定，支持按天、小时、秒和毫秒或其他任意组合表示的持续时间数据。持续时间直接量的单位由下划线字符分隔。允许持续时间直接量最高有效位"溢出"（overflow）。例如，持续时间值 t#135m _ 12s 是有效的，编程系统会将该时间转换成"正确"的表达，即 t#2h _ 15m _ 12s。时间单位可用大写或小写字母表示。持续时间的正值和负值是允许的。

时间和日期的前缀关键字见表 3-5，它分为长前缀和短前缀格式。不论采用长前缀格式还是短前缀格式，表示的时间和日期都是有效的。

表 3-5　时间和日期直接量的长前缀和短前缀

持续时间	日期	一天中的时间	日期和时间
TIME#	DATE#	TIME _ OF _ DAY#	DATE _ AND _ TIME#
T#	D#	TOD#	DT#
time#	date#	time _ of _ day#	Date _ and _ time#
t#	d#	tod#	dt#
Time#	Date#	Time _ of _ Day#	dAtE _ aNd _ TiMe#

4. 标识符

标识符（identifier）是字母、数字和下划线字符的组合。其开始必须是字母或下划线字符，并被命名为语言元素（Language Element）。标识符对字母的大、小写不敏感，所以标识符 ABCD 和 abcD 具有相同的意义。

标识符用于表示变量、标号，以及功能、功能块、程序组织单元等名称。在 IEC 61131-3 编程语言标准中，可以指定名称的语言元素包括以下内容：

- 跳转和网络标号；
- 枚举常数；
- 配置、资源、任务/运行期程序；
- 程序、功能、功能块；
- 存取路径；
- 变量（通用，符号和直接表达的变量）；
- 导出的数据类型、结构化数据；
- 转换、步、动作块。

在标识符中下划线是有意义的，例如，EF_34 和 E_F34 是两个不同的标识符。应注意下划线在标识符中的使用，标识符不允许以多个下划线开头或多个连续内嵌的下划线。标识符也不允许以下划线结尾。

在支持使用标识符的所有系统中，为便于识别，至少应支持 6 个标识符，即如果一个编程系统允许每个标识符有 16 个字符时，程序员应确保所编写标识符的前 6 个字符是惟一的。因此，在只具有 6 个有效位的编程系统中，wzy_123 与 wzy_1234 被系统认为是相同的标识符。一个标识符中允许的最多字符数是与执行过程有关的参数。表 3-6 所示为标识符的特性和示例。

需要注意的是，字母、数字和下划线以外的字符不允许作为标识符的字符，如空格、钱币符号、小数点和各种括号等。因此，VALVE.1 和 SUM $ 50（2）是无效标识符。

表 3-6　标识符的特性和示例

特性描述	示　例
大写字母和数字	SONG1，VALVE23，IDENT7
大小写字母、数字、中间的下划线字符	SENSOR_1，AB_cd
大小写字母、数字、中间或开头的下划线字符	_MAIN，_17_W9

3.2.2　数据类型

IEC 61131-3 编程语言对数据类型进行了定义，从而防止对数据类型的不同设置而发生出错。数据类型的标准化是编程语言开放性的重要标准。

在 IEC 61131-3 编程语言中定义一般数据类型和非一般数据类型两类。非一般数据类型又可分为基本数据类型和衍生数据类型。数据类型与它在数据存储器中所占用的数据宽度有关。

IEC 61131-3 编程语言标准定义了编程最常用的数据类型，因而在 PLC 领域内，这些数据类型的含义和使用是统一的。这对于机器和设备制造商，以及使用来自不同制造商的多台

PLC 和编程系统的技术人员，会带来明显的益处：统一的数据类型能增加 PLC 程序的可移植性。

1. 基本数据类型

基本数据类型（Elementary Data Type，EDT）是在标准中预先定义的标准化数据类型，它有约定的数据允许范围和初始值，见表 3-7。约定初始值是在对该类数据进行声明时，如果没有赋初始取值时就用系统提供的约定初始值。

表 3-7　IEC 61131-3 编程语言标准的基本数据类型

数据类型	关键字	位数（N）	允许范围	约定初始值
布尔	BOOL	1	0 或 1	0
短整数	SINT	8	$-128 \sim +127$	0
整数	INT	16	$-32\,768 \sim +32\,767$	0
双整数	DINT	32	$-2^{31} \sim 2^{31}-1$	0
长整数	LINT	64	$-2^{63} \sim 2^{63}-1$	0
无符号短整数	USINT	8	$0 \sim +255$	0
无符号整数	UINT	16	$0 \sim +65\,535$	0
无符号双整数	UDINT	32	$0 \sim +2^{32}-1$	0
无符号长整数	ULINT	64	$0 \sim +2^{64}-1$	0
实数	REAL	32	按 IEC60559 基本单精度浮点格式的规定	0.0
长实数	LREAL	64	按 IEC60559 基本双精度浮点格式的规定	0.0
持续时间	TIME	—	—	T#0s
日期	DATE	—	—	D#0001_01_01
时刻	TOD	—	—	TOD#00：00：00
日期和时刻	DT	—	—	DT#0001_01_01_00：00：00
可变长单字节字符串	STRING	8	与执行有关的参数	'' 单字节空串
8 位长度的位串	BYTE	8	0 ~ 16#FF	
16 位长度的位串	WORD	16	0 ~ 16#FFFF FFFF	
32 位长度的位串	DWORD	32	0 ~ 16#FFFF FFFF FFFF	
64 位长度的位串	LWORD	64	0 ~ 16#FFFF FFFF FFFF FFFF	
可变长双字节字符串	WSTRING	16	与执行有关的参数	"" 双字节空串

在这个标准中，对 BCD 数据类型和计数器数据类型都没有进行定义。现在 BCD 码已不如过去那么重要，所以在 PLC 系统内必须根据特殊目的单独的定义。计数器值由通常的整数实现，不需要特殊的格式，至少对于 IEC 61131-3 编程语言的标准计数器功能块是这样的。

2. 一般数据类型

一般数据类型（Generic Data Type，GDT）用前缀"ANY"标识。它采用分级结构，见表 3-8。一般数据类型使用时应该遵循以下原则：

1）一般数据类型不能用于由用户说明的程序组织单元。

2）子范围衍生类型的一般数据类型应为"ANY _ INT"。

3）直接衍生数据类型的一般数据类型与由此基本元素衍生的一般数据类型相同。

4）所有其他衍生类型的一般数据类型定义为"ANY _ DERIVED"。

3. 衍生数据类型

衍生数据类型（Derived Data Type，DDT）是用户在基本数据类型的基础上，建立的由用户定义的数据类型，因此也称为导出数据类型。这种类型定义的变量是全局变量，可使用与基本数据类型相同的方法来进行变量的声明。

对衍生数据类型的定义必须采用文本表达方式，IEC 61131-3 编程语言标准并没有提及图形表达方式。类型定义由关键字 TYPE 和 END _ TYPE 构成。

衍生数据类型有 5 种，分别是从基本数据类型直接衍生的数据类型、枚举数据类型、子范围数据类型、数组数据类型和结构化数据类型，见表 3-8。

表 3-8　一般数据类型的分级

ANY				
ANY _ BIT	ANY _ NUM		ANY _ DATE	TIME
BOOL	ANY _ INT	ANYY _ REAL	DATE	STRING
BYTE	INT，UINT	REAL	TIME _ OF _ DAY	
WORD	SINT，USINT	LREAL	DATE _ AND _ TIME	
DWORD	DINT，UDINT			
LWORD	LINT，ULINT			

1）直接衍生数据类型　如用户用缩写的 LRL 来表示数据类型 LREAL。因此，采用这种方式的数据类型衍生，在以后的应用中就可以直接用 LRL 表示长实数数据类型。

2）枚举数据类型。实际上一个枚举数据类型不是一个导出数据类型，因为它不是从任何基本数据类型中导出得到的。见表 3-9 序号 2 中衍生数据类型 Medal _ Type 由 3 种奖牌组成，它们是 Gold，Silver 和 Bronze。因此，变量可以用枚举中的一个名称作为其值。

表 3-9　衍生数据类型示例

序号	衍生数据类型特性	示　例	说　明
1	直接衍生数据类型	TYPE LRL：LREAL； END _ TYPE	LRL 衍生数据类型用于表示 LREAL 长实数数据
2	枚举数据类型	TYPE Signal：（Analog，Discrete，Pulse）； END _ TYPE	Signal 是枚举数据类型，它有三种数据类型
3	子范围数据类型	TYPE Analog：INT（-4095..4095）； END _ TYPE	Analog 数据类型是整数数据类型，其允许范围为（-4095..4095）
4	数组数据类型	TYPE AI _ IN：ARRAY［1..8，1..6］OF SensorCurrent； END _ TYPE	AI _ IN 是 8×6 维数组数据类型，其数据元素的数据由类型 SensorCurrent 确定

（续）

序号	衍生数据类型特性	示　例	说　　明
5	结构化数据类型	TYPE MotorControl： STRUCTURE AutoEnable：BOOL； Revolution：SensorCurrent； Startit：BOOL； END _ STRUCTURE END _ TYPE	定义了一个结构化数据类型 MotorControl，由 AutoEnable、Revolution、Startit 组成，它们的数据类型分别是 BOOL、SensorCurrent 和 BOOL

3）子范围数据类型。当数据的范围在该数据类型允许的范围内部时，需要定义子范围数据类型。例如，基本数据类型 INT 的允许取值范围是 -32768 ~ 32767，如果某类数据只允许取值为 -4096 ~ 4095，则需要定义子范围数据类型。

4）数组数据类型。一个数组由多个相同数据类型的数据元素组成。因此，数组定义为衍生数据类型。在规定的数组界限内，借助于数组注脚（索引）可存取数组元素，注脚的值指示要寻址哪个数组元素。数组数据类型用 ARRAY 表示，用方括号内的数据定义其范围。当维数大于一维时，用逗号分隔。

5）结构化数据类型。采用关键字 STRUCT 和 END _ STRUCT 可以分层建立数据结构，这如同高级编程语言中的数据结构。这些数据结构包括任何基本的或导出的数据类型作为子元素。在数据结构中，同样不允许使用 FB 实例名。

除了上述 5 种衍生数据类型，还可以定义混合数据类型。混合数据类型包括（多个）导出的或基本的数据类型。通过这种方法，PLC 程序员可优化地适配其数据结构，以满足应用要求。

4. 数据类型允许取值范围和初始化

（1）不同数据类型允许的取值范围

除了一般数据类型外，基本数据类和衍生数据类型都有该类型数据的允许取值范围。基本数据类型的允许取值范围见表 3-7。

衍生数据类型中，直接衍生的数据类型与原数据类型的允许取值范围一致。

枚举数据类型允许取值范围应根据枚举表列举的数据范围取值。枚举表是枚举数据值的有序集，它有一个最小数据值，位于枚举表的开始，最大数据值位于枚举表的结束。对枚举值，不同枚举数据类型可使用相同的标识符。最大允许的枚举值是一个与执行有关的参数。为在特定上下文使用时能够惟一识别，枚举文字可以用一个前缀限定。前缀由它们有关的数据类型名称和 "#" 符号组成，例如，SINT#等。

子范围数据类型的取值范围由子范围确定。因此，子范围数据类型取值只能取在特定的上限和下限之间，包括上下限。如果子范围数据值落在特定的取值范围之外则出错。

数组数据类型的取值根据该数据类型的单元素的数据类型取值的范围确定。例如，该元素的数据类型是 INT，则取值范围是 -32768 ~ 32767。

结构化数据类型规定这类数据元素应包含能由特定的名称存取的特定子元素。例如，AI _ Broad 数据类型的元素是 Range，Min 和 Max，它们的数据类型是 Signal _ Range，Analog 和

Analog。这些数据类型是衍生数据类型，因此应分别根据它们的数据类型所允许的取值范围确定。例如，如果是 Analog 数据类型，则根据表 3-9 的特性 3 确定，其取值范围是 − 4095 ~ 4095 的整数。

（2）初始化

数据类型的初始化是指可编程序控制器系统启动时对有关变量赋予初始值的过程。当对变量不提供初始值时，初始值直接采用系统中该数据类型约定的初始值。当在变量说明中说明变量所赋予的初始值时，该变量被赋予由变量说明所指定的初始值。

基本数据类型的约定初始值见表 3-7。直接衍生数据类型的约定初始值与原数据类型的约定初始值相同。枚举数据类型的约定初始值是枚举表中的第一个枚举值。例如，表 3-9 的特性 2 中，Signal 的约定初始值由衍生数据类型 Analog 确定。子范围数据类型的约定初始值是该子范围中的第一个限值。例如，表 3-9 特性 3 中，子范围数据类型 Analog 取值范围是-4095 到 4095 的整数，而约定初始值是 − 4095。结构化数据类型由多种不同数据类型组合，应根据各自的约定初始值确定其初始值。

当某数据类型需要由用户赋予特定的初始值时，可直接用赋值符。其格式是：

数据类型 ： = 特定初始值；

数据类型赋初始值的示例见表 3-10。

表 3-10　数据类型赋初始值

数据类型	示　　例	说　　明
基本数据类型	VAR 　　II : INT; END _ VAR	变量 II 是整数，初始值未赋值，因此用系统约定的初始值 0
	VAR 　　RR : REAL; : = 6. 85; END _ VAR	变量 RR 是实数，初始值为 6. 85
	VAR 　　STR : STRING; END _ VAR	变量 STR 是单字节字符串，初始值是空串
枚举数据类型	TYPE 　　EE : (AI, AO) : = AI; END _ TYPE	枚举数据 EE，初始值为 AI 的约定初始值
子范围数据类型	TYPE 　　DD : INT (-2047. . 2048); END _ TYPE	子范围数据 DD，初始值为-2047
数组数据类型	TYPE　AI _ DATA _1; 　　ARRAY [1. . 8] OF A _ D : = [4(1024) ,4(-1024)]; END _ TYPE	数组数据类型的变量 AI _ DATA _1，它的 4 个元素初始值均为 1024，另 4 个元素初始值均为-1024
结构化数据类型	TYPE 　　AI _ Board : 　　STRUCT 　　Range :Signal _ Range; 　　Min : Analog : = 4; 　　Max : Analog : = 20; 　　END _ STRUCT END _ TYPE	结构化数据类型的变量 AI _ Board 的 Range 数据类型是 Signal _ Range，其初始值由该数据类型初始值确定，Min 的数据类型是 Analog，初始值为 4，Max 的数据类型是 Analog，初始值是 20

3.2.3　变量

与数据的外部表示相反，变量提供能够改变其内容的数据对象的识别方法。例如，可改变与 PLC 输入、输出或存储器有关的数据。变量可以被声明为基本数据类型、一般数据类型和衍生数据类型。

1. 变量的表示

在 IEC 61131-3 标准中，变量分为单元素变量和多元素变量。

（1）单元素变量

单元素变量（single-element variable）用于表示基本数据类型的单一数据元素、衍生的枚举数据类型或子范围数据类型的数据元素，或上述数据类型的衍生数据元素。单元素变量可以是直接变量或符号变量。

1）直接变量（direct variable）　以百分号"%"开始，随后是位置前缀符号和大小写前缀符号。如果有分级，则用整数表示分级，并用小数点"."分隔表示直接变量。表 3-11 是直接表示变量中前缀符号的定义。表 3-12 是直接表示变量的示例。

表 3-11　直接表示变量中前缀符号的定义

位置前缀	定义	大小前缀	定义	约定数据类型
I	输入单元位置	X	单个数	BOOL
Q	输出单元位置	None	单个数	BOOL
M	存储单元位置	B	字节数	BYTE
注：在 VAR _ CONFIG…END _ VAR 结构说明中，用"*"表示还没有特定位置的内部变量，它位于大小前缀的位置，用无符号整数串联表示位置未定。		W	字位	WPRD
		D	双字位	DWORD
		L	长字位	LWORD

表 3-12　直接表示变量示例

变 量 示 例	说　明
% IX1. 5 或 % I1. 5	表示输入单元 1 的第 5 位
% IW3	表示输入字单元 3
% QX37 或 % Q37	表示输出位 37
% MD48	表示双字，位于存储器 48
% Q *	表示输出在一个未特定的位置
% IW3. 4. 5. 6	表示 PLC 系统第 3 块 I/O 总线的第 4 机架（Rack）上第 5 模块的第 6 通道的字输入

直接变量可用于程序、功能块、配置和资源的声明中。一个可编程序控制器系统的程序存取另一个可编程序控制器中的数据时，采用分级寻址的方式，这应被认为是一种语言的扩展。

直接变量类似于传统可编程序控制器中的操作数，它对应于一个可寻址的存储器单元。需要注意的是，在早期可编程序控制器的产品中并没有对操作数进行明确定义，所以一些产品用编号表示操作数。在 IEC 61131-3 编程语言标准中，将存储器的地址分为输入单元、输出单元和存储器单元，并且用直接表示变量的方法来表示变量。直接表示变量的值可根据变量的地址直接存取。例如，VAR _ INPUT AT % IX2.3：BOOL；END _ VAR 表示一个变量直接从 % IX2.3 地址读取布尔数据类型的数据。

2）符号变量（symbolic variable）

是用符号表示的变量。其地址对不同的可编程序控制器可以不同，从而为程序的移植创造条件。例如，在 VAR _ INPUT SW _ 1 AT % IX2.3：BOOL； END _ VAR 中，用符号变量 SW _ 1 表示从 % IX2.3 地址读取布尔量。当实际地址改变时，在程序的其他部分仍使用该符号变量，因此只需要对该地址进行修改，对程序的其他部分可以不做修改，就可以完成整个程序的移植。

直接表示变量和符号表示变量借助于分级地址指令表语言中的应用，给一个标志或 I/O 地址指定一个数据类型，这样能使编程系统检查是否正在正确地存取该变量。例如，一个被说明为 "AT % QD5：DINT" 的变量不会因疏忽而以 UINT 或 REAL 类型存取。用直接表示变量代替至今还在程序中经常使用的直接 PLC 地址，在这种情况下，地址的作用与变量名（如 % IW4）一样。

符号变量的声明及其使用与正常变量的声明和使用一样，只不过其存取位置不能由编程系统自由地指定，而限于由用户以 "AT" 指定的地址。这些变量对应于预先由分配表或符号表指定的地址。

在程序、资源和配置中，直接表示变量和符号变量可以用于变量类型 VAR，VAR _ GLOBAL，VAR _ EXTERRNAL 和 VAR _ ACCESS 的声明。在功能块中，它们只能用 VAR _ EXTERNAL 输入。

（2）多元素变量

多元素变量（multi-element variable）包括衍生数据类型中数组类型的变量和结构化数据类型的变量。

数组数据类型变量也称为数组变量，它用符号变量名和随后的下标表示。下标包含在一对括号内，用逗号分隔。例如，数组变量 AI：ARRAY[1..3，1..8] OF REAL 表示数组变量 AI，它是由 3×8 个实数数据类型的变量组成的，各组成变量是：AI[1，1]，AI[1，2]，…，AI[1，8]，AI[2，1]，AI[2，2]，…，AI[2，8]，AI[3，1]，AI[3，2]，…，AI[3，8]。

结构数据类型变量也称为结构变量，它用结构变量名表示。

访问数组中的元素，可以通过选择方括号内整数的数组注脚（索引）的方法。对结构元素寻址，可以采用 "结构的变量名.结构部件名" 的形式。

2. 变量的类型

IEC 61131-3 标准定义了 9 种不同的变量类型，表 3-13 为变量的类型关键字和它们的用法。

表 3-13　变量的类型与用法

类　　　型	功　能　说　明	读/写权限		应用范围		
		外部	内部	程序	功能块	函数
VAR 局部变量	仅在 POU 内部使用，外部不能访问	不允许	读/写	支持	支持	支持
VAR _ INPUT 输入变量	可以作为 POU 的外部调用参数，但不能在其自己的 POU 内被修改	读/写	读	支持	支持	支持

（续）

类　型	功 能 说 明	读/写权限		应 用 范 围		
		外部	内部	程序	功能块	函数
VAR _ OUTPUT 输出变量	一般作为 POU 的返回值，能在其自己的 POU 内被修改	读	读/写	支持	支持	不支持
VAR _ IN _ OUT 输入/输出变量	类似于 C 语言中的引用，实际上传送给 POU 的是该变量的地址指针。这意味着在 POU 内对引用数据赋值等同于直接写 POU 外部的实际变量，不同的功能块实例有可能对相同的输入/输出引用变量做重复修改。一般应用在诸如数控机床的轴控制中，大量的控制逻辑功能块对某一块大内存、上百个浮点数的轴参数进行直接读/写，而不必在本功能块内部做无用的内存复制。可作为 POU 的外部调用参数，具有 VAR _ INPUT 和 VAR _ OUT-PUT 的组合性能	读/写	读/写	支持	支持	不支持
VAR _ EXTERNAL 外部变量	一般用于外部全局变量。一个外部变量必须由另一个 POU 声明为全局变量，能被所有 POU 所读取或写入，就如同局部变量那样在 POU 内被修改，该修改值能对使用它的 POU 立即生效	读/写	读/写	支持	支持	不支持
VAR _ GLOBAL 全局变量	一个全局变量在 POU 内说明，并能由所有其他POU（作为外部变量）在该 POU 读取或写入。它可以像局部变量那样在 POU 内被修改，它的新值对所有使用它的 POU 立即生效	读/写	读/写	支持	不支持	不支持
VAR _ ACCESS 存取路径变量	专用于与外部设备通信的全局变量，与 VAR _ GLOBAL 类似	读/写	读/写	支持	不支持	不支持
VAR _ TEMP 暂存变量	在程序或功能块中暂时存储的变量	读/写	读/写	支持	支持	不支持
VAR _ CONFIG 结构变量	实例规定的初始化和地址分配	不允许	读	支持	不支持	不支持

3. 变量的附加属性

IEC 61131-3 编程语言标准在定义变量的同时，也定义了变量的附加属性（或限定符），并通过它们将附加的特性赋给变量。变量的附加属性见表 3-14。

表 3-14　变量的附加属性

附 加 属 性	说　明
RETAIN	变量具有保持的特性，即掉电时能保持该变量的值
NON _ RETAIN	变量不具有保持特性，即掉电时不具有掉电保持功能
CONSTANT	常数变量（不能修改）
R _ EDGE	上升沿

（续）

附 加 属 性	说　　明
F _ EDGE	下降沿
READ _ ONLY	写保护（只读）
READ _ WRITE	可进行读和写
AT	变量存取地址

在 IEC 61131-3 编程语言标准中，并非所有变量类型都具有附加属性。应用附加属性要遵循下列准则：

1）在 VAR，VAR _ INPUT，VAR _ OUTPUT，VAR _ GLOBAL 段内声明的变量允许使用附加属性 RETAIN 和 NON _ RETAIN。

2）当功能块或程序实例中使用附加属性 RETAIN 和 NON _ RETAIN 时，所有实例的成员都被处理为具有 RETAIN 和 NON _ RETAIN 属性。除非成员本身是功能块，或者在功能块或程序类型的声明中明确被作为 RETAIN 和 NON _ RETAIN 使用。

3）在 VAR _ CONFIG 实例中允许使用附加属性 RETAIN 和 NON _RETAIN。这时，所有该结构变量的成员，包括嵌套结构的成员都具有相应的附加属性。

4）当没有说明附加属性的变量初始化时，应根据热启动特性确定其初始值。

5）附加属性 CONSTANT 说明该变量是不允许改变其值的特殊变量。因此，同时对某个变量附加 CONSTANT 和 RETAIN 属性是没有必要的。这时，只需用 CONSTANT 的附加属性。在掉电后的热启动时，该变量仍可保持该常数值。

6）对 VAR 和 VAR _ GLOBAL 变量，可以附加 CONSTANT 属性。

7）上升沿和下降沿的边沿检测属性只对输入变量有效，读/写和只读属性只对存取变量有效。

8）一般附加属性的关键字是紧跟在变量关键字后的。例如，VAR CONTANT：VAR _ OUTPUT RETAIN 等。但上升沿、下降沿的边沿检测属性及读/写、只读属性的关键字是在变量数据类型后的。例如，VAR RI：REAL _ EDGE；VAR RW：READ _ WRITE。

属性 READ _ ONLY 和 READ-WRITE 是专为变量类型 VAR _ ACCESS 保留的。在配置层，不允许对 VAR _ ACCESS 使用其他限定符。

4. 变量的初始化

变量在资源或配置启动时进行初始化，给变量赋初始值。初始化后变量的值根据下列准则确定：

1）当系统停止初始化时，变量具有的被保持的值，如再启动时为掉电前的保持值；

2）用户规定的初始值；

3）根据变量的有关数据类型提供的约定初始值。

电源掉电后的再启动，称为系统的热启动（warm restart）。这时，变量的值应该根据是否有附加属性 RETAIN 来确定。如果具有该属性，则变量恢复到掉电前的值；如果没有该属性，则称为系统的冷启动（cold restart）。这时，变量初始值由用户规定的初始值或该变量对应的数据类型的默认初始值（当没有用户规定初始值时）确定。这表明，变量初始值取值有优先级，RETAIN 提供最高优先级，系统默认初始值提供最低优先级。

　　需要注意的是，有外部输入的变量不能由用户规定其初始值。例如，VAR＿INPUT、VAR＿EXTERNAL 段声明的变量不能赋予初始值。表 3-15 为变量的初始化特性与示例。

表 3-15　变量的初始化特性与示例

特　　性	示　　例	说　　明
直接表示变量的初始化	VAR AT％QX5.1:BOOL:=1 AT％MW8:INT:=66 END＿VAR	布尔类型，输出单元 5 的第 1 位，赋予初始值为 1；初始化存储器字，赋予整数值 66
直接表示保持变量的初始化	VAR RETAIN AT％QW6:WORD:=16#FF00 END＿VAR	冷启动时，在输出单元 6 的 16 位串中的高 8 位初始值置 1，低 8 位初始值置 0
符号变量地址的初始化	VAR VLV＿POS AT％QW28:INT:=100 END＿VAR	配置输出单元字 28 到整数变量 VLV＿POS（符号变量），并置初始值为 100
数组变量地址的初始化	VAR OUT＿ARY AT％QW6:ARRAY[0..9]　OF INT:=[10(1)] END＿VAR	把 10 个整数的数组配置给以％QW6 开始的相邻输出单位，各初始值置 1，数组变量名为 OUT＿ARY
符号变量的初始化	VAR MYBIT:BOOL:=1 OKEY:STRING[10]:='OK' END＿VAR	变量 MYBIT 是布尔值，设定初始值为 1；字串 O-KEY 的最大长度为 10，初始化后长度为 2，置'OK（79 和 75）
数组的初始化	VAR BITS:ARRAY[0..7]OF BOOL:=[1,1,0,0,0,1,0,0] TBT:ARRAY[1..2,1..3]OF INT:=[1,2,3(4),6] END＿VAR	BITS[1..7]的布尔初始值分别为[1,1,0,0,0,1,0,0] TBT[1,1]:=1,TBT[1,2]:=2,TBT[1,3]:=4 TBT[2,1]:=4,TBT[2,2]:=4,TBT[2,3]:=6
数组保持变量的声明和初始化	VAR RETAIN RTBT:ARRAY[1..2,1..3]OF INT:=[1,2,3(3)] END＿VAR	RTBT[1,1]:=1,RTBT[1,2]:=2 RTBT[1,3]:=3,RTBT[2,1]:=3 RTBT[2,2]:=3,RTBT[2,3]:=0
结构化变量的初始化	VAR MODULE＿8＿CONFIG AI＿16＿CONFIG:= (SIGNAL＿TYPE:DIFFERNTIAL CHANNEL:= [4((RANGE:=UNIPOLAR＿1＿5V)) (RANGE:=BIPOLAR＿10＿V,MIN＿SCALE:=0 MAX＿SCALE:=500)]) END＿VAR	SIGNAL＿TYPE 的初始值是 DIFFERENTIAL，CHANNEL 的初始值包括 4 个 RANGE 为 UNIPOLAR＿1＿5V 等
常数的初始化	VAR PI:REAL:=3.141593 END＿VAR	声明 PI(p)并赋值
功能块实例的初始化	VAR TIC＿112:PID:= (Propband:2.5,Inregral　:=T#5s) END＿VAR	对功能块实例 TIC＿112 的 PID 功能块的比例带和积分时间设置初始值

5. 变量声明

在 IEC 61131-3 编程语言标准中，变量用于初始化、处理和储存用户数据。变量声明用于建立变量与它的数据类型之间的关系，在变量声明中可以对一些变量设置用户的初始值，变量声明和初始化在变量声明段同时完成。

变量的声明以表 3-13 的变量类型关键字开始，它表示该变量段内说明的变量类型，中间是变量声明段本体，变量声明段以 END _ VAR 结束。具有相同数据类型的变量可以集中声明。

在每一个程序组织单元（POU）的开始部分，必须对变量予以声明，这就包括对变量数据类型、变量属性（如电池后备、初始值或物理地址赋值等）的定义。

对不同的变量类型，POU 变量的声明分为不同的段/声明块，每个段/声明块对应于一种变量类型，并可以包括一个或多个变量，且相同变量类型的块的次序和数量可以自由决定。

（1）局部布尔变量

VAR VarLocalB1，VarLocalB2：BOOL；END _ VAR(＊局部布尔变量＊)

（2）调用接口（输入参数）

VAR _ INPUTVarln1，Varln2：REAL；END _ VAR(＊输入变量＊)

VAR _ IN _ OUTVarInOut1，VarInOut2：UNIT；END _ VAR(＊输入/输出变量＊)

（3）返回值（输出参数）

VAR _ OUTPUTVarFunOut：TNT；END _ VAR(＊输出变量＊)

（4）全局接口（全局/外部变量和存取路径）

VAR _ EXTERNALVarExt1：WORD；END _ VAR(＊外部，来自其他 POU＊)

VAR _ GLOBALVarGlob1：WORD；END _ VAR(＊全局，用于其他 POU＊)

VAR _ ACCESSVarAccess1：WORD；END _ VAR(＊到配置的存取路径＊)

除了文本形式定义变量以外，对于 POU 接口的简单变量的声明，IEC 61131-3 标准提供了图形表达的定义方式。但必须说明的是，对于数组数据类型，对变量或初始值的声明，必须使用文本化的表达方式。

3.3　程序组织单元

3.3.1　程序组织单元及其组成

1. 程序组织单元概述

IEC 61131-3 编程语言标准很重要的一个目的就是限制块的多样性，并同时隐含块类型的含义，统一并简化块的用法。IEC 61131-3 编程语言引入构成程序和项目的块，即程序组织单元（Program Organization Unit，POU）。程序组织单元由程序组织单元的说明部分和程序组织单元的本体两部分组成，它对应于传统 PLC 编程领域的程序块、组织块、顺序块和功能块。程序组织单元彼此之间能够带有或不带有参数地相互调用，程序组织单元是用户程序中最小的、独立的软件单元。程序组织单元的标准部分，如标准功能、标准功能块等由 PLC 制造商提供。用户可以根据程序组织单元的定义设计用户的程序组织单元，并对其进行调用和执行。

IEC 61131-3 编程语言将 PLC 制造商的块类型的种类减少为 3 种统一的基本类型，它们分别是 Function（FUN 功能）、Function Block（FB 功能块）和 Program（PROG 程序），如图 3-2 所示，它们的含义见表 3-16。根据 IEC 61131-3 编程语言标准，程序、功能和功能块都被称为程序组织单元 POU。

表 3-16　IEC 61131-3 编程语言标准的 3 种 POU 及其含义

类　　型	关　键　字	含　　义
Program	PROGRAM	主程序，包括 I/O 的分配、全局变量和存取路径
Function Block	FUNCTION _ BLOCK	带输入和输出变量的块
Function	FUNCTION	具有功能值的块，用于扩展 PLC 的基本预算和操作集

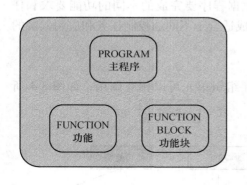

图 3-2　程序组织单元

在 IEC 61131-3 编程语言中，不允许其他高级语言中应用的局部子程序。这样在对一个 POU 编程后，其名称及其调用接口将为此项目中所有的其他 POU 所认知，也就是说程序组织单元名称总是全局的。程序组织单元的独立性有利于自动化任务的模块化扩展，以及已实现和已测试的软件单元的重复使用。

2. 程序组织单元的组成

程序组织单元由 3 部分组成，即程序组织单元类型和名称、带有变量声明的声明部分、带有程序组织单元指令的主体，其元素构成如图 3-3 所示。

（1）声明部分

定义程序组织单元内所使用的变量，应注意区别程序组织单元接口变量和程序组织单元局部变量。在程序组织单元的代码部分，使用编程语言对逻辑电路或算法进行编程。在 IEC 61131-3 编程语言中，变量用于初始化、处理和存储用户数据。在每个程序组织单元的开始部分必须声明变量，变量赋予的数据类型必须是

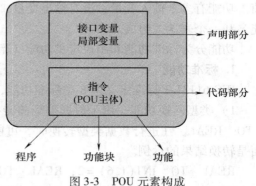

图 3-3　POU 元素构成

已知的。对不同的数据类型，程序组织单元变量的声明部分分为不同的段，每个声明部分对应于一种变量类型，并可以包括一种或多种变量。

（2）接口部分

程序组织单元接口以及在程序组织单元中使用的局部数据区是借助于在声明块中将程序组织单元变量赋予变量类型进行定义的。程序组织单元接口分为以下几个部分：

1）调用接口：形式参数（输入和输入/输出参数）；

2）返回值：输出参数或功能返回值；

3）全局接口：带有全局/外部变量和存取路径。

调用接口的变量也称为形式参数。调用一个程序组织单元时，形式参数为实际参数代替，形式参数被赋予实际值或常数。

（3）代码部分

程序组织单元的指令或代码部分紧接声明部分，它包含 PLC 执行的指令。可以利用 IEC 61131-3 编程语言提供的 5 种编程语言来编写代码，根据程序要完成的不同的功能要求和任务特点，合理利用这些编程语言来编写代码，从而完成适合于不同的控制任务和应用领域的程序编写。

3. 几种程序组织单元类型的相互调用

根据 IEC 61131-3 编程语言标准，3 种类型的程序组织单元可以相互调用，如图 3-4 所示。但在调用时要注意以下几点：

1）程序可调用功能块和功能，但功能和功能块不能调用程序。

2）功能块和功能块可以互相调用。

3）功能块可调用功能，但功能不能调用功能块。

4）3 种类型的程序组织单元不能直接或间接地调用它自身的一个实例。

图 3-4　POU 类型的相互调用

3.3.2　功能

功能是一种可以赋予参数，但没有静态变量的程序组织单元。有些书籍或文献也称功能为函数。当用相同的输入参数调用某一功能时，该功能总能够生成相同的结果作为其功能值。功能有多个输入变量，没有输出变量，但有一个功能值作为该功能的返回值。功能由功能名和一个表达式组成。

功能分为标准功能和用户定义功能（衍生功能）。

1. 标准功能

IEC 61131-3 标准定义了 8 类标准功能，包括：

1）类型转换功能—用于数据类型的转换。例如，整数数据类型转换为实数的功能 INT _ TO _ REAL。在进行数据类型转换时，可能引起误差。例如根据四舍五入的原则转换，下面是转换结果的示例。

REAL _ TO _ INT(1.6) = 2；REAL _ TO _ INT(- 1.6) = - 2；
REAL _ TO _ INT(1.4) = 1；REAL _ TO _ INT(- 1.4) = - 1

2）数值类功能—数值类功能用于对数值变量进行数学运算。该功能的图形表示是将数值功能的名称填写在功能图形符号内，并连接有关的输入和输出变量。

3）算术类功能—算术类功能用于计算多个输入变量的算术功能，包括 ADD（加）、SUB（减）、MUL（乘）、DIV（除）、MOD（模除）、SQRT（平方根）、SIN（正弦）、COS（余弦）、MIN（最小）、MAX（最大）等。

4）位串类功能—位串功能包括串移位运算和位串的按位布尔功能。

5）选择和比较类功能—选择类功能用于根据条件来选择输入信号作为输出返回值。选择的条件包括单路选择，或输入信号本身的最大、最小、限值和多路选择等。

6）字符串类功能—字符串功能用于对输入的字符串进行处理，例如，确定字符串的长度、对输入的字符串进行截取、处理后的新字符串作为该功能的返回值。

7）时间数据类功能—时间数据类功能是当数据类型是时间数据类型时，上述有关功能的扩展。例如，时间数据类型的转换、时间数据的算术运算等。

8）枚举数据类型的功能—在选择和比较类型功能中，可以看到，SEL 和 MUX 的输入变量是 ANY 类型，因此它适用于衍生数据类型。当用于枚举数据时，输入和输出的枚举数据个数应相同。枚举数据类型也适用于比较类功能的 EQ 和 NE 功能。

2. 用户定义功能

用户定义功能是用户自行定义的功能，一旦做了定义，则该功能就可反复使用。

下面举一个用户定义功能的例子，定义一个功能 $(A*B/C)^2$，功能名是 SIMPLE _ FUN，功能主体用 ST 语言写。

```
FUNCTION SIMPLE _ FUN：REAL
    VAR _ INPUT
        A，B：REAL；
            C：REAL：=1.0；
    END _ VAR
    SIMPLE _ FUN：=（A*B/C）**2；
END FUNCTION
```

3.3.3　功能块

1. 功能块介绍

功能块是在执行时能够产生一个或多个值的程序组织单元。

变量的实例化是编程人员在变量说明部分用指定变量名和相应数据类型来建立变量的过程。同样，功能块实例化是编程人员在功能块说明部分用指定功能块名和相应的功能块类型来建立功能块的过程。每个功能块实例有它的功能块名、内部变量、输出变量及可能的输入变量数据结构。该数据结构的输出变量和必要的内部变量的值能够从这次执行保护到下一次执行。功能块实例的外部只有输入和输出变量是可存取的。功能块内部变量对用户来说是隐藏的。功能块的图形表示如图3-5 所示。

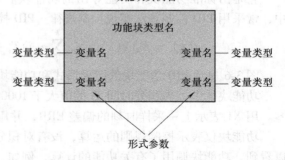

图 3-5　功能块的图形表示

功能块包括标准功能块、衍生功能块和用户定义功能块。衍生功能块是利用标准功能块创造的新功能块。IEC 61131-3 编程语言允许用户利用已有的功能块和功能生成新的功能块。任意功能块均可采用便于管理且功能更简单的功能和/或功能块进行编程。

功能块有两个主要特征：

● 定义一组输入/输出参数，用来与其他功能块或内部变量交换数据。

● 每一个功能块均有其特定的算法，通过对输入参数值和内部变量值的处理，生成相应的输出。这就是说，功能块具有完善定义的输入和输出界面以及隐含的内部结构。软件设计人员可以定义、修改功能块，而软件维护人员只能使用功能块。

功能块一旦被定义，就可反复使用。功能块可以用任意一种 IEC 61131-3 编程语言的编程语言来编写，但在大多数情况下是用结构化文本语言编写。

功能块段的文字形式可以表示为：

FUNCTION _ BLOCK 功能块名

    功能块声明

    功能块体

END _ FUNCTION _ BLOCK

2. 标准功能块

IEC 61131-3 编程语言中定义了 5 种标准功能块：

1）双稳元素功能块 双稳元素（Bitstable Element）功能块有两个稳态，根据两个输入变量都为 1 时，输出稳态值的不同，可分为置位优先（SR）和复位优先（RS）两类。

2）边缘检测功能块 边缘检测（Edge Detection）功能块用于对输入信号的上升沿和下降沿进行检测。因此，分为上升沿检测（R _ TRIG）功能块和下降沿（F _ TRIG）检测功能块两类。

3）计数器功能块 计数器（Counter）功能块有 3 种基本类型。它们是加计数器、减计数器和加减计数器，用于计数器的变量是整数类型。

4）定时器功能块 定时器（Timer）功能块是用定时器实现接通延时、断开延时和定时脉冲。

5）通信功能块 通信功能块详见 IEC 61131-5 的定义。它为可编程序控制器提供远程寻址、设备检测、轮询数据的采集、编程数据采集、参数控制、互锁控制、编程报警报告及连接管理和保护。除了远程寻址是功能，其他都是功能块。

3. 衍生功能块

它是由标准功能块和功能导出的功能块。下面是一个 PID 功能块的示例。在控制系统中，常采用 PID 控制算法实现控制规律。PID 控制器输出为

$$u(k) = K_p(e(k) + \frac{1}{T_i}\sum_i^k e(i)T_s + T_d\frac{e(k) - e(k-1)}{T_s}) + u(0)$$

图 3-6 显示 PID 功能块的图形形式和功能块体。

功能块体中，当积分时间 Ti 的值大于 10000 时，认为没有积分作用，积分输出 OUTI 为零。用 X1 表示上一采样时刻的偏差 ERR，并用简单差分项近似其微分。

功能块仅表示控制规则的运算，没有对积分饱和和手自动无扰动切换提供相应手段。可以看到，功能块调用了有关功能的计算，例如，逻辑比较，选择和类型转换等功能。功能块也可调用其他功能块实例，见下述。

4. 功能块性能

功能块具有记忆功能，因此相同输入参数调用时，其输出变量的值取决于其内部变量和外部变量的状态。在两个采样时间间隔内，这些变量能够保持其值。此外，与功能不同，功能块有输出变量，输入输出变量和外部变量等。

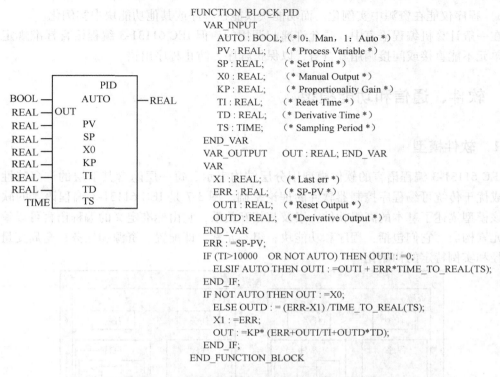

```
                                    FUNCTION_BLOCK PID
                                    VAR_INPUT
                                        AUTO : BOOL;  (* 0: Man, 1: Auto *)
                                        PV : REAL;    (* Process Variable *)
                                        SP : REAL;    (* Set Point *)
                                        X0 : REAL;    (* Manual Output *)
                                        KP : REAL;    (* Proportionality Gain *)
                                        TI : REAL;    (* Reaet Time *)
                                        TD : REAL;    (* Derivative Time *)
                                        TS : TIME;    (* Sampling Period *)
                                    END_VAR
                                    VAR_OUTPUT    OUT : REAL; END_VAR
                                    VAR
                                        X1 : REAL;      (* Last err *)
                                        ERR : REAL;     (* SP-PV *)
                                        OUTI : REAL;    (* Reset Output *)
                                        OUTD : REAL;   (*Derivative Output *)
                                    END_VAR
                                    ERR : =SP-PV;
                                    IF (TI>10000   OR NOT AUTO) THEN OUTI : =0;
                                        ELSIF AUTO THEN OUTI : =OUTI + ERR*TIME_TO_REAL(TS);
                                    END_IF;
                                    IF NOT AUTO THEN OUT : =X0;
                                        ELSE OUTD : = (ERR-X1) /TIME_TO_REAL(TS);
                                        X1 : =ERR;
                                        OUT : =KP* (ERR+OUTI/TI+OUTD*TD);
                                    END_IF;
                                    END_FUNCTION_BLOCK
```

图 3-6　PID 功能块的图形形式和功能块文字形式

功能块的重要性能是它可以调用。功能块类似于一个子程序，当调用时，将有关的形式参数用实际参数代入，就能够获得这些实际参数下功能块的输出。由于功能块的可调用性，用户可对一些程序重复使用，缩短了程序开发时间。

3.3.4　程序

程序是程序组织单元之一，它由功能和功能块组成。PROGRAM 类型的程序组织单元称为主程序。在一个多 CPU 的 PLC 控制系统中，能同时执行多个主程序，这一点体现了程序与功能块的不同。

程序以 PROGRAM 关键字开始，随后是程序名、程序声明和程序体，最后以 END _ PROGRAM 关键字结束。与功能或功能块的声明类似，程序声明包括在整个程序声明中所使用变量的声明。

除了具有功能块的性能外，程序还具有以下性能：

1）可对 VAR _ ACCESS 和 VAR _ GLOBAL 变量进行说明和存取。

2）可对 VAR _ GLOBAL 和 VAR _ EXTERNAL 变量添加 CONSTANT 属性，对这些变量进行限定。

3）可对 VAR _ TEMP 变量进行说明和存取。

4）允许说明存取 PLC 物理地址的直接表示变量。

5）程序不能由其他程序组织单元显式调用。但程序与配置中的一个任务结合，使程序实例化，形成运行期程序，便可由资源调用。

6）程序仅能在资源中实例化。而功能块仅能在程序或其他功能块中实例化。

在一般计算机编程语言中，是允许递归调用的，但 IEC 61131-3 编程语言标准规定程序组织单元不能直接或间接调用其自身，以保护程序，防止程序出错。

3.4　软件、通信和功能模型

3.4.1　软件模型

IEC 61131-3 编程语言的软件模型用分层结构表示。每一层隐含其下层的许多特性，从而构成优于传统可编程序控制器软件的理论基础。图 3-7 是 IEC 61131-3 编程语言的软件模型，该模型描述了基本的高级软件元素及其相互关系，它由标准定义的编程语言可以编程的软件元素构成。它们包括：程序和功能块；组态元素，即配置、资源和任务；全局变量；存取路径和实例特定的初始化。

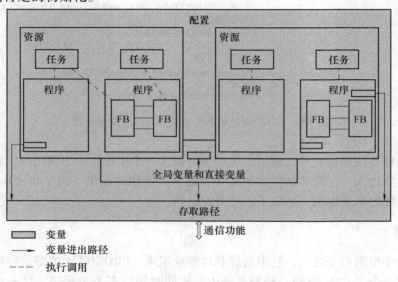

图 3-7　IEC 61131-3 编程语言标准的软件模型

IEC 61131-3 编程语言的软件模型从理论上描述了将一个复杂程序如何分解为若干小的不同的可管理部分，规定了每个部分的规范及它们进行接口的方法。软件模型描述一台可编程序控制器如何实现多个独立程序的同时装载和运行，如何实现对程序执行的完全控制等，如何实现对资源的共享，如何实现信息的通信。该模型也体现了任务分解的思想和软件工程中面向对象特性带来的许多优点，使得处理复杂的控制任务变得更加容易，程序的开发、调试、维护、移植与重用等也具有了许多高级语言所具有的特性，更方便了具有高级语言编程经验的人员开发控制程序。

1. 配置

配置（Configuration）是语言元素，或结构元素，它相当于 IEC 61131-3 编程语言所定义的可编程控制系统。

配置位于软件模型的最上层，它等同于一个 PLC 软件。在一个复杂的由多台 PLC 组成的自动化系统中，每台 PLC 中的软件是一个独立的配置。一个配置可以与其他 IEC 配置通过通信接口进行通信。因此，可以将配置认为是一个特定类型的控制系统，它包括硬件装置、处理资源、I/O 通道的存储地址和系统能力，即等同于一个 PLC 的应用程序。在一个由多台 PLC 构成的控制系统中，每一台 PLC 的应用程序就是一个独立的配置。

在 PLC 系统中，配置将系统内所有资源结合成组，它为资源提供数据交换的手段。在一个配置中，可定义在该 PLC 项目中全局有效使用的全局变量。在配置中可以设置配置之间的存取路径，并说明直接表示变量。

配置用关键字 CONFIGURATION 开始，随后是配置名称，以及配置的声明，最后用 END_CONFIGURATION 结束。配置声明包括定义该配置的有关类型和全局变量的声明，在配置内资源的声明和存取路径的声明等。

2. 资源

资源（Resource）位于软件模型的第二层。资源为运行的程序提供支持系统，它反映可编程序控制器的物理结构，资源为程序和 PLC 的物理输入/输出通道之间提供一个接口。因此，资源具有 IEC 61131-3 编程语言定义的"信号处理功能"及"人机接口"和"传感器和执行器接口"功能。一个 IEC 程序只有装入资源后才能执行。一般而言，资源放在 PLC 内，当然它也可以放在其他系统内（只要该系统支持 IEC 程序的执行）。资源有一个资源名称，它通常被赋予一个 PLC 中的 CPU。因此，可将资源理解为一个 PLC 中的微处理器单元。若一个 PLC 应用系统配置有多个 CPU，则该配置下有多个资源。

在资源内定义的全局变量在该资源内部是有效的。资源可调用具有输入/输出参数的运行期（Run-Time）程序、给一个资源分配任务和程序，并声明直接表示变量。

资源用关键词 RESOURCE 开始，随后是资源名称和 ON 关键字、资源声明，最后用 END_RESOURCE 关键字结束。在资源声明段中，ON 关键字用于限定"处理功能"类型、"人机接口"类型和"传感器和执行器接口"功能。

3. 任务

任务（Task）位于软件模型分层结构的第三层，用于规定程序组织单元在运行期的特性。任务是一个执行控制元素，它具有调用能力。

一个资源内可以定义一个或多个任务。任务被配置以后可以控制一组程序或功能块。它们可以是周期地执行，也可以由一个事件驱动而予以执行。

任务有任务名称，并有 3 个输入参数，即 SIGNAL、INTERVAL 和 PRIORITY：

1）SIGNAL　单任务输入端，在该事件触发信号的上生沿，触发与任务相关联的程序组织单元执行一次。

2）INTERVAL　周期执行时的时间间隔。当其值不为零时，并且 SIGNAL 信号保持为零时，则表示该任务的有关程序组织单元被周期执行，周期执行的时间间隔由该端输入的数据确定。

3）PRIORITY　当多个任务同时运行时，对任务设置的优先级。0 级表示最高优先级，优先级越低，数值越高。当同时存在有优先级和无优先级的任务执行时，先执行优先级高的任务。

①无优先级（Non-preemptive scheduling）执行。当一个程序组织单元或操作系统功能的

执行完成时，资源上的供电电源有效，则具有最高执行优先级（数值最小）的程序组织单元开始执行。如果多于一个的程序组织单元在最高执行优先级等待，则在最高执行优先级的程序组织单元中等待时间最长的程序组织单元先执行。

②优先级（Preemptive scheduling）执行。当一个程序组织单元执行时，它能够中断同一资源中较低优先级程序组织单元的执行，即较低优先级程序组织单元的执行被延缓，直到高优先级程序组织单元的执行完成。一个程序组织单元不能中断具有同样优先级或较高优先级的其他单元的执行。

4. 存取路径

存取路径用于将全局变量、直接表示变量与功能块的输入、输出和内部变量联系起来，实现信息的存取。它提供了不同配置直接交换数据和信息的方法。每一个配置内的变量可被其他远程配置存取。存取方法有两种：读/写（READ_WRITE）方式和只读（READ）方式。读/写方式表示通信服务能够改变变量的值，只读方式表示能够读取变量的值但不能改变该变量的值。当不规定存取路径方式时，约定的存取方式是只读方式。

存取路径用 VAR_ACCESS 开始，用 END_VAR 结束，中间是存取路径的声明段。存取路径的声明段由存取路径名、外部存取的变量、存取路径的数据类型和存取方式等组成。存取路径名与变量、数据类型间用冒号分隔。

5. IEC 61131-3 编程语言软件模型与传统 PLC 软件模型的比较

将 IEC 61131-3 编程语言给出的软件模型与传统运行于一个封闭系统中的 PLC（其中包括一个资源、运行一个任务、控制一个程序）进行比较，可以发现 IEC 软件模型在传统 PLC 的软件模型的基础上增加了许多内容，如以下部分：

1）IEC 61131-3 编程语言的软件模型适用范围广，它不是针对一个具体的 PLC 系统，因此具有很强的适用性，能够应用于不同制造商的 PLC 产品。

2）IEC 软件模型是一种面向未来的开放系统。它不但可以满足由多个处理器构成的PLC 系统的软件设计，也可以方便地处理由事件驱动的程序执行（传统 PLC 的软件模型仅仅是按时间周期执行的程序结构）。对于以工业通信网络为基础的集散控制系统，尤其基于PC 的控制等控制技术，该软件模型均可覆盖和适用。对于现有的各类控制系统，可以利用IEC 61131-3 编程语言的模型来理解：

● 对于只有一个处理器的小型系统，其模型只有一个配置、一个资源和一个程序，与现在大多数 PLC 的情况完全相符。

● 对于有多个处理器的中、大型系统，整个 PLC 被视作一个配置，每个处理器都只用一个资源来描述，而一个资源则包括一个或多个程序。

● 对于分散控制系统，将包含多个配置，而一个配置又包含多个处理器，每个处理器用一个资源描述，每个资源包括一个或多个程序。

3）IEC 61131-3 编程语言软件模型支持程序组织单元的可重复使用性，而传统的 PLC程序很难做到这一点。

4）对程序的完全控制能力。IEC 61131-3 编程语言标准的"任务"机制保证了 PLC 系统对程序执行的完全控制能力。传统的 PLC 程序采取顺序扫描执行程序，对某一段程序不能按照用户的实际要求来定时执行，且只能运行一个任务；而 IEC 61131-3 编程语言程序允许程序的不同部分在不同的时间、以不同的比率并行执行，扩大了 PLC 的应用范围。

3. 4. 2　通信模型

可编程序控制器的通信方式有以下 3 种：

1）同一程序内变量的通信。程序之间直接用一个程序元素的输出连接到另一个程序元素输入的通信。这种通信可以在程序、功能块、功能等组织单元之间进行，如图 3-8 所示。

2）同一配置下变量之间的通信。变量只在同一配置下不同程序之间的通信可以通过该配置下的全局变量实现，如图 3-9 所示。变量 a 经过配置中的全局变量 x，将变量的值传送到另一程序的变量 b 中。

3）不同配置下的变量通信。为了实现不同配置下变量的通信，可采取两种方法，即图 3-10 所示的通过通信功能块的方法和图 3-11 所示的通过存取路径的方法。

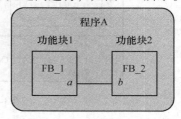

图 3-8　程序内部的数据通信

IEC 61131-3 编程语言标准规定的通信模型，不仅在 IEC 编程系统内部提供了灵活、便捷的通信手段，而且还有效地支持了 IEC 编程系统的功能扩展对通信提出的要求，更好适应未来控制系统对编程系统的要求。

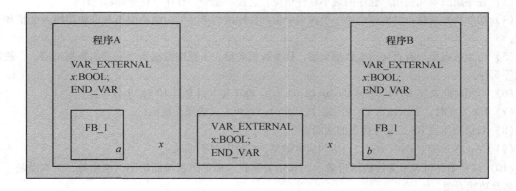

图 3-9　同一配置下的数据通信

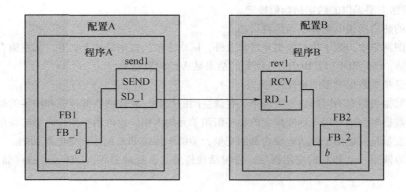

图 3-10　不同配置下通过通信功能块实现通信

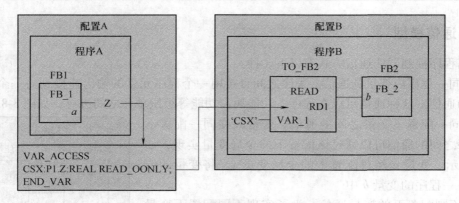

图 3-11 不同配置下通过存取路径实现通信

复习思考题

1. 判断题

（1）PLCopen 是一个致力于编程语言标准化的国际化组织。

（2）任务位于软件模型结构第一层，资源位于软件模型结构第二层。

（3）程序组织单元是用户程序的最小软件单位，它按功能分为程序、任务和功能块。

（4）功能块是在执行时能够产生一个或多个值的程序组织单元。功能块中不允许使用输入变量和全局变量。

（5）衍生数据类型有直接衍生数据类型，枚举数据类型，子范围数据类型，数组数据类型，一般数据类型等 5 种。

（6）可用时间文字 DT#2007-08-09-10：12：03 表示 2007 年 8 月 9 日 10 时 12 分 3 秒。

（7）EN 为 0 时，表示该含 EN 的函数被调用时，它所定义的操作被执行。

（8）双稳功能块 RS 是复位优先的功能块。

（9）C：= INSERT（' abc '，' efg '，2）；语句运算结果，C 的内容是 abefgc。

（10）转换条件可表示为转换附近表示的布尔表达式、梯形图和功能块图、连接符、文本说明、采用转换名及功能表图。

（11）数据类型的超载属性使实数运算变得方便。

（12）变量初始化后的值根据当系统停止初始化时，变量具有的被保持的值；用户规定的初始值；根据变量的有关数据类型提供的约定初始值确定。

（13）系统的热启动指电源掉电后的再启动。

（14）梯形图网络中，除了执行控制元素修改外，网络求值的规则是从上到下，从左到右。

（15）执行 A：= 64 MOD（12 MOD 5）；语句的结果是 A 的内容是 4。

（16）常数是基本数据类型的特殊类型。

（17）基本数据类型有不同的约定关键字、存储空间的位数、允许的数据范围和约定的初始值。

（18）一般数据类型既可用于标准规定的程序组织单元的声明，也可用于用户声明的程序组织单元。

（19）内部变量是只能用于该功能块内部的变量，类似于传统 PLC 的中间继电器功能。

（20）配置等同于一个 PLC 的应用程序。它包括硬件装置、处理资源、I/O 通道的存储地址和系统能力。

（21）变量的实例化过程是编程人员在变量声明部分用指定变量名和相应数据类型来建立变量的过程。功能块实例化是编程人员在功能块声明部分用指定功能块名和相应的功能块类型来建立功能块的过程。

（22）限定符用于限定动作控制功能块的处理方法和执行功能。它连接在步标志与动作本体之间。

（23）整个 PLC 工程中，程序组织单元有惟一的名称，即程序组织单元的名称具有全局性。

（24）功能是用户程序的最小软件单位，程序组织单元是用户程序的最大软件单位。

（25）IEC61131-3 编程语言规定了两种图形类编程语言和两种文本类编程语言。SFC 编程语言作为公用元素。

2. 填空题

（1）衍生数据类型有_____、_____、_____、_____和_____等五类。

（2）数据类型的初始化是可编程序控制器_____的过程。

（3）标准规定整数数据类型的允许取值范围是_____。

（4）当数组中有连续的若干数据类型都需要赋予相同的初始值，可采用_____。

（5）枚举表在_____内列出，各初始值用_____分隔。

（6）常数是_____类型的特殊类型，用_____标识符标识。

（7）变量分为_____和_____两类

（8）用标识符表示的变量称为_____变量。

（9）_____变量只能用于该程序组织单元内部。

（10）在不同程序组织单元的_____，应对变量进行声明。变量声明段对变量赋予_____。

（11）变量声明用于建立_____与它的_____之间的关系。

（12）相同数据类型的_____变量可集中声明。相同数据类型的变量间用_____分隔。

（13）程序组织单元由_____和_____两部分组成。

（14）_____的数据只允许用于对标准函数和功能块的输入和返回值数据类型的定义。

（15）软件模型描述一台可编程序控制器如何实现_____，如何实现_____。

（16）配置定义_____系统特性。资源为_____和_____之间提供一个接口。

（17）任务用于规定_____在运行期的特性。

（18）存取路径变量用于将_____、_____和功能块的_____、_____和_____联系起来，实现信息的存取。

（19）程序组织单元由_____、_____和_____组成。

（20）功能块是在执行时能够产生_____的程序组织单元。

3. 试分析标准化编程语言的发展历程。

4. 如何理解标准编程语言的多样性。

第 4 章 Micro850 指令系统

4.1 Micro850 控制器的内存组织

Micro850 控制器的内存可以分为两大部分：数据文件和程序文件。下面分别介绍这两部分内容。

4.1.1 数据文件

Micro850 控制器的变量分为全局变量和本地变量，其中 I/O 变量默认为全局变量。全局变量在项目的任何一个程序或功能块中都可以使用，而本地变量只能在它所在的程序中使用。不同类型的控制器 I/O 变量的类型和个数不同，I/O 变量可以在 CCW（一体化编程组态软件）中的全局变量中查看。I/O 变量的名字是固定的，但是可以对 I/O 变量标记别名。除了 I/O 变量以外，为了编程的需要还要建立一些中间变量，变量的类型用户可以自己选择，常用的变量类型见表 4-1。

表 4-1 常用数据类型

数 据 类 型	描 述	数 据 类 型	描 述
BOOL	布尔量	LINT	长整型
SINT	单整型	ULINT、LWORD	无符号长整型
USINT、BYTE	无符号单整型	REAL	实型
INT、WORD	整型	LREAL	长实型
UINT	无符号整型	TIME	时间
DINT、DWORD	双整型	DATE	日期
UDINT	无符号双整型	STRING	字符串

在项目组织器中，还可以建立新的数据类型，用来在变量编辑器中定义数组和字，这样方便定义大量相同类型的变量。变量的命名有如下规则：

（1）名称不能超过 128 个字符

（2）首字符必须为字母

（3）后续字符可以为字母、数字或者下划线字符

数组也常常应用于编程中，下面介绍在项目中怎样建立数组。要建立数组首先要在 CCW（一体化编程组态软件）的项目组织器窗口中，找到 Data Types，打开后建立一个数组的类型。如图 4-1a 所示，建立数组类型的名称为 a，数据类型为布尔型，建立一维数组，数据个数为 10（维度一栏写 1..10），打开全局变量列表，建立名为 ttt 的数组，数据类型选择为 a，如图 4-1b 所示。同理，建立二维数组类型时，维度一栏写 1..10, 1..10。

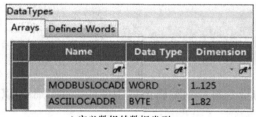

a) 定义数组的数据类型

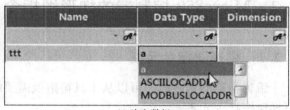

b) 建立数组

图 4-1　定义数组与建立数组

4.1.2　程序文件

控制器的程序文件分为两部分内容：程序（Program）部分（相当于通常的主程序部分）和功能块（Function Block）部分，这里所说的功能块（Function Block），除了系统自身的函数和功能块（Function Block）指令以外，主要是指用户根据功能需要，自己用梯形图或其他编程语言编写的具有一定功能的功能块（Function Block），可以在程序（Program）或者功能块（Function Block）中调用，相当于常用的子程序。每个功能块（Function Block）最多有 20 个输入和 20 个输出。Micro810 控制器最多可以有 2000 条含一个操作数的梯级。

在一个项目中可以有多个程序（Program）和多个功能块（Function Block）程序。多个程序（Program）可以在一个控制器中同时运行，但执行顺序由编程人员设定，设定程序（Program）的执行顺序时，在项目组织器中右键单击程序图标，选择属性，打开程序（Program）属性对话框，如图 4-2 所示，在 Order 后面写下要执行顺序，1 为第一个执行，2 为第二个执行，例如：一个项目中有 8 个程序（Program），可以将第 8 个程序（Program）设定为第一个执行，其他程序（Program）会在原来执行的顺序上，依次后推。原来排在第一个执行的程序（Program）将自动变为第二个执行。

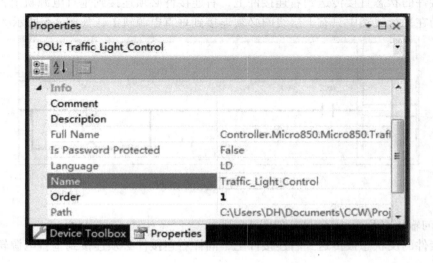

图 4-2　更改程序（Program）执行顺序

4.2　Micro850 控制器的梯形图指令

4.2.1　梯形图指令元素

编辑梯形图程序时，可以从工具箱拖拽需要的指令符号到编辑窗口中使用。可以添加以下梯形图指令元素：

1. 梯级（Rungs）

梯级是梯形图的组成元素，它表示着一组电子元件线圈的激活（输出）。梯级在梯形图中可以有标签，以确定它们在梯形图中的位置。每个梯级上面一行是注释行，编辑时可以隐藏。标签和跳转指令（jumps）配合使用，以控制梯形图的执行。梯级示意图如图 4-3 所示。

点击编辑框的最左侧，输入该梯级的标签，即完成对该梯级标签的定义。

2. 线圈（Coils）

线圈（输出）也是梯形图的重要组成元件，它代表着输出或者内部变量。一个线圈代表着一个动作。它的左边必须有布尔元件或者一个指令块的布尔输出。线圈又分为以下几种类型：

1）直接输出（Direct coil），如图 4-4 所示。

图 4-3　梯形图梯级示意图　　　　　　图 4-4　直接输出元件

左连接件的状态直接传送到右连接件上，右连接件必须连接到垂直电源轨上，平行线圈除外，因为在平行线圈中只有上层线圈必须连接到垂直电源轨上，如图 4-5 所示。

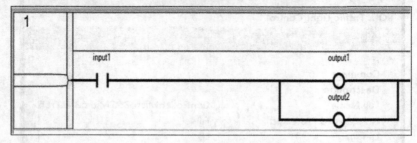

图 4-5　线圈连接示意图

2）反向输出（Reverse coil），如图 4-6 所示。

左连接件的反状态被传送到右连接件上，同样右连接件必须连接到垂直电源轨上，除非是平行线圈。

3）上升沿（正沿）输出（Pulse rising edge coil），如图 4-7 所示。

图 4-6　反向输出元件　　　　　　　　　　图 4-7　上升沿（正沿）输出

当左连接件的布尔状态由假变为真时，右连接件输出变量将被置 1（即为真），其他情况下输出变量将被重置为 0（即为假）。

4）下降沿（负沿）输出（Pulse falling edge coil），如图 4-8 所示。

当左连接件的布尔状态由真变为假时，右连接件输出变量将被置 1（即为真），其他情况下输出变量将被重置为 0（即为假）。

5）置位输出（Set coil），如图 4-9 所示。

图 4-8　下降沿（负沿）输出　　　　　　　图 4-9　置位输出

当左连接件的布尔状态变为"真"时，输出变量将被置"真"。该输出变量将一直保持该状态直到复位输出（Reset coil）发出复位命令，如图 4-10 所示。

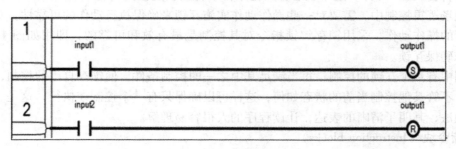

图 4-10　置位复位梯形图

6）复位输出（Reset coil），如图 4-11 所示。

当左连接件的布尔状态变为"真"时，输出变量将被置"假"。该输出变量将一直保持该状态直到置位输出（Set coil）发出置位命令。

3. 接触器（Contacts）

接触器在梯形图中代表一个输入的值或是一个内部变量，通常相当于一个开关或按钮的作用。有以下几种连接类型：

1）直接连接（Direct contact），如图 4-12 所示。

左连接件的输出状态和该连接件（开关）的状态取逻辑与，即为右连接件的状态值。

2）反向连接（Reverse contact），如图 4-13 所示。

图 4-12　直接连接　　　　　　　　　　图 4-13　反向连接

左连接件的输出状态和该连接件（开关）的状态的布尔反状态取逻辑与，即为右连接件的状态值。

3）上升沿（正沿）连接（Pulse rising edge contact），如图 4-14 所示。

当左连接件的状态为真时，如果该上升沿连接代表的变量状态由假变为真，那么右连接件的状态将会被置"真"，这个状态在其他条件下将会被复位为"假"。

4）下降沿连接（Pulse falling edge contact），如图 4-15 所示。

图 4-14　上升沿（正沿）连接　　　　　　图 4-15　下降沿连接

当左连接件的状态为真时，如果该下降沿连接代表的变量状态由真变为假，那么右连接件的状态将会被置"真"，这个状态在其他条件下将会被复位为"假"。

在现场逻辑控制中，需要对一些操作动作实施互锁来确保执行动作的可靠性。对于几个互锁执行的操作动作，采用锁存解锁指令对其控制是最有效和可靠的，即用如图 4-16 所示的编程来确保互锁。

此例中有 4 个互锁的控制，每当满足其中之一的控制条件，便锁存自己的控制，解锁其他控制，不管其他控制当前的状态如何，这样可以确保只有一个控制在执行，这是一种十分可靠的做法，其明了清晰的表达，让读程序的人很容易理解。

4. 指令块（Instruction blocks）

块（Block）元素指的是指令块，也可以是位操作指令块、函数指令块或者是功能块指令块。在梯形图编辑中，可以添加指令块到布尔梯级中。加到梯级后可以随时用指令块选择器设置指令块的类型，随后相关参数将会自动陈列出来。

在使用指令块时请牢记以下两点：

1）当一个指令块添加到梯形图中后，EN 和 ENO 参数将会添加到某些指令块的接口列表中。

2）当指令块是单布尔变量输入、单布尔变量输出或是无布尔变量输入、无布尔变量输出时，可以强制 EN 和 ENO 参数。可以在梯形图操作中激活允许 EN 和 ENO 参数（Enable EN/ENO）。

从工具箱中拖出块元素放到梯形图的梯级中后，指令块选择器将会陈列出来，为了缩小指令块的选择范围，可以使用分类或者过滤指令块列表，或者使用快捷键。

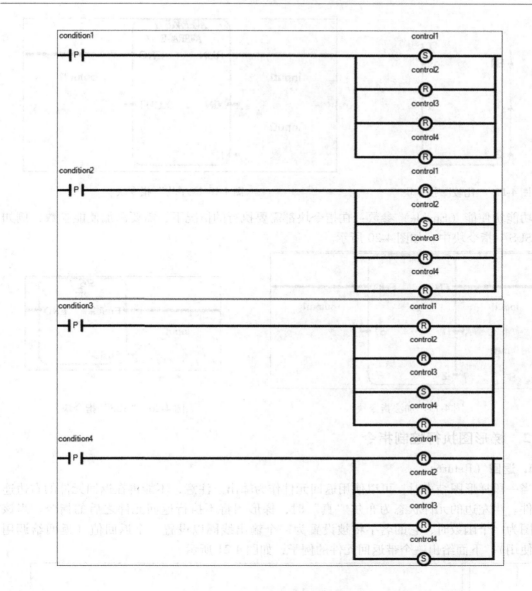

图 4-16　互锁指令梯级逻辑

EN 输入：一些指令块的第一输入不是布尔数据类型，由于第一输入总是连接到梯级上的，所以在这种情况下另一种叫 EN 的输入会自动添加到第一输入的位置。仅当 EN 输入为真时，指令块才执行。下面举一个"比较"指令块的例子，如图 4-17 所示。

ENO 输出：由于第一输出另一端总是连接到梯级上，所以对于第一输出不是布尔型输出的指令块，另一端被称为 ENO 的输出自动添加到了第一输出的位置。ENO 输出的状态总是与该指令块的第一输入的状态一致。下面举一个"平均"指令块的例子，如图 4-18 所示。

EN 和 ENO 参数：在一些情况下，EN 和 ENO 参数都需要。如在数学运算操作指令块中，如图 4-19 所示。

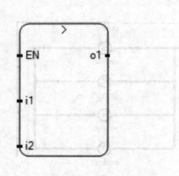

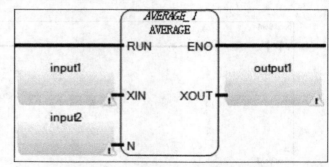

图 4-17 "比较"指令块　　　　　　　　　　　图 4-18 "平均"指令块

功能块使能（Enable）参数：在指令块都需要执行的情况下，需要添加使能参数，例如在"SUS"指令块中，如图 4-20 所示。

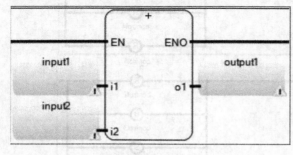

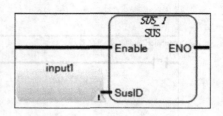

图 4-19 加法指令块　　　　　　　　　　　图 4-20 "SUS"指令块

4.2.2 梯形图执行控制指令

1. 返回（Returns）

当一段梯形图结束时，可以使用返回元件作为输出。注意，不能再在返回元件的右边连接元件。当左边的元件状态为布尔"真"时，梯形图将不执行返回元件之后的指令。当该梯形图为一个函数时，它的名字将被设置为一个输出线圈以设置一个返回值（返回给调用函数使用）。下面给出一个带返回元件的例子，如图 4-21 所示。

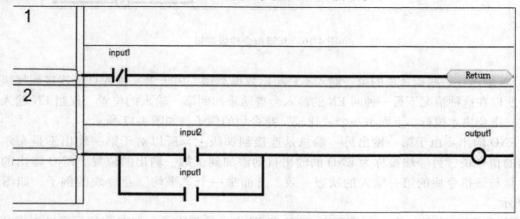

图 4-21 带返回元件的梯形图

2. 跳转（Jumps）

条件和非条件跳转控制着梯形图程序的执行。注意，不能在跳转元件的右边再添加连接件，但可以在其左边添加一些连接件。图 4-22 所示为跳转和跳转返回指令执行过程。当跳转元件左边的连接件的布尔状态为"真"时，跳转执行，程序跳转至所需标签 LABEL 处开始执行，直到该部分程序执行到 RETURN 时，程序返回到原断点后的一个梯级，并继续往后执行。

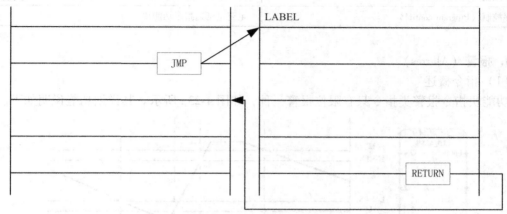

图 4-22　跳转和跳转返回执行执行过程

跳转分为无条件跳转和条件跳转两类。梯形图编程中，当跳转信号线开始与梯形图的左侧电源轨线时，该跳转是无条件的。功能块图编程语言当中，如果跳转信号线开始于布尔常数上，则该跳转是无条件的。

当跳转信号线开始于一个布尔变量、功能或功能块输出时，该跳转是有条件跳转。只有程序控制执行到特定网络标号的跳转信号线，而其布尔值为 1 时才发生跳转。

3. 分支（Branches）

分支元件能产生一个替代梯级。可以使用分支元件在原来梯级基础上添加一个平行的分支梯级。

4.3　Micro850 控制器的功能块指令

功能块指令是 Micro850 控制器编程中的重要指令，它包含了实际应用中的大多数编程功能。功能块指令种类及说明见表 4-2。

表 4-2　功能块指令种类

种　类	描　述
报警（Alarms）	超过限制值时报警
布尔运算（Boolean operations）	对信号上升下降沿以及设置或重置操作
通信（Communications）	部件间的通信操作
计时器（Time）	计时
计数器（Counter）	计数

（续）

种　　类	描　　述
数据操作（Data manipulation）	取平均，最大最小值
输入/输出（Input/Output）	控制器与模块之间的输入输出操作
中断（Interrupt）	管理中断
过程控制（Process control）	PID 操作以及堆栈
程序控制（Program control）	主要是延迟指令功能块

1. 报警（Alarms）

（1）指令概述

功能块指令报警类指令只有限位报警一种，如图 4-23a 所示。其详细功能说明如下。

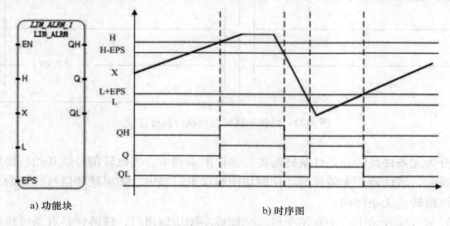

a) 功能块　　　　　　　　　　　　　　　b) 时序图

图 4-23　限位报警功能块及其时序图

该功能块用高限位和低限位限制一个实数变量。限位报警使用的高限位和低限位是 EPS 参数的一半。其参数列表见表 4-3。

表 4-3　限位报警功能块参数列表

参　　数	参数类型	数据类型	描　　述
EN	Input	BOOL	功能块使能。为真时,执行功能块为假时,不执行功能块
H	Input	REAL	高限位值
X	Input	REAL	输入:任意实数
L	Input	REAL	低限位值
EPS	Input	REAL	滞后值(须大于零)
QH	Output	BOOL	高位报警:如果 X 大于高限位值 H 时为真
Q	Output	BOOL	报警:如果 X 超过限位值时为真
QL	Output	BOOL	低位报警:如果 X 小于低限位值 L 时为真

下面简单介绍限位报警功能块的用法。限位报警的主要作用就是限制输入，当输入超过

或者低于预置的限位安全值时，输出报警信号。在本功能块中 X 端接的是实际要限制的输入，其他参数的意义可以参考上表。当 X 的值达到高限位值 H 时，功能块将输出 QH 和 Q，即高位报警和报警，而要解除该报警，需要输入的值小于高限位的滞后值（H-EPS），这样就拓宽了报警的范围，使输入值能较快地回到一个比较安全的范围值内，起到保护机器的作用。对于低位报警，功能块的工作方式很类似。当输入低于低限位值 L 时，功能块输出低位报警（QL）和报警（Q），而要解除报警则需输入回到低限位的滞后值（L + EPS）。可见报警 Q 的输出综合了高位报警和低位报警。使用时可以留意该输出。

该功能块时序图如图 4-23b 所示。

（2）指令调用

该指令在功能块主程序、梯形图主程序和结构化文本主程序中的调用方式如图 4-24 所示。调用之前，必须在主程序中定义与指令有关的变量和功能块实例（LIM _ ALARM _ 1）。

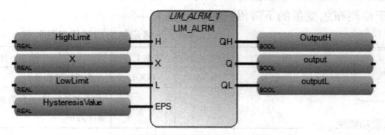

a) 功能块主程序调用 LIM_ALRM

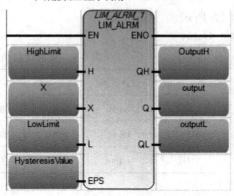

b) 梯形图主程序调用 LIM_ALRM

```
1   HighLimit := 10.0;
2   X := 15.0;
3   LowLimit := 5.0;
4   HysteresisValue := 2.0;
5   LIM_ALRM_1(HighLimit, X, LowLimit, HysteresisValue);
6   OutputH := LIM_ALRM_1.QH;
7   OutputL := LIM_ALRM_1.QL;
8   output := LIM_ALRM_1.Q;
```

c) 结构化文本主程序调用 LIM_ALRM

图 4-24　主程序调用 LIM _ ALRM 功能块

2. 布尔操作（Boolean operations）

布尔操作类功能块主要有以下 4 种，用途描述见表 4-4。

表 4-4　布尔操作功能块用途

功　能　块	描　　述
F_TRIG（下降沿触发）	下降沿侦测，下降沿时为真
RS（重置）	重置优先
R_TRIG（上升沿触发）	上升沿侦测，上升沿时为真
SR（设置）	设置优先

下面详细说明下降沿触发以及重置功能块的使用：

1）下降沿触发（F_TRIG），如图 4-25 所示。

该功能块用于检测布尔变量的下降沿，其参数见表 4-5。

表 4-5　下降沿触发功能块参数列表

参　　数	参数类型	数据类型	描　　述
CLK	Input	BOOL	任意布尔变量
Q	Output	BOOL	当 CLK 从真变为假时，为真。其他情况为假

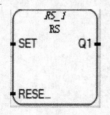

图 4-25　降沿触发功能块

2）重置（RS），如图 4-26 所示。

重置优先，其参数列表见表 4-6。

表 4-6　重置功能块参数列表

参　　数	参数类型	数据类型	描　　述
SET	Input	BOOL	如果为真，则置 Q1 为真
RESET1	Input	BOOL	如果为真，则置 Q1 为假（优先）
Q1	Output	BOOL	存储的布尔状态

图 4-26　重置功能块

重置功能块示例见表 4-7。

表 4-7　重置功能块示例表

SET	RESET1	Q1	Result Q1	SET	RESET1	Q1	Result Q1
0	0	0	0	1	0	0	1
0	0	1	1	1	0	1	1
0	1	0	0	1	1	0	0
0	1	1	0	1	1	1	0

3. 通信（Communications）

通信类功能块主要负责与外部设备通信，以及自身的各部件之间的联系。该类功能块的主要指令描述见表 4-8。

表 4-8 通信类功能块指令

功 能 块	描 述
ABL（测试缓冲区数据列）	统计缓冲区中的字符个数（直到并且包括结束字符）
ACB（缓冲区字符数）	统计缓冲区中的总字符个数（不包括终止字符）
ACL（ASCII 清除缓存寄存器）	清除接收，传输缓冲区内容
AHL（ASCII 握手数据列）	设置或重置调制解调器的握手信号，ASCII 握手数据列
ARD（ASCII 字符读）	从输入缓冲区中读取字符并把它们放到某个字符串中
ARL（ASCII 数据列读）	从输入缓冲区中读取一行字符并把它们放到某个字符串中，包括终止字符
AWA（ASCII 带附加字符写）	写一个带用户配置字符的字符串到外部设备中
AWT（ASCII 字符写出）	从源字符串中写一个字符到外部设备中
MSG _ MODBUS（网络通信协议信息传输）	发送 Modbus 信息

下面主要介绍 ABL、ACL、AHL、ARD、AWA、MSG _ MODBUS 这几种指令：

1）测试缓冲区数据列（ABL ASCII Test For Line），如图 4-27 所示。

测试缓冲区数据列功能块指令可以用于统计在输入缓冲区里的字符个数（直到并且包括结束字符）。其参数列表见表 4-9。

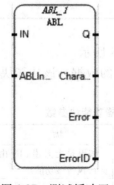

图 4-27 测试缓冲区
数据列计功能块

表 4-9 测试缓冲区数据列功能块参数列表

参 数	参数类型	数据类型	描 述
IN	Input	BOOL	如果是上升沿（IN 由假变真），执行统计
ABLInput	Input	ABLACB（见 ABLACB 数据类型）	将要执行统计的通道
Q	Output	BOOL	假——统计指令不执行；真——统计指令已执行
Characters	Output	UINT	字符的个数
Error	Output	BOOL	假——无错误；真——检测到一个错误
ErrorID	Output	UINT	见 ABL 错误代码

ABLACB 数据类型见表 4-10。

表 4-10 ABLACB 数据类型

参 数	数据类型	描 述
Channel	UINT	串行通道号： 2 代表本地的串行通道口 5 ~ 9 代表安装在插槽 1 ~ 5 的嵌入式模块串行通道口：5 表示在插槽 1；6 表示在插槽 2；7 表示在插槽 3；8 表示在插槽 4；9 表示在插槽 5
TriggerType	USINT（无符号短整型）	代表以下情况中的一种：0：Msg 触发一次（当 IN 从假变为真） 1：Msg 持续触发，即 IN 一直为真；其他值：保留
Cancel	BOOL	当该输入被置为真时，统计功能块指令不执行

ABL 错误代码见表 4-11。

表 4-11　ABL 错误代码

错误代码	描　述
0x02	由于数据模式离线，操作无法完成
0x03	由于准备传输信号（Clear-to-Send）丢失，导致传送无法完成
0x04	由于通信通道被设置为系统模式，导致 ASCII 码接收无法完成
0x05	当尝试完成一个 ASCII 码传送时，检测到系统模式（DF1）通信
0x06	检测到不合理参数
0x07	由于通过通道配置对话框停止了通道配置，导致不能完成 ASCII 码的发送或接收
0x08	由于一个 ASCII 码传送正在执行，导致不能完成 ASCII 码写入
0x09	现行通道配置不支持 ASCII 码通信请求
0x0a	取消（Cancel）操作被设置，所以停止执行指令，没有要求动作
0x0b	要求的字符串长度无效或者是一个负数，或者大于 82 或 0。功能块 ARD 和 ARL 中也一样
0x0c	源字符串的长度无效或者是一个负数或者大于 82 或 0。对于 AWA 何 AWT 指令也一样
0x0d	在控制块中的要求的数是一个负数或是一个大于存储于字符串中字符串长度的数。对于 AWA 何 AWT 指令也一样
0x0e	ACL 功能块被停止
0x0f	通道配置改变

说明："0x" 前缀表示十六进制数。

2）ASCII 清除缓存寄存器（ACL ASCII Clear Buffers），如图 4-28 所示。

ASCII 清除缓存寄存器功能块指令用于清除缓冲区里接收和传输的数据，该功能块指令也可以用于移除 ASCII 队列里的指令。其参数描述见表 4-12。

表 4-12　ASCII 清除缓存寄存器功能块参数

参　数	参数类型	数据类型	描　述
IN	Input	BOOL	如果是上升沿（IN 由假变真），执行该功能块
ACLInput	Input	ACL（见 ACL 数据类型）	传送和接收缓冲区的状态
Q	Output	BOOL	假——该功能块不执行；真——该功能块已执行
Error	Output	BOOL	假——无错误；真——检测到一个错误
ErrorID	Output	UINT	见 ABL 错误代码

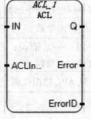

图 4-28　ASCII 清除缓存
寄存器功能块

ACL 数据类型，见表 4-13。

表 4-13　ACL 数据类型

参　数	数据类型	描　述
Channel	UINT	串行通道号：2 代表本地的串行通道口 5~9 代表安装在插槽 1~5 的嵌入式模块串行通道口：5 表示在插槽 1；6 表示在插槽 2；7 表示在插槽 3；8 表示在插槽 4；9 表示在插槽 5

（续）

参　　数	数据类型	描　　述
RXBuffer	BOOL	当置为真时，清除接收缓冲区里的内容，并把接收 ASCII 功能块指令（ARL 和 ARD）从 ASCII 队列中移除
TXBuffer	BOOL	当置为真时，清除传送缓冲区里的内容，并把传送 ASCII 功能块指令（AWA 和 AWT）从 ASCII 队列中移除

3）ASCII 握手数据列（AHL ASCII Handshake Lines），如图 4-29 所示。

ASCII 握手数据列功能块可以用于设置或重置 RS – 232 请求发送（RTS, Request to Send）握手信号控制行。其参数见表 4-14。

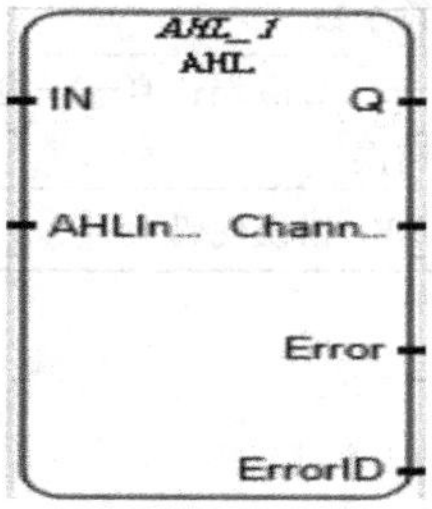

表 4-14　ASCII 握手数据列功能块参数

图 4-29　ASCII 握手数据列功能块

参　　数	参数类型	数据类型	描　　述
IN	Input	BOOL	如果是上升沿（IN 由假变真），执行该功能块
AHLInput	Input	AHL（见 AHLI 数据类型）	设置或重置当前模式的 RTS 控制字
Q	Output	BOOL	假——该功能块不执行；真——该功能块已执行
ChannelSts	Output	WORD（见 AHLChannelSts 数据类型）	显示当前通道规定的握手行的状态（0000 ~ 001F）
Error	Output	BOOL	假——无错误；真——检测到一个错误
ErrorID	Output	UINT	见 ABL 错误代码

AHLI 数据类型，见表 4-15。

表 4-15　AHLI 数据类型

参　　数	数据类型	描　　述
Channel	UINT	串行通道号：2 代表本地的串行通道口 5 ~ 9 代表安装在插槽 1 ~ 5 的嵌入式模块串行通道口：5 表示在插槽 1 6 表示插槽 2；7 表示插槽 3；8 表示插槽 4；9 表示插槽 5
ClrRts	BOOL	用于重置 RTS 控制字
SetRts	BOOL	用于设置 RTS 控制字
Cancel	BOOL	当输入为真时，该功能块不执行

AHLChannelSts 数据类型，见表 4-16。

表 4-16　AHL ChannelSts 数据类型

参　　数	数据类型	描　　述
DTRstatus	UINT	用于 DTR 信号（保留）
DCDstatus	UINT	用于 DCD 信号（控制字的第 3 位），1 表示激活
DSRstatus	UINT	用于 DSR 信号（保留）
RTSstatus	UINT	用于 RTS 信号（控制字的第 1 位），1 表示激活
CTSstatus	UINT	用于 CTS 信号（控制字的第 0 位），1 表示激活

4）ASCII 字符读（ARD ASCII Read）

ASCII 字符读功能块用于从缓冲区中读取字符，并把字符存入一个字符串中，如图 4-30 所示，其参数见表 4-17。

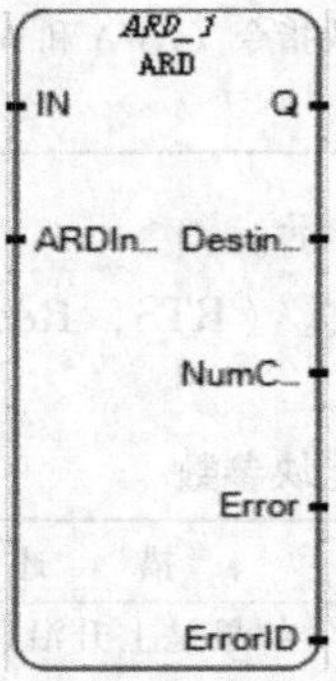

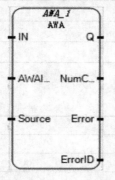

图 4-30　ASCII 字符读功能块

表 4-17　ASCII 字符读功能块参数

参　　数	参数类型	数据类型	描　　述
IN	Input	BOOL	如果是上升沿（IN 由假变真），执行该功能块
ARDInput	Input	ARDARL（见 ARDARL 数据类型）	从缓冲区中读取字符，最多 82 个
Done	Output	BOOL	假——该功能块不执行；真——该功能块已执行
Destination	Output	ASCIILOC	存储字符的字符串位置
NumChar	Output	UINT	字符个数
Error	Output	BOOL	假——无错误；真——检测到一个错误
ErrorID	Output	UINT	见 ABL 错误代码

ARDARL 数据类型，见表 4-18。

表 4-18　ARDARL 数据类型

参　　数	数据类型	描　　述
Channel	UINT	串行通道号：2 代表本地的串行通道口 5～9 代表安装在插槽 1～5 的嵌入式模块串行通道口：5 表示在插槽 1；6 表示在插槽 2；7 表示在插槽 3；8 表示在插槽 4；9 表示在插槽 5
Length	UINT	希望从缓冲区里读取的字符个数（最多 82 个）
Cancel	BOOL	当输入为真时，该功能块不执行，如果正在执行，则操作停止

5）ASCII 带附加字符写（AWA ASCII Write Append），如图 4-31 所示。

写出功能块用于从源字符串向外部设备写入字符。且该指令附加在设置对话框里设置的两个字符。该功能块的参数列表见表 4-19。

图 4-31　ASCII 带附加字符的写出功能块

表 4-19　ASCII 带附加字符的写出功能块参数列表

参数	参数类型	数据类型	描　　述
IN	Input	BOOL	如果是上升沿（IN 由假变真），执行功能块
AWAInput	Input	AWAAWT（见 AWAAWT 数据类型）	将要操作的通道和长度
Source	Input	ASCIILOC	源字符串，字符阵列
Q	Output	BOOL	假—功能块不执行；真—功能块已执行
NumChar	Output	UINT	字符个数
Error	Output	BOOL	假—无错误；真—检测到一个错误
ErrorID	Output	UINT	见 ABL 错误代码

AWAAWT 数据类型见表 4-20。

表 4-20 AWAAWT 数据类型

参 数	数据类型	描 述
Channel	UINT	串行通道号：2 代表本地的串行通道口 5~9 代表安装在插槽 1~5 的嵌入式模块串行通道口：5 表示在插槽 1 6 表示在插槽 2；7 表示在插槽 3；8 表示在插槽 4；9 表示在插槽 5
Length	UINT	希望写入缓冲区里的字符个数（最多 82 个）。提示：如果设置为 0，AWA 将会传送 0 个 用户数据字节和两个附加字符到缓冲区
Cancel	BOOL	当输入为真时，该功能块不执行，如果正在执行，则操作停止

4. 计数器（Counter）

计数器功能块指令主要用于增减计数，其主要指令描述见表 4-21。

下面主要介绍给定加减计数功能块指令：

给定加减计数（CTUD），如图 4-32 所示。

表 4-21 计数器功能块指令用途

功 能 块	描 述
CTD（减计数）	减计数
CTU（增计数）	增计数
CTUD（给定加减计数）	增减计数

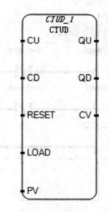

图 4-32 给定加减计数功能块

从 0 开始加计数至给定值，或者从给定值开始减计数至 0。其参数列表见表 4-22。

表 4-22 给定加减计数功能块参数列表

参 数	参数类型	数据类型	描 述
CU	Input	BOOL	加计数（当 CU 是上升沿时，开始计数）
CD	Input	BOOL	减计数（当 CD 是上升沿时，减计数）
RESET	Input	BOOL	重置命令（高级）（RESET 为真时 CV = 0 时）
LOAD	Input	BOOL	加载命令（高级）（当 LOAD 为真时 CV = PV）
PV	Input	DINT	程序最大值
QU	Output	BOOL	上限，当 CV > = PV 时为真
QD	Output	BOOL	上限，当 CV < = 0 时为真
CV	Output	DINT	计数结果

下面用一个例子介绍计数器的使用方法，程序如图 4-33 所示。

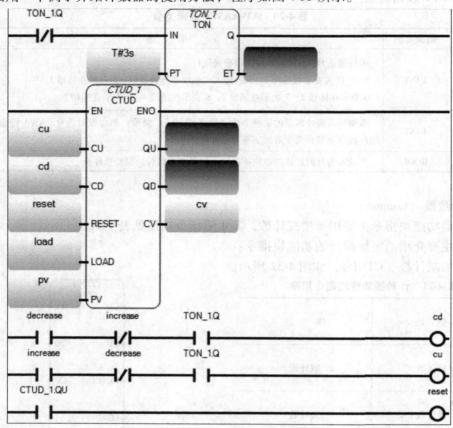

图 4-33　加减计数

这个程序要实现的功能是加减计数，梯级一是一个自触发的计时器，TON ＿ 1. Q 每 3s 输出一个动作脉冲，并复位计时器，重新计时。梯级二使能 CTUD 加减计数器模块。梯级三通过 decrease 位使能减计数，这时当 TON ＿ 1. Q 位输出一个脉冲时，PV 值减一。同理，梯级四用来使能加计数。梯级五用来复位加减计数器 CTUD。这样便实现了加减计数功能。这里用了 decrease 和 increase 两个常闭触点互锁，即执行加计数时，不能再执行减计数；执行减计数时，不能再执行加计数。

5. 计时器（Time）

计时器类功能块指令主要有以下 4 种，其指令描述见表 4-23。

表 4-23　计时器功能块指令用途

功　能　块	描　　述
TOF（延时断增计时）	延时断计时
TON（延时通增计时）	延时通计时
TONOFF（延时通延时断）	在为真的梯级延时通，在为假的梯级延时断
TP（上升沿计时）	脉冲计时

下面详细介绍上述指令。

1）延时断增计时（TOF），如图 4-34 所示。

增大内部计时器至给定值。其参数列表见表 4-24。

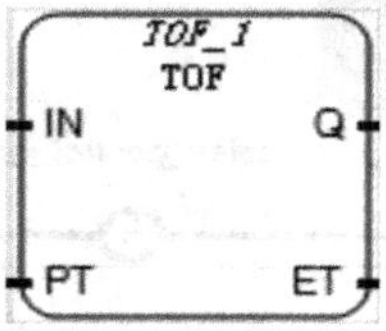

表 4-24 延时断增计时功能块参数列表

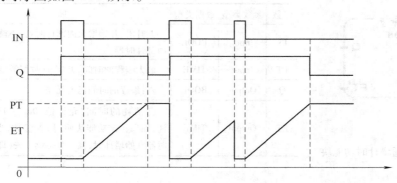

参数	参数类型	数据类型	描　述
IN	Input	BOOL	下降沿，开始增大内部计时器；上升沿，停止且复位内部计时器
PT	Input	TIME	最大编程时间，见 Time 数据类型
Q	Output	BOOL	真：编程的时间没有消耗完
ET	Output	TIME	已消耗的时间，范围：0ms 至 1193h2m47s294ms 注：如果在该功能块使用 EN 参数，当 EN 置真时，计时器开始增计时，且一直持续下去（即使 EN 变为假）

图 4-34 延时断增计时功能块

该功能块时序图如图 4-35 所示。

图 4-35 延时断增计时功能块时序图

研究一下该时序图，延时断功能块其本质就是输入断开（即下降沿）一段时间（达到计时值）后，功能块输出（即 Q）才从原来的通状态（1 状态）变为断状态（0 状态），即延时断。从图中可以看出梯级条件 IN 的下降沿才能触发计时器工作，且当计时未达到预置值（PT）时，如果 IN 又有下降沿，计时器将重新开始计时。参数 ET 表示的是已消耗的时间，即从计时开始到目前为止计时器统计的时间，可以看出，ET 的取值范围是（0 ～ PT 的设置值）。输出 Q 的状态由两个条件控制，从时序图中可以看出：当 IN 为上升沿时，Q 开始从 0 变为 1，前提是原来的状态是 0，如果原来的状态是 1，即上次计时没有完成，则如果又碰到 IN 的上升沿，Q 保持原来的 1 的状态；当计时器完成计时时，Q 才回复到 0 状态。所以 Q 由 IN 的状态和计时器完成情况共同控制。

下面通过一个例子介绍延时断增计时（TOF）的使用方法。

如图 4-36 所示，当 delay_control_in 置 1 时，delay_control_out 置位，此时 delay_timer.Q 位保持为 1。当 delay_control_in 由 1 变为 0 时，断电延时计时器开始计时，计时 3s 后，delay_timer.Q 位由 1 变为 0，梯级二导通，delay_control_out 复位。由此便实现了断电延时的功能。

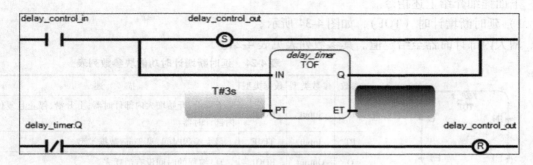

图 4-36　延时断开梯级逻辑

2）延时通增计时（TON），如图 4-37 所示。

增大内部计时器至给定值。其参数列表见表 4-25。

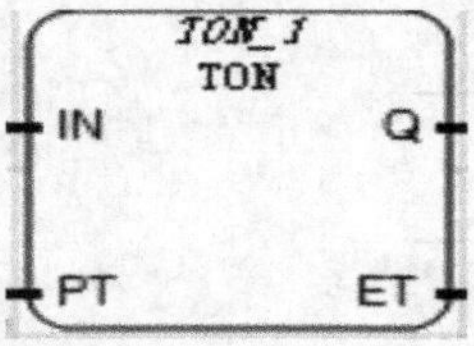

表 4-25　延时通增计时功能块参数列表

参数	参数类型	数据类型	描　述
IN	Input	BOOL	上升沿，开始增大内部计时器；下降沿，停止且重置内部计时器
PT	Input	TIME	最大编程的时间，见 Time 数据类型
Q	Output	BOOL	真：编程的时间已消耗完
ET	Output	TIME	已消耗的时间，允许值：0ms ~ 1193h2m47s294ms 注：如果在该功能块使用 EN 参数，当 EN 置真时，计时器开始增计时，且一直持续下去（即使 EN 变为假）

图 4-37　延时通增计时功能块

该功能块时序图如图 4-38 所示。

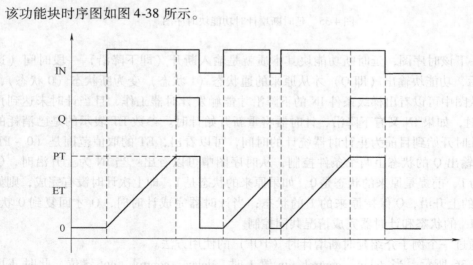

图 4-38　延时通增计时功能块时序图

研究一下该时序图，延时通功能块的实质是输入 IN 导通后，输出 Q 延时导通。从图中可以看出梯级条件 IN 的上升沿触发计时器工作，IN 的下降沿能直接停止计时器计时。参数

ET 表示的是已消耗的时间，即从计时开始到目前为止计时器统计的时间，明显可以看出，ET 的取值范围也是（0，PT 的设置值）。输出 Q 的状态也是由两个条件控制，从时序图中可以看出：当 IN 为上升沿时，计时器开始计时，达到计时时间后 Q 开始从 0 变为 1；直到 IN 变为下降沿时，Q 才跟着变为 0；当计时器未完成计时时，即 IN 的导通时间小于预置的计时时间，Q 将仍然保持原来的 0 状态。

下面通过一个例子介绍延时通增计时（TON）的使用方法。

图 4-39 所示，这个程序常用于在现场检测故障信号，当探测故障发生的信号传送进来，如果马上动作，可能会引起停机，因为有的故障是需要停机的。假定这个故障信号并不是真正的故障，可能只是一个干扰信号，停机就变得虚惊一场了。所以一般情况下会将这个信号延时一段，确定故障真实存在，再去故障停机。本程序便是使用了延时通增计时（TON）来实现这一功能的。

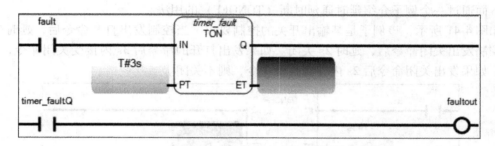

图 4-39　通电延时梯级逻辑

将计时器的预定值定义为 3s，那么 TON 的梯级条件 Fault 能保持 3s，则故障输出动作的产生将延时 1s 执行。如果这是一个扰动信号，不到 3s 便已经消失，计时器 TON 的梯级条件随之消失，计时器复位，完成位不会置位，故障输出动作不会发生。故障动作延时时间可以根据现场实际情况来确定，挑选一个合适的延时时间即可。

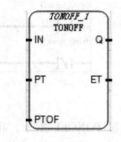

图 4-40　延时通延时断功能块

3）延时通延时断（TONOFF），如图 4-40 所示。

该功能块用于在输出为真的梯级中延时通，在为假的梯级中延时断开。其参数列表见表 4-26。

表 4-26　延时通延时断功能块参数列表

参　　数	参数类型	数据类型	描　　述
IN	Input	BOOL	如果 IN 上升沿，延时通计时器开始。如果程序设定的延时通时间消耗完毕，且 IN 是下降沿（从 1 到 0），延时断计时器开始计时，且重置已用时间（ET） 如果程序延时通时间没有消耗完毕，且处于上升沿，继续开启延时通计时器
PT	Input	TIME	延时通时间设置
PTOF	Input	TIME	延时断时间设置
Q	Output	BOOL	真：程序延时通时间消耗完毕，程序延时断时间没有消耗完毕

（续）

参　　数	参数类型	数据类型	描　　述
ET	Output	TIME	当前消耗时间。允许值：0ms～1193h2m47s294ms。如果程序延时通时间消耗完毕且延时断计时器没有开启，消耗时间（ET elapsed time）保持在延时通的时间值（PT） 如果设定的关断延时时间已过，且关断延时计时器未启动，则上升沿再次发生之前，消耗时间（ET）仍为关断延时（PTOF）值 如果延时断的时间消耗完毕，且延时通计时器没有开启，则消耗时间保持与延时断的时间值（PTOF）一致，直到上升沿再次出现为止 注：如果在该功能块使用 EN 参数，当 EN 为真时，计时器开始增计时，且持续下去（即使 EN 被置为假）

下面通过一个例子介绍延时通延时断（TONOFF）的用法。

如图 4-41 所示，该例子是某输出开关的控制要求，当控制发出打开命令后，延时 3s 打开；控制发出关闭命令后，延时 2s 关闭。如果发出打开的命令后 3s 内接受关闭命令，则不打开；如果发出关闭命令后 2s 内接到打开命令，则不关闭。

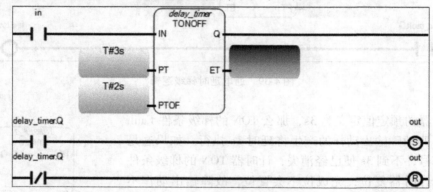

图 4-41　延时通延时断梯级逻辑

通过 TONOFF 指令，很轻松地实现了这一功能。延时控制开关 in 作为 TONOFF 的梯级条件，开或关的任意情况会触发通电计时或断电计时，从而控制 out 位输出。

4）上升沿计时（TP），如图 4-42 所示。

在上升沿，内部计时器增计时至给定值，若计时时间达到，则重置内部计时器。其参数列表见表 4-27。

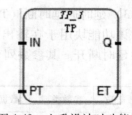

图 4-42　上升沿计时功能块

表 4-27　上升沿计时功能块参数列表

参　　数	参数类型	数据类型	描　　述
IN	Input	BOOL	如果 IN 上升沿,内部计时器开始增计时(如果没有开始增计时) 如果 IN 为假且计时时间到,重置内部计时器。在计时期间任何改变将无效
PT	Input	TIME	最大编程时间
Q	Output	BOOL	真:计时器正在计时

（续）

参 数	参数类型	数据类型	描 述
ET	Output	TIME	当前消耗时间。允许值:0ms ~ 1193h2m47s294ms 注:如果在该功能块使用 EN 参数,当 EN 为真时,计时器开始增计时,且持续下去(即使 EN 被置为假)

该功能块时序图如图 4-43 所示。

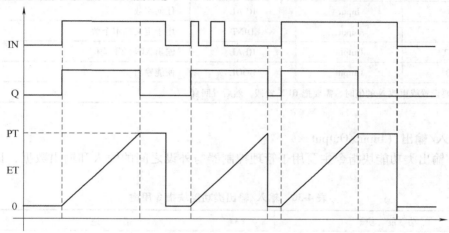

图 4-43 上升沿计时功能块时序图

下面研究该功能块的时序图。从时序图可以看出,上升沿计时功能块与其他功能块明显的不同是其消耗时间（ET）总是与预置值（PT）相等。可以看出,输入 IN 的上升沿触发计时器开始计时,当计时器开始工作后,就不受 IN 干扰,直至计时完成。计时器完成计时后才接受 IN 的控制,即计时器的输出值保持住当前的计时值,直至 IN 变为 0 状态时,计时器才回到 0 状态。此外,输出 Q 也与之前的计时器不同,计时器开始计时时,Q 由 0 变为 1,计时结束后,再由 1 变为 0。所以 Q 可以表示计时器是否在计时状态。

6. 数据操作（Data manipulation）

数据操作类功能块主要有最大值和最小值,其指令描述见表 4-28。

下面举例说明该类功能块的参数及应用:

平均（AVERAGE）,如图 4-44 所示。

表 4-28 数据操作类功能块用途描述

功 能 块	描 述
AVERAGE（平均）	取存储数据的平均
MAX（最大值）	比较产生两个输入整数中的最大值
MIN（最小值）	计算两个整数输入中最小的数

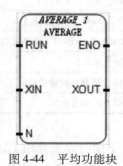

图 4-44 平均功能块

平均功能块用于计算每一循环周期所有已存储值的平均值，并存储该平均值。只有 N 的最后输入值被存储。N 的样本数个数不能超过 128 个。如果 RUN 命令为假（重置模式），输出值等于输入值。当达到最大的存储个数时，第一个存储的数将被最后一个替代。该功能块的参数列表见表 4-29。

表 4-29　平均功能块参数列表

参　　数	参数类型	数据类型	描　　述
RUN	Input	BOOL	真 = 执行、假 = 重置
XIN	Input	REAL	任何实数
N	Input	DINT	用于定义样本个数
XOUT	Output	REAL	输出 XIN 的平均值
ENO	Output	BOOL	使能输出

提示：需要设置或更改 N 的值时，需要把 RUN 置假，然后置回真

7. 输入/输出（Input/Output）

输入/输出类功能块指令主要用于管理控制器与外设之间的输入和输出数据，详细描述见表 4-30。

表 4-30　输入/输出类功能块指令用途

功　能　块	描　　述
HSC（高速计数器）	设置要应用到高速计数器上的高和低预设值以及输出源
HSC_SET_STS（HSC 状态设置）	手动设置/重置高速计数器状态
IIM（立即输入）	在正常输出扫描之前更新输入
IOM（立即输出）	在正常输出扫描之前更新输出
KEY_READ（键状态读取）	读取可选 LCD 模块中的键的状态（只限 Micro810）
MM_INFO（存储模块信息）	读取存储模块的标题信息
PLUGIN_INFO（嵌入型模块信息）	获取嵌入型模块信息（存储模块除外）
PLUGIN_READ（嵌入型模块数据读取）	从嵌入型模块中读取信息
PLUGIN_RESET（嵌入型模块重置）	重置一个嵌入型模块（硬件重置）
PLUGIN_WRITE（写嵌入型模块）	向嵌入型模块中写入数据
RTC_READ（读 RTC）	读取实时时钟（RTC）模块的信息
RTC_SET（写 RTC）	向实时时钟模块设置实时时钟数据
SYS_INFO（系统信息）	读取 Micro850 统状态
TRIMPOT_READ（微调电位器）	从特定的微调电位模块中读取微调电位值
LCD（显示）	显示字符串和数据（只限于 Micro810）
RHC（读高速时钟的值）	读取高速时钟的值
RPC（读校验和）	读取用户程序校验和

下面将详细介绍上述指令块：

1）立即输入（IIM），如图 4-45 所示。

该功能块用于不等待自动扫描而立即输入一个数据。注意：对于刚发布的 Connected Components Workbench 版本，IIM 功能块只支持嵌入式的数据输入。

该功能块参数列表见表 4-31。

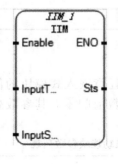

图 4-45　立即输入功能块

表 4-31　立即输入功能块参数列表

参数	参数类型	数据类型	描　述
InputType	Input	USINT	输入数据类型：0——本地数据；1——嵌入式输入；2——扩展式输入
InputSlot	Input	USINT	输入槽号：对于本地输入，总为0；对于嵌入式输入，输入槽号为1，2，3，4，5（插口槽号最左边为1）；对于扩展式输入，输入槽号是1，2，3…（扩展 I/O 模式号，从最左边开始，为1）
Sts	Output	USINT	立即输入扫描状态，见 IIM/IOM 状态代码

IIM/IOM 状态代码见表 4-32。

2）存储模块信息（MM_INFO），如图 4-46 所示。

表 4-32　IIM/IOM 状态代码

状态代码	描　述
0x00	不使能（不执行动作）
0x01	输入/输出扫描成功
0x02	输入/输出类型无效
0x03	输入/输出槽号无效

图 4-46　存储模块信息功能块

该功能块用于检查存储模块信息。当没有存储模块时，所有值变为零。其参数列表见表 4-33。

表 4-33　存储模块信息功能块参数列表

参　数	参数类型	数据类型	描　述
MMInfo	Output	MMINFO 见 MMINFO 数据类型	存储模块信息

MMINFO 数据类型见表 4-34。

表 4-34　MMINFO 数据类型

参　数	数据类型	描　述
MMCatalog	MMCATNUM	存储模块的目录号，类型编号
Series	UINT	存储模块的序列号，系列
Revision	UINT	存储模块的版本
UPValid	BOOL	用户程序有效（真：有效）
ModeBehavior	BOOL	模式动作（真：上电后，执行运行模式）
LoadAlways	BOOL	上电后，存储模块信息存于控制器

（续）

参　　数	数据类型	描　　述
LoadOnError	BOOL	如果上电后有错误，则将存储模块信息存于控制器
FaultOverride	BOOL	上电后出现覆盖错误
MMPresent	BOOL	存储模块信息已存在

3）嵌入式模块信息（PLUGIN _ INFO），如图 4-47 所示。

嵌入式模块的信息可以通过该功能块读取。该功能块可以读取任意嵌入式模块的信息（除了 2080-MEMBAK-RTC 模块）。当没有嵌入式模块时，所有的参数值归零。其参数列表见表 4-35。

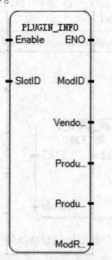

图 4-47　嵌入式类模块的信息功能块

表 4-35　嵌入式模块的信息功能块参数列表

参　　数	参数类型	数据类型	描　　述
SlotID	Input	UINT	嵌入槽号：槽号 = 1、2、3、4、5（从最左边开始，第一个插槽号 = 1）
ModID	Output	UINT	嵌入式模块物理 ID
VendorID	Output	UINT	嵌入式模块厂商 ID，对于 Allen Bradley 产品，厂商 ID = 1
ProductType	Output	UINT	嵌入式模块产品类型
ProductCode	Output	UINT	嵌入式模块产品代码
ModRevision	Output	UINT	生产型号版本信息

4）嵌入式模块数据读取（PLUGIN _ READ），如图 4-48 所示。

该功能块用于从嵌入类模块硬件读取一组数据。其参数列表见表 4-36。

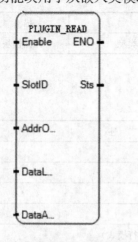

图 4-48　嵌入式模块数据读取功能块

表 4-36　嵌入式模块数据读取功能块参数列表

参　　数	参数类型	数据类型	描　　述
Enable	Input	BOOL	功能块使能。为真时，执行功能块；为假时，不执行功能块，所有输出数值为 0
SlotID	Input	UINT	嵌入槽号：槽号 = 1、2、3、4、5（从最左边开始，槽号 = 1）
AddrOffset	Input	UINT	第一个要读的数据的地址偏移量。从嵌入类模块的第一个字节开始计算
DataLength	Input	UINT	需要读的字节数量
DataArray	Input	USINT	任意曾用于存储读取于嵌入类模块 Data 中的数据的数组
Sts	Output	UINT	见嵌入类模块操作状态值
ENO	Output	BOOL	使能输出

嵌入类模块操作状态值见表4-37。

5）嵌入式模块重置（PLUGIN_RESET），如图4-49所示。

表 4-37　嵌入式模块操作状态值

状态值	状 态 描 述
0x00	功能块未使能（无操作）
0x01	嵌入操作成功
0x02	由于无效槽号，嵌入操作失败
0x03	由于无效嵌入式模块，嵌入操作失败
0x04	由于数据操作超出范围，嵌入操作失败
0x05	由于数据奇偶校验错误，嵌入操作失败

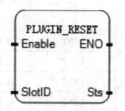

图 4-49　嵌入式模块重置功能块

该功能块用于重置任意嵌入式模块硬件信息（除了 2080-MEMBAK-RTC）。硬件重置后，嵌入式模块可以组态或操作。其参数列表见表4-38。

表 4-38　嵌入式模块重置功能块参数列表

参　　数	参数类型	数据类型	描　　述
SlotID	Input	UINT	嵌入槽号：槽号 = 1、2、3、4、5（从最左边开始，槽号 = 1）
Sts	Output	UINT	见嵌入式模块操作状态值

6）读 RTC（RTC_READ），如图4-50所示。

该功能块用于读取 RTC 预设值和 RTC 信息。

提示：当在带嵌入式的 RTC 的 Micro810 控制器中使用时，RTCBatLow 总是 0。当由于断电导致嵌入式的 RTC 丢失其负载或存储信息时，RTCEnabled 总是为 0。其参数列表见表4-39。

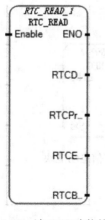

图 4-50　读 RTC 功能块

表 4-39　读 RTC 功能块参数列表

参　　数	参数类型	数据类型	描　　述
RTCData	Output	RTC 见 RTC 数据类型	RTC 数据信息：yy/mm/dd，hh/mm/ss，week
RTCPresent	Output	BOOL	真：RTC 硬件嵌入；假：RTC 未嵌入
RTCEnabled	Output	BOOL	真：RTC 硬件使能（计时）；假：RTC 硬件未使能（未计时）
RTCBatLow	Output	BOOL	真：RTC 电量低；假：RTC 电量不低
ENO	Output	BOOL	使能输出

RTC 数据类型见表4-40。

7）写 RTC（RTC_SET），如图4-51所示。

表 4-40　RTC 数据类型

参　数	数据类型	描　述
Year	UINT	对 RTC 设置的年份，16 位，有效范围是 2000~2098
Month	UINT	对 RTC 设置的月份
Day	UINT	对 RTC 设置的日期
Hour	UINT	对 RTC 设置的小时
Minute	UINT	对 RTC 设置的分钟
Second	UINT	对 RTC 设置的秒
DayOfWeek	UINT	对 RTC 设置的星期

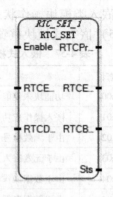

图 4-51　写 RTC 功能块

该功能块用于设置 RTC 状态或是写 RTC 信息，其参数列表见表 4-41。

表 4-41　写 RTC 功能块参数列表

参　数	参数类型	数据类型	描　述
RTCEnabled	Input	BOOL	真：使 RTC 能使用 RTC 数据类型；假：停止 RTC 提示：该参数在 Micro810 中忽略
RTCData	Input	RTC 见 RTC 数据类型	RTC 数据信息：yy/mm/dd, hh/mm/ss, week 当 RTCEnabled = 0 时，忽略该数据
RTCPresent	Output	BOOL	真：RTC 硬件嵌入；假：RTC 未嵌入
RTCEnabled	Output	BOOL	真：RTC 硬件使能（定时）；假：RTC 硬件未使能（未计时）
RTCBatLow	Output	BOOL	真：RTC 电量低；假：RTC 电量不低
Sts	Output	USINT	读操作状态，见 RTC 设置状态值

RTC 设置状态值见表 4-42。

8）系统信息（SYS_INFO），如图 4-52 所示。

表 4-42　RTC 设置状态值

状态值	状 态 描 述
0x00	功能块未使能（无操作）
0x01	RTC 设置操作成功
0x02	RTC 设置操作失败

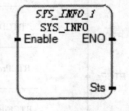

图 4-52　系统信息功能块

该功能块用于读取系统状态数据块。其参数列表见表 4-43。

表 4-43　系统信息功能块参数列表

参　数	参数类型	数据类型	描　述
Sts	Output	SYSINFO 见 SYSINFO 数据类型	系统状态数据块
ENO	Output	BOOL	使能输出

SYSINFO 数据类型见表 4-44。

表 4-44　SYSINFO 数据类型

参　数	数据类型	描　述
BootMajRev	UINT	启动主要版本信息
BootMinRev	UINT	启动副本信息
OSSeries	UINT	操作系统（OS）系列。注：0 代表系列 A 产品
OSMajRev	UINT	操作系统（OS）主要版本
OSMinRev	UINT	操作系统（OS）次要版本
ModeBehaviour	BOOL	动作模式（真：上电后启动 RUN 模式）
FaultOverride	BOOL	默认覆盖（真：上电后覆盖错误）
StrtUpProtect	BOOL	启动保护（真：上电后启动保护程序）注：对于未来版本
MajErrHalted	BOOL	主要错误停止（真：主要错误已停止）
MajErrCode	UINT	主要错误代码
MajErrUFR	BOOL	用户程序里的主要错误。注：为将来预留
UFRPouNum	UINT	用户错误程序号
MMLoadAlways	BOOL	上电后，存储模块总是重新存储到控制器（真：重新存储）
MMLoadOnError	BOOL	上电后，如果发生错误，则重新存储至控制器（真：重新存储）
MMPwdMismatch	BOOL	存储模块密码不匹配（真：控制器和存储模块的密码不匹配）
FreeRunClock	UINT	从 0～65535 每 100μs 递增一个数字，然后回到 0 的可运行时钟。如果需要比标准 1μs 的更高分辨率计时器，可以使用该全局范围内可以访问的时钟。注意：仅支持 Micro830 控制器。Micro810 控制器的值保持为 0
ForcesInstall	BOOL	强制安装（真：安装）
EMINFilterMod	BOOL	修改嵌入的过滤器（真：修改）

9）微调电位器（TRIMPOT_READ），如图 4-53 所示。

该功能块用于读取微调电位当前值。其参数列表见表 4-45。

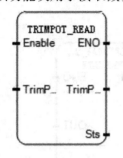

图 4-53　微调电位器功能块

表 4-45　微调电位器功能块参数列表

参　数	参数类型	数据类型	描　述
TrimPotID	Input	UINT	要读取的微调电位的 ID（见 TrimPotID 定义）
TrimPotValue	Output	UINT	当前电位值
Sts	Output	UINT	读取操作的状态（见电位操作状态值）
ENO	Output	BOOL	使能输出

Trimpot ID 定义见表 4-46。

表 4-46　Trimpot ID 定义

输出选择	Bit	描　述
Trimpot ID 定义	15 ~ 13	电位计模块类型：0x00：本地；0x01：扩展式；0x02：嵌入式
	12 ~ 8	模块的槽号：0x00：本地；0x01-0x1F：扩展模块的 ID 0x01-0x05：嵌入型的 ID
	7 ~ 4	电位类型：0x00：保留；0x01：数字电位类型 1（LCD 模块 1） 0x02：机械式电位计模块 1
	3 ~ 0	模块内部的电位计 ID：0x00-0x0F：本地；0x00-0x07：扩展式的电位 ID； 0x00-0x07：嵌入式的电位 ID。微调电位 ID 从 0 开始

电位操作状态值见表 4-47。

10）读校验和（RPC），如图 4-54 所示。

表 4-47　电位操作状态值

状态值	状态描述
0x00	功能块未使能（无读写操作）
0x01	读写操作成功
0x02	由于无效电位 ID 导致读写失败
0x03	由于超出范围导致写操作失败

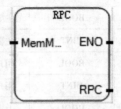

图 4-54　读校验和功能块

用于从控制器或者存储模块中读取用户程序的校验和。其参数列表见表 4-48。

表 4-48　读校验和功能块参数列表

参　数	参数类型	数据类型	描　述
MemMod	Input	BOOL	为真时，从存储模块中读取 为假时，从 Micro850 控制器中读取
RPC	Output	UDINT	指定用户程序的校验和
ENO	Output	BOOL	使能输出

8. 过程控制（Process control）

过程控制类功能块指令用途描述见表 4-49。

1）微分（DERIVATE），如图 4-55 所示。

表 4-49　过程控制类功能块指令用途

功　能　块	描　述
DERIVATE（微分）	一个实数的微分
HYSTER（迟滞）	不同实值上的布尔迟滞
INTEGRAL（积分）	积分
IPIDCONTROLLER（PID）	比例、积分、微分
SCALER（缩放）	鉴于输出范围缩放输入值
STACKINT（整数堆栈）	整数堆栈

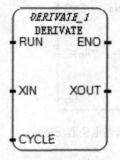

图 4-55　微分功能块

该功能块用于取一个实数的微分。如果 CYCLE 参数设置的时间小于设备的执行循环周期，那么采样周期将强制与该循环周期一致。注意：差分是以毫秒为时间基准计算的。要将该指令的输出换算成以秒为单位表示的值，必须将该输出除以 1000。

功能块的参数列表见表 4-50。

表 4-50　微分功能块参数列表

参　　数	参数类型	数据类型	描述
RUN	Input	BOOL	模式：真 = 普通模式；假 = 重置模式
XIN	Input	REAL	输入：任意实数
CYCLE	Input	TIME	采样周期，0ms ~ 23h59m59s999ms 之间的任意实数
XOUT	Output	REAL	微分输出
ENO	Output	BOOL	使能输出

2）迟滞（HYSTER），如图 4-56 所示。

迟滞指令用于上限实值滞后。其参数列表见表 4-51。

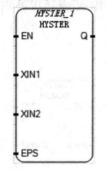

图 4-56　迟滞指令

表 4-51　迟滞指令参数列表

参　　数	参数类型	数据类型	描　　述
XIN1	Input	REAL	任意实数
XIN2	Input	REAL	测试 XIN1 是否超过 XIN2 + EPS
EPS	Input	REAL	滞后值（须大于零）
ENO	Output	BOOL	使能输出
Q	Output	BOOL	当 XIN1 超过 XIN2 + EPS 且不小于 XIN2-EPS 时为真

该功能块指令的时序图如图 4-57 所示。

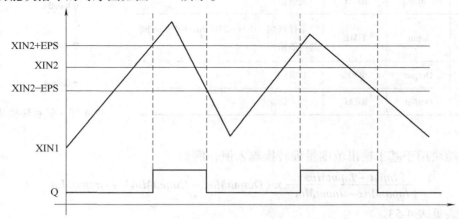

图 4-57　迟滞指令功能块指令的时序图

下面来研究迟滞功能块。从其时序图可以看出当功能块输入 XIN1 没有达到功能块的高预置值时（即 XIN2 + EPS），功能块的输出 Q 始终保持 0 状态，当输入超过高预置值时，输出才跳转为 1 状态。输出变为 1 状态后，如果输入值没有小于低预置值（XIN2-EPS），输出将一直保持 1 状态，如此往复。可见迟滞功能块是把功能块的输出 1 的条件提高了，又把输出 0 的条件降低了。这样的提高启动条件，降低停机条件在实际的应用场合中能起到保护机器的作用。

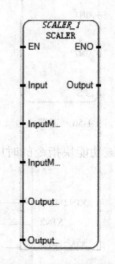

3）积分（INTEGRAL），如图 4-58 所示。

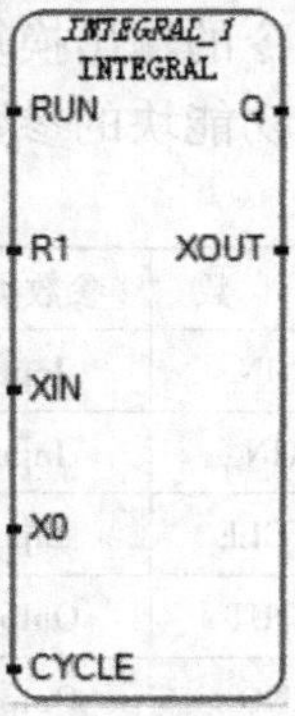

该功能块用于对一个实数进行积分。

提示：如果 CYCLE 参数设置的时间小于设备的执行循环周期，那么采样周期将强制与该循环周期一致。

首次初始化 INTEGRAL 功能块时，不会考虑其初始值。使用 R1 参数来设置要用于计算的初始值。

建议不要使用该功能块 EN 和 ENO 参数，因为当 EN 为假时循环时间将会中断，导致不正确的积分。如果选择使用 EN 和 ENO 参数，需把 R1 和 EN 置为真，来清除现有的结果，以确保积分正确。

图 4-58　积分功能块

为防止丢失积分值，控制器从 PROGRAM 转换为 RUN 或 RUN 参数从"假"转换为"真"时，不会自动清除积分值。首次将控制器从 PROGRAM 转换到 RUN 模式以及启动新的积分时，使用 R1 参数可清除积分值。

该功能块的参数列表见表 4-52。

4）量程转换（SCALER），如图 4-59 所示。

表 4-52　积分功能块参数列表

参　数	参数类型	数据类型	描　述
RUN	Input	BOOL	模式：真 = 积分，假 = 保持
R1	Input	BOOL	重置重写
XIN	Input	REAL	输入：任意实数
X0	Input	REAL	无效值
CYCLE	Input	TIME	采样周期。0ms ~ 23h59m59s999ms 间的可能值
Q	Output	BOOL	非 R1
XOUT	Output	REAL	积分输出

图 4-59　量程转换功能块

该功能块用于基于输出范围量程转换输入值，例如

$$\frac{(Input - InputMin)}{(InputMax - InputMin)} \times (OutputMax - OutputMin) + OutputMin \tag{4-1}$$

其参数列表见表 4-53。

5）整数堆栈（STACKINT），如图 4-60 所示。

该功能块用于处理一个整数堆栈。

STACKINT 功能块对 PUSH 和 POP 命令的上升沿检测。堆栈的最大值为 128。当重置

（R1 至少置为真一次，然后回到假）后 OFLO 值才有效。用于定义堆栈尺寸的 N 不能小于 1 或大于 128。下列情况下，该功能块将处理无效值：

表 4-53　量程转换功能块参数列表

参　　数	参数类型	数据类型	描　　述
Input	Input	REAL	输入信号
InputMin	Input	REAL	输入最小值
InputMax	Input	REAL	输入最大值
OutputMin	Input	REAL	输出最小值
OutputMax	Input	REAL	输出最大值
Output	Output	REAL	输出值

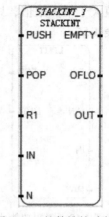

图 4-60　整数堆栈功能块

如果 N < 1，STACKINT 功能块尺寸为 1 的数据；

如果 N > 128，STACKINT 功能块尺寸为 128 的数据。

功能块参数列表见表 4-54。

表 4-54　整数堆栈功能块参数列表

参　　数	参数类型	数据类型	描　　述
PUSH	Input	BOOL	推命令（仅当上升沿有效），把 IN 的值放入堆栈的顶部
POP	Input	BOOL	拉命令（仅当上升沿有效），把最后推入堆栈顶部的值删除
R1	Input	BOOL	重置堆栈至"空"状态
IN	Input	DINT	推的值
N	Input	DINT	用于定义堆栈尺寸
EMPTY	Output	BOOL	堆栈空时为真
OFLO	Output	BOOL	上溢：堆栈满时为真
OUT	Output	DINT	堆栈顶部的值，当 OFLO 为真时 OUT 值为 0

9. 程序控制（Program control）

程序控制类功能块指令主要有暂停和限幅以及停止并启动三个指令，具体说明如下：

1）暂停（SUS），如图 4-61 所示。

该功能块用于暂停执行 Micro850 控制器。其参数列表见表 4-55。

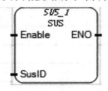

图 4-61　暂停功能块

表 4-55　暂停功能块参数列表

参　　数	参数类型	数据类型	描　　述
SusID	Input	UINT	暂停控制器的 ID
ENO	Output	BOOL	使能输出

2）限幅（LIMIT），如图 4-62 所示。

该功能块用于限制输入的整数值在给定水平。整数值的最大和最小限制是不变的。如果整数值大于最大限值，则用最大限值代替它。小于最小值时，则用最小限值代替它。参数列表见表 4-56。

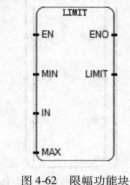

图 4-62 限幅功能块

表 4-56 限幅功能块参数列表

参　数	参数类型	数据类型	描　述
MIN	Input	DINT	支持的最小值
IN	Input	DINT	任意有符号整数值
MAX	Input	DINT	支持的最大值
LIMIT	Output	DINT	把输入值限制在支持的范围内的输出
ENO	Output	BOOL	使能输出

3）停止并重启（TND），如图 4-63 所示。

该功能块用于停止当前用户程序扫描。并在输出扫描，输入扫描，和内部处理后，用户程序将从第一个子程序开始重新执行。其参数列表见表 4-57。

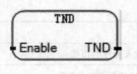

图 4-63 停止并重启功能块

表 4-57 停止并重启功能块参数列表

参数	参数类型	数据类型	描　述
TND	Output	BOOL	如果为真，该功能块动作成功。注：当变量监视开启时，监视变量的值将赋给功能块的输出。当变量监视关闭时，输出变量的值赋给功能块输出

4.4　Micro850 控制器的功能指令

4.4.1　主要的功能指令

功能（Function）类指令主要是数学函数，用于快速计算变量之间的数学函数关系。该大类指令分类及用途见表 4-58。这里功能在有些 PLC 书中也称为函数，这是因为英文 Function 中文翻译不同，而两种叫法都可以。本书中第 3 章节也采用功能的叫法，而不称函数。其与功能块的区别在本书第 3 章也做了介绍。本节最后再以 Micro850 的功能与功能块指令进行比较，以使得大家对两者有更加深入的认识。

表 4-58 功能指令分类及用途

种　类	描　述
算术（Arithmetic）	数学算术运算
二进制操作（Binary operations）	将变量进行二进制运算
布尔运算（Boolean）	布尔运算
字符串操作（String manipulation）	转换提取字符
时间（Time）	确定实时时钟的时间范围，计算时间差

1. 算术（Arithmetic）

算术类功能指令主要用于实现算术函数关系，如三角函数、指数幂、对数等。该类指令具体描述见表 4-59。

表 4-59　算术类功能指令用途

功　能　块	描　　　述
ABS（绝对值）	取一个实数的绝对值
ACOS（反余弦）	取一个实数的反余弦
ACOS_LREAL（长实数反余弦值）	取一个 64 位长实数的反余弦
ASIN（反正弦）	取一个实数的反正弦
ASIN_LREAL（长实数反正弦值）	取一个 64 位长实数的反正弦
ATAN（反正切）	取一个实数的反正切
ATAN_LREAL（长实数反正切值）	取一个 64 位长实数的反正切
COS（余弦）	取一个实数的余弦
COS_LREAL（长实数余弦值）	取一个 64 位长实数的余弦
EXPT（整数指数幂）	取一个实数的整数指数幂
LOG（对数）	取一个实数的对数（以 10 为底）
MOD（除法余数）	取模数
POW（实数指数幂）	取一个实数的实数指数幂
RAND（随机数）	随机值
SIN（正弦）	取一个实数的正弦
SIN_LREAL（长实数正弦值）	取一个 64 位长实数的正弦
SQRT（平方根）	取一个实数的平方根
TAN（正切）	取一个实数的正切
TAN_LREAL（长实数正切值）	取一个 64 位长实数的正切
TRUNC（取整）	把一个实数的小数部分截掉（取整）
Multiplication（乘法指令）	两个或两个以上变量相乘
Addition（加法指令）	两个或两个以上变量相加
Subtraction（减法指令）	两个变量相减
Division（除法指令）	两变量相除
MOV（直接传送）	把一个变量分配到另一个中
Neg（取反）	整数取反

下面举例介绍该类指令的具体应用：

1）弧度反余弦值（ACOS），如图 4-64 所示。

该功能用于产生一个实数的反余弦值。输入和输出都是弧度。其参数列表见表 4-60。

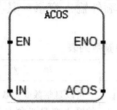

图 4-64　弧度反余弦值该功能块

表 4-60　弧度反余弦值功能块参数列表

参　　数	参数类型	数据类型	描　　　述
IN	Input	REAL	须在（-1.0 ~ 1.0）之间
ACOS	Output	REAL	输入的反余弦值（在（0.0 ~ pi）之间）。无效输入时为 0.0

2）除法余数（模）（MOD），如图 4-65 所示。

该指令用于产生一个整数除法的余数，其参数列表见表 4-61。

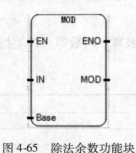

图 4-65 除法余数功能块

表 4-61 除法余数功能块参数列表

参　数	参数类型	数据类型	描　述
IN	Input	DINT	任意有符号整数
Base	Input	DINT	被除数，须大于零
MOD	Output	DINT	余数计算。如果 Base < = 0，则输出 −1

3）实数指数幂（POW），如图 4-66 所示。

该指令产生如下形式的实数指数值：基底^{指数}（base^{exponent}）。注：Exponent 为实数。其参数列表见表 4-62。

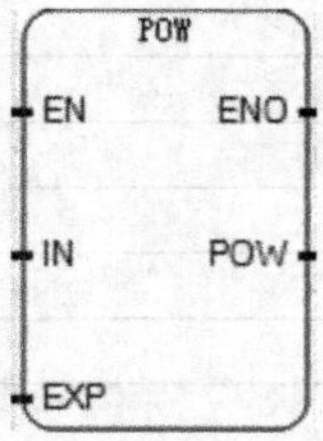

表 4-62 实数指数幂功能块参数列表

参数	参数类型	数据类型	描　述
IN	Input	REAL	基底，实数
EXP	Input	REAL	指数值，幂
POW	Output	REAL	结果（IN^{EXP}） 输出 1.0，如果 IN 不是 0.0 但 EXP 为 0.0 输出 0.0，如果 IN 是 0.0，EXP 为负 输出 0.0，IN 是 0.0，EXP 为 0.0 输出 0.0，如果 IN 为负，EXP 不为整数

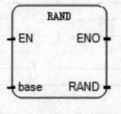

图 4-66 实数指数幂功能块

4）随机数（RAND），如图 4-67 所示。

该指令从一个定义的范围中，产生一组随即整数值。其参数列表见表 4-63。

表 4-63 随机数功能块参数列表

参数	参数类型	数据类型	描　述
base	Input	DINT	定义支持的数值范围
RAND	Output	DINT	随即整数值，在（0 ~ base-1）范围内

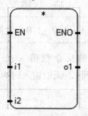

图 4-67 随机数功能块

5）乘指令（Multiplication），如图 4-68 所示。

该指令是两个及多个整数或实数的乘法运算。注意：可以运算额外输入变量。其参数描述见表 4-64。

表 4-64 乘指令功能块参数列表

参数	参数类型	数据类型	描　述
i1	Input	SINT-USINT-BYTE-INT-UINT-WORD-DINT-UDINT-DWORD-LINT-ULINT-LWORD-REAL-LREAL	可以是整数或实数（所有的输入变量必须是同一格式）
i2	Input		
O1	Output		输入的乘法

图 4-68 乘指令功能块

6）直接传送指令（MOV），如图 4-69 所示。

直接将输入和输出相连接，当与布尔非一起使用时，将一个 i1 复制移动到 o1 中去。其参数描述见表 4-65。

表 4-65　直接传送指令功能块参数列表

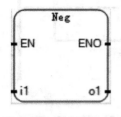

参数	参数类型	数据类型	描　述
i1	Input	BOOL-DINT-REAL-TIME-STRING-SINT-USINT-INT-UINT-UDINT-LINT-ULINT-DATE-LREAL-BYTE-WORD-DWORD-LWORD	输入和输出必须使用相同的格式
o1	Output		输入和输出必须使用相同的格式
ENO	Output	BOOL	使能信号输出

图 4-69　直接传送指令功能块

7）取负指令（Neg），如图 4-70 所示。

将输入变量取反。其参数描述见表 4-66。

表 4-66　取负指令功能块参数列表

参数	参数类型	数据类型	描　述
i1	Input	SINT-INT-DINT-LINT-REAL-LREAL	输入和输出必须有相同的数据类型
o1	Output		

图 4-70　取负指令功能块

下面通过几个例子讲解一下算术指令的一些用法。

如图 4-71 所示，这个程序实现对电机连续运行时间的计时，用于电机保养。梯级一是自复位的计时器，循环计时 1 小时。计时器每计时 1 小时，通过 TON _ 1. Q 位输出控制 time _ totalize 自加一，当 time _ totalize 大于 5 时，输出 timefull 位。提醒电机已经连续运行 6 小时，需要停机。最后一个梯级用于复位 timefull 和 time _ totalize。

当然，这个程序在计时存在不足。如果电机运行不到 1 小时就停下来了，则定时器复位，下次运行信号来说，又从 0 开始计时。也就是说只要电机不是连续运行超过一小时，电机运行的时间不统计，而超过 1 小时不到 2 小时停机也只计 1 小时。读者考虑一下，如何对程序进行改进，以确保只要电机运行，这个时间就要统计。

如图 4-72 所示，这个程序是定标运算的梯级逻辑。梯级一和梯级二使用 MOV 指令设定未标定范围和标定范围，然后用减法指令计算出未标定范围和标定范围上下限之差，并分别存放到标签 a 和标签 b 中，然后用除法指令计算 b 除以 a，结果存放到标签 k 中。最后输入数据与 k 做乘法，得到定标后的输入值。

2. 二进制操作（Binary operations）

二进制操作类指令主要用于二进制数之间的与或非运算，以及实现屏蔽、位移等功能，该类功能指令具体描述见表 4-67。

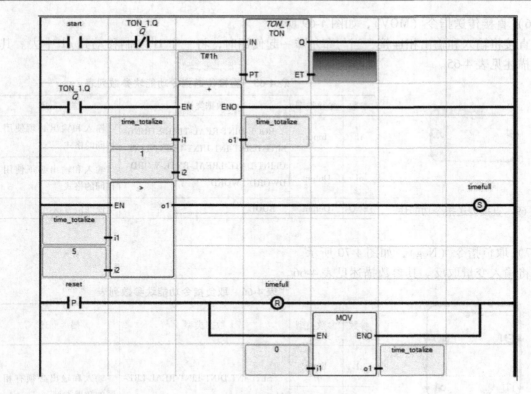

图 4-71　电机连续运行时间计时

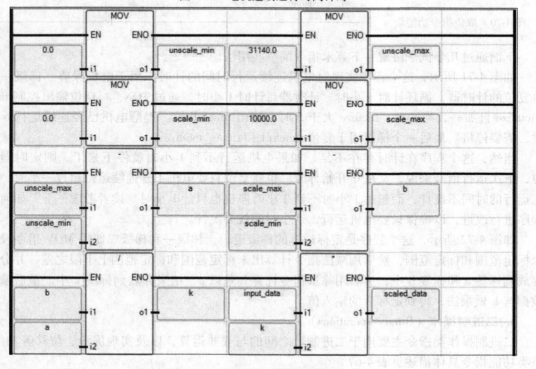

图 4-72　定标运算梯级逻辑

表 4-67　二进制操作功能指令用途

功 能 块	描 述
AND _ MASK（与屏蔽）	整数位到位的与屏蔽
NOT _ MASK（非屏蔽）	整数位到位的取反
OR _ MASK（或屏蔽）	整数位到位的或屏蔽
ROL（左循环）	将一个整数值左循环
ROR（右循环）	将一个整数值右循环
SHL（左移）	将整数值左移
SHR（右移）	将整数值右移
XOR _ MASK（异或屏蔽）	整数位到位的异或屏蔽
AND（逻辑与）	布尔与
NOT（逻辑非）	布尔非
OR（逻辑或）	布尔或
XOR（逻辑异或）	布尔异或

下面举例介绍该类指令：

1）取反（NOT _ MASK），如图 4-73 所示。

整数值位与位的取反，其参数列表见表 4-68。

图 4-73　取反功能

表 4-68　取反功能参数列表

参 数	参数类型	数据类型	描 述
IN	Input	DINT	须为整数形式
NOT _ MASK	Output	DINT	32 位形式的 IN 的位与位取反
ENO	Output	BOOL	使能输出

例如：16#1234 取 NOT _ MASK 结果为 16#FFFF _ EDCB

2）左循环（ROL），如图 4-74 所示

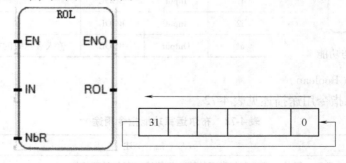

图 4-74　左循环功能

对于 32 位整数值，把其位向左循环。其参数列表见表 4-69。

表 4-69　左循环功能参数列表

参　　数	参数类型	数据类型	描　　述
IN	Input	DINT	整数值
NbR	Input	DINT	要循环的位数，须在（1～31）范围内
ROL	Output	DINT	左移之后的输出，当 NbR≤0 时，无变化输出
ENO	Output	BOOL	使能输出

3）左移（SHL），如图 4-75 所示。

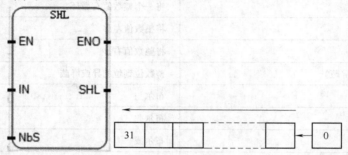

图 4-75　左移功能

对于 32 位整数值，把其位向左移。最低有效位用 0 替代。其参数列表见表 4-70。

表 4-70　左移功能参数列表

参　　数	参数类型	数据类型	描　　述
IN	Input	DINT	整数值
NbS	Input	DINT	要移动的位数，须在（1～31）范围内
SHL	Output	DINT	左移之后的输出，当 NbR≤0 时，无变化输出

4）逻辑与（AND），如图 4-76 所示。

用在两个或更多表达式之间的布尔"与"运算。注意：可以运算额外输入变量。其参数描述见表 4-71。

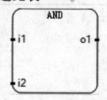

图 4-76　逻辑与功能

表 4-71　逻辑与功能参数列表

参　　数	参数类型	数据类型	描　　述
i1	Input	BOOL	
i2	Input	BOOL	
o1	Output	BOOL	输入表达式的布尔与运算

3. 布尔运算（Boolean）

布尔运算功能指令用途描述见表 4-72。

表 4-72　布尔运算功能指令用途

功能块	描　　述
MUX4B	与 MUX4 类似，但是能接受布尔类型的输入且能输出布尔类型的值
MUX8B	与 MUX8 类似，但是能接受布尔类型的输入且能输出布尔类型的值
TTABLE	通过输入组合，输出相应的值

1）4 选 1（MUX4B），如图 4-77 所示。

在 4 个布尔类型的数中选择一个并输出。其参数列表见表 4-73。

表 4-73　4 选 1 功能参数列表

参　　数	参数类型	数据类型	描　　　述
Selector	Input	USINT	整数值选择器，须为（0～3）中的一值
IN0	Input	BOOL	任意布尔型输入
IN1	Input	BOOL	任意布尔型输入
IN2	Input	BOOL	任意布尔型输入
IN3	Input	BOOL	任意布尔型输入
MUX4B	Output	BOOL	可能为：IN0，如果 Selector = 0；IN1，如果 Selector = 1；IN2，如果 Selector = 2；IN3，如果 Selector = 3 如果 Selector 为其他值时，输出为"假"

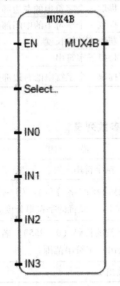

图 4-77　4 选 1 功能

2）组合数（TTABLE），如图 4-78 所示。

通过输入的组合，给出输出值。该功能块有 4 个输入，16 种组合。可以在真值表中找到这些组合，对于每一种组合，都有相应的输出值匹配。输出数的组合形式取决于输入和该功能的联系。其参数列表见表 4-74。

表 4-74　组合数功能参数列表

参　　数	参数类型	数据类型	描　　　述
Table	Input	UINT	布尔函数的真值表
IN0	Input	BOOL	任意布尔输入值
IN1	Input	BOOL	任意布尔输入值
IN2	Input	BOOL	任意布尔输入值
IN3	Input	BOOL	任意布尔输入值
TTABLE	Output	BOOL	由输入组合而成的输出值

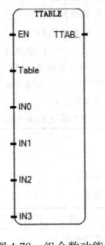

图 4-78　组合数功能

4. 字符串操作（String manipulation）

字符串操作类功能指令主要用于字符串的转换和编辑，其具体描述见表 4-75。

下面将举例介绍该类功能块指令：

1）ASCII 码转换（ASCII），如图 4-79 所示。

表 4-75　字符串操作功能指令用途

功　能　块	描　　述	功　能　块	描　　述
ASCII（ASCII 码转换）	把字符转换成 ASCII 码	LEFT（左提取）	提取一个字符串的左边部分
CHAR（字符转换）	把 ASCII 码转换成字符	MID（中间提取）	提取一个字符串的中间部分
DELETE（删除）	删除子字符串	MLEN（字符串长度）	获取字符串长度
FIND（搜索）	搜索子字符串	REPLACE（替代）	替换子字符串
INSERT（嵌入）	嵌入子字符串	RIGHT（右提取）	提取一个字符串的右边部分

将字符串里的字符变成 ASCII 码。其参数列表见表 4-76。

表 4-76　生成 ASCII 功能参数列表

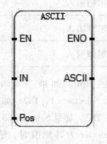

图 4-79　生成 ASCII 功能

参　数	参数类型	数据类型	描　　述
IN	Input	STRING	任意非空字符串
Pos	Input	DINT	设置要选择的字符位置（1 ~ len）（len 是在 IN 中设置的字符串长度）
ASCII	Output	DINT	被选字符的代码（0 ~ 255），若是 0 则 Pos 超出了字符串范围
ENO	Output	BOOL	使能输出

2）删除（DELETE），如图 4-80 所示。

删除字符串中的一部分。其参数列表见表 4-77。

表 4-77　删除功能参数列表

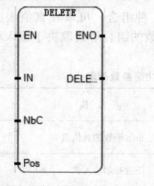

图 4-80　删除功能

参　数	参数类型	数据类型	描　　述
IN	Input	STRING	任意非空字符串
NbC	Input	DINT	要删除的字符个数
Pos	Input	DINT	第一个要删除的字符位置（字符串的第一个字符地址是 1）
DELETE	Output	STRING	如下情况之一：1. 已修改的字符串。2. 空字符串（如果 Pos <1）3. 初始化字符串（如果 Pos > IN 中输入的字符串长度）4. 初始化字符串（如果 NbC < =0）

3）搜索（FIND），如图 4-81 所示。

定位和提供子字符串在字符串中的位置。该功能的参数列表见表 4-78。

表 4-78　搜索功能参数列表

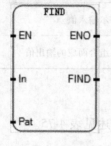

图 4-81　搜索功能

参　数	参数类型	数据类型	描　　述
In	Input	STRING	任意非空字符串
Pat	Input	STRING	任意非空字符串（样品 Pattern）
FIND	Output	DINT	可能是如下情况：0：没有发现样品子字符串；字符串 Pat 第一次出现的第一个字符的位置（第一个位置为 1）
ENO	Output	BOOL	使能输出

4）左提取（LEFT），如图 4-82 所示。

该功能块用于提取字符串中用户定义的左边的字符个数。其参数列表见表 4-79。

表 4-79　左提取功能块参数列表

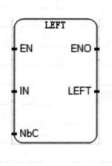

参　数	参数类型	数据类型	描　述
IN	Input	STRING	任意非空字符串
NbC	Input	DINT	要提取的字符个数，该数不能大于 IN 中输入的字符长度
LEFT	Output	STRING	IN 中输入的字符的左边部分（长度为 NbC 定义的长度）可能为如下情况：空字符串如果：NbC≤0　完整的 IN 字符串：如果：NbC≥IN 中字符串的长度
ENO	Output	BOOL	使能输出

图 4-82　左提取功能

5. 时间（Time）

时间类功能指令主要用于确定实时时钟的年限和星期范围，以及计算时间差。具体描述见表 4-80。

表 4-80　时间类功能指令用途

功能块	描　述
DOY（年份匹配）	如果实时时钟在年设置范围内，则置输出为真
TDF（时间差）	计算时间差
TOW（星期匹配）	如果实时时钟在星期设置范围内，则置输出为真

下面将举例介绍该类功能指令的用途：

年份匹配（DOY），如图 4-83 所示。

该功能有 4 个输入通道，当实时时钟（Real-Time Clock（RTC））的值在 4 个通道中任意一个时钟的年份范围内时，功能块输出为真。如果没有 RTC，则输出总为假。其参数列表见表 4-81。

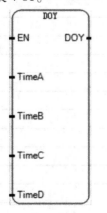

表 4-81　年份匹配功能块参数列表

参数	参数类型	数据类型	描　述
TimeA	Input	DOYDATA 见 DOYDATA 数据类型	通道 A 的年份设置
TimeB	Input	DOYDATA 见 DOYDATA 数据类型	通道 B 的年份设置
TimeC	Input	DOYDATA 见 DOYDATA 数据类型	通道 C 的年份设置
TimeD	Input	DOYDATA 见 DOYDATA 数据类型	通道 D 的年份设置
DOY	Output	BOOL	真：实时时钟（RTC）的值在 4 个通道中任意一个时钟的年份范围内

图 4-83　年份匹配功能

DOYDATA 数据类型，见表 4-82。

表 4-82 DOYDATA 数据类型

参 数	数据类型	描 述
Enable	BOOL	真：使能；假：无效
YearlyCenturial	BOOL	计时器类型（0：年份计时器，1：世纪计时器）
YearOn	UINT	年的开始值（须在（2000~2098）之间）
MonthOn	USINT	月的开始值（须在（1~12）之间）
DayOn	USINT	天的开始值（须在（1~31）之间，且须与 MonthOn 匹配）
YearOff	UINT	年结束值（须在（2000~2098）之间）
MonthOff	USINT	月结束值（须在（1~12）之间）
DayOff	USINT	天结束值（须在（1~31）之间，且须与 MonthOn 匹配）

4.4.2 Micro850 控制器运算符功能指令

运算符类功能指令也是 Micro850 控制器的主要指令类，该大类指令主要用于转换数据类型以及比较，其中比较指令在编程中占有重要地位，它是一类简单有效的指令。运算符类功能指令的分类描述见表 4-83。

表 4-83 运算符类功能指令分类

种 类	描 述
数据转换（Data conversion）	将变量转换为所需数据
比较（Comparators）	变量比较

1. 数据转换（Data conversion）

数据转换功能指令主要用于将源数据类型转换为目标数据类型，在整型、时间类型、字符串类型的数据转换时有限制条件，使用时须注意。该类功能具体描述见表 4-84。

表 4-84 数据转换功能指令用途

功 能 块	描 述
ANY_TO_BOOL（布尔转换）	转换为布尔型变量
ANY_TO_BYTE（字节转换）	转换为字节型变量
ANY_TO_DATE（日期转换）	转换为日期型变量
ANY_TO_DINT（双整型转换）	转换为双整型变量
ANY_TO_DWORD（双字转换）	转换为双字型变量
ANY_TO_INT（整型转换）	转换为整型变量
ANY_TO_LINT（长整型转换）	转换为长整型变量
ANY_TO_LREAL（长实型转换）	转换为长实数型变量
ANY_TO_LWORD（长字转换）	转换为长字型变量
ANY_TO_REAL（实数型转换）	转换为实数型变量
ANY_TO_SINT（短整型转换）	转换为短整型变量
ANY_TO_STRING（字符串转换）	转换为字符串型变量
ANY_TO_TIME（时间转换）	转换为时间型变量
ANY_TO_UDINT（无符号双整型转换）	转换为无符号双整型变量

（续）

功 能 块	描 述
ANY_TO_UINT（无符号整型转换）	转换为无符号整型变量
ANY_TO_ULINT（无符号长整型转换）	转换为无符号长整型变量
ANY_TO_USINT（无符号短整型转换）	转换为无符号短整型变量
ANY_TO_WORD（字转换）	转换为字变量

下面举例说明该类功能的应用：

1）布尔转换（ANY_TO_BOOL），如图 4-84 所示。

将变量转换成布尔变量。其参数描述见表 4-85。

表 4-85　转换成布尔变量功能参数列表

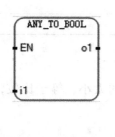

图 4-84　转换成布尔
变量功能

参数	参数类型	数据类型	描 述
i1	Input	SINT-USINT-BYTE-INT-UINT-WORD-DINT-UDINT-DWORD-LINT- ULINT-LWORD-REAL-LRE-AL-TIME-DATE-STRING	任何非布尔值
o1	Output	BOOL	可能为："真"，对于非零数量值而言"假"，对于零数量值而言 "真"，对于一个"真"字符串而言 "假"，对于一个"假"字符串而言

2）短整型转换（ANY_TO_SINT），如图 4-85 所示。

把输入变量转换为 8 位短整型变量，其参数描述见表 4-86。

表 4-86　转换成短整型功能参数列表

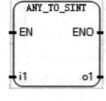

图 4-85　转换成短
整型功能

参 数	参数类型	数据类型	描 述
i1	Input	非短整型	任何非短整型值
o1	Output	SINT	计时器的毫秒数，这是一个实数或被字符串代替的小数的整数部分，可能为："0"，IN 为假；"1"，IN 为真
ENO	Output	BOOL	使能信号输出

3）时间转换（ANY_TO_TIME），如图 4-86 所示。

把输入变量（除了时间和日期变量）转换为时间变量，其参数描述见表 4-87。

表 4-87　转换成时间功能参数列表

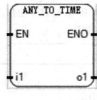

图 4-86　转换成
时间功能

参 数	参数类型	数据类型	描 述
i1	Input	见描述	任何非时间和日期变量。IN（当 IN 为实数时，取其整数部分）是以毫秒为单位的数。STRING（毫秒数，例如 300032 代表 5 分 32 毫秒）
o1	Output	TIME	代表 IN 的时间值，1193h2m47s295ms 表示无效输入
ENO	Output	BOOL	使能信号输出

4) 字符串转换（ANY_TO_STRING），如图 4-87 所示。

把输入变量转换为字符串变量，其参数描述见表 4-88。

表 4-88　转换成字符串功能块参数列表

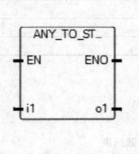

图 4-87　转换成字符串功能

参数	参数类型	数据类型	描　　述
i1	Input	见描述	任何非字符串变量
o1	Output	STRING	如果 IN 为布尔变量，则为"假"或"真" 如果 IN 是整数或实数变量，则为小数 如果 IN 为 TIME 值，可能为： TIME time1；STRING s1；time1：= 13ms s1：= ANY_TO_STRING(time1)；（ ∗ s1 = '0s13' ∗）
ENO	Output	BOOL	使能信号输出

2. 比较（Comparators）

比较类指令属于操作符（Operator）类型指令，主要用于数据之间的大小、等于比较，是编程中的一种简单有效的指令。其用途描述见表 4-89。

下面举例说明该类功能的具体应用：

等于（Equal），如图 4-88 所示。

表 4-89　比较功能指令用途

功　能　块	描　　述
Equal（等于）	比较两数是否相等
Greater Than（大于）	比较两数是否一个大于另一个
Greater Than or Equal（大于或等于）	比较两数是否其中一个大于或等于另一个
Less Than（小于）	比较两数是否其中一个小于另一个
Less Than or Equal（小于或等于）	比较两数是否其中一个小于或等于另一个

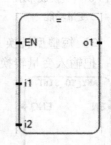

图 4-88　等于功能

对于整型、实数、时间型、日期型和字符串型输入变量，比较第一个输入和第二个输入，并判断是否相等。其参数描述见表 4-90。

表 4-90　等于功能参数列表

参　数	参数类型	数据类型	描　　述
i1	Input	BOOL-SINT-USINT-BYTE-INT-UINT-WORD-DINT-UDINT-DWORD-LINT-ULINT-LWORD-REAL-LREAL-TIME-DATE - STRING	两个输入必须有相同的数据类型
i2	Input		TIME 类型输入只在 ST 和 IL 编程中使用。布尔输入不能在 IL 编程中使用
o1	Output	BOOL	当 i1 = i2 时为真

提示：由于 TON，TP 和 TOF 功能块作用，不推荐比较 TIME 变量是否相等。

下面通过一个例子，介绍比较指令的使用方法。

如图 4-89 所示，这个程序用来控制红灯和蓝灯的亮灭，红灯前 4s 亮，后 4s 灭；蓝灯前

4s 灭，后 4s 亮。梯级一为自复位计时器，用来实现 8s 循环计时。当 TON_1. ET 小于等于 4s 时，置位 red，复位 blue。当 TON_1. ET 大于 4s 时，置位 blue，复位 red。

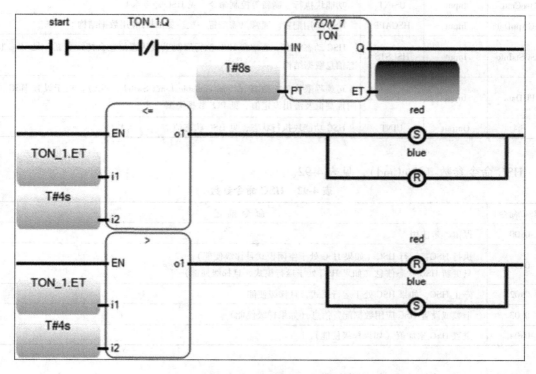

图 4-89　比较指令应用

4.5　高速计数器（HSC）功能块指令

所有的 Micro830 和 Micro850 控制器都支持高速计数器（HSC High-Speed Counter）功能，最多支持 6 个 HSC。高速计数器功能块包含两部分：一部分是位于控制器上的本地 I/O 端子；另一部分是 HSC 功能块指令，将在下文进行介绍。

4.5.1　HSC 功能块

该功能块用于启/停高速计数，刷新高速计数器的状态，重载高速计数器的设置，以及重置高速计数器的累加值。其功能块图如图 4-90 所示。

注意：在 CCW（一体化编程组态软件）中高速计数器被分为两个部分，高速计数部分和用户接口部分。这两部分是结合使用的。本小节主要介绍了高速计数部分。用户接口部分由一个中断机制驱动（例如中断允许（UIE）、激活（UIF）、屏蔽

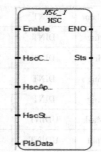

图 4-90　高速计数器功能块

（UID）或是自动允许中断（AutoStart），用于在高速计数器到达设定条件时驱动执行指定的用户中断程序，本节将简要介绍。该功能块的参数见表 4-91。

表 4-91　高速计数器功能块参数列表

参　　数	参数类型	数据类型	描　　述
HscCmd	Input	USINT	功能块执行、刷新等控制命令，见 HSC 命令参数
HSCAppData	Input	HSCAPP	HSC 应用配置。通常只需配置一次。见 HSC 应用数据结构
HSCStsInfo	Input	HSCSTS	HSC 动态状态。通常在 HSC 执行周期里该状态信息会持续更新，见 HSC 状态信息数据结构
PlsData	Input	PLS	可编程限位开关数据（Programmable Limit Switch，PLS），用于设置 HSC 的附加高低及溢出设定值。见 PLS 数据类型
Sts	Output	UINT	HSC 功能块执行状态，见 HSC 状态值

HSC 命令参数（HscCmd），见表 4-92。

表 4-92　HSC 命令参数

HSC 命令	命　令　描　述
0x00	保留，未使用
0x01	执行 HSC：运行 HSC（如果 HSC 处于空闲模式且梯级使能）； 只更新 HSC 状态信息（如果 HSC 处于运行模式，且梯级使能）
0x02	停止 HSC，如果 HSC 处于运行模式，且梯级使能
0x03	上载或设置 HSC 应用数据配置信息（如果梯级使能）
0x04	重置 HSC 累加值（如果梯级使能）

说明："0x"前缀表示十六进制数。

HSCAPP 数据类型（HSCAppData）的结构见表 4-93。

表 4-93　HSCAPP 数据类型

参　　数	数据类型	描　　述
PLSEnable	BOOL	使能或停止可编程限位开关（PLS）
HscID	UINT	要驱动的 HSC 编号，见 HSC ID 定义
HSCMode	UINT	要使用的 HSC 计数模式，见 HSC 模式
Accumulator	DINT	设置计数器的计数初始值
HPSetting	DINT	高预设值
LPSetting	DINT	低预设值
OFSetting	DINT	溢出设置值
UFSetting	DINT	下溢设置值
OutputMask	UDINT	设置输出掩码
HPOutput	UDINT	高预设值的 32 位输出值
LPOutput	UDINT	低预设值的 32 位输出值

说明：OutputMask 指令的作用是屏蔽 HSC 输出的数据中的某几位，以获取期望的数据输出位。例如，对于 24 点的 Micro830，有 9 点本地（控制器自带）输出点用于输出数据，

当不需输出第零位的数据时，可以把 OutputMask 中的第零位置 0 即可。这样即使输出数据上的第零位为 1，也不会输出。

HscID、HSCMode、HPSetting、LPSetting、OFSetting、UFSetting 等 6 个参数必须设置，否则将提示 HSC 配置信息错误。上溢值最大为 + 2，147，483，647，下溢值最小为 - 2，147，483，647，预设值大小须对应，即高预设值不能比上溢值大，低预设值不能比下溢值小。当 HSC 计数值达到上溢值时，会将计数值置为下溢值继续计数；达到下溢值时类似。

HSC 应用数据是 HSC 组态数据，它需要在启动 HSC 前组态完毕。在 HSC 计数期间，该数据不能改变，除非需要重载 HSC 组态信息（在 HscCmd 中写 03 命令）。但是，在 HSC 计数期间的 HSC 应用数据改变请求将被忽略。

HSC ID 定义见表 4-94。

表 4-94　HSC ID 定义

位	描　　　述
15 ~ 13	HSC 的模式类型：0x00——本地；0x01——扩展式（暂无）；0x02——嵌入式
12 ~ 8	模块的插槽 ID：0x00——本地；0x01-0x1F——扩展式（暂无）模块的 ID 0x01-0x05——嵌入式模块的 ID
7 ~ 0	模块内部的 HSC ID：0x00-0x0F——本地；0x00-0x07——扩展式（暂无）；0x00-0x07——嵌入式 注意：对于初始版本的 Connected Components Workbench 只支持 0x00-0x05 范围的 ID

使用说明：将表中各位上符合实际要使用的 HSC 的信息数据组合为一个无符号整数，写到 HSCAppData 的 HscID 位置上即可。例如，选择控制器自带的第一个 HSC 接口，即 15 ~ 13 位为 0，表示本地的 I/O；12 ~ 8 位为 0，表示本地的通道，非扩展或嵌入模块；7 ~ 0 位为 0，表示选择第 0 个 HSC，这样最终就在定义的 HSCAPP 类型的输入上的 HscID 位置上写入 0 即可。

HSC 模式（HSCMode），见表 4-95 所示。

表 4-95　HSC 模式

模式	功　　能	模式	功　　能
0	递增计数	5	有"重置"和"保持"控制信号的两输入计数
1	有外部"重置"和"保持"控制信号的递增计数	6	正交计数（编码形式，有 A，B 两相脉冲）
2	双向计数，并带有"外部方向"控制信号	7	有"重置"和"保持"控制信号的正交计数
3	有"重置"和"保持"，且带"外部方向"控制信号的双向计数	8	Quad X4 计数器
4	两输入计数（一个加法计数输入信号，一个减法计数输入信号）	9	有"重置"和"保持"控制信号的 Quad X4 计数器

注意：HSC3、HSC4 和 HSC5 只支持 0、2、4、6 和 8 模式。HSC0、HSC1 和 HSC2 支持所有模式。

HSCSTS 数据类型结构（HSCStsInfo），见表 4-96，它可以显示 HSC 的各种状态，大多是只读数据。其中的一些标志可以用于逻辑编程。

表 4-96　HSCSTS 数据类型

参　　数	数据类型	描　　述
CountEnable	BOOL	使能或停止 HSC 计数
ErrorDetected	BOOL	非零表示检测到错误
CountUpFlag	BOOL	递增计数标志
CountDwnFlag	BOOL	递减计数标志
Mode1Done	BOOL	HSC 是 1（1A）模式或 2（1B）模式，且累加值递增计数至 HP 的值
OVF	BOOL	检测到上溢
UNF	BOOL	检测到下溢
CountDir	BOOL	1：递增计数，0：递减计数
HPReached	BOOL	达到高预设值
LPReached	BOOL	达到低预设值
OFCauseInter	BOOL	上溢导致 HSC 中断
UFCauseInter	BOOL	下溢导致 HSC 中断
HPCauseInter	BOOL	达到高预设值，导致 HSC 中断
LPCauseInter	BOOL	达到低预设值，导致 HSC 中断
PlsPosition	UINT	可编程限位开关（PLS）的位置
ErrorCode	UINT	错误代码，见 HSC 错误代码
Accumulator	DINT	读取累加器实际值
HP	DINT	最新的高预设值设定，可能由 PLS 功能更新
LP	DINT	最新的低预设值设定，可能由 PLS 功能更新
HPOutput	UDINT	最新高预设输出值设定，可能由 PLS 功能更新
LPOutput	UDINT	最新低预设输出值设定，可能由 PLS 功能更新

关于 HSC 状态信息数据结构（HSCSTS）说明如下。

在 HSC 执行的周期里，HSC 功能块在 "0x01"（HscCmd）命令下，状态将会持续更新。

在 HSC 执行的周期里，如果发生错误，错误检测标志将会打开，不同的错误情况对应见表 4-97 的错误代码。

表 4-97　HSC 错误代码

错误代码位	HSC 计数时错误代码	错　误　描　述
15～8（高字节）	0～255	高字节非零表示 HSC 错误由 PLS 数据设置导致 高字节的数值表示触发错误 PLS 数据中数组编号
7～0（低字节）	0x00	无错误
	0x01	无效 HSC 计数模式
	0x02	无效高预设值
	0x03	无效上溢
	0x04	无效下溢
	0x05	无 PLS 数据

PLS 数据结构（PlsData）：

可编程限位开关（PLS）数据是一组数组，每组数组包括高低预设值以及上下溢出值。PLS 功能是 HSC 操作模式的附加设置。当允许该模式操作时（PLSEnable 选通），每次达到一个预设值，预设和输出数据将通过用户提供的数据更新（即 PLS 数据中下一组数组的设定值）。所以，当需要对同一个 HSC 使用不同的设定值时，您可以通过提供一个包含将要使用的数据的 PLS 数据机构实现。PLS 数据结构是一个大小可变的数组。注意，一个 PLS 数据体的数组个数不能大于 255。当 PLS 没有使能时，PLS 数据结构可以不用定义。表 4-98 列出每组数组的基本元素。

表 4-98　PLS 数据结构元素作用表

命令元素	数据类型	元素描述	命令元素	数据类型	元素描述
字 0～1	DINT	高预设值设置	字 4～5	UDINT	高位输出预设值
字 2～3	DINT	低预设值设置	字 6～7	UDINT	低位输出预设值

HSC 状态值代码（Sts 上对应的输出），见表 4-99。

表 4-99　HSC 状态值

HSC 状态值	状 态 描 述	HSC 状态值	状 态 描 述
0x00	无动作（没有使能）	0x03	HSC ID 超过有效范围
0x01	HSC 功能块执行成功	0x04	HSC 配置错误
0x02	HSC 命令无效		

在使用 HSC 计数时，注意设置滤波参数，否则 HSC 将无法正常计数。该参数在硬件信息中使用的是 HSC0 如图 4-91 所示，其输入编号是 input0～1。

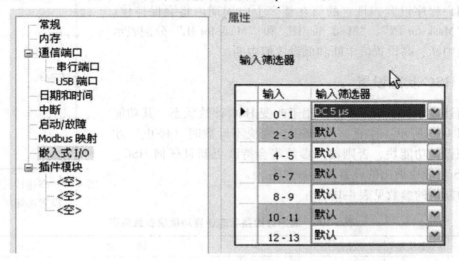

图 4-91　设置滤波参数

高数计数器一般用于计数达到要求后触发中断，进而处理用户自定义的中断程序。中断的设置在硬件信息中的 Interrupts 中能够找到。如图 4-92 所示。

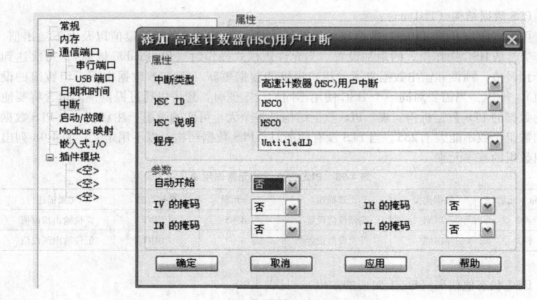

图 4-92　HSC 中断设置

图中，选择的是 HSC 类型的用户中断，触发该中断的是 HSC0，将要执行的中断程序是 HSCa（用户自定义）。该对话框中还看到 Auto Start 参数，当它被置为真时，只要控制器进入任何"运行"或"测试"模式，HSC 类型的用户中断将自动执行。该位的设置将作为程序的一部分被存储起来。"Mask for IV"表示当该位置假（0）时，程序将不执行检测到的上溢中断命令，该位可以由用户程序设置，且它的值在整个上电周期内将会保持住。类似的"Mask for IN"、"Mask for IH"和"Mask for IL"分别表示屏蔽下溢中断、高设置值中断和低设置值中断。

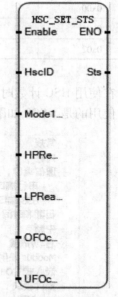

图 4-93　高速计数器状态设置功能块

4.5.2　HSC 状态设置

高速计数器状态设置功能块用于改变 HSC 计数状态，其功能块图如图 4-93 所示。注意：当 HSC 功能块不计数时（停止）才能调用该设置功能块，否则输入参数将会持续更新且任何 HSC_SET_STS 功能块做出的设置都会被忽略。

该功能块的参数见表 4-100。

表 4-100　高速计数器状态设置功能块参数列表

参　　数	参数类型	数据类型	描　　述
HscID	Input	UINT 见 HSC 应用数据结构	欲设置的 HSC 状态
Mode1Done	Input	BOOL	计数模式 1A 或 1B 已完成
HPReached	Input	BOOL	达到高预设值，当 HSC 不计数时，该位可重置为假

（续）

参　数	参数类型	数据类型	描　述
LPReached	Input	BOOL	达到低预设值，当 HSC 不计数时，该位可重置为假
OFOccurred	Input	BOOL	发生上溢，当需要时，该位可置为假
UFOccurred	Input	BOOL	发生下溢，当需要时，该位可置为假
Sts	Output	UINT	见 HSC 状态值
ENO	Output	BOOL	使能输出

4.5.3　HSC 的应用

1. 硬件连线

将 PTO 口脉冲输出口 O.00 直接接到 HSC 高速计数器 I.00 口上，使用 HSC 计数 PTO 口的脉冲个数，硬件接完以后需要对数字量输入 I.00 口进行配置方能计数到高速脉冲个数。打开 CCW（一体化编程组态软件），双击 Micro850 图标，点击 Embedded I/O 口，将输入 0 −1 号口选为 5us，配置方法如图 4-94 所示。

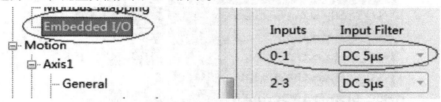

图 4-94　配置高速计数器脉冲输入口

2. 创建 HSC 模块

在 CCW（一体化编程组态软件）中建立一个例程，例程中创建 HSC 模块，创建相应的变量，并设置初始值，初始值的设置如图 4-95 所示。

-	HSC_AppData	...
	HSC_AppData.PlsEnable	✓
	HSC_AppData.HscID	0
	HSC_AppData.HscMode	2
	HSC_AppData.Accumulator	0
	HSC_AppData.HPSetting	100000
	HSC_AppData.LPSetting	-100000
	HSC_AppData.OFSetting	200000
	HSC_AppData.UFSetting	-200000
	HSC_AppData.OutputMask	1
	HSC_AppData.HPOutput	0
	HSC_AppData.LPOutput	0

图 4-95　配置高速计数器脉冲输入口

其中 HscID 选择 0，表示选择 HSC0 计数器，使用 Micro850 的嵌入式输入口 0-3，HscMode 设置为 2，选择模式 2a，即嵌入式输入口 I.00 作为增/减计数器，I.01 作为方向选择位，I. 01 置 1 时使用加计数器，置 0 时使用减计数器。HPSetting 设置为 100000，表示计数 100000 个脉冲，如果以每 200 个脉冲 1mm 计算，500mm 刚好达到 HPSetting 的值，即移动 500mm 的距离。

3. 启动 HSC 模块计数脉冲个数

利用上一节中编写的 Kinetix 3 的程序，使用 MC _ MoveRelative 模块，使电机运行 1000mm。运行电机后，HSC 模块的状态显示如图 4-96 所示。

HSC_StsInfo.HPReached	✔
HSC_StsInfo.LPReached	☐
HSC_StsInfo.OFCauseInter	☐
HSC_StsInfo.UFCauseInter	☐
HSC_StsInfo.HPCauseInter	☐
HSC_StsInfo.LPCauseInter	☐
HSC_StsInfo.PlsPosition	0
HSC_StsInfo.ErrorCode	0
HSC_StsInfo.Accumulator	112212
HSC_StsInfo.HP	100000
HSC_StsInfo.LP	-100000
HSC_StsInfo.HPOutput	0
HSC_StsInfo.LPOutput	0

图 4-96 HSC 状态位

可以看到脉冲计数开始，Accumulator 计数器开始计数，当超过 100000 个脉冲时，HP-Reached 引脚置 1，表示电机到达高限位开关，在实际应用中可以此信号作为电机停止信号，让电机停止运行。

4.6 用户中断指令

1. STIS 可选定时启动

通过使用 STIS（Selectable Timed Interrupt Start，可选定时中断启动）指令，可从控制程序中启动 STI 定时器，而不是自动启动。该指令功能块如图 4-97 所示，指令参数表见表 4-101。

STIS 指令可用于启动和停止 STI 功能，或更改 STI 用户中断之间的时间间隔。STI 指令有两个操作数：

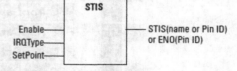

图 4-97 STIS 可选定时启动功能块

1）IRQType-这是用户想要驱动的 STI ID 号。

2）SetPoint-这是在执行可选定时用户中断之前必须超过的时间量（以毫秒计）。值为零时会禁用 STI 功能。时间范围是 0 ~ 65,535ms。

STIS 指令会将指定的设定值应用到 STI 功能，如下所示（STI0 在此用作示例）：

1）如果指定了零设定值，则 STI 会被禁用，且 STI0. Enable（0）也将被清除。

2）如果禁用了 STI（非定时）且并将一个大于 0 的值输入到设定值，则 STI 开始对新设定值定时并设置 STI0. Enable（1）。

3）如果 STI 当前正在定时且设定值被更改，则新设置会立即生效，并从零开始重新启动。STI 将继续定时直至其达到新设定值。

表 4-101　STIS 参数表

参　数	参数类型	数据类型	参 数 说 明
Enable	输入	BOOL	启用功能 当 Enable = 真，执行功能 当 Enable = 假时，不执行功能
IRQType	输入	UDINT	使用 DWORD 定义的 STI IRQ_STI0、IRQ_STI1、IRQ_STI2、IRQ_STI3
SetPoint	输入	UINT	用户定时器中断间隔时间值以 μs 为单位 当 SetPoint = 0. 禁用 STI 当 SetPoint = 1···65535. 启用 STI/
STIS 或 ENO	输出	BOOL	梯级状态（与 Enable 相同）

2. UID 禁止用户中断

UID 指令用于禁止选定的用户中断，该指令功能块如图 4-98 所示，表 4-102 显示了中断的类型及其相应的禁止位。

要执行禁止中断的过程如下：

1）选择要禁止的中断；

2）查找所选中断的十进制值；

3）如果选择了多个类型的中断，请添加十进制值；

4）将总和输入到 UID 指令中；

UID 指令所禁止中断的类型见表 4-102。

例如，要禁止 EII 事件 1 和 EII 事件 3：

EII 事件 1 相应位是 4，EII 事件 3 相应位是 16，两个事件对应的十进制和是 20，则输入该值。

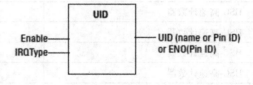

图 4-98　UID 禁止用户中断功能块

3. UIE 允许用户中断

UIE 指令用于允许选定的用户中断，该指令功能块如图 4-99 所示，表 4-102 显示了中断的类型及其相应的启用位。

要执行启用中断的过程如下：

1）选择要启用的中断；

2）查找所选中断的十进制值；

3）如果选择了多个类型的中断，请添加十进制值；

4）将总和输入到 UIE 指令中；

例如，要允许 EII 事件 1 和 EII 事件 3：

EII 事件 1 相应位是 4，EII 事件 3 相应位

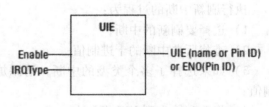

图 4-99　UIE 允许用户中断功能块

是 16，两个事件对应的十进制和是 20，则输入该值。

表 4-102　用户中断指令参数表

中断类型	元素	十进制值	相应位
功能性插件模块	UPM4	8388608	位 23
功能性插件模块	UPM3	4194304	位 22
功能性插件模块	UPM2	2097152	位 21
功能性插件模块	UPM1	1048576	位 20
功能性插件模块	UPM0	524288	位 19
STI-可选定时中断	STI3	262144	位 18
STI-可选定时中断	ST12	131072	位 17
STI-可选定时中断	STI1	65536	位 16
STI-可选定时中断	STI0	32768	位 15
EII-事件输入中断	事件 7	16384	位 14
EII-事件输入中断	事件 6	8192	位 13
EII-事件输入中断	事件 5	4096	位 12
EII-事件输入中断	事件 4	2048	位 11
HSC-高速计数器	HSC5	1024	位 10
HSC-高速计数器	HSC4	512	位 9
HSC-高速计数器	HSC3	256	位 8
HSC-高速计数器	HSC2	128	位 7
HSC-高速计数器	HSC1	64	位 6
HSC-高速计数器	HSC0	32	位 5
EII-事件输入中断	事件 3	16	位 4
EII-事件输入中断	事件 2	8	位 3
EII-事件输入中断	事件 1	4	位 2
EII-事件输入中断	事件 0	2	位 1
UFR-用户故障例程中断	UFR	1	位 0（保留）

4. UIF 刷新用户中断

UIF 指令用于刷新（从系统中移除未决中断）选定的用户中断，该指令功能块如图 4-100 所示，表 4-102 显示了中断的类型及其相应的刷新位，表 4-103 为该指令禁止的中断类型。

执行刷新中断的过程为：

1）选择要刷新的中断；

2）查找所选中断的十进制值；

3）如果选择了多个类型的中断，请添加十进制值；

4）将总和输入到 UIF 指令中。

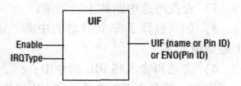

图 4-100　UIF 刷新用户中断功能块

表 4-103　UIF 指令禁止中断类型

中断类型	元　素	十进制值	相 应 位
EII-事件输入中断	事件 2	8	位 3
EII-事件输入中断	事件 1	4	位 2
EII-事件输入中断	事件 0	2	位 1
UFR-用户故障例程中断	UFR	1	位 0（保留）

5. UIC 清除用户中断

此功能块可清除所选用户中断的中断丢失位，该指令功能块如图 4-101 所示，表 4-101 显示了可以清楚地中断类型及其相应的刷新位。

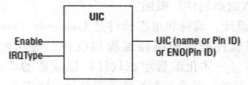

图 4-101　UIC 清除用户中断功能块

复习思考题

1. Micro850 PLC 的程序文件有哪些？一个项目中有哪些程序文件？
2. Micro850 PLC 的变量有哪些？支持哪些数据类型？
3. Micro850 PLC 的指令系统中，有哪些是功能块指令？哪些是功能指令？两者的主要区别是什么？
4. 简要描述 HSC 指令的工作机理。
5. 简要描述 MSG 指令的工作机理。
6. Micro850 中断指令有哪些？
7. 画出图 4-102 所示的梯形图程序运行后 L1 的信号波形。

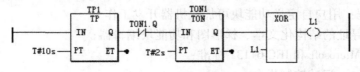

图 4-102　某梯形图程序

第 5 章 Micro850PLC 程序设计技术

5.1 Micro850 CCW（一体化编程组态软件）及其使用

5.1.1 Micro850 CCW（一体化编程组态软件）

1. CCW（一体化编程组态软件）**概述**

Micro800 系列 PLC 的设计、编程和组态软件是 Connected Components Workbench（简称 CCW）。CCW 设计和组态软件提供控制器编程和设备组态功能，并可与人机界面终端（HMI）编辑器集成。CCW（一体化编程组态软件）以成熟的罗克韦尔自动化技术和 Microsoft Visual Studio 平台为基础，符合控制系统编程软件国际标准 IEC 61131-3。此外，罗克韦尔自动化还提供免费的标准软件更新以及一定限度的免费支持，有助于减少用户开发的工作量。在软件的"帮助"菜单中可以连接到官方网站上大量的官方或第三方参考程序。

该软件的优势主要体现在：

1）易于组态：单一软件包可减少控制系统的初期搭建时间。

- 通用、简易的组态方式，有助于缩短调试时间；
- 简单的运动控制轴组态；
- 连接方便，可通过 USB 通信选择设备；
- 通过拖放操作实现更轻松的组态；
- Micro800 控制器密码增强了安全性和知识产权保护。

2）易于编程：用户自定义功能块可加快机器开发工作。

- 支持符号寻址的结构化文本、梯形图和功能块编辑器；
- 广泛采用 Microsoft 和 IEC-61131 标准；
- 标准 PLCopen 运动控制指令；
- 通过罗克韦尔自动化及合作伙伴的示例代码以及用户自定义的功能块实现增值。

3）易于可视化：标签组态和屏幕设计可简化人机界面终端组态工作。

- 在 CCW（一体化编程组态软件）中完成 PanelViewComponent（罗克韦尔自动化人机界面终端，简称 PVC）组态与编程，可获得更佳的用户体验；
- HMI 标签可直接引用 Micro800 变量名，降低了复杂度并节省时间；
- 包括 Unicode 语言切换、报警消息和报警历史记录以及基本配方功能。

CCW（一体化编程组态软件）包括标准版和开发版。标准版更轻松地对控制器进行编程、组态设备和设计操作员界面屏幕。兼容的产品有：

- Micro800 控制器；
- PowerFlex 变频器；
- PanelView Component 图形终端；

- Kinetix Component 伺服驱动；
- Guardmaster 440C 可组态安全继电器。

开发版提供附加功能来增强用户体验，这些功能包括：

- 监视列表；
- 用户自定义数据类型；
- 知识产权保护。

CCW（一体化编程组态软件）运行在 Win7（32 位或 64 位）和 Windows Server 2008 R2（32 位或 64 位）操作系统。推荐的计算机硬件要求是 Pentium 4 以上处理器和 4G 以上内存。该软件可以在罗克韦尔官方网站注册后免费下载，现有的最新版本是 7.0 版本，包括中文、英文等多种语言版本，网址是 http://www. rockwellautomation. com/chn/products-technologies/connected-components/overview. page?。本书在编写快要结束时，官方网站发布了 7.0 中文版本，但本书多数程序范例是以英文 6.0 版软件为基础介绍的。两个版本的主要内容相差不大。

CCW（一体化编程组态软件）的使用还依赖罗克韦尔的 RSLinx 软件，其作用是提供 CW（一体化编程组态软件）与 PLC 之间的通信驱动。安装 CCW（一体化编程组态软件）时，会提示安装该软件。

2. CCW（一体化编程组态软件）**使用介绍**

学习编程软件首先要了解编程软件的基本组成，了解常用的功能及其实现方式，熟悉编程环境后，就可以逐步编写复杂的控制程序。

CCW（一体化编程组态软件）的编程界面如图 5-1 所示。其主要的图形元素见表 5-1。

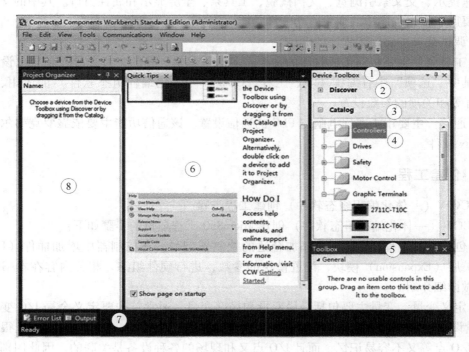

图 5-1　CCW（一体化编程组态软件）开发界面

表 5-1　CCW（一体化编程组态软件）的编程界面主要图形元素

序号	名　称	说　明
1	设备工具箱	包含"搜索"、"类型"和"工具箱"选项卡
2	搜索	显示由本软件发现的、已连接至计算机的所有设备
3	类型	包含项目的所有控制器和其他设备
4	设备文件夹	每个文件夹都包含该类型的所有可用设备
5	工具箱	包含可以添加到 LD、FBD 和 ST 程序的元素。程序类别根据用户当前使用的程序类型进行更改
6	工作区	可用来查看和配置设备以及构建程序。内容由选择的选项卡而定，并在用户向项目中添加设备和程序时添加
7	Output	显示程序构建的结果，包含成功或失败状态
8	项目管理器	包含项目中的所有控制器、设备和程序要素

从其菜单结构看，主要包括文件、编辑、视图、编译、调试、工具、通信、窗口和帮助。现对这些菜单下的二级菜单及其功能做介绍。

1）文件　在该菜单下，可以完成工程的新建、打开、关闭、保存和另存为等功能菜单。此外，还有一个导入设备菜单，可以导入设备文件及 PVC 应用。

2）编辑　和一般软件的编辑功能一样，该菜单主要用于与工程开发有关的编辑功能，包括剪切、复制、粘贴、删除等。

3）视图　该菜单下，主要包括工程组织、设备工具箱、工具箱、错误表单、输出窗口、快速提示、交叉索引浏览、文档概貌、工具条、全屏显示和属性窗口。其中的交叉索引浏览主要用于检索程序中的变量、功能和功能块等。

4）调试菜单主要用于程序的调试。

5）工具菜单主要包括生成打印的文档、多语言编辑、外部工具、导入和导出设置以及选项。其中"选项"中有编程环境、工程、CCW（一体化编程组态软件）的应用、网格、IEC 语言等相关项的参数设置。

6）通信　主要用于编程电脑与 PLC 的通信设置。该通信功能主要依靠罗克韦尔自动化的 RSLinx 软件。

5.1.2　创建工程

1. CCW（一体化编程组态软件）创建工程步骤

用 CCW（一体化编程组态软件）创建 Micro850 工程项目的步骤如下：

1）创建新的工程，在工程中添加合适的控制器型号，在控制器中增加插件（Plug-in）模块和扩展（Expansion）模块，设置模块的参数，进行硬件组态。相关内容在本书的第二章中已做详细介绍。

2）定义变量　变量主要包括全局变量和局部变量。通常首先要定义全局 I/O 变量，给 I/O 变量设置别名（Alias）。别名和其他编程环境中的标签类似。由于 PLC 中地址很多，而具体的 I/O 点等又不容易记忆，而且 I/O 点又和现场的各种设备是关联的，因此用别名编程容易记忆，程序的可读性也强，且便于调试。除了 I/O 变量，还可以定义其他的全局变量。

定义变量包括变量名称、别名、数据类型、维度、初始值、读写属性和注释等。

3）针对项目的特点和应用要求，选择合适的程序设计方法和合适的编程语言进行程序开发。程序开发中，要注意多使用系统提供的功能和功能块，同时建议多使用用户自定义功能块，减少非结构化的程序，从而使程序结构上更明晰，且提高了程序的可重用性。编程时要多加注释，以便于后续调试、修改等。

4）程序的编译、下载和调试。该过程通常是一个反复的过程。程序的编译可以发现语法上等错误。由于 CCW（一体化编程组态软件）不提供程序的仿真运行功能，因此只有把程序下载到 PLC 中才能进行程序的功能调试。调试的过程不是发现一般语法上的错误，而是要检验程序的功能实现与预先设想是否一致。

2. CCW（一体化编程组态软件）**使用示例**

现以一台水泵的启停控制为例，说明如何在 CCW（一体化编程组态软件）中开发 Micro850 的应用程序。这只是一个最简单的程序，但通过该过程，就可以初步熟悉编程软件和程序开发的一般步骤。

水泵或各种电机设备在工业、楼宇等领域大量使用。考虑一个可以直接起动的水泵设备，该设备有一个点动的起动和一个点动的停止按钮，电气柜有过热继电器进行保护。假设按下起动按钮后 3 秒再起动电机，且起动、停止和过热继电器都使用常开触点。现用 Micro850 来对设备进行控制。

（1）新建工程

首先新建工程，从设备文件夹中选择一个设备，如图 5-2 所示。CCW（一体化编程组态软件）支持多种罗克韦尔自动化设备，这里选用 2080-LC50-48AW8PLC，这是 Micro850 系列的设备。设备添加好后，可以在项目管理器中看到该设备，在项目下还可以看到程序、全局变量、用户定义功能块和数据类型 4 个子项目，这些是添加控制器后软件自动生成的最基础的程序设计文件，如图 5-3 所示。用户的编程都围绕着该工程下的这几个程序文件而展开。例如在程序下用户可以增加 LD、ST 或 FBD 程序，在全局变量中定义全局变量，用 LD、ST 或 FBD 语言定义用户自己的功能块以及定义新的数据类型等。

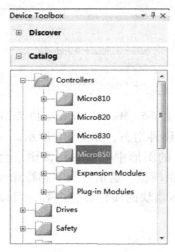 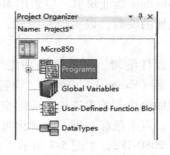

图 5-2　CCW（一体化编程组态软件）中设备列表　　图 5-3　CCW（一体化编程组态软件）中设备列表

双击图 5-3 中的 Micro850，就弹出如图 5-4 所示的窗口。可以在该窗口中进行硬件增加和配置，可以完成的设置包括：

1）控制器通用属性设置：主要是其名称和描述。

2）存储器使用，可以看到使用了多少存储空间，还有多少存储空间可用。这里的存储空间包括程序和数据。

3）包括通用设置和与协议有关的设置，在进行程序下载等操作时要在这里进行设置。Micro850 支持 CIP 串行、ModbusRTU 和 ModbusASCII 通信。

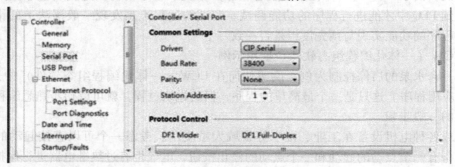

图 5-4　Micro850 设备窗口

4）USB 端口属性观察。

5）以太网设置，设置以太网地址等一系列与以太网通信有关的属性，如图 5-5 所示。Micro850 内嵌以太网接口，可以采用以太网口下载程序和进行通信。

6）日期和时间设置。对于一些与时间有关的应用，要在这里进行设置。

7）中断设置：可以增加中断，设置中断类型及中断处理程序等。

8）起动/故障设置：设置控制器起动选项以及故障时的处理方式。

9）Modbus 地址映射：当采用 Modbus 通信时，需要进行地址的映射，以实现外围软、硬件与 PLC 的正确通信。

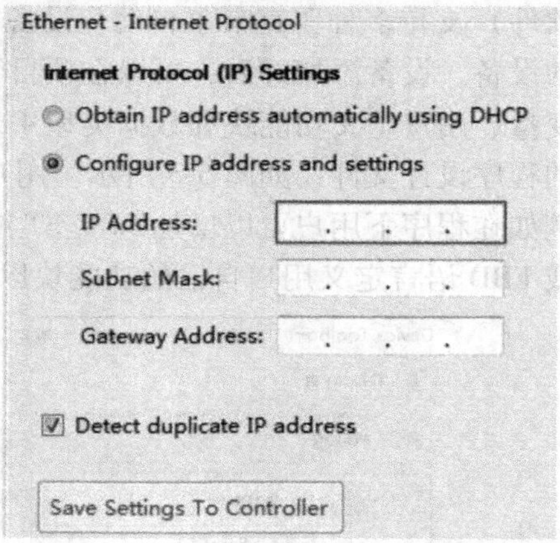

10）硬件编辑。可以增加功能性插件（Plug-in）模块和扩展（Expansion）模块，设置模块的参数，进行硬件组态，如图 5-6 所示。

图 5-5　Micro850 Internet 协议设置窗口

要增加模块，首先选中相应的空槽位，这时在 PLC 的图形中可以看到该槽位会有黑框表示选中。点击鼠标右键，会弹出可以添加的大类，包括模拟、通信、数字和特殊模块。假设增加了 2080-IF2，如图 5-7 所示，则在右侧可以看到该模块的属性设置内容，可以对每个通道进行设置：

①输入类型：可选电流或电压；

②采样频率：50、60、250、500Hz；

③输入状态：使能或禁止。

如添加了其他类型的模块，与模块相关的参数也进行类似的设置。

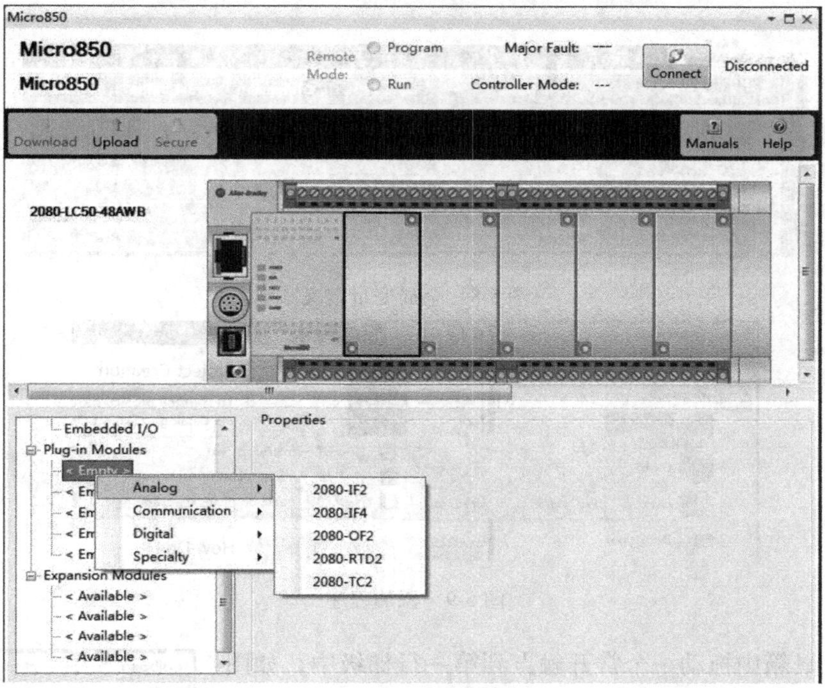

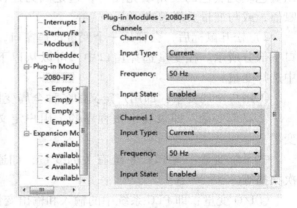

图 5-6　Micro850 中增加模块

（2）定义变量

这里定义了 5 个变量别名，分别为 Run _ out 用于电机控制输出，对应 PLC 的第 20 路 DO 信号；Start 用于起动电机，对应 PLC 的第 1 路 DI；Stop 用于停止电机，对应 PLC 的第 2 路 DI；Fault _ sta 表示过热继电器来的故障信号，对应 PLC 的第 3 路 DI；Run _ sta 表示从接触器辅助触点来的电机的运行状态反馈信号，对应 PLC 的第 4 路 DI。进行地址映射时需要注意的是一般起始地址都从"00"开始编号。定义好的变量如图 5-8 所示。当然，读者还可以给这些变量添加注释。

图 5-7　Micro850 中设置模块属性

（3）程序设计

这里由于程序功能比较简单，采用经验法，用 LD 语言来编写程序。

在项目窗口中选中"Program"，如图 5-9 所示，点击鼠标右键出现菜单，选中菜单中的"添加"出现 3 个选项。这里选"新的梯形图"程序。正如先前介绍，Micro850 支持 3 种类型的 IEC 编程语言。实现不同功能的程序可以用不同的编程语言来编写。

在工作区中可以编辑梯形图程序。由于梯形图属于图形化编程语言，因此要通过一系列图形元素的增加、编辑、修改来实现梯形图程序。Micro850 中提供了梯形图编程的工具箱，这些工具箱中包含了编写梯形图程序所需要的各种元件，如图 5-10 所示。具体编程与操作过程如下：

Name	Alias	Data Type	Dimension	Initial Value	Attribute
_IO_EM_DO_19	Run_out	BOOL	-	-	Read/Write
_IO_EM_DI_00	Start	BOOL	-	-	Read
_IO_EM_DI_01	Stop	BOOL	-	-	Read
_IO_EM_DI_02	Fault_sta	BOOL	-	-	Read
_IO_EM_DI_03	Run_sta	BOOL	-	-	Read

图 5-8　全局变量定义

图 5-9　添加程序

1) 从工具箱中拖动一个常开触点到第一行梯级中，如图 5-11 窗口上部分所示。在窗口中可以看到一个内含感叹号的用黄色填充底色的三角填充图符，这是因为还没有给该节点赋值，或与变量关联起来。

2) 松开鼠标后，会弹出一个变量选择窗口，如图 5-11 窗口下部分所示。在变量选择窗口中，可以从以下分组的变量中选择变量：

①用户全局变量：即用户定义的各种全局变量。

②局部变量：即隶属于该程序的、用户定义的各种局部变量。

③系统变量：与 PLC 系统有关的变量，如遥控变量、首次扫描等。

④I/O 变量：即 PLC 系统中的输入和输出变量。I/O 变量也属于全局变量的一种。

这里首先从 I/O 变量分组中选择"Start"变量。

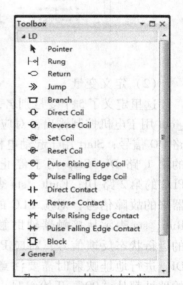

图 5-10　梯形图编程工具箱

除了通过变量选择窗口选择变量外，还可以输入或通过快捷方式输入。点击触点元件的上部分区域（鼠标选中该触点后，会有一个矩形区域）会出现上述 4 类变量的列表，输入首字母后，相关的变量会出现，可以从中选择。

3) 按同样的方式编辑其他节点。在编辑输出线圈时，使用了一个局部变量"tmpstart"。（后面的窗口可以看到）。这样完成了第一个梯级的编辑，如图 5-12 所示。给第一个梯级加上注释。每个提醒的注释等颜色都是可以通过属性窗口加以设置，编辑时也可通过菜单或鼠标右键菜单取消注释的显示。本教材中，为了便于读者看清，把相关的颜色都设置为浅色，而非系统默认的颜色（CCW7.0 版本对于注释行默认颜色有了调整，而且梯形图梯级号占用的空间也大大减少了）。

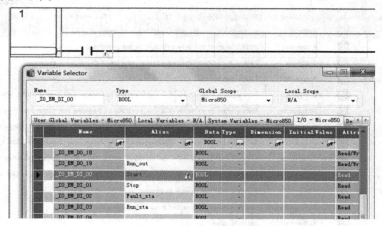

图 5-11　给梯形图中触点连接变量

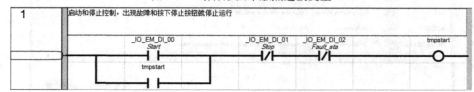

图 5-12　编辑好的第一个梯级

4）编辑第二个梯级。为了实现延时起动，这里用了一个系统提供的延时功能块。从工具箱中选择"Block"拖动该梯级，如图 5-13 所示。松开后会显示图 5-14 所示的功能块选择窗口。选择类别中的"时间"以显示所有与时间有关的指令。从与时间有关的指令中选择"TON"，清除"EN/ENO"复选框，按确定退出。

图 5-13　通用功能块图形元素

这时我们再观察局部变量窗口，可以发现除了先前定义的局部布尔变量"tmpstart"外，又增加了一个名为"TON ＿1"的 TON 类型的变量，如图 5-15 所示。"TON ＿1"就是这个 TON 功能块的一个实例（Instance）。这是所有的面向对象编程的特点，即变量和对象都要进行定义，即使在高级语言编程也是这样。点击"TON ＿1"前面的"＋"，可以看到其内部参数的详细列表。

在 TON ＿1 中输入定时器的时间，电机功能块"PT"端矩形的上方，输入"T#3S"。然后在梯形图中增加输出触点，与变量"Run ＿out"连接。这样完成了第 2 个梯级的输入。见图 5-16 所示。图 5-16 中，我们看到线圈上方的变量区既有"Run ＿out"别名，又有实际的I/O 地址。编程时可以选择线圈或触点中变量显示方式，有 3 种形式可选，可以只显示别名，也可只显示实际地址，还可以两者都显示。

由于 PLC 的指令较多，用户不可能将所有的指令都记下来。CCW（一体化编程组态软件）提供了一个很好的在线帮助，鼠标选中 TON 功能块，然后按 F1 键，就显示如图 5-17 所示的TON 功能块的帮助窗口，该窗口详细地描述了该指令有关的参数、功能描述及使用说明等。

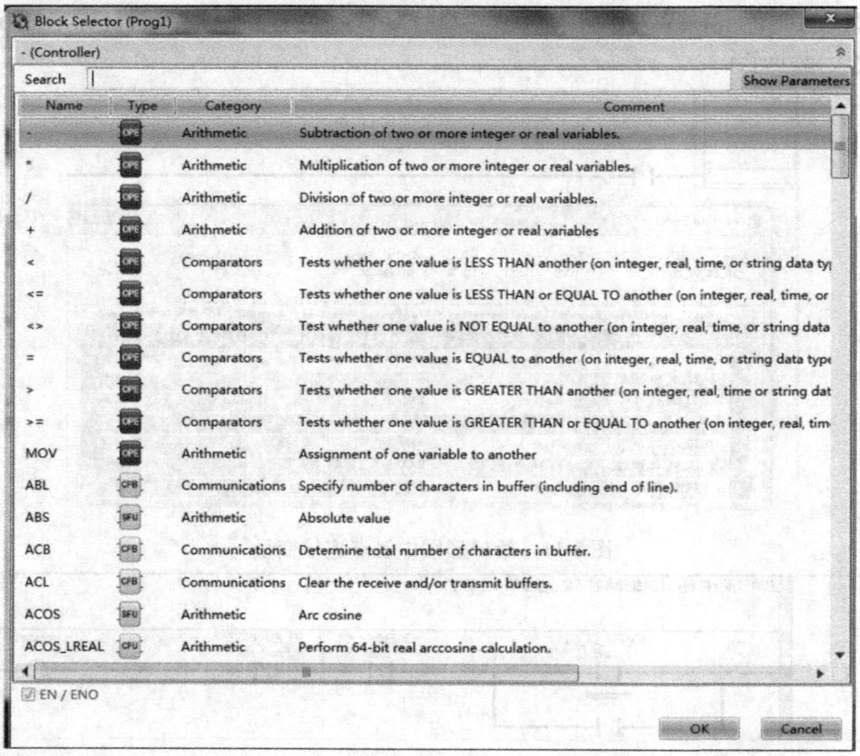

图 5-14　功能块选择窗口

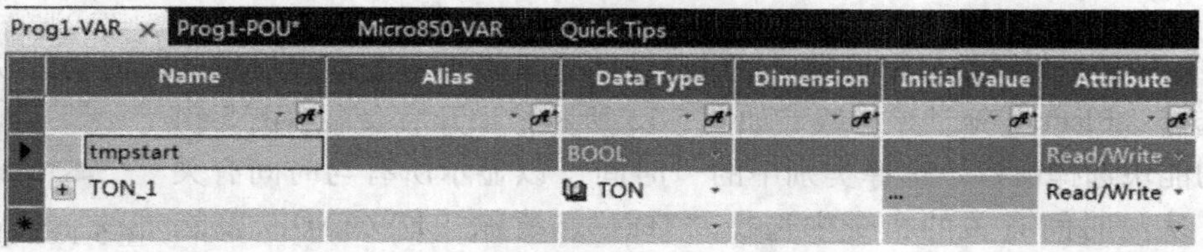

图 5-15　局部变量窗口

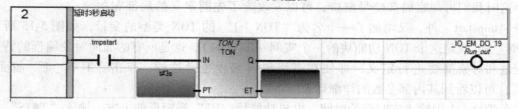

图 5-16　编辑好的第 2 个梯级

（4）程序编译

上述程序的输入完成后，就可以进行编译、下载和测试了。选中项目窗口中的"Micro850"，点击鼠标右键，弹出一个菜单，如图 5-18 所示。从菜单中选择"Build"，则开始进行程序的编译，编译完成后，在输出显示区会显示编译结果，如图 5-19 所示。

如果程序中有错误，则在该输出窗口会有提示，可以根据提示进行程序的修改、完善，再次编译，直到编译通过为止。

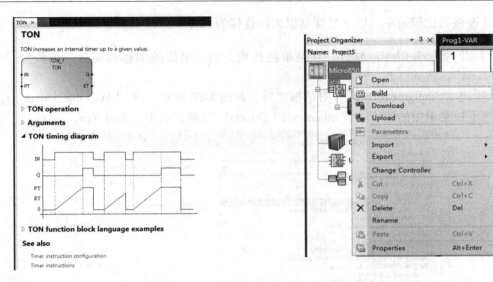

图 5-17 TON 指令的帮助窗口　　　　　　　图 5-18 程序的编译

　　程序编译的结果包括警告和错误，如果程序有错误，则必须要排除。而对于警告，则不一定。

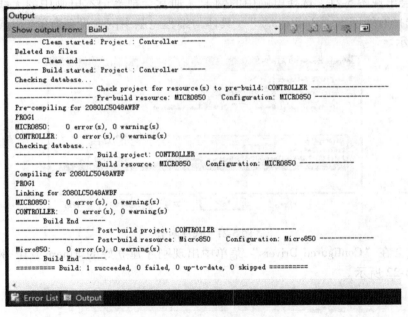

图 5-19 编译结果

5.1.3 工程下载与调试

1. 建立通信连接

（1）用 RSLink Classic 添加驱动

在下载工程之前首先要建立编程电脑与 PLC 的通信连接。这里主要介绍通过以太网连接，USB 连接的比较简单。以下是建立以太网连接的大体步骤：

1）打开 RSLink Classic 软件，在菜单栏找到类似于电线的图标  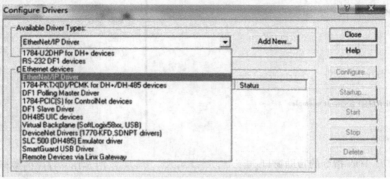，名为"Configure Drivers"，将其打开。

2）弹出"Configure Drivers"对话框之后，如图 5-20 所示。在"Available Driver Types"框下选择下拉菜单中的第 4 项"Ethernet/IP Drivers"选项，点击"Add New..."；

图 5-20　Configure Drivers

3）在弹出的对话框中输入驱动的名称（一般是系统默认"AB _ ETHIP-1"），点击"OK"后则会出现图 5-21。选择电脑中的网卡（通常会把笔记本电脑中的无线网卡也会显示），这里选择有线网卡"Realtek..."（具体与编程电脑中网卡设备有关），点击"确定"。如图 5-21 所示。

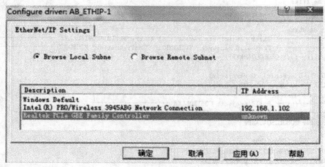

图 5-21　选择网卡

4）这时会在"Configured Drivers"菜单中出现刚才建立好的 Ethernet/IP 驱动及其运行状态，如图 5-22 所示。

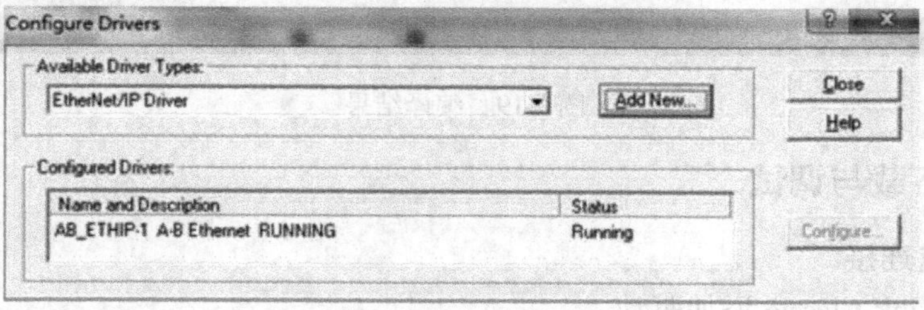

图 5-22　建立好的 Configured Drivers

5）在"Workstation"中也会有相应的驱动选项，如果已创建好 PLC 和相关网络设备（如变频器）的连接，点击"＋"，则会出现相应的设备和其对应的 IP 地址。如图 5-23 所示。

（2）PLC 的 Ethernet/IP 地址手动设置

PLC 的 IP 设置有两种方法，分别是通过 DHCP 分配 IP 和在 CCW（一体化编程组态软件）中手动设定 PLC 的 IP 地址。手动设定 IP 地址过程如下：

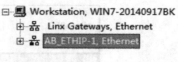

图 5-23　建立好的以太网连接

1）在 CCW（一体化编程组态软件）编译环境中，点击"Micro850"，会出现如图 5-24 所示的连接界面，在下方有下拉菜单，在"Ethernet"中找到"Internet Protocol"选项。

2）选中"Configure IP address and settings"选项，分别填入所想设置的"IP Address（IP 地址）"、"Subnet Mask（子网掩码）"和"Gateway Address（网关地址）"。

3）网关地址就是路由器的 IP，两者要设置在同一网段才可连接，保证前三段 IPv4 码相同。例如，假设之前电脑设置 IP 为 192.168.1.3，则可以设置 PLC 的 IP 为 192.168.1.2。IP 设置好后，可以在操作系统的命令行窗口中用"Ping"命令检查网络是否连通。例如，这里输入"Ping 192.168.1.2"，在命令行窗口能看到指令的反馈，从反馈可以看到网络是否连通。如果不成功，要检查网络连接的硬件和设置等参数是否正确。

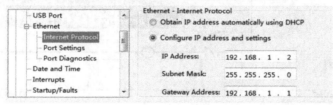

图 5-24　设置 PLC 的 IP 地址

2. 下载工程

在通信配置完成且确保工作正常后，就可以连接 PLC 并且下载工程了，下载前首先要把电脑与 PLC 进行连接，方式如下：

1）连接　点击"Micro850"按钮，会出现如图 5-25a 所示窗口，这时点击绿色的"Connect"按钮，会弹出对话框，点击内部的 AB_ETHIP-1 Ethernet，会出现已经设置好 IP（或者通过 DHCP 方式分配 IP）的 PLC，选择该对象，点击"OK"，当绿色的"Connect"按钮变成灰色的"Disconnect"按钮时，则表示连接成功。

如果以太网络中有多个 PLC，则要根据 IP 选择需要下载程序的控制器进行连接。否则，可能会把程序下载到其他的 PLC 中。

2）编译　在工具栏中找到编译按钮 █，点击它，即可进行编译。

3）下载　在工具栏中找到下载按钮 █，点击它，即可下载至有网线连接的 A-B PLC 中。

4）调试：在工具栏中找到调试按钮 ▶，点击它，即可在线调试程序。某污水厂格栅控制的一小段演示程序调试如图 5-25b 所示。

在调试窗口中，梯形图中触点、线圈的通与段、定时器当前值等都以不同的颜色动态显示。对于一些参数，例如程序中的类型为 TIME，初始值为 T#2S 的变量 TESET，在调试时可以双击该变量，会弹出变量监视窗口，在该窗口中找到该变量的逻辑值这一列，可以修改定时参数。其他一些内部触点等与可以采用该方式动态调试。

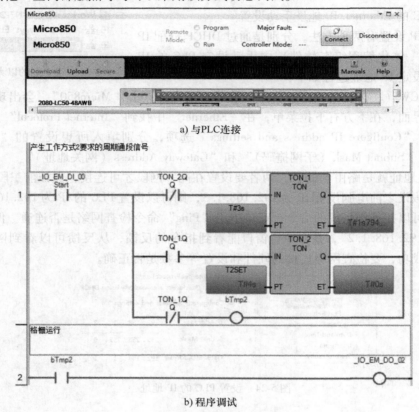

a) 与PLC连接

b) 程序调试

图 5-25　与 PC 连接及程序调试

3. 密码保护

Micro850 控制器具有密码保护功能，以提高其安全性和知识产权保护，其主要特点有：

1）支持创建保密性很强的密码，甚至优于 Windows7 操作系统的密码机制。

2）无论是否允许范围控制器，控制器均可执行强制。

3）支持显示保护状态和用户名来确定当前用户。

4）CCW（一体化编程组态软件）与 PLC 的所有通信中都对密码进行加密处理。

5）无后门密码，即一旦密码丢失，则必须刷机。因此，开发人员一定要加强密码保存和管理。

5.2 Micro850 编程语言

5.2.1 IEC 61131-3 编程语言标准编程语言

近年来，随着 IEC 61131-3 编程语言标准编程语言的推广，各种新型 PLC 及其编程软件多数都支持该标准。IEC 61131-3 编程语言标准编程语言是 IEC 工作组对世界范围的 PLC 厂商的编程语言进行了分析借鉴和吸收，吸收了 C 语言、PASCAL 等高级编程语言在数据结构、程序结构、指令等方面的表示方式（主要指的是 ST 语言），进而形成的一套针对工业控制系统的编程语言国际标准。它虽然首先面向 PLC，但已推广到集散控制系统、电力继电保护设备、RTU 等众多其他类型的工控设备。选择何种语言编程，与程序设计人员的背景、所面对的控制问题、对这个控制问题的描述程度、控制系统的结构，以及与其他人员和部门的接口等有关。

在 IEC 61131-3 编程语言中编程语言部分规范了 4 种编程语言，并定义了这些编程语言的语法和句法。这 4 种编程语言是：文本化语言两种，即指令表语言（IL）和结构化文本语言（ST）；图形化语言两种，即梯形图语言（LD）和功能块图语言（FBD）。由于要求控制设备完整地支持这 4 种语言并非易事，所以标准中允许部分实现，即不一定要求每种 PLC 都要同时具备这些语言。虽然这些语言最初是用于编制 PLC 逻辑控制程序的，但是由于 PL-Copen 国际组织及专业化软件公司的努力，这些编程语言也支持编写过程控制、运动控制等其他应用系统的控制任务编程。

在 IEC 61131-3 编程语言标准中，顺序功能图（SFC）是作为编程语言的公用元素定义的。因此，许多文献也认为 IEC 61131-3 编程语言标准中含有 5 种编程语言规范，而 SFC 是其中的第三种图形编程语言。

一般而言，即使一个很复杂的任务，采用这 5 种编程语言的组合，是能够编写出满足控制任务功能要求的程序的。因此，IEC 61131-3 编程语言标准中的 5 种编程语言也是充分满足了控制系统应用程序开发的需要。

通常中、大型 PLC 支持比较多的编程语言，而小型、微型 PLC 支持的编程语言相对较少。作为微型 PLC，Micro850PLC 的编程语言包括梯形图（LD）、结构化文本（ST）和功能块图（FBD）。本节首先对这 3 种编程语言做介绍，然后再介绍指令表语言（IL）和顺序功能图（SFC）。

5.2.2　梯形图编程语言

1. 梯形图组成元素

梯形图语言是从继电器-接触器控制基础上发展起来的一种编程语言，其特点是易学易用，历史悠久。特别是对于具有电气控制背景的人而言，梯形图可以看作是继电逻辑图的软件延伸和发展。尽管两者的结构非常类似，但梯形图软件的执行过程与继电器硬件逻辑的连接是完全不同的。

IEC 61131-3 编程语言标准定义了梯形图中用到的元素，包括电源轨线、连接元素、触点、线圈、功能和功能块等。

（1）电源轨线

电源轨线的图形元素也称为母线。它的图形表示是位于梯形图左侧和右侧的两条垂直线。在梯形图中，能流从左则电源轨线开始向右流动，经过连接元素和其他连接在该梯级的图形元素最终到达右电源轨线。

（2）连接元素和状态

是指梯形图中连接各种触点、线圈、功能和功能块及电源轨线的线路，包括水平线路和垂直线路。连接元素的状态是布尔量。连接元素将最靠近该元素左侧图形符号的状态传递到该元素的右侧图形元素。连接元素在进行状态的传递中遵循以下规则：

1）水平连接元素从它的紧靠左侧的图形元素开始将该图形元素的状态传递到紧靠它右侧的图形元素。连接到左电源轨线的连接元素，其状态在任何时刻都为 1，它表示左电源轨线是能流的起点。右电源轨线类似于电气图中的零电位。

2）垂直连接元素总是与一个或多个水平连接元素连接。它由一个或多个水平连接元素在每一侧与垂直线相交组成。垂直连接元素的状态根据与其连接的各左侧水平连接元素状态的或运算表示。

（3）触点

是梯形图的图形元素。梯形图的触点沿用电气逻辑图的触点术语，用于表示布尔变量的状态变化。触点是向其右侧水平连接元素传递一个状态的梯形元素。按静态特性分，触点可分为常开触点和常闭触点。常开触点在正常工况下触点断开，状态为 0；常闭触点在正常工况下触点闭合，其状态为 1。此外，在处理布尔量的状态变化时，要用到触点的上升沿和下降沿，这也称为触点的动态特性。

（4）线圈

是梯形图的图形元素。梯形图的线圈也沿用电气逻辑图的线圈术语，用于表示布尔量状态的变化。线圈是将其左侧水平连接元素状态毫无保留地传递到其右侧水平连接元素的梯形图元素。在传递过程中，将左侧连接的有关变量和直接地址的状态存储到合适的布尔量中。线圈按照其特性可分为瞬时线圈（不带记忆功能）、锁存线圈（置位和复位）和跳变线圈（上升元跳变触发或下降沿跳变触发）等。

（5）功能和功能块

梯形图编程语言支持功能和功能块的调用。

2. 梯形图的执行过程

梯形图采用网络结构，一个梯形图的网络以左电源轨线到右电源轨线为界。梯级是梯形图网络结构中的最小单位。一个梯级包含输入指令和输出指令。

输入指令在梯级中执行比较、测试的操作，并根据操作结果设置梯级的状态。例如，测试梯级内连接的图形元素状态的结果为 1，输入状态就被置 1。输入指令通常执行一些逻辑操作、数据比较操作等。输出指令检测输入指令的结果，并执行有关操作和功能，例如，使某线圈激励等。通常输入指令与左电源轨线连接，输出指令与右电源轨线连接。

梯形图执行时，从最上层梯级开始执行，从左到右确定各图形元素的状态，并确定其右侧连接元素的状态，逐个向右执行，操作执行的结果由执行控制元素输出，直到右电源轨线。然后，进行下一个梯级的执行过程，如图 5-26 所示。

当梯形图中有分支时，同样依据从上到下、从左到右的执行顺序分析各图形元素的状态，对垂直连接元素根据上述有关规则确定其右侧连接元素的状态，从而逐个从左到右、从上到下执行求值过程。

3. 梯形图编程语言编程示例

在污水处理厂及污水、雨水泵站，有一种设备

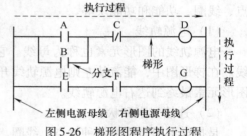

图 5-26 梯形图程序执行过程

叫格栅，分为粗格栅和细格栅两种，其作用是滤除漂浮在水面上的漂浮物，粗格栅去除大的漂浮物，细格栅去除小的漂浮物。格栅的控制方式有两种：

1）根据时间来控制，通常是开启一段时间、停止一段时间的脉冲工作方式。

2）根据格栅前后的液位差进行控制。液位差超过某数值时起动，低于某数值时停机。其原理是格栅停机后，污物堆积影响到污水通过，会导致格栅前后液位差增大。

现要求编写梯形图程序来控制格栅设备。其中两种运行方式可在中控室操作站上选择；第一种方式工作时开、停的时间可设；第二种方式工作时液位差可以设置。

格栅控制梯形图程序如图 5-27 所示。这里没有采用自定义功能块而是直接写程序的，等读者学习了后续内容，掌握了自定义功能块的使用后，可以用功能块来实现。因为一个工厂有多个这样设备，为了软件的可重用，方便程序的调试，应该用自定义功能块实现。

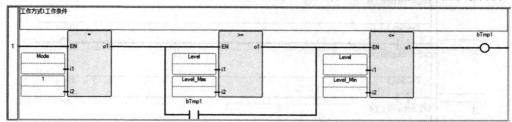

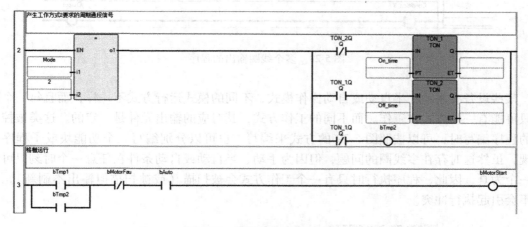

图 5-27　格栅控制梯形图程序

程序中，梯级 1 是工作方式 1 的工作条件逻辑，梯级 2 是工作方式 2 的逻辑，梯级 3 是设备总的工作程序。程序中变量将来要与上位机通信的变量是全局变量，而其他变量可以定义为本程序中的局部变量。程序中用全局变量"Mode"表示工作方式。需要注意的是程序中用了两个 TON 类型的定时器，根据要求其时间是可变的，因此这里用了时间类型的变量，而非时间常数。实际应用中由于上位机不支持 TIME 类型，因此在 PLC 中要采用 ANY ＿ TO ＿ TIME 功能块把上位机传来的表示时间的整形数转换为时间类型（TIME）参数后送给这两个时间类型变量。梯级 3 中 bMotorFau 表示设备故障信号，取过热继电器辅助触点的常开触点送入到 PLC 的 DI 通道。bAuto 表示设备控制的自动选择信号，选中该信号后，触点闭合。手动操作时，该触点打开。

4. 梯形图编程中的多线圈输出

用梯形图编程时，特别是初学者容易犯的一个错误就是多线圈输出。例如，假设在满足条件1、条件2和条件3时有同一个输出。例如，某设备在工作方式1在满足某些条件时工作；在工作方式2在满足某些条件时工作；在工作方式3在满足某些条件时工作；假设图5-28中Condition＿1、Condition＿2和Condition＿3分别对应最终该设备工作条件，初学者很容易会写出如图5-28所示的程序，由于PLC的扫描工作方式，很容易导致程序运行的结果出错误。有些型号的PLC编译系统对这种情况会报警告提示。Micro850编译系统是能够通过的。但这并不表示运行结果会是可靠的。准确的做法应该如图5-29所示，即把设备工作的所有条件都"并"起来，而每一个条件都可能是复杂的逻辑组合。

图 5-28　多个线圈输出的程序

某些设备有手动、半自动或自动操作模式，不同的模式运行方式不一样，而且每一个时刻只可能有一种方式在工作。而不同的工作方式，其对应的输出元件是一定的。这类被控对象的程序编写时，可以按照图5-29的方式来编写。也可以分别编写三个功能块或子程序来实现，虽然这时存在多线圈的问题，但因为手动、半自动或自动条件在任意一个时刻只可能有一个为真，因此，程序执行时只有一个工作方式会被扫描（或被扫描但输出不刷新），因而不会引起执行冲突。

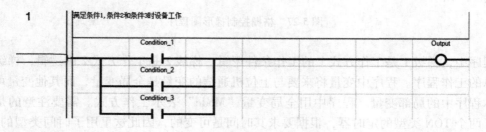

图 5-29　多种工作模式工作是程序示意

5.2.3　结构化文本语言

1. 结构化文本编程语言介绍

结构化文本语言（ST）是高层编程语言，类似于 PASCAL 编程语言。它不采用底层的面向机器的操作符，而是采用高度压缩的方式提供大量抽象语句来描述复杂控制系统的功能。一般而言，它可以用来描述功能、功能块和程序的行为，也可以在 SFC 中描述步、动作块和转移的行为。相比较而言，它特别适合于定义复杂的功能块。这是因为它具有很强的编程能力，可方便地对变量赋值，调用功能和功能块，创建表达式，编写条件语句和迭代程序等。结构化文本语言编写的程序格式自由，可在关键词与标识符之间的任何地方插入制表符、换行符和注释。它还具有易学易用、易读易理解的特点。

结构化文本编程语言编写的程序是结构化的，具有以下特点：

1）在结构化编程语言中，没有跳转语句，它通过条件语句实现程序的分支。

2）结构化编程语言中的语句是用"；"分割，一个语句的结束用一个分号。因此，一个结构化语句可以分成几行写，也可以将几个语句缩写在一行，只需要在语句结束用分号分割即可。分号表示一个语句的结束，换行表示在语句中的一个空格。

3）结构化文本语言的语句可以注释，注释的内容包含在符号"（＊"和"＊）"之间。

4）一个语句中可以有多个注释，但注释符号不能套用。

5）结构化文本编程语言的基本元素是表达式。

2. 结构化文本编程语言编程示例

熟悉高级编程语言工程师会喜欢用结构化文本编程语言，用该语言编写的程序比梯形图程序更加简捷。以下说明采用结构化文本编写的求 1-100 的和及阶乘的程序。首先定义变量，这里在变量定义时给变量赋了初值，如图 5-30a 所示。变量定义好后编辑代码。程序如图 5-30b 所示。然后进行程序的编译、下载和运行。读者有兴趣的话可以尝试用梯形图语言来实现上述功能，然后将两者比较，就会对不同的编程语言有更加深刻的认识，从而学会根据任务的要求选择最合适的编程语言，以简化程序的编写。

Name	Alias	Data Type	Dimension	Initial Value	Attribute	Comment
‑ ✎	‑ ✎	‑ ✎	‑ ✎	‑ ✎	‑ ✎	
J		INT		1	Read/Write ▾	临时变量
SUM		INT		0	Read/Write ▾	累加和
FACTORIAL		INT		1	Read/Write ▾	阶乘值

a) 变量定义

```
1   (* 求1到100的累加和以及100阶乘的例子*)
2   IF J<100 THEN
3       J:=J+1;
4       SUM:=SUM + J; (* 计算和 *)
5       (* 计算阶乘 *)
6       FACTORIAL:= FACTORIAL*J;
7   END_IF;
```

b) 代码部分

图 5-30　结构化编程语言程序示意

5.2.4　功能块图

1. 功能块图编程语言介绍

功能块图（Function Block Diagram，FBD）编程语言源于信号处理领域，是一种相对较新的编程方法，功能块图编程语言是在 IEC 61499 标准基础上诞生的。该编程方法用方框图的形式来表示操作功能，类似于数字逻辑门电路的编程语言，有数字电路基础的人很容易掌握。该编程语言用类似与门、或门的方框来表示逻辑运算关系，方框的左侧为逻辑运算的输入变量，右侧为输出变量；信号也是由左向右流向的，各个功能方框之间可以串联，也可以插入中间信号。在每个最后输出的方框前面逻辑操作方框数是有限的。功能块图经过扩展，不但可以表示各种简单的逻辑操作，而且也可以表示复杂的运算、操作功能。

功能块图编程语言在德国十分流行，西门子公司的"LOGO！"微型可编程控制器就使用该编程语言。在德国许多介绍 PLC 的书籍中，介绍程序例子时多用该语言。和梯形图及顺序功能图一样，功能块图也是一种图形编程语言。

2. 功能块图程序的组成与执行

（1）功能块图网络结构

功能块图由功能、功能块、执行控制元素、连接元素和连接组成。功能和功能块用矩形框图图形符号表示。连接元素的图形符号是水平或垂直的连接线。连接线用于将功能或功能块的输入和输出连接起来，也用于将变量与功能、功能块的输入、输出连接起来。执行元素用于控制程序的执行次序。

功能和功能块输入和输出的显示位置不影响其连接。不同的 PLC 系统中，其位置可能不同，应根据制造商提供的功能和功能块显示参数的位置进行正确连接。

（2）功能块图的编程和执行

在功能块编程语言中，采用功能和功能块编程，其编程方法类似于单元组合仪表的集成方法。它将控制要求分解为各自独立的功能或功能块，并用连接元素和连接将它们连接起来，实现所需的控制功能。

功能块图编程语言中的执行控制元素有跳转、返回和反馈等类型。跳转和返回分为条件跳转或返回及无条件跳转或返回。反馈并不改变执行控制的流向，但它影响下次求值中的输入变量。标号在网络中应该是唯一的，标号不能再作为网络中的变量使用。在编程系统中，由于受到显示屏幕的限制，当网络较大时，显示屏的一个行内不能显示多个有连接的功能或功能块，这时，可以采用连接符连接，连接符与标号不同，它仅表示网络的接续关系。

3. 功能块图编程语言编程示例

假设某水箱液位采用 ON-OFF 方式进行控制。当实际液位测量值小于等于所设定的最小液位时，输出一个 ON 信号；当测量值大于等于最高液位时，输出一个 OFF 信号。

这样的 ON-OFF 控制在许多场合会用到。因此，可以首先编写一个 ON-OFF 控制的自定义功能块，然后，在程序中调用该功能块。图 5-31a 是该功能块的变量定义，图 5-31b 是功能块的代码部分，图 5-31c 是在程序中调用该功能块的一个实例，该实例描述了一个水箱液位控制实现。调用该功能块时，用实参代替形参，程序中 Actual _ Level、Min _ Level 和 Max _ Level 都是全局变量。Actual _ Level 是液位传感器信号转换后的液位，而 Min _ Level 和 Max _ Level 都是在上位机或终端上可以设置的水箱运行控制参数。Start _ Motor 是一个与水泵运行控制有关的局部变量，非水泵的启动信号，因为水泵的运行还受到工作方式、是否有故障等逻辑条件限制。

由于液体不可能同时低于最低位和高于最高位，因此功能块中用"RS"或"SR"功能块都可以。

Name	Alias	Data Type	Direction	Dimension	Initial Value	Attribute
Actual_L		REAL	VarInput			Read
Max_L		REAL	VarInput			Read
Min_L		REAL	VarInput			Read
Out		BOOL	VarOutput			Write
+ RS_1		RS	Var		...	Read/Write

a) 功能块局部变量定义

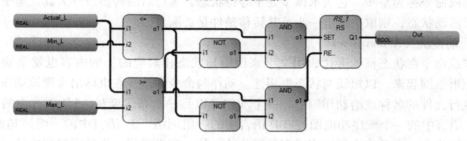

b) 功能块代码部分

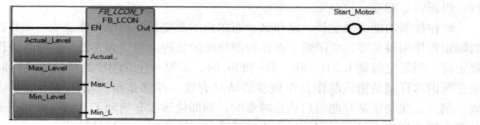

c) 梯形图程序调用功能块

图 5-31　功能块图编程例子

5.2.5　顺序功能图

1. 顺序功能图基本概念

顺序功能图（Sequence Function Chart，SFC）最早由法国国家自动化促进会提出。它是一种强大的描述控制程序的顺序行为特征的图形化语言，可对复杂的过程或操作由顶到底地进行辅助开发，允许一个复杂的问题逐层地分解为步和较小的能够被详细分析的顺序，因此该方法十分的精确、严密。此外，它还具有简单易学的特点，因此很快就被广大的设计人员接受，并被纳入一些国家和国际组织的标准。

顺序功能图把一个程序的内部组织加以结构化，在保持其总貌的前提下将一个控制问题分解为若干可管理的部分。它由三个基本要素构成：步（Steps）、动作块（Action Blocks）和转换（Transitions）。每一步表示被控系统的一个特定状态，它与动作块和转移相联系。转换与某个条件（或条件组合）相关联，当条件成立时，转换前的上一步便处于非激活状态，而转换至的那一步则处于激活状态。与被激活的步相联系的动作块，则执行一定的控制动作。步、转换和动作块这三个要素可由任意一种 IEC 编程语言编程，包括 SFC 本身。

（1）步（Steps）

用顺序功能图设计程序时，需要将被控对象的工作循环过程分解成若干个顺序相连的阶段，这些阶段就称之为"步"。例如：在机械工程中，每一步就表示一个特定的机械状态。

步用矩形框表示，描述了被控系统的每一特殊状态。SFC 中的每一步的名字应当是唯一的并且应当在顺序功能图中仅仅出现一次。一个步可以是活动的，也可以是非活动的。只有当步处于活动状态时，与之相应的动作才会被执行；而非活动步不能执行相应的命令或动作（但是当步活动时执行的动作可以保持，即当该步非活动时，在该步执行的动作或命令可以保持，具体见动作限定符）。每个步都会与一个或多个动作或命令有联系。一个步如果没有连接动作或命令称为空步。它表示该步处于等待状态，等待后级转换条件为真。至于一个步是否处于活动状态，则取决于上一步及其转移条件是否满足。

（2）动作块（Action Blocks）

动作或命令在状态框的旁边，用文字来说明与状态相对应的步的内容也就是动作或命令，用矩形框围起来，以短线与状态框相连。动作与命令旁边往往也标出实现该动作或命令的电器执行元件的名称或给动作编号。一个动作可以是一个布尔变量、LD 语言中的一组梯级、SFC 语言中的一个顺序功能图、FBD 语言中的一组网络、ST 语言中的一组语句或 IL 语言中的一组指令。在动作中可以完成变量置位或复位、变量赋值、启动定时器或计算器、执行一组逻辑功能等。

动作控制功能由限定符、动作名、布尔指示器变量和动作本体组成。动作控制功能块中的限定符作用很重要，它限定了动作控制功能的处理方法，表 5-2 为可用的动作控制功能块限定符。当限定符是 L、D、SD、DS 和 SL 时，需要一个 TIME 类型的持续时间。需要注意的是所谓非存储是指该动作只在该步活动时有效；存储是指该动作在该步非活动时仍然有效。例如，在动作是存储的启动定时器时，则即使该步非活动了，该定时器仍然在工作；若是非存储的启动定时器，则一旦该步非活动了，该定时器就被初始化。

表 5-2　动作控制功能块的限定符及其含义

序　号	限定符	功能说明（中文）	功能说明（英文）
1	N	非存储	Non-Stored
2	R	复位优先	Overriding Reset
3	S	置位（存储）	Set Stored
4	L	时限	Time Limited
5	D	延迟	Time Delayed
6	P	脉冲	Pulse
7	SD	存储和时限	Stored and Time Delayed
8	DS	时限和存储	Delayed and Stored
9	SL	存储和延迟	Stored and Time Limited
10	P1	脉冲（上升沿）	Pulse Rising Edge
11	P0	脉冲（下降沿）	Pulse Falling Edge

时限（L）限定符用于说明动作或命令执行时间的长短。例如，动作冷却水进水阀打开 30s，表示该阀门打开的时间是 30s。

延迟（D）限定符用于说明动作或命令在获得执行信号到执行操作之间的时间延迟，即所谓的时滞时间。

（3）转换（Transitions）

步的转换用有向线段表示。在两个步之间必须用转换线段相连接，也就是说，在两相邻步之间必须用一个转移线段隔开，不能直接相连。转换条件用于转换线段垂直的短画线表示。每个转换线段上必须有一个转换条件短画线。在短画线旁，可以用文字或图形符号或逻辑表达式注明转换条件的具体内容，当相邻两步之间的转换条件满足时，两步之间的转换得以实现。转换条件可以是简单的条件，也可以是具有一定复杂度的逻辑条件。

（4）有向连线

有向连线是水平或垂直的直线，在顺序功能图中，起到连接步与步的作用。有向连线连接到相应转换符号的前级步是活动步时，该转换是使能转换。当转换是使能转换时，相应的转换条件为真时，发生转换的清除或实现转换。

当程序在复杂的图中或在几张图中表示时会导致有向连线中断，应在中断点处指出下一步名称和该步所在的页号或来自上一步的步名称和步所在的页号。

2. 顺序功能图的结构形式

按照结构的不同，顺序功能流程图可分为以下几种形式：单序列控制、并行序列、选择序列和混合结构序列等。

（1）单序列

单流程结构是顺序控制中最常见的一种流程结构，其结构特点是程序顺着工序步，步步为序的向后执行，中间没有任何的分支，如图 5-32 所示。单序列是顺序功能图编程基础。

（2）选择性系列

选择性序列表示如果从多个分支状态或分支状态序列中只选择执行某一个分支状态或分支状态序列，则称为选择性分支，如图 5-33 所示。选择性分枝的转移条件短画线画在水平单线之下的分支上。每个分支上必须具有一个或一个以上的转移条件。

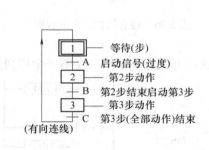

图 5-32　单序列顺序功能流程图

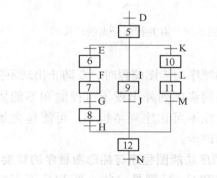

图 5-33　有选择性分支的转移图

在这些分支中，如果某一个分支后的状态或状态序列被选中，当转换条件满足时会发生状态的转换。而没有被选中的分支，即使转换条件已满足，也不会发生状态的转换。需要注意的是，如果只选择一个序列，则在同一时刻与若干个序列相关的转换条件中只有一个为真，应用时应防止发生冲突。对序列进行选择的优先次序可在注明转换条件时规定。

选择性分支汇合于水平单线。在水平单线以上的分支上，必须有一个或一个以上的转移条件，而在水平单线以下的干支上则不再有转移条件。

在选择性分支中，会有跳过某些中间状态不执行而执行后边的某状态，这种转移称为跳步。跳步是选择性分支的一种特殊情况。

在完整的顺序功能图中，会有依一定条件在几个连续状态之间的局部重复循环运行。局部循环也是选择性分支的一种特殊情况。

（3）并行

当转换条件成立导致几个序列同时激活时，这些序列称为并行序列，如图 5-34 所示。它们被同时激活后，每个序列活动步的进展是独立的。并行性分支画在水平双线之下。在水平双线之上的干支上必须有一个或一个以上的转换条件。当干支上的转换条件满足时，允许各分支的转换得以实现。干支上的转换条件称为公共转换条件。在水平双线之下的分支上，也可以有各自分支自己的转换条件。在这种情况下，表示某分支转换得以实现除了公共转换条件之外，还必须具有的特殊转换条件。

并行性分支汇合于水平双线。转换条件短画线画在水平双线以下的干支上，而在水平双线以上的分支上则不再有转换条件。

此外，还有混合结构顺序流程图，即把通常的单序列流程图、选择、并行等几种形式的流程图结合起来的情况，如图 5-35 所示。

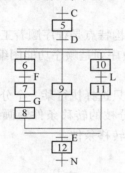

图 5-34　有并行性分支的转移图

图 5-35　混合结构顺序流程图

在用顺序功能图编程时，要防止出现不安全序列或不可达序列结构。在不安全序列结构中，会在同步序列外出现不可控制和不能协调的步调。在不可达序列结构中，可能包含始终不能激活的步。

3. 顺序功能图程序与梯形图程序的转换

有些 PLC，特别是一些小型 PLC 不支持顺序功能图编程，但在程序设计时，以顺序功能图的思路进行了分析，并且画出了其实现形式，这时可以将顺序功能图采用梯形图来实现。这种根据系统的顺序功能图设计出梯形图的方法，有时也称为顺序控制梯形图的编程方法，目前常用的编程方法有使用"起保停"电路及以转换为中心进行编程。图 5-36 所示为采用以转换为中心的方式把顺序功能图程序转换为梯形图

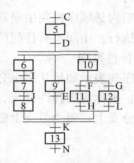

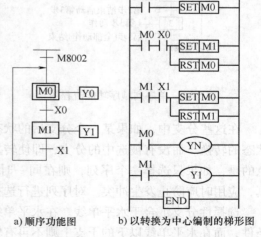

a) 顺序功能图　　　b) 以转换为中心编制的梯形图

图 5-36　以转移为中心的编程方式

语言的基本原理。在该程序中，有 2 步、3 个转换条件和 2 个动作。在梯形图中，大家看到这种转换实现方式是一致的，即当每一步状态和向下一步转换的条件满足时，通过对本步复位和对下一步置位实现向下一步却换。同时在每一步激活时执行一定动作。当然，本程序较简单，每步的动作没有改变同样的线圈状态的，如果存在该情况，则要利用先前梯形图程序中介绍的把对同样线圈的动作逻辑归类，以防止多线圈输出的情况。

表 5-3 列出了顺序功能图主要的程序结构与梯形图程序转换的一种实现方法。

表 5-3　基本 SFC 序列与梯形图的转换

功 能 表 图	梯形图编辑语言的程序
单序列 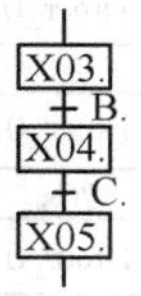 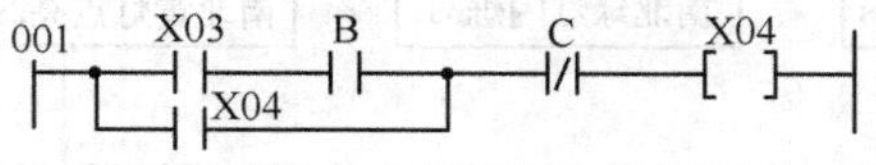	001　X03　B　　C　　X04
选择序列（分支） 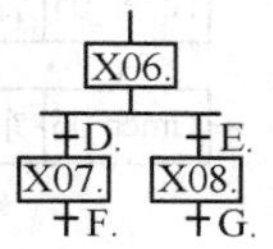 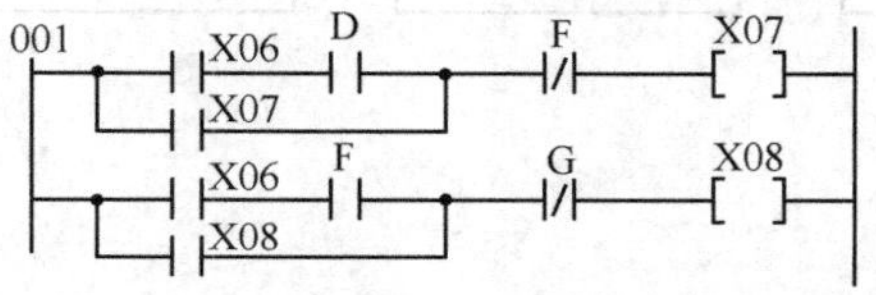	001　X06　D　　F　　X07；X06　F　　G　　X08
选择序列（合并） 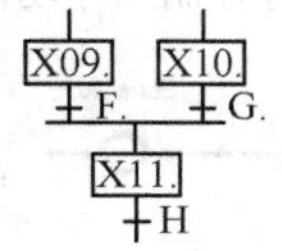 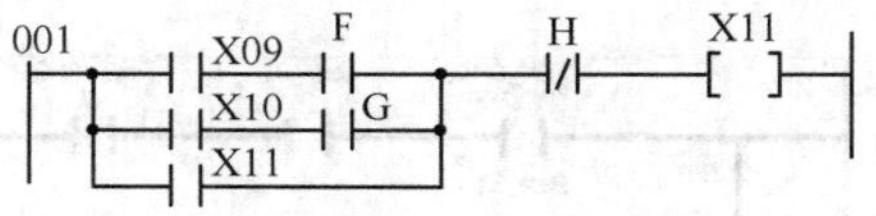	001　X09　F　　H　　X11；X10　G；X11
并行序列（分支） 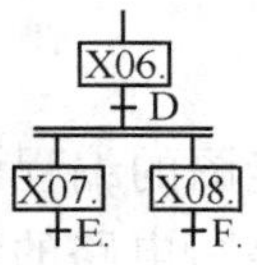 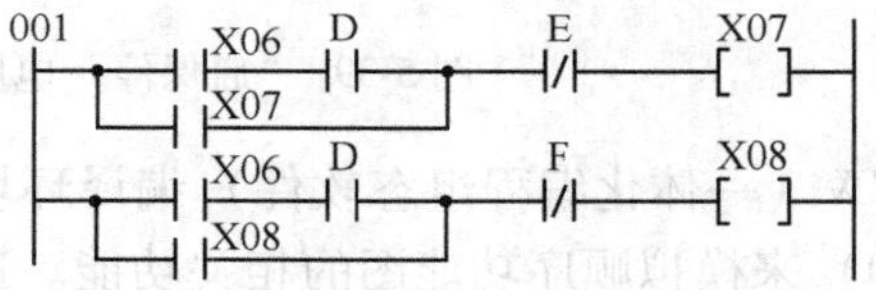	001　X06　D　　E　　X07；X06　D　　F　　X08
并行序列（合并） 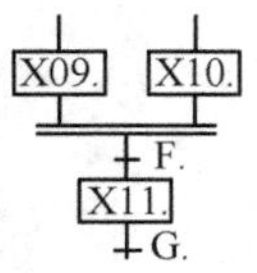 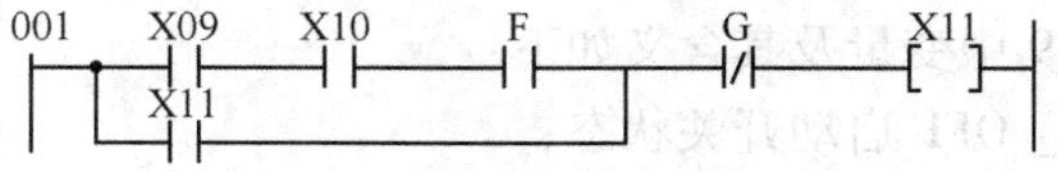	001　X09　X10　F　　G　　X11；X11

4. 顺序功能图编程语言编程示例

（1）交通灯控制

1）交通灯控制问题

假设某交通灯控制系统交通灯工作时序是：

东西红灯点亮 20s，南北绿灯点亮 20s；

东西红灯点亮 3s，南北绿灯闪烁 3s；

东西红灯点亮 2s，南北黄灯点亮 2s；

东西绿灯点亮 20s，南北红灯点亮 20s；

东西绿灯闪烁 3s，南北红灯点亮 3s；

东西黄灯点亮 2s，南北红灯点亮 2s。

第 6 步结束后，将会跳回第一步继续执行程序，如图 5-37 所示。

2）程序实现

显然，根据该交通灯的功能要求，很容易利用顺序功能图的思想画出如图 5-38 所示的顺序功能图。

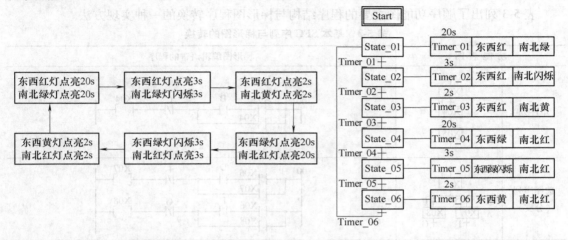

图 5-37　交通信号灯基本功能流程图　　　图 5-38　交通灯控制顺序功能图设计原理

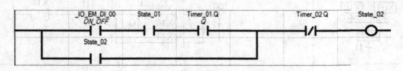

图 5-39　"启保停"电路梯形图逻辑

由于，CCW（一体化编程组态软件）编译环境不支持顺序功能图的编程语言，因此使用梯形图（LD）来模拟顺序功能图的相关功能。这里利用"启保停"电路的编程方法，外加常闭触点来实现顺序功能图中的相关状态步及其转移和动作。

图 5-39 中变量及其含义如下：

①ON_OFF 启动开关状态；

②State_01 上一状态运行状态；

③Timer_01.Q 状态转移条件；

④Timer_02.Q 向状态 State_02 转移条件；

⑤State_02 本状态（包括线圈和自保持的常开触点）。

其实现步转移的原理如下：当前一状态和状态转移指令同时为"1"（闭合）时，本状态会被激活，同时使常开触点闭合进行自保持，接着断开前一状态。通过这种方法，就可以满足 SFC 在转换时的两个要求，即

①使所有由有向连线与相应转换符号相连的后续步都变为活动步；

②使所有由有向连线与相应转换符号相连的前级步都变为不活动步。

具体的梯形图在此不再给出了。

（2）ControlLogix5000 编程环境下的顺序功能图

　　Micro850 不支持顺序功能图编程，这里给出一个用 ControlLogix5000 编写的顺序功能图的程序例子，以使大家对该编程方法有直观的印象。这里是两轴伺服控制的一小段 SFC 代码，如图 5-40 所示。

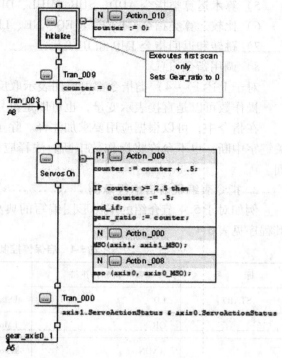

　　这里包括初始步一共 2 步。初始步（initialize）的动作是对某参数 counter 置 0。一旦该参数为 0，则进入下一步。下一步一共有三个动作（三个动作的执行顺序是可以在编程时设置的）。第一个动作是一旦进入该步（名为"Servos On"）则执行动作 Action_009，这段动作代码是用 ST 语言写的，且代码只在动作状态变化的脉冲上升沿执行一次（动作符号前"P1"的含义）。该代码内容是对 counter 进行一个代数操作，若该数小于 2.5 则增加 0.5，否则赋值 0.5，然后把该值赋给另外一个参数 gear_ratio；第二个动作是 Action_000，执行 MSO（开运动伺服使能）指令；第三个动作是 Action_008，也是执行 MSO 指令。从该步却换到下一步的条件是该步发出了 MSO 指令后两个轴是否都已经使能了。若条件满足，则继续执行到 A5。动作符号前面的"N"表示只有该步活跃时才执行这个动作。

图 5-40　SFC 程序示例

5.2.6　指令表语言

1. 指令表编程语言介绍

　　指令表（Instruction List，IL）编程语言是一种主要流行于欧洲和日本的低级语言，与汇编语言相似。指令表语言不必通过编译和连编，就可以下载到 PLC 的 CPU 中去。IEC 61131-3 指令表编程语言吸收和借鉴了 PLC 厂商的指令表语言长处，并在此基础上形成了一种标准语言，可用来描述功能、功能块和程序的行为，也可在 SFC 中描述动作、转移的行为。

　　指令表编程语言由一系列指令组成。每条指令均占一行，指令由操作符及紧跟其后的操作数组成。对于多于一个的操作数，可用逗号分隔。IEC61131 – 3 标准对指令表编程语言进行了扬弃，采用功能和功能块，精简了指令，使用数据类型的超载属性等，使编程语言更简单灵活。

　　指令表具有如下格式：

　　标号：操作符操作数

　　其中操作符包括：

　　1）数据存取指令 LD 和 LDN；

　　2）输出指令 ST 和 STN；

3）置位和复位指令 S 和 R；

4）逻辑运算类指令 AND、OR、XOR、NOT；

5）算术运算类指令 ADD、SUB、MUL、DIV 和 MOD；

6）比较运算类指令 GT、GE、EQ、NE、LE 和 LT；

7）跳转和返回指令 JMP 和 RET；

8）调用指令 CAL。

对于上述 1）~4）类指令都可以加表示取反操作的修正符 N。

操作数可以是直接表示变量，也可以是符号变量。

在指令中，可以根据应用要求加注释。除了不能嵌套注释外，注释也不允许将操作符、关键字中断，也不允许将操作数中断。注释应该在程序行的最后面，不允许放在行首和中间。

2. 指令表编程语言编程示例

例如对于 5.4 节介绍的用梯形图编写的典型"启保停"程序逻辑，用指令表语言编写其程序见表 5-4。

表 5-4　启保停控制逻辑指令表程序

标　号	操作符和修正符	操作数	说明
START：	LD	bStart	（＊按下起动按钮＊）
	OR	bMotorStart	（＊自保触点＊）
	ANDN	bStop	（＊按下停止按钮＊）
	ST	bMotorStart	（＊起动设备＊）

5.3　Micro850 程序设计技术

在工业控制系统中，以 PLC 为代表的控制站（下位机系统）实现对被监控的过程、设备进行直接控制，应用软件的运行结果直接对被控的物理过程和设备产生影响。因此，软件的设计与开发极为重要。在进行 PLC 程序设计时，要根据被控过程的特点和要求选择合适的程序设计方法及编程语言。

PLC 程序设计方法主要有经验设计法、时间顺序逻辑设计方法、逻辑顺序程序设计方法、顺序功能图法等几种。

在进行程序设计前，还有必要了解程序的执行过程，从而更加好地把握程序设计原则，确保程序执行结果与预期一致。

5.3.1　Micro800 的程序执行

1. 程序执行的概述

Micro800 程序以扫描方式执行，一个 Micro800 周期或扫描由以下内容组成：读取输入、按顺序执行程序、更新输出和执行通信任务。程序名称必须以字母或下划线开头，后面可接多达 127 个字母、数字或单个下划线。支持梯形图、功能块图和结构化文本编程程序。根据可用的控制器存储器，可在一个项目中包含多达 256 个程序。在默认情况下，程序是循环的（每个周期或扫描执行一次）。每个新程序添加到项目后，会为其分配一个连续的顺序编号。在 CCW（一体化编程组态软件）中启动项目管理器后，它将按此顺序显示程序图标，用户可在程序的属性中查看和修改程序的顺序编号。但是，项目管理器在项目下次打开之前不会显示新的顺序。Micro800 控制器支持程序内跳转。通过将程序内的代码作为用户定义的功能块（UDFB）封装，可调用其子例程。用户定义的功能块可在其他用户定义的功能块之内执行，最多支持 5 层嵌套。如果超出此限制，会出现编译错误。或者，也可以将程序分配给一个可用中断，然后仅在触发中断时执行。分配给用户故障例程的程序仅在控制器进入故障模式之前运行一次。

除用户故障例程外，Micro830/Micro850 控制器还支持：

1）4 个可选定时中断（STI）。STI 会在每个设定点间隔（0～65535 ms）执行一次分配的程序。

2）8 个事件输入中断（EII）。EII 会在每次选定输入上升或下降（可配置）时执行一次分配的程序。

3）2 至 6 个高速计数器（HSC）中断。HSC 会基于计数器的累计计数执行分配的程序。HSC 的数量取决于控制器嵌入式输入的数量。

与周期/扫描关联的全局系统变量为：

1）_SYSVA_CYCLECNT：周期计数器；

2）_SYSVA_TCYCURRENT：当前循环时间；

3）_SYSVA_TCYMAXIMUM：上次启动后的最大循环时间。

2. 执行规则

执行过程在一个回路内分为 8 个主要步骤，如图 5-41 所示。回路持续时间为程序的周期时间。

在已定义限制的情况下，被资源使用的变量会在扫描输入后更新，而为其他资源生成的变量会在更新输入前发送。如果已指定周期时间，资源则会等待这段时间过去后再开始执行新的周期。POU 执行时间会随 SFC 程序和指令（如跳转、IF 和返回等）中激活步骤数目的不同而不同。如果周期超过指定的时间，回路会继续执行周期，但会设置一个超限标志。在这种情况下，应用程序将不再实时运行。如果未指定周期时间，资源将执行回路中的所有步骤，之后无需等待便可重新开始新的周期。

1. 扫描输入变量
2. 使用绑定变量
3. 执行POU
4. 生产绑定变量
5. 更新输出变量
6. 保存保留的值
7. 处理IXL消息
8. 休眠直至下一周期

图 5-41　Micro800 程序执行过程示意图

3. 控制器加载和性能考量因素

在一个程序扫描周期中，执行主要步骤（如执行规则表中所示）时可能会被优先级高于主要步骤的其他控制器活动中断。这些活动包括，

1）用户中断事件（包括 STI、EII 和 HSC 中断）；

2）接收和传送通信数据包；

3）运动引擎的周期执行。

如果这些活动中的一个或多个占用的 Micro800 控制器执行时间较多，则程序扫描周期时间会延长。如果低估这些活动的影响，可能会报告看门狗超时故障（0xD011），应设置少量的看门狗超时。在实际应用中，如果以上的一个或多个活动负载过重，则应在计算看门狗超时设置时提供合理的缓冲。

正是由于以上所述的程序执行中存在的时间不确定性，对于程序周期性执行期间需要精确定时的应用，如 PID，建议使用 STI（可选定时中断）执行程序。STI 提供精确的时间间隔。不建议使用系统变量__ SYSVA _ TCYCYCTIME 周期性执行所有程序，因为该变量也会使所有通信都以这一速率执行。

4. 上电和首次扫描

固件版本 2 及更高版本中，会清除上电和切换到 RUN 模式期间 I/O 扫描驱动的所有数字量输出变量。版本 2. x 还提供两个系统变量来表达上述状态，见表 5-5。

表 5-5　固件版本 2. x 中用于扫描和上电的系统变量

变　　量	类　　型	说　　明
_ SYSVA _ FIRST _ SCAN	BOOL	首次扫描位 可用于每次从编程模式切换到 Run 模式后立即初始化或重置变量 注：仅在首次扫描时为真，之后为假
_ SYSVA _ POWER _ UP _ BIT	BOOL	上电位 从一体化编程组态软件中下载或从存储器备份模块（例如 2080-MEMBAK-RTC 2080-LCD）加载后可立即用于初始化或重置变量 注：上电后的首次扫描或首次运行新梯形图时为真

5. 内存分配

内存分配取决于控制器基座的尺寸，表 5-6 为 Micro800 控制器的可用内存。

表 5-6　Micro800 控制器的内存分配

属性	10/16 点	24 点和 48 点
程序字[(1)]	4K	10K
数据字节	8KB	20KB

备注（1）：1 个程序字 = 12 个数据字节。

指令和数据大小的这些规范均为典型数。创建 Micro800 项目时，将以程序内存或数据内存的形式在构建时动态分配内存。这表示，如果缩短数据长度，程序大小可能会超过发布的规范，反之亦然。这种灵活性可使执行内存的使用率达到最大。除用户定义变量外，数据内存还包括构建期间由编译器生成的任意常量和临时变量。Micro830 和 Micro850 控制器也有用于存储整个已下载项目副本（包括注释）的项目内存，以及用于存储功能性插件设置信息的配置内存等。

6. 其他准则和限制

以下是使用 CCW（一体化编程组态软件）对 Micro800 控制器进行编程时需要考虑的一

些准则和限制：

1）每个程序/程序组织单元（POU）最多可使用 64Kb 内部地址空间。Micro830/Micro850 24/48 点控制器最多支持 10000 个程序字，只需 4 个程序组织单元即可使用所有可用的内部编程空间。建议将较大程序分割成若干个小程序，以提高代码可读性、简化调试和维护任务。

2）用户定义的功能块（UDFB）可在其他 UDFB 内执行，限制嵌套五层 UDFB，如图 5-42 所示。避免在创建 UDFB 时引用其他 UDFB，因为执行这些 UDFB 的次数过多会导致编译错误。

3）用于存在等式这种数学计算时，结构化文本（ST）比梯形逻辑更高效、更易于使用。如果习惯使用 RSLogix500 CPT 计算指令，则将 ST 与 UDFB 结合使用是一个不错的替换方案。例如，对于一个天文时钟计算，结构化文本使用的指令减少 40%。

LD 语言编程占用内存：

内存使用率（代码）：3148 个程序字；

内存使用率（数据）：3456 个字节。

ST 语言编程占用内存：

内存使用率（代码）：1824 个程序字；

内存使用率（数据）：3456 个字节。

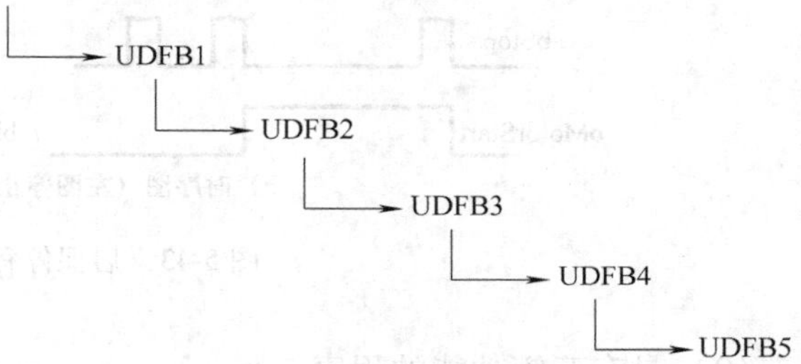

图 5-42　层用户自定义功能块调用示意图

4）下载或编译超过一定大小的程序时，可能会遇到"保留的内存不足"错误。一种解决方法是使用数组，尤其是在变量较多时。

5.3.2　典型环节编程

PLC 的指令种类繁多，通过这些指令的组合，可以进行控制器程序开发。在不同的应用中，总是存在一些共性的程序组合，实现诸如自锁和互锁、延时、计数器扩展、分频等功能。典型编程环节对于经验法编程十分重要。本节就介绍利用 Micro850 的编程指令实现的一些典型环节。

1. 具有自锁、互锁功能的程序

（1）具有自锁功能的程序

利用自身的常开触点使线圈持续保持通电即"ON"状态的功能称为自锁。如图 5-43 所示的启动、保持和停止程序（简称启保停程序）就是典型的具有自锁功能的梯形图，bStart 为起动信号和 bStop 为停止信号。

图 5-43 中梯级 1 为停止优先程序，当 bStart 和 bStop 同时接通，则 bMotorStart 断开。梯级 2 为启动优先程序，即当 bStart 和 bStop 同时接通，则 bMotorStart 接通。启保停程序也可以用置位（SET）和复位（RST）等指令来实现。在实际应用中，启动信号和停止信号可能由多个触点组成的串、并联电路提供。

从图 5-43b 中的信号时序图可以更好地看到输出信号与输入信号的关联。利用信号时序图非常有利于程序的设计和理解。

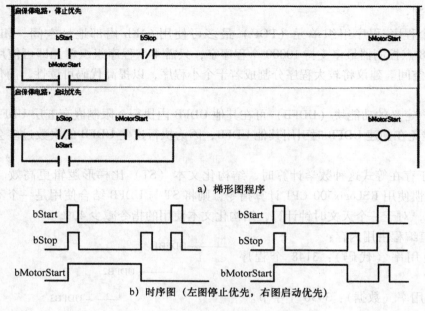

a) 梯形图程序

b) 时序图（左图停止优先，右图启动优先）

图 5-43　启保停程序和时序图

（2）具有互锁功能的程序

利用两个或多个常闭触点来保证线圈不会同时通电的功能称为"互锁"。三相异步电动机的正反转控制电路即为典型的互锁电路，如图 5-44 所示。其中 KM1 和 KM2 分别是控制正转运行和反转运行的交流接触器，SB1 是停止点动按钮，SB2 是正转起动点动按钮，SB3 是反转起动点动按钮，FR 是过热继电器。

由于电动机不能同时正、反转，因此需要在软件上也设置互锁功能。实现正反转控制功能的梯形图是由两个启保停的梯形图再加上两者之间的互锁触点构成，如图 5-45 所示。在梯形图中，将 bMotorBac（反转）和 bMotorFor（正转）的常闭触点分别与对方的线圈串联，可以保证它们不会同时接通，因此 KM1 和 KM2 的线圈不会同时通电，从而实现了两个信号的互

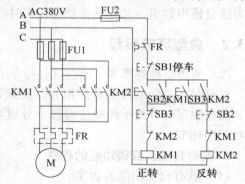

图 5-44　三相异步电动机的正反转控制电路

锁。除此之外，为了方便操作和保证 bMotorFor 和 bMotorBac 不会同时接通，在梯形图中还设置了"按钮联锁"，即将反转起动按钮 bBacStart 的常闭触点与控制正转的 bMotorFor 的线圈串联，将正转起动按钮 bForStart 的常闭触点与控制反转的 bMotorBac 的线圈串联。

梯形图中的互锁和按钮联锁电路只能保证输出模块中与 bMotorFor 和 bMotorBac 对应的硬件继电器的常开触点心不会同时接通。由于切换过程中电感的延时作用，可能会出现一个接触器还未断弧，另一个却已合上的现象，从而造成瞬间短路故障。可以用正反转切换时的延时来解决这一问题，但是这一方案会增加编程的工作量，也不能解决不述的接触器触点故障引起的电源短路事故。如果因主电路电流过大或接触器质量不好，某一接触器的主触点被

断电时产生的电弧熔焊而被粘结，其线圈断电后主触点仍然是接通的，这时如果另一接触器的线圈通电，仍将造成三相电源短路事故。

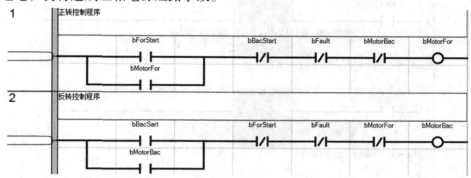

图 5-45　用 PLC 控制电动机正反转的梯形图程序

为了防止出现这种情况，除了采用软件互锁外，还应在 PLC 外部设置由 KM1 和 KM2 的辅助常闭触点组成的硬件互锁电路，假设 KM1 的主触点被电弧熔焊，这时它与 KM2 线圈串联的辅助常闭触点处于断开状态，因此 KM2 的线圈不可能得电。

这里，有些读者可能会想把 KM1 和 KM2 接触器的触点信号也采集进来，把他们加到正、反转的逻辑控制中，以确保互锁功能。不过，即使在这种情况下，还是建议控制线路上进行硬件互锁。

FR 是作过载保护用的热继电器，异步电动机长期严重过载时，经过一定延时，热继电器的常闭触点断开，常开触点闭合。其常闭触点与接触器的线圈串联，过载时接触器线圈断电，电动机停止运行，起到保护作用。在梯形图中，也加入了过热保护，FR 信号即为 bFault 变量，FR 的常开触点接入 PLC 的 DI 端子。

2. 延时电路

每一种 PLC 的定时器都有它自己的最大计时时间，Micro850 的延时通计时器定时值可以达到 1193h2m47s294ms，而不少其他型号的 PLC 计时时间有限制，如西门子 S7 – 200 接通或断开延时定时器的最大计时时间为 3276.7s。所以像西门子公司的 PLC 计时器在使用时，可能存在计时时间不够的情况，即所需要计时的时间超过了定时器的最大计时时间，这时就可以考虑将多个定时器、计数器联合使用，以扩大其延时的时间。方案之一的基本思想是：将两个定时器串联使用，如图 5-46 所示。

在图 5-46 中，输入 Input 导通后，输出 Output 在经过 t1（Timer _ 01 定时值）+ t2（Timer _ 02 定时值）延时之后亦接通，延时时间为两个定时器设定值之和。

方案之二的基本思想是：将一个定时器和一个计数器连接以形成一个等效倍乘的定时器。如图 5-47 所示。在该图中，梯形图的第一行形成一个设定值为 10s 的自复位定时器，定时器的接点每 10s 接通一次，每次接通为一个扫描周期。计数器 UpCounter 对脉冲计数，当计数达到设定值 100 次后，计数器的接点 Q 由常开变为常闭，即输入为导通至输出 Output 动作，经过的延时时间为：（定时器设定时间 t1 + 扫描周期 Δt）× 计数器次数 n。由于 Δt 很短，可以近似认为输出 Output 的延时时间为 t1 × n，即一个计时器和一个计数器连接，等效定时器的延时时间为计时器的设定值和计数器设定值之积。

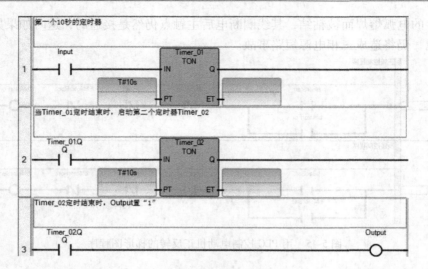

图 5-46　长时定时器方案之一

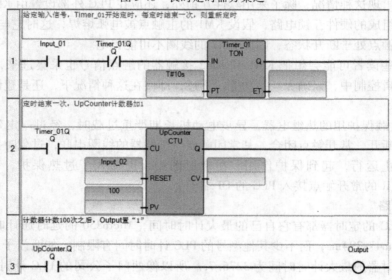

图 5-47　长定时器方案之二

3. 计数器的扩展

计数器与定时器一样，有最大的计数值，当需要计数的数值超过了这个最大计数值时，可以将两个或多个计数器串级组合，以达到扩大计数器范围的目的。

一般两个相同计数器串级组合可以实现的最大计数值为单个计数器的最大计数值的平方，同理 n 个相同的计数器的串级组合可实现的最大计数值为单个计数器的最大计数值的 n 次方。

Micro850 的计数器共分为 3 种：递增计数器、递减计数器和递增/递减计数器。其最大计数值为 32767。若需要计数的数值超过了该数值，同样可以将两个或多个计数器串级组合。其串级组合计数器的梯形图如图 5-48 所示。

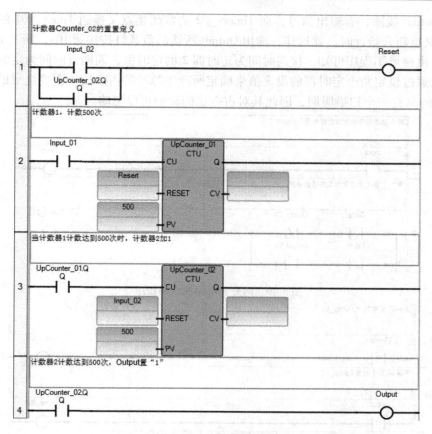

图 5-48　计数器的扩展

4. 分频电路

用 PLC 可以实现对输入信号的分频，两分频的电路如图 5-49 所示。

将输入脉冲信号加入 Input 端，辅助继电器 Temp 瞬间接通，使得梯级 2 的上支路有能量流过导致 Output _ 01 线圈接通，该线圈一旦接通后就通过下支路进行自保。当第 2 个输入脉冲来到时，辅助继电器 Temp 接通，导致下支路断开（因为上支路由于有 Output _ 01 的常闭触点，因此，这时不可能使得 Output _ 01 接通），使线圈 Output _ 01 断开。上述过程循环往复，使输出 Output _ 01 的频率为输入端信号 Input 频率的一半。

n 分频电路指当输入为 f 频率的连续脉冲经 n 分频电路处理后，输出的是 f/n 频率的连续脉冲，也就是当输入 n 个脉冲时，对应输出为 1 个脉冲。图 5-50 所示为 3 分频电路。推理可得，只需将计数器的设定值改为 n，就是典型的 n 分频电路。

5. 多谐振荡电路

多谐振荡电路可以产生按特定的通/断间隔的时序脉冲，常用它来作为脉冲信号源，也可用它来代替传统的闪光报警继电器，作为闪光报警。

程序如图 5-51 所示，Input 为启动输入按钮（带自保功能）。程序中用了两个接通延时定时器。当 Input1 为 ON 时定时器 1 开始计时，10s 后定时器 Timer _ 01 定时时间到，其输出的常闭接点使 Output 的线圈接通，其常开触点接通 Timer _ 02 线圈。又经过 10s，Timer _ 02 定时时间到，其常闭接点断开 Timer _ 01 的线圈，使 Timer _ 01 复位，Timer _ 01 的常开接点接通 Output 线圈，有输出信号；而 Timer _ 02 的常闭接点又接通 Timer _ 01 的线圈，即 Timer _ 01 又重新开始计时。就这样，输出 Output 所接的负载灯按接通 10s，断开 10s 的谐振信号工作。由梯形图程序可知，接通时间为定时器 2 的定时值，而断开时间为定时器 1 的定时值。可以通过设定两个定时器的设定值来确定所产生脉冲的占空比。需要注意的是定时器 2 接通的时间只有一个扫描周期，因此其对占空比的影响可以忽略。

图 5-49　两分频电路梯形图程序

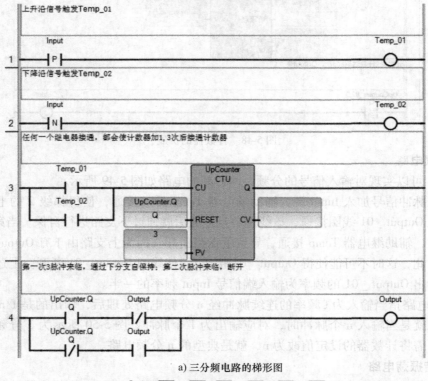

a) 三分频电路的梯形图

b) 相应的时序图

图 5-50　三分频电路的梯形图及时序图

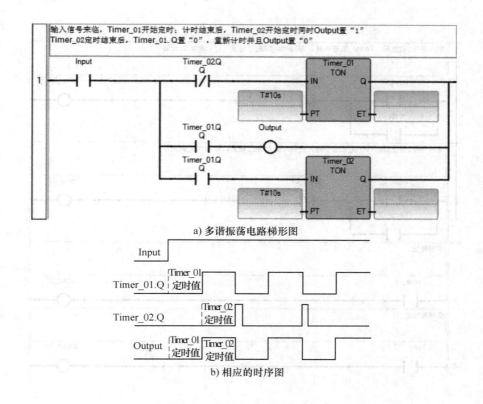

图 5-51 多谐振荡电路梯形图及其时序图

若要求 Input 信号变为 ON 的瞬间多谐振荡电路也立刻有输出，只需要把 Output 线圈前的 Timer_01.Q 的常开触点改为常闭触点。当然这时接通的时间为定时器 1 的定时时间，断开时间为定时器 2 的定时时间，即与先前程序的通、断时间变反了。

6. 优先电路

（1）两个输入信号的优先电路

两个输入信号优先电路如图 5-52 所示，输入信号 Input_01 和 Input_02 先到者取得优先权，后到者无效。

（2）多个输入信号的优先电路

在多个故障检测系统中，有时可能当一个故障产生后，会引起其他多个故障，这时如能准确地判断哪一个故障是最先出现的，对于分析和处理故障是极为有利的。以下是 4 个输入信号的输入优先的简单控制电路，如图 5-53 所示。

在 4 个输入信号 Input_01、Input_02、Input_03 和 Input_04 中任何一个输入信号首先出现，例如 Input_02 信号先出现，则 Temp_02 接通，其常闭接点 Temp_02 全部打开，这时以后到来的输入信号 Input_01、Input_03、Input_04 都无法使 Temp_01、Temp_03 和 Temp_04 接通，从而可以迅速判断出 Input_01、Input_02、Input_03 和 Input_04 中哪一个输入信号是首发信号。同理，若有多个位置的输入，而要求对某一位置输入优先，其电路如图 5-54 所示。显然该程序中，Input_04 位置最为优先，Input_03 次之，Input_01 最低。

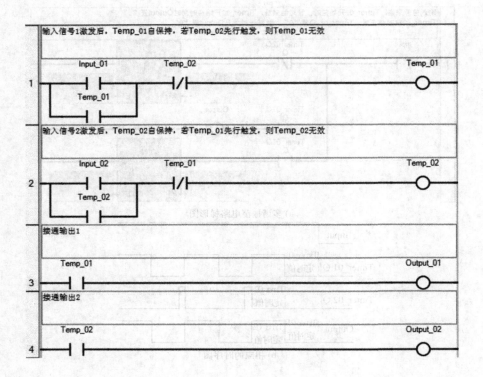

图 5-52　优先电路

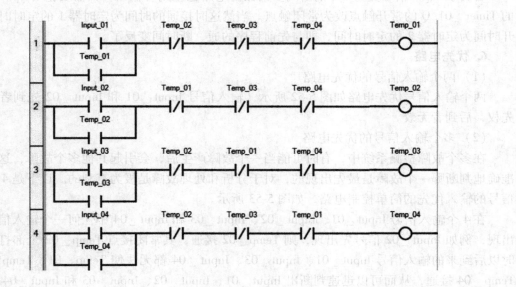

图 5-53　多输入信号的优先电路

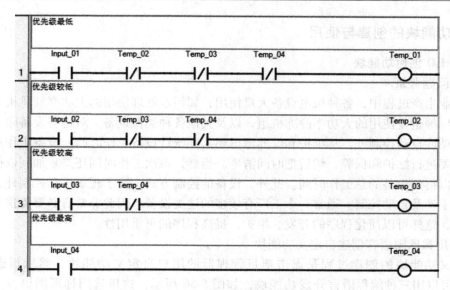

图 5-54　位置优先电路

7. 单按钮启停控制电路

通常一个电路的启动和停止控制是由两只按钮分别完成的，当一台 PLC 控制多个这种具有启停操作的电路时，将占用很多输入点。一般整体式 PLC 的输入/输出点是按 1：1 的比例配置的，由于大多数被控设备是输入信号多，输出信号少，有时在设计一个不太复杂的控制电路时，也会面临输入点不足的问题。因此，用单按钮实现启停控制是有现实意义的，这也是目前广泛应用单按钮启停控制电路的一个原因。

用计数器实现的单按钮启停控制电路如图 5-55 所示。当按钮 Input 按第一下时，输出 Output 接通，并自保持，此时计数器计数 1；当按钮 Input 第二次按下时，计数器计数为 2，计数器接通，它的常闭接点断开输出 Output，它的常开接点使计数器复位，为下次计数做好准备。从而实现了用一只按钮完成奇次计数时启动，偶次计数停止的控制。

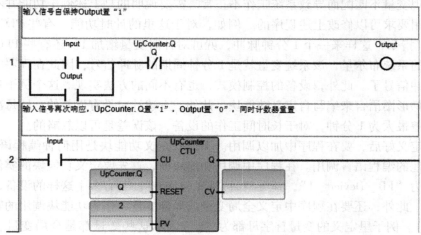

图 5-55　用计数器实现的单按钮启停控制电路

5.3.3 功能块的创建与使用

1. 用 LD 创建功能块

（1）问题背景

在工业生产过程中，各种机电设备大量使用，如污水处理使用的大功率鼓风机、潜水泵等，化工厂等企业使用的大功率冷冻机组，以及其他各种类似设备。对这些设备除了要实现简单的手动或自动控制外，从维护和保养考虑还需要统计设备工作时间。设备工作达到一定时间后，要进行维护和保养，然后把时间清零。当然，该次工作时间还要累加到以往已经工作时间，以得到设备的总工作时间。此外，设备的控制方式，除了现场手动控制外，还要接受中控的手动及自动控制。通常一个工厂有较多的这类设备，因此非常有必要为这类设备开发功能块，这样可以简化程序的开发、维护，提高程序的可重用性。

（2）用梯形图语言创建自定义功能块

自定义功能块的创建过程是点击项目管理器的用户自定义功能块，然后再选中添加（Add），可以用三种编程语言开发功能块，如图 5-56 所示。这里选用梯形图语言。功能块名字为"FB _ Device"。

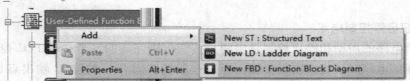

图 5-56 新建自定义功能块

功能块的定义及程序如图 5-57 所示。梯级 1 中假设上、下位机约定系统手动工作时，MODE 变量为 2，而自动时该变量为 1。即如果点击上位机人机界面中手动按钮，上位机程序把该变量置 2。上述功能块中，ClearTime 变量须是一个有一定脉冲宽度的数字量。此外，由于控制系统编程时要协调上位机、控制器的工作流程与运行要求，变量类型等必须统一，否则，会出现变量不匹配而导致系统工作不正常。需要说明的是上述例子功能并不完善，根据具体的应用要求可以修改上述程序的。例如，对于这里的计时功能，有些 PLC 有"INC"（变量增加）指令，这样来一个 1 分钟脉冲，就可对计时变量增加 1。还有些 PLC 本身自带了一个特殊的系统布尔量，该系统变量就是 1 分钟周期的脉冲信号，因此在程序中就不用自己编写该脉冲信号了。此外，设备的控制模式，也有不同的方法实现。这个例子目的是让大家学习利用梯形图语言来编写自定义功能块。此外，上述计时是有误差的，即每次设备启停一次计时误差最大为 1 分钟，对于长时间工作的设备，该误差是可以忽略的。

功能块定义好后，要在程序中加以调用。不论自定义功能块是用何种编程语言开发的，都可以用其他的编程语言调用。在程序中调用功能块前，首先要定义功能块的实例。这里功能块实例名为"FB _ Device _ 1"，其类型为"FB _ Devie"。若有多个这样的设备，就要定义多个该实例。此外，还要在程序中定义全局变量或局部变量，作为功能块调用的输入和输出变量（实参）。例子里定义的变量首字母都为"g"表示这些变量都是全局变量。功能块的调用类似高级语言中函数调用时的实参数传递给形参，实参必须要定义的。图 5-58 给出了用 LD 语言、FBD 语言和 ST 语言调用该功能块的程序。

Name	Alias	Data Type	Direction	Dimensi	Initial V	Attribute	Comment
MODE		INT	VarInput			Read	工作模式1自动; 2手动
Man		BOOL	VarInput			Read	手动开停
Auto		BOOL	VarInput			Read	自动工作逻辑
Fault		BOOL	VarInput			Read	设备故障
ClearTime		BOOL	VarInput			Read	清除时间统计
Start		BOOL	VarOutput			Write	设备起动
WorkTime		DINT	VarOutput			Write	设备工作时间 单位分钟
ClearCount		BOOL	Var			Read/Write	清除计数器
bTmp		BOOL	Var			Read/Write	1分钟周期信号
TON_3		TON	Var		...	Read/Write	
TON_4		TON	Var		...	Read/Write	
CTU_1		CTU	Var		...	Read/Write	

a) 变量定义部分

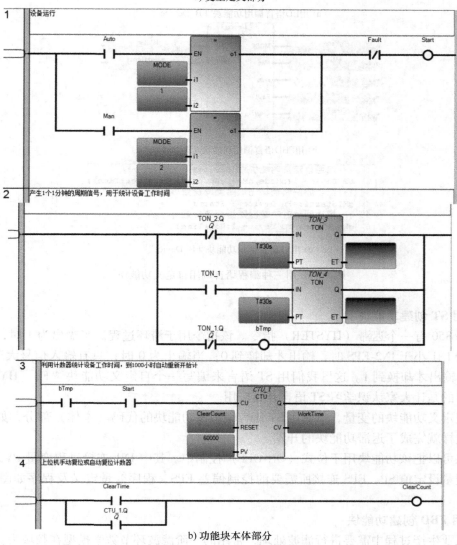

b) 功能块本体部分

图 5-57　用 LD 语言建立自定义功能块

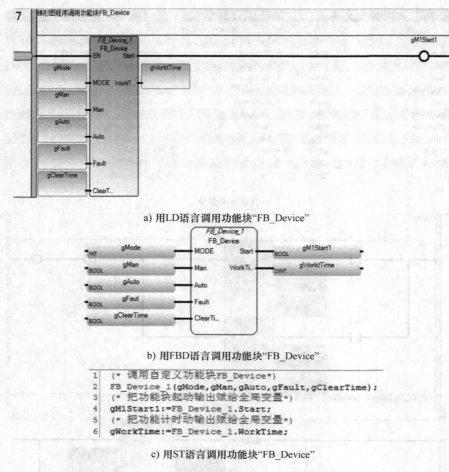

a) 用LD语言调用功能块"FB_Device"

b) 用FBD语言调用功能块"FB_Device"

```
1    (* 调用自定义功能块FB_Device*)
2    FB_Device_1(gMode,gMan,gAuto,gFault,gClearTime);
3    (* 把功能块起动输出赋给全局变量*)
4    gM1Start1:=FB_Device_1.Start;
5    (* 把功能计时动输出赋给全局变量*)
6    gWorkTime:=FB_Device_1.WorkTime;
```

c) 用ST语言调用功能块"FB_Device"

图 5-58　用三种编程语言调用自定义功能块

2. 用 ST 创建功能块

Micro850 有一个迟滞（HYSTER）指令。该指令用于滞环过程。当输出为 1 时，只有当输入信号 IN1 小于 IN2-EPS 时，输出才却换到 0；当输出为 0 时，只有输入信号大于 IN2 + EPS 时，输出才却换到 1。这里我们用 ST 语言来编写一个自定义功能块 "FB_HYSTER"。其主要目的是让大家认识学习 ST 语言及其应用。

首先定义功能块的变量，然后用 ST 语言编写该功能块的代码（本体）部分，如图 5-59 所示。这样就完成了迟滞功能块的开发。

现在可以把该功能块用于位式（ON-OFF）控制中。其中 IN1 连接过程变量 PV，IN2 连接过程变量设定值 SP，EPS 连接所需要的控制偏差 EPS。程序变量定义及程序如图 5-60 所示。

3. 用 FBD 创建功能块

在工业生产过程中需要进行滤波处理，常用的一阶滤波环节数学模型在频域为：

$$XOUT(s) = \frac{1}{T1s+1}XIN(s)$$

Name	▲	Alias	Data Type	Direction	Dimen	Initial Value	Attribute	Comment
		- ★	- ★	- ★	-		- ★	-
EPS		REAL	▾	VarInput	▾		Read	▾	滞后值
IN1		REAL	▾	VarInput	▾		Read	▾	输入信号
IN2		REAL	▾	VarInput	▾		Read	▾	比较信号
Q		BOOL	▾	VarOutput	▾	0	Write	▾	功能块输出

a) 功能块变量定义部分

```
1  IF IN1< (IN2-EPS) THEN
2      Q:=FALSE;   (* IN1减小*)
3  ELSIF IN1>(IN2+EPS) THEN
4      Q:=TRUE;   (* IN1增加 *)
5  END_IF;
```

b) 功能块本体部分

图 5-59　自定义滞环功能块用于位式控制

Name	Alias	Data Type	Dimensio	Initial Val	Attribute	Comment
	- ★	- ★			-	- ★
PV		REAL ▾			Read/Write ▾	过程测量值
SP		REAL ▾			Read/Write ▾	过程设定值
EPS		REAL ▾			Read/Write ▾	偏差
Q		BOOL ▾			Read/Write ▾	位式控制器输出
⊟ FB_HYSTER_1		🔲 FB_HYSTE! ▾	...		Read/Write ▾	功能块实例
FB_HYSTER_1.IN1		REAL			Read/Write ▾	输入信号
FB_HYSTER_1.IN2		REAL			Read/Write ▾	比较信号
FB_HYSTER_1.EPS		REAL			Read/Write ▾	滞后值
FB_HYSTER_1.Q		BOOL			Read/Write ▾	功能块输出

a) 程序变量定义部分

```
1  (*调用功能块*)
2  FB_HYSTER_1(PV,SP,EPS);
3  (*功能块输出赋值*)
4  Q:=FB_HYSTER_1.Q;
```

b) 程序本体部分

图 5-60　自定义滞环功能块用于位式控制

对上述模型进行离散化，用差分近似微分，可以得到离散化算式：

$$XOUT(k+1) = M * XIN(k) - (1-M) * XOUT(k)$$

其中 $M = \dfrac{TS}{TS+T1}$

式中 TS 为采样周期。此模型不仅可以用于信号的一阶滤波，而且在控制系统仿真时，还可以作为被控对象的数学模型，也可以作为干扰通道的数学模型，还可以串联连接组成高阶模型。

在 CCW（一体化编程组态软件）中用 FBD 语言编写上述功能块。首先新建一个 FBD 语言的自定义功能块，名称为 FB_LAG1。然后在功能块局部变量表中定义如图 5-61a 所示的局部变量。变量的含义如注释。

然后功能块的本体部分用 FBD 语言来编写，其程序如图 5-61b 所示。

4. 功能块的导入与导出

工业控制系统就像计算机系统一样，性能越来越强，价格却相对稳定甚至下降。但工业

Name	Alias	Data Type	Direction	Dimensio	Initial V	Attribute	Comment
XIN		REAL	VarInput			Read	输入信号
T1		REAL	VarInput			Read	时间常数
TS		REAL	VarInput			Read	采样周期
XOUT		REAL	VarOutput			Write	滤波输出

a) 变量定义部分

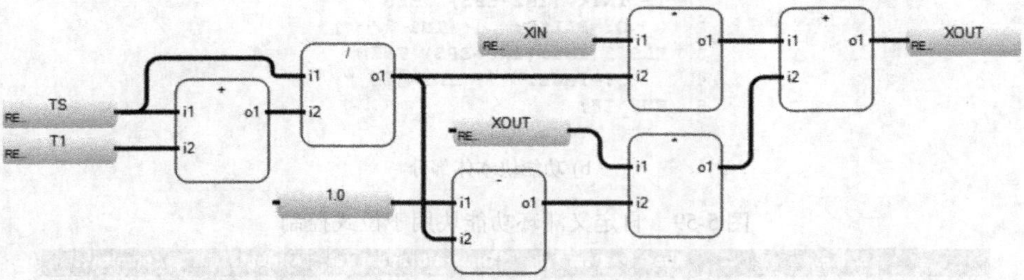

b) 变量定义部分

图 5-61　用 FBD 语言建立自定义功能块

控制系统开发与维护的成本却越来越高，这其中一个主要的原因就是与软件开发及系统维护有关的人力成本的增加，因此从软件角度来说，加强软件的可重用性，可以有效降低这方面的成本。此外，还可以带来软件可靠性的提高。当一个软件模块经过反复多次测试后，其运行的稳定与可靠性提高。以往，PLC 软件结构化程度差，编程语言规范性也差，很难在模块级实现软件的可重用。随着工业控制系统不断采用软件工程技术，编程语言标准化也被广泛采用，PLC 应用程序的结构化程度也不断提高，使得 PLC 软件在模块级可重用成为可能。虽然这种可重用还不能在不同厂家的控制系统上实现。

Micro850 的用户自定义模块可以通过从工程导出，在其他工程再导入的方式实现功能块的重用。其操作如下：

1）模块导出　如图 5-62 所示。在工程中选择需要导出的功能块（见①），点击鼠标右键，出现属性窗口，在窗口中选择"Export"（见②），弹出一个"Exprot"窗口，点击窗口

图 5-62　自定义功能块导出过程

中的"Export"按钮（见③），会弹出一个"另存为"对话框，在这里可以选择存储导出文件的名称和路径，点击确定就完成了导出文件的保存。

2）模块导入　如图 5-63 所示。在要导入功能块的工程管理器中，选中工程（见①），点击鼠标右键，出现一个浮动菜单，选择菜单中的"Import"后（见②），弹出导入窗口，在窗口中选择导入文件路径（见③），最后点击"Import"按钮（见④）。导入成功后，在工程中可以看到增加了一个导入的自定义功能块。

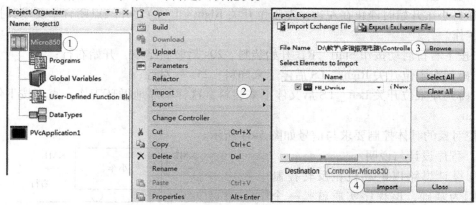

图 5-63　自定义功能块导入过程

5.3.4　经验设计法编程技术

1. 经验设计法原理

在工业电气控制线路中，有不少都是通过继电器等电器元件来实现对设备和生产过程的控制的。而继电器，交流接触器的触点都只有两种状态即吸合和断开，因此用"0"和"1"两种取值的逻辑代数设计电器控制线路是完全可行的。PLC 的早期应用就是替代继电器控制系统，根据典型电气设备的控制原理图及设计经验，进行 PLC 程序设计。这个设计过程有时需要多次反复地调试和修改梯形图，不断地增加中间编程元件和触点，最后才能得到一个较为满意的结果。这种方法没有普遍的规律可以遵循，设计所用的时间、设计的质量与编程者的经验有很大的关系，所以有人把这种设计方法称为经验设计法。它可以用于逻辑关系较简单的梯形图程序设计。

用经验设计法设计 PLC 应用程序的一般步骤如下：

1）根据控制要求，明确输入/输出信号。对于开关量输入信号，一般建议用常开触点（在安全仪表系统中，要求用常闭触点）。

2）明确各输入和各输出信号之间的逻辑关系。即对应一个输出信号，哪些条件与其是逻辑与的关系，哪些是逻辑或的关系。

3）对于复杂的逻辑，可以把上述关系中的逻辑条件作为线圈，进一步确定哪些信号与其是逻辑与，哪些信号是逻辑或的关系，直到该信号可以对应最终的输入信号或其他触点或变量。这些逻辑关系，既包括数字量逻辑、定时器等时间逻辑，也包括模拟量比较等逻辑条件。

4）确定程序中包括哪些典型的 PLC 逻辑电路。程序的逻辑分解以到可以通过典型的 PLC 逻辑实现为止。

5）根据上述得到的逻辑表达式，选择合适的编程语言实现。通常，对于逻辑关系用梯形图编程比较方便。

6）检查程序是否符合逻辑要求，结合经验设计法进一步修改程序。

2. 经验设计法示例 1

以送料小车自动控制的梯形图程序设计为例说明。

（1）控制要求

某送料小车开始时停止在左边，左限位开关 Right _ LS 的常开触点闭合。要求其按照如下顺序工作。

1）按下右行启动按钮 Start _ R，开始装料，20s 后装料结束，开始右行；

2）碰到右限位开关 Right _ LS 后停下来卸料，25s 后左行；

3）碰到左限位开关 Left _ LS 后又停下来装料，这样不停地循环工作，直到按下停止按钮 StopCar。

被控对象的具体控制要求与信号如图 5-64 所示。

（2）程序设计与说明

程序设计思路以电动机正反转控制的梯形图为基础，该程序实质就是一个启保停程序逻辑。首先确定与该控制有关的输入和输出变量。输入变量包括限位开关信号、过载信号、启动和停止信号灯。输出信号是小车正、反转的驱动信号。

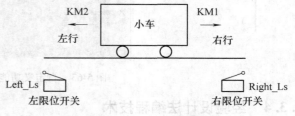

图 5-64　送料小车控制示意图

小车正转的控制条件是一个启动的信号和使其停止的逻辑条件。而启动信号还可以分解为小车在最左边的逻辑条件及与启动信号的与逻辑及对该信号的计时。停止的逻辑包括过载信号、停止信号、右限位信号。停止条件中还需要增加一个正反转互锁信号。按照这样的思路，就可以进一步完成程序的实现。

设计出的小车控制梯形图如图 5-65 所示，具体解释如下：为使小车自动停止，将 Right _ LS 和 Left _ LS 的常闭触点分别与 Right _ Go 和 Left _ Go 线圈串联。为使小车自动起动，将控制装、卸料延时的定时器 TON _ 1 和 TON _ 2 的常开触点作为小车右行和左行的主令信号，分别与手动起动右行和左行的 Right _ Go、Left _ Go 的常开触点并联，构成起动保持回路。并用两个限位开关对应的 Left _ LS 和 Right _ LS 的常开触点分别接通装料、卸料电磁阀和相应的定时器。

程序中串联了过载保护 OverLoad，以确保存在过载时线圈断开，小车停车。另外，在右行和左行的逻辑中分别加入了互锁信号 Left _ Go 和 Right _ Go 的常闭触点，防止两个输出接触器 KM1 和 KM2 同时得电。

现假设在左限位开关和右限位开关的中间一点还安装有一个限位开关 Mid _ LS，小车在 Mid _ LS 和 Right _ LS 两处都要各卸料 10 秒。显然，小车右行和左行的一个循环中两次经过 Mid _ LS，第一次碰到它时要停下卸料，第二次碰到它时则要继续前进。这时在程序设计中，要设置一个具有记忆功能的编程元件，区分是第一次还是第二次碰到 Mid _ LS。具体程序可以在上述一次卸料的程序基础上修改。

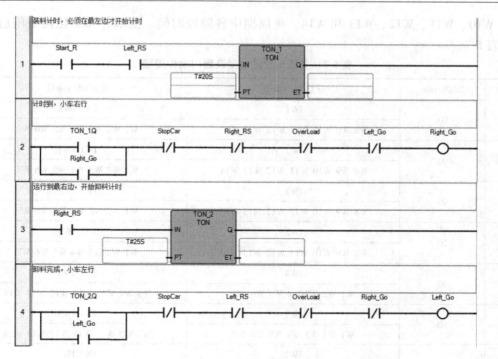

图 5-65　送料小车控制梯形图程序

3. 经验设计法示例 2

（1）氧化沟污水处理工艺

一体式三槽氧化沟工艺是一种常用的城市生活污水处理工艺，它属于交替工作式氧化沟，其运行时，三沟交替进行硝化和反硝化反应，两侧沟交替作为沉淀池。进水交替地引入氧化沟，出水相应地从两侧沟交替引出。进出水连续，曝气转刷间歇工作。某污水处理厂采用的工艺是把每天 24 个小时分为 3 个周期，每个周期又分为 A~F 共 8 个阶段，每个阶段的具体工艺如图 5-66 所示。

图 5-66 中英文含义及工艺具体介绍如下：

1）DN：反硝化。在缺氧状态下，微生物降解污水中的有机物，硝酸盐氮还原成氮气释放到大气中去。

2）N：硝化。在好氧状态下，有机物（BOD 和 COD）被去除，氨态氮分解氧化，转化为硝酸盐氮。

3）S：沉淀。泥水分离，污泥沉淀，上部清液经澄清后由堰门排出池外。

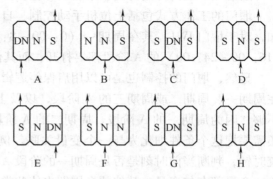

图 5-66　三槽氧化沟工艺

根据工艺要求，配水井堰门的开启、关闭与氧化沟出水堰门的开启和关闭具有一定的关系。IW1 堰门对应 1 号氧化沟（边沟）进水堰门，出水堰门的编号为 W1、W2、W3、W4 和 W5、W6 和 W7。IW2 堰门对应 2 号氧化沟（中沟）进水堰门。IW3 堰门对应 3 号氧化沟（边沟）进水堰门，出水堰门的编号为 W8、

W9、W10、W11、W12、W13 和 W14。每周期中各阶段时间、配水井和氧化沟堰门启闭操作见表 5-7。

表 5-7 各操作阶段时间及堰门动作周期

阶段	时间/min	开启堰门编号	关闭堰门编号
A	90	IW1	IW2 IW3
		W8 W9 W10 W11 W12 W13 W14	W1 W2 W3 W4 W5 W6 W7
B	90	IW2	IW1 IW3
		W8 W9 W10 W11 W12 W13 W14	W1 W2 W3 W4 W5 W6 W7
C	40	IW2	IW1 IW3
		W8 W9 W10 W11 W12 W13 W14	W1 W2 W3 W4 W5 W6 W7
D	20	IW2	IW1 IW3
		W8 W9 W10 W11 W12 W13 W14	W1 W2 W3 W4 W5 W6 W7
E	90	IW3	IW1 IW2
		W1 W2 W3 W4 W5 W6 W7	W8 W9 W10 W11 W12 W13 W14
F	90	IW2	IW1 IW3
		W1 W2 W3 W4 W5 W6 W7	W8 W9 W10 W11 W12 W13 W14
G	40	IW2	IW1 IW3
		W1 W2 W3 W4 W5 W6 W7	W8 W9 W10 W11 W12 W13 W14
H	20	IW2	IW1 IW3
		W1 W2 W3 W4 W5 W6 W7	W8 W9 W10 W11 W12 W13 W14

每个堰门配一个正、反转电动机。在堰门的高、低位安装有限位开关。电动机带过热继电器保护，PLC 外围硬件上控制正、反转的接触器用常闭触点互锁。

（2）经验法设计程序

这里仅以堰门控制为例，来说明经验设计法。

堰门的工作方式包括上位机手动控制、自动控制。每个堰门的控制与时间周期有关。例如，对于堰门 IW1，其在周期一（0：00 ~ 8：00）、周期二（08：00 ~ 16：00）和周期三（16：00 ~ 24：00）的 A 阶段都要打开，而其他阶段则是关闭。

显然，堰门的控制也是可以用启保停逻辑电路实现。其启动条件是自动运行状态下，在在周期一、周期二或周期三的 A 阶段，以及上位机的手、自动操作。然而，这样的分解还不够，因为周期一的 A 阶段、周期二的 A 阶段和周期三的 A 阶段对应的是一个逻辑条件，还需要把这个条件细化为与一个变量关联。例如，以周期一的 A 阶段为例，要编写读取系统时钟，判断当前时刻是否是周期一的阶段 A 的逻辑，然后把这个逻辑的输出（线圈）赋给一个局部布尔变量。其他两个周期也依此类推。当具体的逻辑条件与变量对应后，就不要再分解（细化）了。

堰门的停止条件比较简单，就是过热继电器信号、开到位限位开关信号、自动远控（遥控）信号和堰门关动作的互锁。这些逻辑变量可以直接和具体的变量关联，无需分解了。但如果关闭的过程还与时间等逻辑条件有关则需要进一步对该条件实现的过程进行细化。例如，为了判断开的动作是否异常或设备有故障，设定开的最大时间为某个具体数值，当达到该数值时，则停止开动作。这时，就要对这个条件分解，把对时间的判断结果赋值给一个变量（或就是定时器的输出）。

具体的程序代码比较简单，这里就不给出了，读者可以自己进行设计。

4. 经验设计法的特点

经验设计法对于一些比较简单的控制系统设计是比较奏效的，可以收到快速、简单的效果。但是，由于这种方法主要是依靠设计人员的经验进行设计，所以对设计人员的要求也比较高，特别是要求设计者有一定的实践经验，对工业控制系统和工业上常用的各种典型环节比较熟悉。经验设计法没有规律可遵循，具有很大的试探性和随意性，往往需经多次反复修改和完善才能符合设计要求，所以设计的结果往往不很规范，因人而异。

经验法一般只适合于较简单的或与某些典型系统相类似的控制系统的设计，或者用于某些复杂程序的局部设计（如设计一个功能块）。如果用来设计复杂系统梯形图，存在以下问题：

（1）考虑不周、设计麻烦、设计周期长

用经验设计法设计复杂系统的梯形图程序时，要用大量的中间元件来完成记忆、联锁、互锁等功能，由于需要考虑的因素很多，它们往往又交织在一起，分析起来非常困难，并且很容易遗漏一些问题。修改某一局部程序时，很可能会对系统其他部分程序产生意想不到的影响，往往花了很长时间，还得不到一个满意的结果。此外，经验法设计的程序一般系统性、整体性差。

（2）程序的可读性差、可重用性、可维护性差

经验法设计程序一般都采用梯形图编程语言。这些梯形图是按设计者的经验和习惯的思路进行设计。因此，即使是设计者的同行，要分析这种程序也非常困难，更不用说维修人员了，这给 PLC 系统的维护和改进带来许多困难。采用梯形图设计的程序一般结构较差，影响了程序的可重用。

5.3.5　时间顺序逻辑程序设计方法

1. 时间顺序逻辑程序设计法的原理与步骤

时间顺序逻辑控制系统也是一类典型的顺序控制系统。典型的时间顺序逻辑控制的例子是交通信号灯，道路交叉口红、绿黄信号灯的点亮和熄灭按照一定的时间顺序。因此，这类顺序控制系统的特点是系统中各设备运行时间是事先确定的，一旦顺序执行，将按预定时间执行操作命令。时间顺序控制系统有两种情况，一种是程序的执行时间与时钟周期有关，另外一种与时钟周期无关。对于前一种，假设系统在某个阶段停机，一旦再次启动，则停机这段时间的程序逻辑要跳过，按照当前的时钟周期与时间段运行。

时间顺序逻辑设计法适用 PLC 各输出信号的状态变化有一定的时间顺序的场合，在程序设计时根据画出的各输出信号的时序图，理顺各状态转换的时刻和转换条件，找出输出与输入及内部触点的对应关系，并进行适当化简。一般来讲，时间顺序逻辑设计法也依赖设计经验，因此应与经验法配合使用。

时间顺序逻辑控制系统的程序基本结构如图 5-67 所示。设备有一个启动条件和一个停止条件，这些条件是定时器的输出。如 TON _ 1 定时器计时时间到，设备启动，TON _ 2 定

时器计时时间到设备停止运行。

用时间逻辑设计法设计 PLC 应用程序的一般步骤如下：

1）根据控制要求，明确输入/输出信号。

2）明确各输入和各输出信号之间的时序关
系，画出各输入和输出信号的工作时序图。

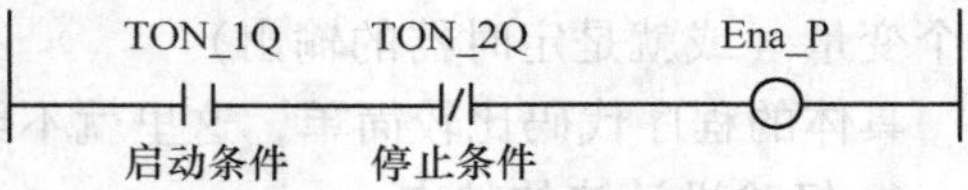

3）将时序图划分成若干个时间区段，找出
区段间的分界点，弄清分界点处输出信号状态的转换关系和转换条件。

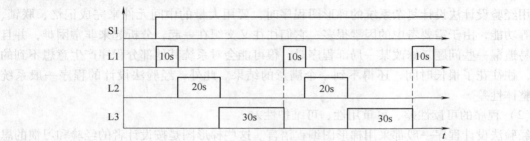

图 5-67　时间逻辑顺序控制系统程序基本结构

4）对 PLC 内部辅助继电器和定时器/计数器等进行分配。

5）列出输出信号的逻辑表达式，根据逻辑表达式画出梯形图。

6）通过模拟调试，检查程序是否符合控制要求，结合经验设计法进一步修改程序。

2. 时序逻辑设计举例

某信号灯控制系统要求三个信号灯按照图 5-68 所示点亮和熄灭。当开关 S1 闭合后，信号灯 L1 点亮 10s 并熄灭，然后信号灯 L2 点亮 20s 并熄灭，最后，信号灯 L3 点亮 30s 并熄灭。该循环过程在 S1 断开时结束。

图 5-68　信号灯的控制时序

（1）用梯形图程序实现

程序中设计 3 个定时器 TON _ 1、TON _ 2 和 TON _ 3 用于对信号灯 L1、L2 和 L3 的定时，设定时间分别为 10s、20s 和 30s。

1）信号灯 L1、L2 和 L3 的编程　根据图 5-68 所示，信号灯 L1 的启动条件是 S1 为 1，停止条件是 TON _ 1. Q 为 1，程序如图 5-69 第 1 梯级所示。信号灯 L2 的启动条件是 TON _ 1. Q 为 1，停止条件是 TON _ 2. Q 为 1，程序如图 5-69 第 2 梯级所示。信号灯 L3 的启动条件是 TON _ 2. Q 为 1，停止条件是 TON _ 3. Q 为 1，程序如图 5-69 第 3 梯级所示。

2）定时器的编程　TON _ 1 的启动条件是 S1 为 1 与 TON _ 3. Q 为 0，因此用逻辑与实现，TON _ 2 的启动条件是 TON _ 1. Q 为 1，TON _ 3 的启动条件是 TON _ 2. Q 为 1，如图 5-69 第 4 – 6 梯级所示。

（2）通过扩展多谐振荡电路实现

在 5.3.2 节中学习了多谐振荡电路及其编程。该程序中只有两个时间（通、断时间）可调。在某些应用中，要求输入信号有效后，不仅通、断时间可调，而且要求脉冲信号输出与输入信号脉冲的时间间隔也可调，如图 5-70a 所示的时序图。对于这种情况，可以对原来的多谐振荡电路进行扩展，编写自定义功能块 FB _ CYCLETIME 来实现。该功能块在输入信号为真后，输出先延时 T1 时间，然后以 T2 时间闭合（点亮），T3 时间断开（熄灭），并以

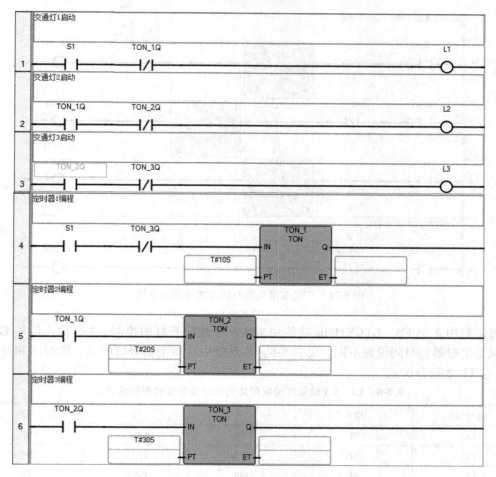

图 5-69　信号灯控制系统梯形图程序

此循环闭合和断开，当输入信号为假时，输出断开，如图 5-70b 所示。

该功能块有一个布尔变量输入，3 个 TIME 类型的输入，一个布尔输出。该功能块程序本体如图 5-71 所示。根据 IEC61131 - 3 的规范要求，在 3 个定时器的输出都接了线圈。CCW（一体化编程组态软件）系统也允许功能块输出直接接右侧电源轨线，即不用这三个线圈。在程序中用 TON _ 1. Q 等来代替。

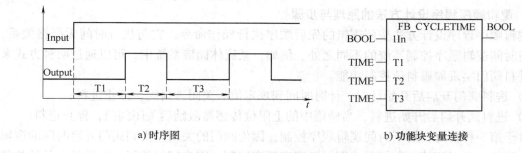

a) 时序图　　　　　　　　　　　　　　b) 功能块变量连接

图 5-70　扩展多谐振荡电路时序图及其功能块

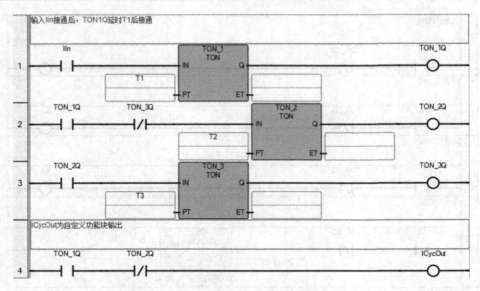

图 5-71　广义多谐振荡电路功能块程序本体

可以利用 3 个 FB＿CYCETIME 功能块来实现上述信号灯的控制。3 个输入信号都对应 S1，只是定时器的时间设置不同，见表 5-8。该系统中，每个信号灯的通、断时间和是 60s，即 T2 与 T3 之和为 60s。

表 5-8　L1～L3 信号灯控制用功能块对应的定时器时间设置

信号灯	输入	T1	T2	T3
L1	S1	T#0s	T#10s	T#50s
L2	S1	T#10s	T#20s	T#40s
L3	S1	T#30s	T#30s	T#30s

该功能块可以用于多种时间循环的顺序控制中，只需要设置有关时间和启动信号，例如还可以用于交通信号灯的控制中。采用该功能块，由于 T#0s 也需要一定的扫描时间，因此，可以保证不同 FB＿CYCLETIME 功能块的同步。

5.3.6　逻辑顺序程序设计方法

1. 逻辑顺序程序设计方法的原理与步骤

逻辑顺序程序设计方法按照逻辑的先后顺序执行操作命令，它与执行时间无严格关系，这是与时间逻辑顺序控制系统的不同之处。例如，某流体储罐系统中，可以通过两种方式来控制进料阀门实现储罐料位控制功能。

1）进料阀门开启后开始计时，计时时间到规定值后关闭进料阀，停止进料；

2）进料阀开启后开始进料，当储罐中的上限位传感器激励后关闭阀门，停止进料。

对于第一种情况，属于时间逻辑顺序控制，因为阀门的关闭是受到阀门开启时间的逻辑条件控制的，而对于第二种情况，则属于逻辑顺序控制，因为阀门关闭的条件是由另外的传感器的状态决定的。

从程序实现的原理看，时间逻辑条件与状态逻辑条件都是影响程序执行的变量，因此这两类程序在结构上一致的。在具体分析设计时，可以相互借鉴。

逻辑顺序设计方法适合 PLC 各输出信号的状态变化有一定的逻辑顺序的场合，在程序设计时首先要列出各设备的逻辑图，根据逻辑图表确定设备的启/停条件或动作条件，再结合经验法等进行程序的编写。

2. 逻辑顺序设计方法举例

（1）单一设备的按钮启/停控制编程

单一设备的按钮启/停控制方法将控制系统的各运转设备分别进行分析，分析其运行和停止的逻辑关系，然而再进行程序合成。其特点是各设备都采用按钮进行启/停控制。程序的基本结构如图 5-72 所示。其中，RS 功能块可以用自保线路实现，在一些应用中，需要用 SR 功能块或类似的线路。

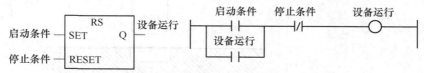

图 5-72　逻辑顺序控制系统程序的基本结构

在本书先前的内容中已反复介绍了这类编程方法，这里就不详细介绍了。

（2）单一设备的开关启/停控制编程

单一设备的开关启/停控制采用一个开关实现，即开关闭合时设备启动，开关断开时设备停运。因此，程序的结构如图 5-73 所示。

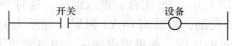

图 5-73　单一设备的开/关启停

以报警信号灯的控制为例介绍单一设备的开关启/停控制。声响控制系统也是采用类似的方法。这类设备工作原理是当某条件满足时就运行，不满足就停止。其梯形图程序如图 5-74 所示。

程序中，报警触点 AlarmC 是常开触点，T1Q 是方波信号发生器输出的闪烁信号，LampAck 是报警确认信号，AlarmTest 是试验按钮信号，用于试验按钮灯。当报警信号超限后，AlarmC 触点闭合，由于 T1Q 是闪烁信号，因此报警灯 LampOut 闪烁，表示该信号

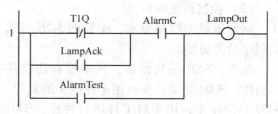

图 5-74　报警信号灯控制程序

超限。操作人员看到信号灯的闪烁后，按下确认按钮，则 LampAck 闭合，因为 AlarmC 信号没有消失，因此报警信号灯呈现平光，即不再闪烁。操作人员进行信号的超限处理后，使得该信号不再超限，AlarmC 断开，报警灯 LampOut 熄灭。

在这类程序中，设备（信号灯）的点亮和熄灭是根据触点或试验按钮的闭合和断开来控制启/停的，因此可以使用基本的控制结构编程。

3. 结合顺序功能图思想进行顺序控制系统编程

多数顺序控制系统，不论时间逻辑、顺序逻辑还是条件顺序逻辑控制系统，都适合采用

顺序功能图的思想进行程序分析。完成程序分析后，就可使用 SFC 来编程，或利用 SFC 与梯形图的转换关系，利用梯形图或 FBD 等来编程实现。以下结合冲压机控制系统进行说明

（1）冲压机控制系统控制要求

冲压机用于对工件进行冲压成形。冲压机用液压控制系统驱动，采用电磁阀 DCV1 和 DCV2 进行换向，控制冲压头向下和向上的运动。图 5-75 是冲压机工作原理简图。

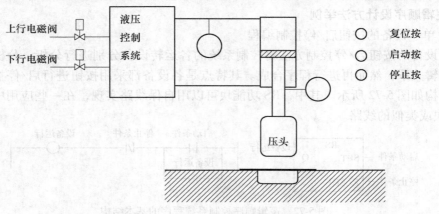

图 5-75　冲压机工作原理简图

冲压机工作过程如下：操作员按下复位按钮 FAN，电磁阀 DCV1 激励，使冲压头上移，直到位置开关 ZS 闭合。操作员将需冲压的工件放到冲压位置，并按下启动按钮 QAN，电磁阀 DCV2 激励，使冲压头下移，冲压和拉伸被加工工件，液压不断升高，到液压到达设定压力，压力开关 PS 闭合，进入保压，这时 DCV2 保持激励状态，定型时间为 5s，然后电磁阀 DCV2 失励，电磁阀 DCV1 激励，冲压头上行，直到回复到位置开关 ZS 闭合。操作员取出已冲压的工件，如果需再冲压，则将需冲压工件放到冲压位置，准备下一次冲压。如果需停止，则按下停止按钮 TZN，停止冲压。

（2）控制系统编程

据冲压机的控制要求，编写图 5-76 所示的顺序功能表图。

图中，S001 是初始步，该步没有连接任何动作。S002 是复位步，用于冲压头的复位。S003 是冲压步，用于对工件进行冲压。S004 是回复步，用于下一次冲压或停止冲压。

1）转换条件的编程。共有 5 个转换条件。编程如下：

➤ T001　T001 转换条件是按复位按钮。用 IL 编程语言编写转换条件如下：

　　LD　S001. X（＊读取步 S001 的状态标志＊）

　　AND　FAN（＊与复位按钮 FAN 信号进行与逻辑运算＊）

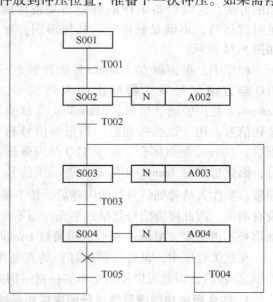

图 5-76　冲压机顺序功能表图程序

ST　T001　（ ＊ 如果按下复位按钮，则转换条件 T001 为真 ＊）

➢ T002　转换条件 T002 是位置开关 ZS 状态和启动按钮状态的与逻辑结果。用 LD 编程语言编写的程序如图 5-77 所示。

图 5-77　T002 转换条件的梯形图程序

程序中不仅使用 ZS 和 QAN 两个信号，还使用步 S002 的状态 S002. X，该信号是可有可无的。

➢ T003　T003 转换条件是压力开关 PS 为 1 后，延时 5s 的信号，用功能块图编写的程序如图 5-78 所示。

➢ T004　T004 转换条件用于下一次冲压。转换条件是冲压头复位、启动信号和未按通知按钮的与逻辑运算结果。ST 编程语言编写的程序如下：

T004 : ＝ZS　AND　QAN　ANDN　TZN；（ ＊ 冲压头复位和按下启动按钮及未按停止按钮 ＊）

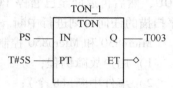

图 5-78　T003 的功能块图程

➢ T005　T005 转换条件用于停止，它只需要按下停止按钮，对冲压头是否复位没有要求。但考虑选择序列的互锁，因此将 QAN 信号包含在程序中。IL 编程语言编写的程序如下：

LDN　QAN　　（ ＊ 读取启动按钮的反相状态 ＊）

AND　TZN　　（ ＊ 与停止按钮 TZN 信号进行与逻辑运算 ＊）

ST　　T005　　（ ＊ 运算结果作为转换条件 T005 ＊）

2）动作控制功能块的编程。共有 3 个动作控制功能块。

➢ A002　动作控制功能块 A002 完成冲压头复位操作。用 IL 编程语言编写程序如下：

LD　S002. X　　（ ＊ 读取步 S002 的状态 ＊）

ST　DCV1　　（ ＊ 打开电磁阀 DCV1 ＊）

复位按钮 FAN 是脉冲信号，因此用步 S002 的状态作为电磁阀 DCV1 的激励信号，保证在步 S002 是活动步时，电磁阀 DCV1 都处于激励状态。

➢ A003　完成冲压头下行进行冲压的操作。用 LD 编程语言编写的程序如图 5-79 所示。

图 5-79　A003 动作控制功能块的程序

T003 转换条件和 A003 动作控制功能块的程序有一定联系，例如，在 A003 中用图 5-79 的程序外，再添加定时器对 PS 计时的程序，则 T003 转换条件是计时到的信号。这说明转换条件和动作控制功能块的程序并不是惟一的。在编程时应相互配合。

➢ A004　完成冲压头上行复位的操作。ST 编程语言编写的程序如下：

DCV1 : ＝ S004. X；

3）注意事项。编写程序时注意下列事项。

➤ 用限定符 N 限定的动作控制功能块，可用所连接的步状态作为该动作控制功能块的操作信号，例如，示例中用 S002、S003 和 S004 的步状态作为操作信号。

➤ 动作控制功能块和转换条件是相互影响的。因此，各步连接的动作控制功能块和其后续的转换条件的程序可转换。例如，示例中，A003 和 T003 的程序。

➤ 用户可用其熟悉的编程语言编写程序，提高程序的准确性和可靠性。

5.3.7　Micro800 中断程序

1. Micro 控制器中断功能及其执行过程

（1）Micro 控制器中断功能

中断是一种事件，它会导致控制器暂停其当前正在执行的程序组织单元，执行其他 POU，然后再返回至已暂停 POU 被暂停时所在的位置。Micro830 和 Micro850 控制器可在程序扫描的任何时刻进行中断。可使用 UID/UIE 指令来防止程序块被中断。

Micro830 和 Micro850 控制器支持以下用户中断：

1）用户故障例程；

2）事件中断（8 个）；

3）高速计数器中断（6 个）；

4）可选定时中断（4 个）；

5）功能性插件模块中断（5 个）。

（2）Micro 控制器中断执行过程

要执行中断，必须对其进行组态和启用。当任何一个中断被组态（和启用），且该中断随后发生时，用户程序将：

1）暂停其当前 POU 的执行；

2）基于所发生的中断执行预定义的 POU；

3）返回至被暂停的作业。

以图 5-80 所示来分析中断程序。图中 POU2 是主控制程序。POU10 是中断例程。在梯级 123 处发生中断事件，POU10 获得执行权利，在 POU10 被扫描执行后，立即恢复被中断执行的 POU 2。

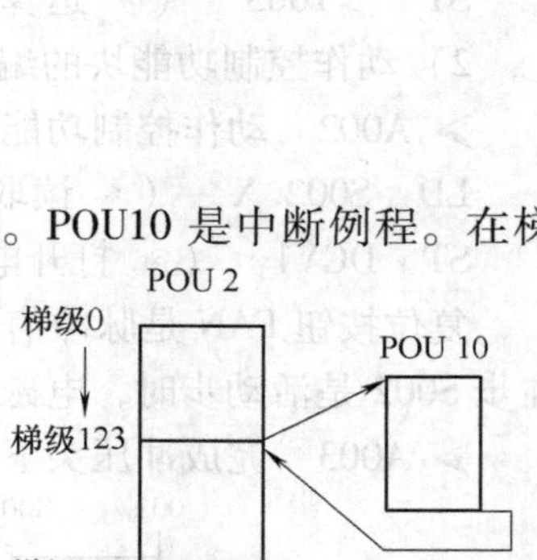

具体而言，如果在控制器程序正常执行的过程中发生中断事件：

①控制器将停止正常执行。

②确定发生的具体中断。

③立即前往该用户中断所指定的 POU 的开始处。

图 5-80　中断程序执行示意图

④开始执行该用户中断 POU（或一组 POU/功能块，如果指定的 POU 还调用了后续功能块）。

⑤完成 POU。

⑥从控制程序中断的位置开始恢复正常执行。

（3）用户中断的优先级

当发生多个中断时，执行顺序取决于优先级。如果一个中断发生时已存在其他中断但这些尚未实施，则将会根据优先级排定新中断相对于其他各未决中断的执行顺序。当再次可实施中断时，将按照从最高优先级到最低优先级的顺序来执行所有中断。如果在一个中断正在执行时，发生了一个优先级更高的中断，则当前正在执行的中断例程会被暂停，具有较高优先级的中断将执行。在此之后再执行该优先级较低的中断，完成后才会恢复正常运行。如果在一个中断正在执行时，发生了一个优先级相对较低的中断，并且该优先级较低的中断的挂起位已置位，则当前正在执行的中断例程会继续执行至完成。然后会运行较低优先级的中断，接着返回至正常运行。

Micro830 和 Micro850 控制器中断优先级见表 5-9。

表 5-9　Micro830 和 Micro850 控制器从最高到最低的优先级

用户故障例程	最高优先级	用户故障例程	最高优先级
事件中断 0		事件中断 4	
事件中断 1		事件中断 5	
事件中断 2		事件中断 6	
事件中断 3		事件中断 7	
高速计数器中断 0		可选定时中断 0	
高速计数器中断 1		可选定时中断 1	
高速计数器中断 2		可选定时中断 2	
高速计数器中断 3		可选定时中断 3	
高速计数器中断 4		插件模块中断 0、1、2、3、4	最低优先级
高速计数器中断 5			

2. Micro 控制器中断程序编写

（1）用户故障中断组态

例如要写一个用户故障中断程序，其作用是在发生特定用户故障时，选择在控制器关闭前进行清理。只要发生任何用户故障中断，故障例程就会执行。系统不会为非用户故障执行故障例程。用户故障例程执行后，控制器将进入故障模式，并会停止用户程序的执行。创建用户故障中断过程如图 5-81 所示。

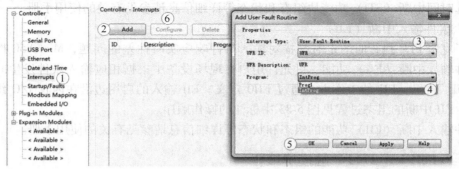

图 5-81　组态用户故障中断

1）创建一个程序名称为"IntProg"的 POU。

2）在控制器属性窗口中点击中断（图 5-81①处），然后点击增加中断（图②处），在弹出的增加用户故障中断窗口中选中它（图③处），将该创建的 "IntProg" POU 组态为用户故障例程（图④处）。点击确定退出。中断增加后，可以通过配置来进行修改（图⑥处）。组态中的其他参数可以用默认参数。

　　详细的用户中断指令请参见有关的使用手册。

（2）可选定时中断（STI）

可选定时中断（STI）提供了一种机制来解决对时间有较高要求的控制需求。STI 是一种触发机制，允许扫描或执行对时间敏感的控制程序逻辑。对于 PID 这类必须以特定的时间间隔执行计算应用程序或需要更为频繁地进行扫描的逻辑块需要使用 STI。

　　STI 按照以下顺序运行：

1）用户选择一个时间间隔。

2）当设定有效的时间间隔且正确组态 STI 后，控制器会监测 STI 值。

3）经过设定的这段时间后，控制器的正常运行将被中断。

4）控制器随后会扫描 STI POU 中的逻辑。

5）当完成 STI POU 后，控制器会返回中断之前的程序并继续正常运作。

　　用 CCW（一体化编程组态软件）组态 STI 中断与组态故障中断类似，具体过程如图 5-82 中标注的操作顺序。组态中的其他参数可以用默认参数。

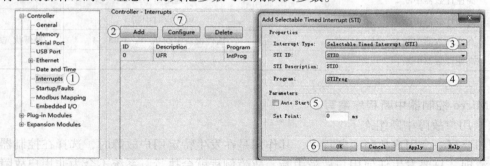

图 5-82　组态 STI 中断

可选时间中断（STI）功能块组态和状态等详细信息请参见有关的使用手册。

（3）事件输入中断（EII）

为了克服 PLC 执行时的定时扫描对输入事件响应实时性差的问题，Micro850 控制器提供了事件输入中断（EII）功能，可允许用户在现场设备中根据相应输入条件发生时扫描特定的 POU。这里，EII 的工作方式通过 EII0 定义。EII 输入的启用边沿在内置 I/O 组态窗口中组态。EII 中断的组态过程见图 5-83 中标注的操作顺序。

事件输入中断（EII）功能的组态和状态等详细信息请参见有关的使用手册。

5.3.8　PanelView 2711C 触摸屏编程

　　PLC 没有人机界面，为了实现信号显示、操作员输入和控制等人机交互功能，PLC 通常要外接各种工业面板（终端）。罗克韦尔自动化的 2711C 系列 PanelView Component C200、C300、C400、C600 和 C1000 终端属于较为低端的产品，不带操作系统。产品覆盖单色、彩

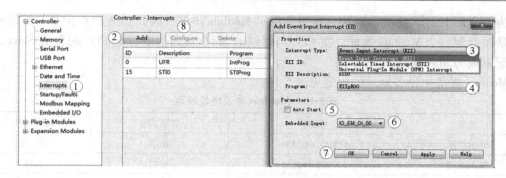

图 5-83　组态 EII 中断

色，尺寸从 2 英寸到 10.4 英寸，带触摸屏或键盘接口。通信接口包括 RS323/RS422/RS485 串行接口或 USB 接口，部分机型还带以太网接口。该系列终端的编程与 PanelView Plus 6 系列的 HMI 终端在编程方式上有所不同。前者在 CCW 一体化编程组态软件中或基于 PC 的软件 DesignStation2.0 以上版本编程，而后者则是通过 FactoryTalk View ME 6.0 以上软件编程。现对 2711C 系列终端触摸屏编程及其与 Micro850PLCModbus 通信做介绍。

1. Modbus 地址映射与 PLC 通信口配置

（1）Modbus 通信协议

Modbus 协议是一种 Modicon 公司开发的通信协议，最初目的是实现可编程控制器之间的通信。利用 Modbus 通信协议，可编程控制器通过串行口或者调制解调器联入网络。该公司后来还推出 Modbus 协议的增强型 Modbus Plus（MB＋）网络，可连接 32 个节点，利用中继器可扩至 64 个节点。这种 Modicon 公司最先倡导的通信协议，经过大多数公司的实际应用，逐渐被认可，成为一种事实上的标准通信协议，只要按照这种协议进行数据通信或传输，不同的系统就可以实现通信。比如，在 RS232/485 串行通信中，就广泛采用这种协议。

Modbus 协议包括 ASCII、RTU、TCP 等，并没有规定物理层。此协议定义了控制器能够认识和使用的消息结构，而不管它们是经过何种网络进行通信的。通过 Modbus 协议，不同厂商生产的控制设备和仪器可以连成工业网络，进行集中监控和管理。

Modbus 的 ASCII、RTU 协议规定了消息、数据的结构、命令和应答的方式，数据通信采用半双工主站从站方式，Master 端发出数据请求消息，Slave 端接收到正确消息后就可以发送数据到 Master 端以响应请求；Master 端也可以直接发消息修改 Slave 端的数据，实现双向读写。Modbus 协议需要对数据进行校验，串行协议中除奇偶校验外，ASCII 模式采用 LRC 校验，RTU 模式采用 16 位 CRC 校验，但 TCP 模式没有额外规定校验，因为 TCP 是一个面向连接的可靠协议。另外，Modbus 采用主从方式定时收发数据，在实际使用中如果某 Slave 站点断开后（如故障或关机），Master 端可以诊断出来，而当故障修复后，网络又可自动接通。因此，Modbus 协议的可靠性较高。

Modbus/TCP 通信协议使用的 Modbus 映射功能与 Modbus RTU 相同，不过其通信在以太网上而非串行总线上。Modbus/TCP 在以太网上执行 Modbus 从站功能。Micro800 控制器支持 Modbus RTU 主站和 Modbus RTU 从站协议。Micro850 控制器最多支持 16 个并行 Modbus TCP 服务器连接。除了配置 Modbus 映射表之外无需协议配置。

（2）PLC 中 Modbus 地址映射

为了实现 PLC 与终端的通信，这里选用了 Modbus 协议，因此要把 PLC 中要与终端通信的变量映射到一个 Modbus 地址。在 PLC 与终端的 Modbus 通信中，把 PLC 配置成 Slave，而终端配置成为 Master。

Modbus 规范中设备地址的规定见表 5-10。

表 5-10　Modbus 协议地址规范

地址	范围	数据类型	读写属性
输出线圈	000001-065536	布尔	读/写
输入线圈	100001-165536	布尔	只读
输入寄存器	300001-365536	WORD	只读
保持寄存器	400001-465536	WORD	读/写

在 CCW 一体化编程组态软件的 PLC 控制器设置中，点击"Modbus"，选择需要与 PLC 通信的参数，然后分配地址，如图 5-84 所示。这里定义了 4 个变量及其数据类型、Modbus 地址等。这里要注意，由于"_ SYSVA _ CYCLECNT"是长整型（Dint），而 Modbus 中寄存器数据类型为 16 位的字（Word），所以该变量实际占用 2 个字节，300001 只是其起始地址。

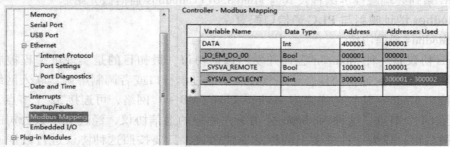

图 5-84　Modbus 地址映射

在通信前还需要对 PLC 的通信口参数进行选择，具体配置如图 5-85 所示。

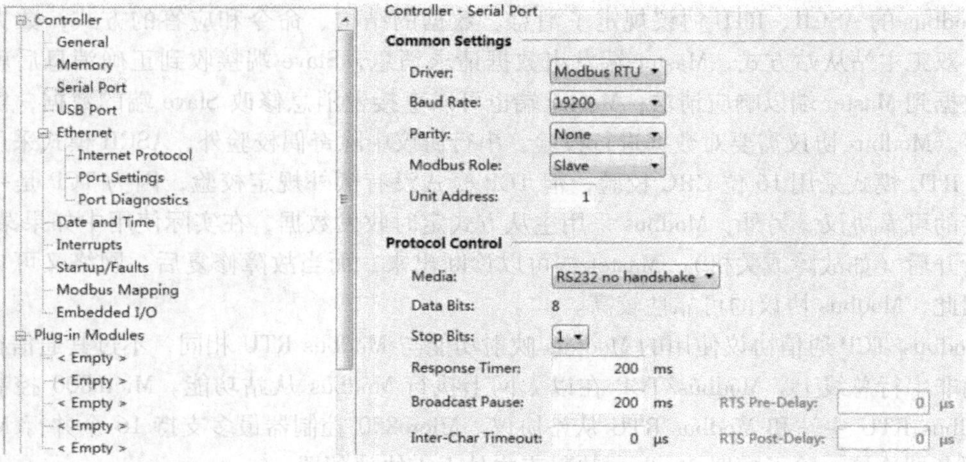

图 5-85　Modbus 通信时串口设置

2. 在项目中添加终端设备

启动 CCW 一体化编程组态软件生成一个包含 PLC 控制器的项目，从设备工具箱中拖拉所需要的终端设备到项目管理器窗口，这里选择了"2711C – T6T"，可以看到生成了一个"PVcApplication"的终端设备，该项目树下包含"Tags（标签）"、"Alarm（报警）"、"Recipes（配方）"和"Screen（屏幕）"等二级选项，如图 5-86 所示。双击"PVcApplication"图标，出现终端配置与设计的窗口。可以进行通信、屏幕、安全和语言等设置。

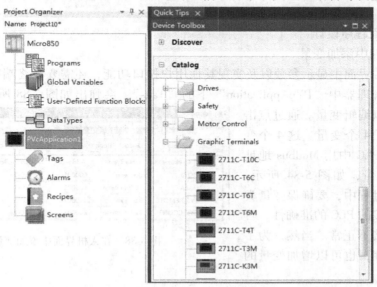

图 5-86　在 CCW 一体化编程组态软件中添加终端设备

通信设置

通信设置界面如图 5-87 所示。在这里主要要完成 3 个设置：

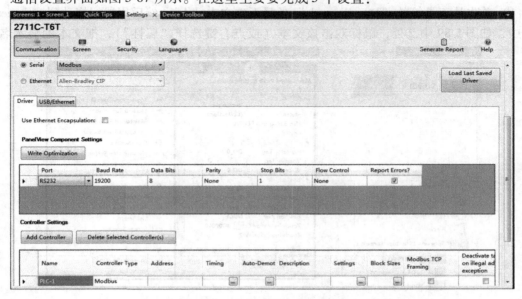

图 5-87　终端与 PLC 通信时的通信参数配置

1）PLC 与终端的通信协议。这里要在图中"1"处，从下拉菜单中选择 Modbus 协议，通信中用到的地址就是先前介绍到的内容。

2）设置通信接口。这里要根据终端与 PLC 通信的接口选择，一个终端可能有多种通信接口，这里是选择实际所用的通信接口。系统默认是 RS232，其他还有 RS485、USB 及以太网接口。

3）PLC 设定。这里需要设置 PLC 的名称、控制器类型和地址，其他参数都可以留以后设置。

3. 终端界面程序设计

（1）在终端中添加变量

为了在终端界面中显示参数以及实现其他用户接口功能，还需要在终端中添加变量/标签。点击项目管理器中"PVcApplication"下的"Tags"，会弹出如图 5-88 所示的变量定义窗口。在此可以编辑变量。通过点击"Add"，增加了 4 个变量。这 4 个变量也是先前在 PLC 中用 Modbus 地址进行映射的变量，如图 5-84 所示。在添加变量的过程中，要确保变量类型、地址及连接的 PLC 的准确性，否则数据可能连接不正常。当然，为了提高程序可读性，也可以增加变量的描述。

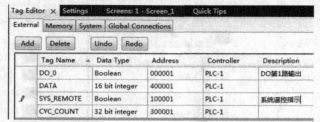

图 5-88　在人机界面中添加变量

（2）编辑人机界面的屏幕（Screen）

鼠标单击"PVcApplication"下的"Screen_1"，图 5-89 中①处，会弹出该窗口的设计窗口。这里进行的设计包括：

1）首先从工具箱的"Drawing tools"条目下选文本"A"，然后用鼠标拖动到"Screen_1"中，如图 5-89 中②处，鼠标双击该文本（或点右键选择"属性"），把文本的显示名称

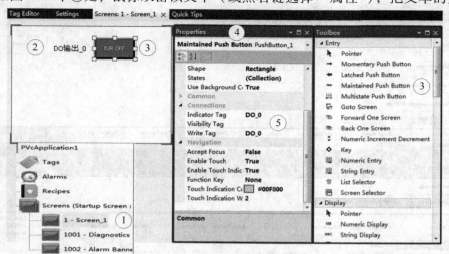

图 5-89　人机界面中屏幕对象设计过程

改为"DO 输出_0"。同时把文本框的边框颜色改为白色，即不显示边框。这样就完成了屏幕中第一个对象的设计。

2）再从工具箱中拖动"Maintained Push Button"到屏幕中，如图 5-89 中③处），双击该对象出现属性窗口，如图 5-89 中④，把该对象的"Indicator Tag"和"Wtite Tag"与定义的，变量"DO_0"关联，如图 5-89 中⑤，这一步很重要，这样就将按钮与 PLC 中的变量实现了连接。当然，该对象还有其他属性可以改，例如，改变其默认名称，给它一个有意义的名称，改变其大小、形状等属性。不过，这些都不是重要的。接下来定义该按钮的背景颜色显示动画。双击该按钮，出现图 5-90。由于"DO_0"是一个布尔变量，因此其数值为"1"或"0"。在图 5-90 中①处，当其数值是 0 时，鼠标点击背景色，从调色板中选择绿色，同时把显示文本改为"TURN ON"；按同样的方法修改第二行属性。这样，这个按钮的设计就完成了。

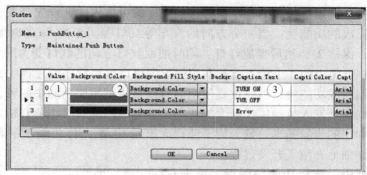

图 5-90　修改按钮的背景色属性

3）从工具箱中拖动一个文本对象，把文本内容改为"CYC_COUNT"；再从工具箱中拖动"Numeric Display"拖动到屏幕中，在对象的属性窗口中，把其"Read Tag"与定义的变量"CYC_COUNT"关联。

4）从工具箱中拖动一个文本对象，把文本内容改为"SYS_REMOTE"；再从工具箱中拖动"Numeric Entry"拖动到屏幕中，在对象的属性窗口中，把其"Write Tag"与定义的变量"SYS_REMOTE"关联。

5）从工具箱中拖动一个文本对象，把文本内容改为"DATA"；再从工具箱中拖动"Multistate Indicator"拖动到屏幕中，在对象的属性窗口中，把其""Indicator Tag"和"Wtite Tag"与定义的变量"DATA"关联。

6）从工具箱的"Advanced"条目下拖动"Goto Config"到屏幕中，这是一个可以设置的功能调用。还可以根据需要添加其他功能调用，如调用登录窗口、退出登录、修改密码、报警窗口、配方等。

如果屏幕中有多个图形对象，还可以利用软件提供的功能，比如对齐、排列等，把屏幕设计的得更加美观。

所有人机界面的设计都比较类似，其操作过程也比较接近。通常，学会一种终端或组态软件后，再学习其他类型终端界面开发就比较简单了，很容易上手。

至此，该人机界面的屏幕显示部分就完成了，设计完成的界面如图 5-91 所示。

（3）人机界面下载

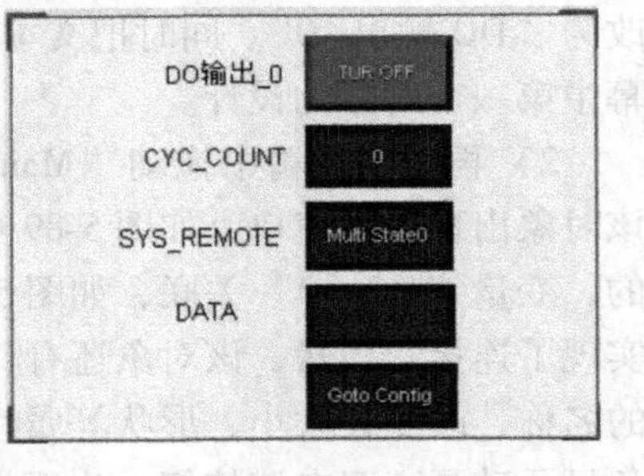

人机界面编辑完成后，就可以下载到终端设备中了。首先把编程电脑与终端连接起来，利用设计软件提供的下载功能，就可以下载了。下载后，测试人机界面的功能是否满足设计要求。通常，需要反复的修改、测试，直到最终达到设计要求。

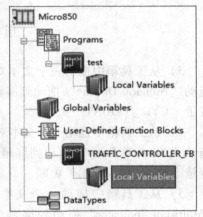

图 5-91　设计完成的人机界面

5.4　Micro850 逻辑控制程序设计

5.4.1　交通灯自定义功能块的创建

本节要编写一个交通灯控制的程序，考虑到程序的可重用性，首先开发一个交通灯功能块，该功能块要完成的功能是：当一个方向的汽车等红灯等了至少 5s 的时候，另一个方向的绿灯变为黄灯，保持 2s，然后变成红灯，同时前面红灯方向的红灯变为绿灯。

Micro850 控制器突出的一个特点就是在用梯形图语言编写程序的过程中，对于经常重复使用的功能可以编写成功能块，需要重复使用的时候直接调用该功能块即可，无需重复编写程序。这样就给程序开发人员提供了极大的便利，节省时间的同时也节省精力。功能块的编写步骤与编写主程序的步骤基本一致。为了使得大家对 CCW 一体化编程组态软件环境更加熟悉，这里将很详细地介绍了开发过程。

在项目组织器中，选择功能块图标，单击右键，选择新建梯形图。新建功能块的名字默认为 UntitledLD，单击右键，选择重命名，可以给功能块定义相应的名字。双击打开功能块后可以编写完成功能块的功能所需要的程序，功能块的下面为变量列表，这里的变量为本地变量。只能在当前功能块中使用。

这样就完成了一个功能块程序的建立，然后在功能块中编写所要实现的功能。完成后功能块可以在主程序中直接使用。下面以交通灯功能块为例具体介绍功能块的编程。

首先把新建功能块命名为交通灯控制功能块（TRAFFIC _ CONTROLLER _ FB），如图 5-92 所示。

图 5-92　新建交通灯控制功能块

创建一个新的功能块，首先要确定完成此功能块所需要的输入和输出变量。这些输入输出变量在项目组织器中的本地变量（Local Variables）中创建，如图 5-92 所示，在新建功能块的下面，双击本地变量图标，打开如图 5-93 所示的创建变量的界面。

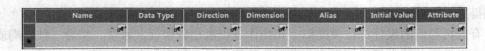

Name	Data Type	Direction	Dimension	Alias	Initial Value	Attribute

图 5-93　创建本地变量

在表格的上部右键单击，显示如图 5-94 所示的选项，这里可以对表格列的显示进行重置，默认显示一些常用选项。

对于此次要编写的交通灯控制功能块，需要 4 个布尔量输入，分别是 4 个方向的信号，6 个布尔量输出，分别是在东西向和南北向的红、黄、绿交通信号灯。输入输出的定义是在 "Direction" 一列中定义的，输入用 VarInput 表示，输出用 VarOutput 表示。

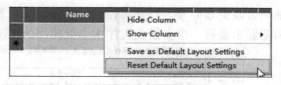

图 5-94　对变量表格重置

下面首先来定义此功能块所需要的变量，如图 5-95 所示。在表格的 Name 一列中输入变量的名字，并设定变量为输入或者输出变量即可；要新建变量，在已经建立的变量处回车即可创建下一个变量。图中是完成此功能块所需要的输入和输出变量，注意一定要在 Direction（方向）一列中定义变量为输入或者输出变量，否则在主程序使用此功能块的时候将无法显示其输入输出变量。在变量列表中除了定义变量的数据类型和变量类型以外，还可以对变量进行别名、加注释、改变维度、设置初始值等操作。

Name	Data Type	Dimension	String Size	Initial Value	Direction	Attribute
N_CAR_SENSOR	BOOL				VarInput	Read
S_CAR_SENSOR	BOOL				VarInput	Read
E_CAR_SENSOR	BOOL				VarInput	Read
W_CAR_SENSOR	BOOL				VarInput	Read
NS_RED_LIGHTS	BOOL				VarOutput	Write
NS_YELLOW_LIGHTS	BOOL				VarOutput	Write
NS_GREEN_LIGHTS	BOOL				VarOutput	Write
EW_RED_LIGHTS	BOOL				VarOutput	Write
EW_YELLOW_LIGHTS	BOOL				VarOutput	Write
EW_GREEN_LIGHTS	BOOL				VarOutput	Write

图 5-95　创建功能块变量

定义了输入输出变量就可以编写功能块程序了。双击交通灯控制功能块（TRAFFIC_CONTROLLER_FB）图标，可打开编程界面。

根据要求可知第一个梯级实现如下功能：如果南北红灯和东西绿灯亮，并且南北向的车等了至少 5s，那么就把东西绿灯变为黄灯。

点击设备工具箱窗口下部的工具箱，展开梯形图工具箱。工具箱里有编写梯形图程序所需要的基本指令，用户只需选择要用的指令，直接拖拽到编程界面中的梯级上即可。

把指令拖拽到梯级上以后，会自动弹出变量列表，编程人员可以直接给指令选择所用的变量，这里选择接触器位指令，并添加 NS_RED_LIGHTS 变量。用同样的方法添加第二个接触器位指令，变量选择 EW_GREEN_LIGHTS，然后选择一个梯形图分支指令，并在上面分别放接触器位指令，变量为 N_CAR_SENSOR 和 S_CAR_SENSOR。然后添加一个功能块，选择计时器指令（TON），并给计时器定时 5s。在梯级的最后再添加一个梯级分支，分别放置位线圈 EW_GREEN_LIGHTS 和复位线圈 EW_YELLOW_LIGHTS。这样就完成了第一个梯级的编写，其功能是：当南北红灯和东西绿灯同时点亮，并且南北车辆等候至少 5s 的时候，复位东西绿灯，同时点亮东西黄灯。

编写好的第一个梯级如图 5-96 所示，可以在梯级的上方为梯级添加注释，也可以在注释处单击右键，选择不显示描述，如图 5-97 所示，这里还可以对梯级或者指令进行复制、粘贴、改变布局等，打开属性对话框还可以设置对象的各种属性，同时还可以打开交叉引用浏览器来查看一个变量在程序中多处使用的情况。

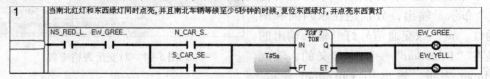

图 5-96　交通灯功能块第一个梯级

根据分析，第二条梯级实现以下功能：当东西黄灯亮 2s 以后，复位东西黄灯和南北红灯，同时置位南北绿灯和东西红灯。其编程如图 5-98 所示。

经分析可知第三个和第四个梯级与第一个和第二个梯级完成的功能相同，只是方向不同，所以只需把第一个和第二个梯级复制，然后改变变量即可，程序如图 5-99 所示。

在完成了交通灯功能块的功能以后，还需要添加另外的一个梯级用来初始化。当程序第一次被下载到控制器并运行的时候，所有交通信号灯的状态都应该是灭的。最后这个梯级就是用来确保这一点，并同时点亮南北红灯和东西绿灯。梯级如图 5-100 所示。

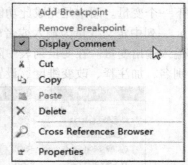

图 5-97　选择梯级描述是否显示

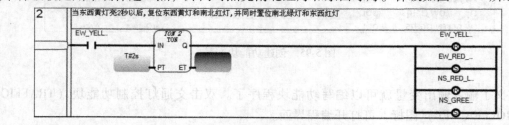

图 5-98　交通灯功能块第二个梯级

到此就完成了交通灯功能块的编写，在项目组织器中，右键单击功能块图标，选择编译（生成），可以对编好的程序进行编译，如果程序没有错误，点击保存按钮即可保存。如果程序中出现错误，在输出窗口中将出现提示信息，提示程序编译出现错误，同时会弹出错误列表，如图 5-101 所示，在错误列表中会指出错误在程序中的位置。双击错误信息行，可以跳转到程序的错误位置，对错误的程序做出修改。然后再次对程序进行编译，程序编译无误后点击保存按钮即可。

5.4.2　交通灯控制主程序的开发

上节完成了对交通灯功能块的编写，本节将介绍编写的交通灯功能块在主程序中的使用。

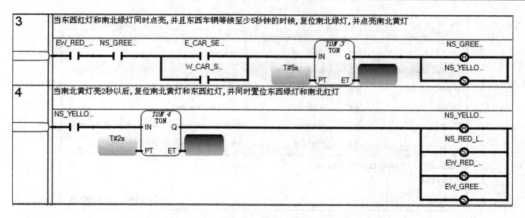

图 5-99　交通灯功能块第三和第四个梯级

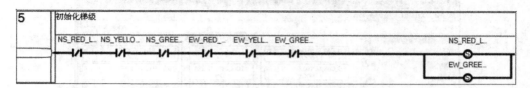

图 5-100　交通灯功能块

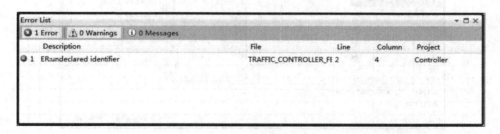

图 5-101　错误列表

1）首先要在项目组织器窗口中创建一个梯形图程序，右键单击程序图标，选择新建梯形图程序。

2）创建新程序以后，对程序重新命名为交通灯控制（Traffic_Light_Control）。

3）双击交通灯控制图标，打开编程界面，在工具箱里选择功能块指令拖拽到程序梯级中。拖拽功能块指令到梯级以后，会自动弹出功能块选择列表，找到编写好的交通灯控制功能块选择即可。

双击编写的交通灯功能块，出现如图 5-102 所示的界面，选中编写的交通灯功能块，单击右上方的显示参数按钮 Show Parameters，可以看到交通灯功能块中所有的输入和输出参数，在该参数列表中可以对这些参数进行必要的设置。完成参数的设置后，将图 5-103 中左下角的 EN/ENO 复选框选中，EN/ENO 复选框表示使能功能块的输入和输出。如果这里不选择，将无法在主程序中使用功能块。

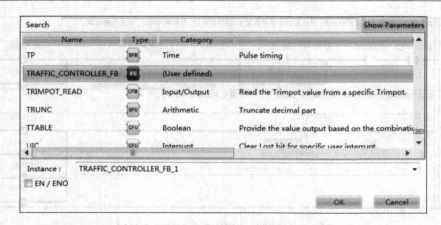

图 5-102　选择功能块

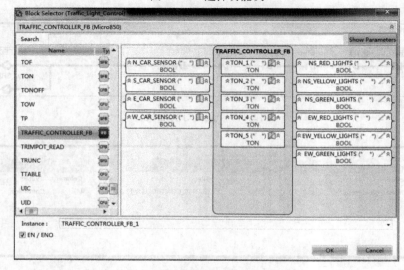

图 5-103　设置交通灯功能块

完成参数设置以后，单击 OK 键，交通灯功能块将出现在程序中。可以看到交通灯功能块有 4 个输入变量和 6 个输出变量，单击输入或者输出，可以出现选择变量的下拉菜单，如图 5-104 所示，在此下拉菜单中为功能块的输入输出选择合适的变量。

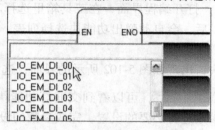

图 5-104　为功能块输入/输出选择变量

由于变量默认的名字太长，为了方便起见，可以对使用的变量别名，在功能块的第一个输入处双击，可以打开变量列表，在此列表中可以对变量进行别名，如图 5-105 所示。

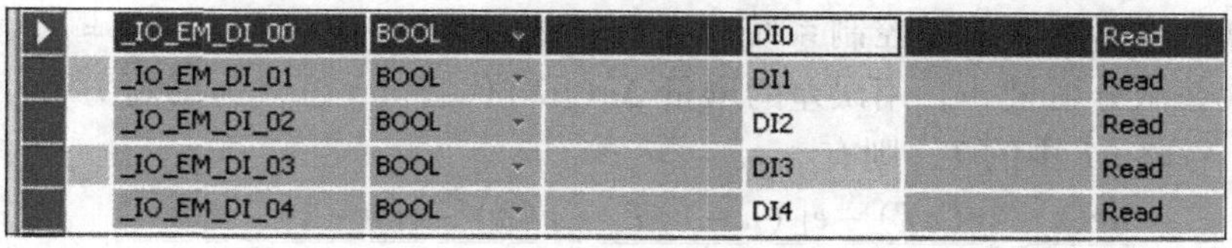

_IO_EM_DI_00 BOOL DI0 Read
_IO_EM_DI_01 BOOL DI1 Read
_IO_EM_DI_02 BOOL DI2 Read
_IO_EM_DI_03 BOOL DI3 Read
_IO_EM_DI_04 BOOL DI4 Read

图 5-105　全局变量列表

对变量别名以后，变量的别名将出现在功能块上，如图 5-106 所示。

EN
ENO
_IO_EM_DI_00
DI0
N_CA..
NS_R..
_IO_EM_DO_..
DO0
_IO_EM_DI_01
DI1
S_CA..
NS_Y..
_IO_EM_DO_..
DO1
_IO_EM_DI_02
DI2
E_CA..
NS_G..
_IO_EM_DO_..
DO2
_IO_EM_DI_03
DI3
W_CA..
EW_R..
_IO_EM_DO_..
DO3
EW_Y..
_IO_EM_DO_..
DO4
EW_G..
_IO_EM_DO_..
DO6

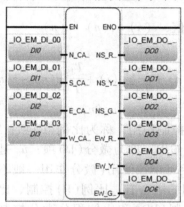

图 5-106　别名后的变量

这样就完成了程序的编写，在项目组织器窗口中右键单击交通灯控制图标，选择编译（生成），对主程序编译。编译完成后点击保存即可。

5.5　Micro850 过程控制程序设计

5.5.1　Micro850IPID 功能块

1. IPID 功能块及其参数

比例、积分、微分控制（简称 PID 控制）是应用最广泛的一种控制规律。从控制理论可知，PID 控制能满足相当多工业对象的控制要求。所以，它至今仍是一种基本的控制方法。

PID 控制规律的基本输入/输出关系可用微积分方程表示为

$$u(t) = K_p\left[e(t) + \frac{1}{T_i}\int_0^t e(t)\,dt + T_d\frac{de(t)}{dt}\right] \tag{5-1}$$

式中　$u(t)$——控制器的输出；

$e(t)$——控制器的输入偏差信号，$e(t) = r(t) - c(t)$，其中 $r(t)$ 是设定值，$c(t)$ 是测量值；

K_p——比例增益；

T_i——积分时间；

T_d——微分时间。

由于计算机控制属于采样控制系统，因此将式（5-1）离散化。令 $t = nT$，T 为采样周期，且用 T 代替微分增量 $\mathrm{d}t$，用误差的增量 $\Delta e(nT)$ 代替 $\mathrm{d}e(t)$，为书写方便，在不致引起混淆的场合，省略 nT 中的 T，则有

$$\frac{\mathrm{d}e(t)}{\mathrm{d}t} \to \frac{e(nT) - e[(n-1)T]}{T} = \frac{e(n) - e(n-1)}{T} = \frac{\Delta e(n)}{T}$$

$$\int_0^t e(t)\,\mathrm{d}t \to \sum_{i=0}^n e(iT) \cdot T = T \cdot \sum_{i=0}^n e(i)$$

式中　n——采样序号；

　　　$e(n)$——第 n 次采样的偏差值，$e(n) = r(n) - c(n)$。

于是式(5-1)可写成

$$u(n) = K_\mathrm{p}\left\{ e(n) + \frac{T}{T_\mathrm{i}}\sum_{i=0}^n e(i) + \frac{T_\mathrm{d}}{T}[e(n) - e(n-1)] \right\} + u_0$$

$$= u_\mathrm{P}(n) + u_\mathrm{I}(n) + u_\mathrm{D}(n) + u_0 \tag{5-2}$$

式(5-2)中的第一项起比例控制作用，称为比例（P）项；第二项起积分控制作用，称为积分（I）项；第三项起微分控制作用，称为微分（D）项；u_0 是偏差为零时的初值。这三种作用可单独使用（微分作用一般不单独使用）也可合并使用。常用的组合有：比例（P）控制、比例积分控制（PI）、比例微分控制（PD）和比例积分微分控制（PID）。

IPIDCONTROLLER（简称 IPID）是 Micro850 的比例积分微分控制功能块，如图 5-107 所示。功能块参数见表 5-11。GAIN_PID 数据类型见表 5-12。AT_Param 数据类型见表 5-13。在使用该功能块前，必须熟悉其功能块的输入和输入参数的作用、类型等。

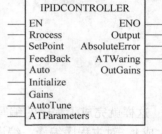

图 5-107　IPID 功能块

表 5-11　IPID 功能块参数

参数	参数类型	数据类型	说　明
EN	输入	BOOL	功能块使能 当 EN = TRUE，执行功能 当 EN = FALSE，不执行功能 仅适用于 LD，FBD 编程中无需 EN
Process	输入	REAL	过程值，从受控过程的输出进行测量
SetPoint	输入	REAL	为所需过程设定点值
Feedback	输入	REAL	反馈信号是应用到过程的控制变量值，例如 IPIDCONTROLLER 输出
Auto	输入	BOOL	PID 控制器的工作模式 ● TRUE-控制器在正常模式下运行 ● FALSE-忽略微分项。这将强制控制器输出跟踪控制器限值内的反馈，并允许控制器在不扰动输出的情况下切换回自动模式
Initialize	输入	BOOL	值的变化（True 至 False 或 FALSE 至 TRUE）会导致控制器消除该周期的任何比例增益 它还会初始化自整定序列

（续）

参数	参数类型	数据类型	说　　明
Gains	输入	GAIN _ PID	IPIDCONTROLLER 的增益 请参见 GAIN _ PID 数据类型
AutoTune	输入	BOOL	启动自整定序列
ATParameters	输入	AT _ Param	自整定参数 请参见 AT _ Param 数据类型
输出	输出	Real	控制器的输出值
AbsoluteError	输出	Real	AbsoluteError 是过程值和设定值之间的差值
ATWarnings	输出	DINT	自整定序列的警告。可能的值为： ● 0-未完成自整定 ● 1-正在进行自整定 ● 2-自整定已完成 ● -1-错误 1：控制器输入"Auto"为 TRUE 请将其设置为 False ● -2-错误 2：自整定错误，超过 ATDynaSet 时间
OutGains	输出	GAIN _ PID	根据自整定序列计算的增益。请参见 GAIN PID 数据类型
END	输出	BOOL	使能输出： 仅适用于 LD、FBD 编程中无需"ENO"

表 5-12　GAIN _ PID 数据类型

参数	类型	说　　明
DirectActing	BOOL	作用类型 ● TRUE-直接作用 ● FALSE-反向作用
ProportionalGain	REAL	PID 的比例增益（≥0. 0001）
TimeIntegral	REAL	PID 的时间积分值（≥0. 0001）
TimeDerivative	REAL	PID 的时间微分值（≥0. 0）.
DerivativeGain	REAL	PID 的微分增益（≥0. 0）

表 5-13　AT _ Param 数据类型

参数	类型	说　　明
Load	REAL	自整定过程的控制器初始值
Deviation	REAL	自整定的偏差。这是用于评估自整定所需噪声频段的标准偏差（噪声频段 = 3 * 偏差）[1]
Step	REAL	自整定的步长值。必须大于噪声频段且小于 1/2 负载
ATDynamSet	REAL	自整定时间。设置分步测试完成后等待趋于稳定的时间（以秒为单位）。超过 ATDynam-Set 时间后停止自整定过程
ATReset	BOOL	确定输出值是否在自整定序列后被重置为零 ● True—在自整定过程后，将 IPIDCONTROLLER 输出重置为零 ● False—保留输出为负载值

备注（1）：可以通过观察 Proces 输入的值来估算 ATParams. Deviation 值。例如，在包含温度控制的项目中，如果温度稳定在 22℃左右，并且观察到温度在 21.7℃至 22.5℃之间波动，则可估算 ATParams. Deviation 为（22.5 – 21.7）/2 = 0.4。

2. IPID 控制器参数自整定方法

（1）参数整定前准备

在对控制器进行参数自整定前，要确保以下事项：

1）系统稳定。

2）IPIDCONTROLLER 的"Auto"输入设置为 false。

3）AT _ Param 已设置。必须根据过程和 DerivativeGain 值设置 Gain 和 DirectActing 输入，通常设置为 0.1。

（2）参数整定过程

请按以下步骤进行自整定：

1）将"Initialize"输入设置为"TRUE"。

2）将"AutoTune"输入设置为"TRUE"。

3）等待"Process"输入趋于稳定或转到稳定状态。

4）将"Initialize"输入更改为"FALSE"。

5）等待"ATWarning"输出值更改为"2"。

6）从"OutGains"获取整定后的值。

5.5.2　IPID 功能块应用示例

1. 采用模型仿真技术的 PID 控制

为了便于在无实际被控对象条件下来学习 PID 控制技术，这里以 5.3.4 节介绍的用 FBD 创建的一阶滤波功能功能块作为被控对象，采用 IPID 功能块进行控制为例，介绍 IPID 功能块的使用。

整个程序包括对象部分和控制器部分。相关的变量定义如图 5-108a 所示。程序部分采用 FBD 语言，如图 5-108b 所示。程序中把被控对象模型的输出作为 PID 控制器的测量输入，把控制器的输出作为被控对象模型的输入。

程序编写好后，可以对程序进行编译，如有错误可以根据编译提示进行改正，通过后把程序下载到控制器中，就可以在线调试了。程序调试界面如图 5-109 所示。在调试中，可以改变 PID 控制器参数、设定值，还可以改变 T1 和 TS，以改变对象特性。

2. PLC 在过程对象模拟量控制中的应用

某过程控制实验对象包括液位、流量、温度和压力参数的检测与控制。该对象主要硬件包括储水箱、水位槽、换热器、加热器及水管等。主要动力设备有磁力离心泵和增压泵。测量仪表包括热电阻及温度变送器、压力变送器、静压式液位变送器和流量变送器。执行器包括电磁阀、电动调节阀和变频器。实验对象还配置有 4 个数字显示仪表，可以把变送器的输出信号与仪表输入端连接，实现任意变量的显示。

控制器选用 2080-LC-48QWB，另外配备 2085-IF4　4 通道模拟量输入模块和 2085-OF4 4 通道模拟量输出模块。其中输入模块选择 0 ~ 10V 电压输入，输出模块选择 4 ~ 20mA 电流输出。模拟量模块的配置与使用在第二章硬件部分已做详细介绍，这里不再细述。

Name	Alias	Data Type	Dimensi	Initial Value	Attribute	Comment
+ IPIDCONTROLLER_1	IPIDCONT		...	Read/Write	控制器功能块实例	
+ FB_LAG1_1	FB_LAG1		...	Read/Write	滤波功能块实例	
SV	REAL		0.8	Read/Write	设定值	
FB	REAL		0.0	Read/Write	控制器反馈值	
AUTO_RUN	BOOL			Read/Write	控制器工作模式	
INIT	BOOL			Read/Write	初始化	
+ PID1_Gain	GAIN_PID		...	Read/Write	控制器增益	
PID1_AT_EXEC	BOOL			Read/Write	自整定输入	
+ PID1_AT	AT_PARAM		...	Read/Write	自整定参数	

a) 变量定义部分

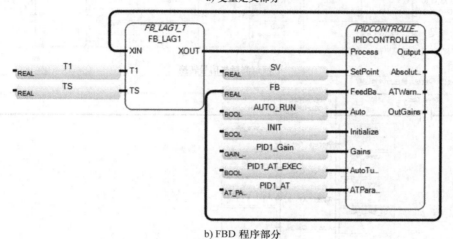

b) FBD 程序部分

图 5-108　一阶对象闭环控制程序

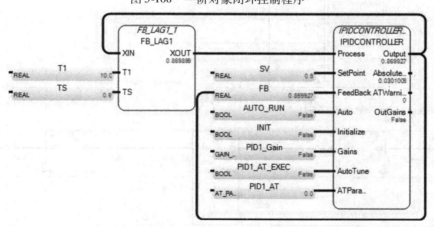

图 5-109　一阶对象闭环控制程序测试界面

（1）水位槽液位 PID 控制

水位槽的进水来自磁力泵，出口安装在水槽底部，出口开孔尺寸固定，但出口手阀开度可变，以便于实验室改变开度，增加扰动。水位的测量通过静压式压力计测量，操纵变量是进水流量，通过改变电动调节阀的开度实现。该液位控制系统属单回路控制。其程序包括 3 个部分。

1）液位测量与信号转换

程序如图 5-110a 所示。对应于 0～10V 液位输入电压信号，从 AI 模块第一个通道采集来的工程单位信号范围是 0～10000。而仪表量程是 0～300mm。因此，要把该工程单位转为实际的液位值 Level _ PV。程序中 lVar1 和 lVar2 都是局部变量，程序中的常数 100.0 和 3.0 必须写成浮点形式，否则编译报错。

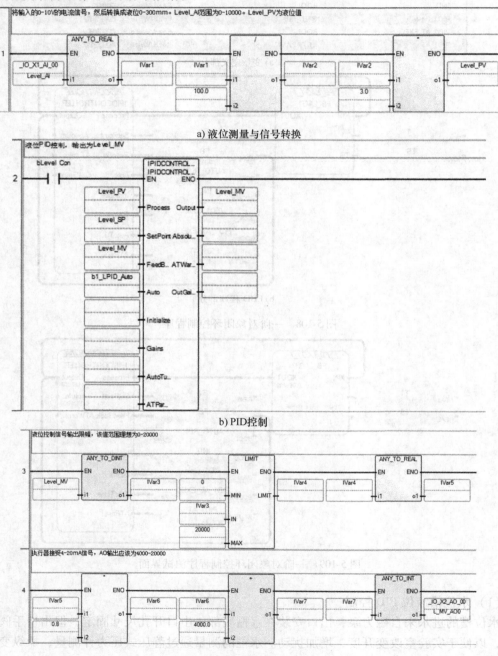

a) 液位测量与信号转换

b) PID控制

c) 输出信号转换

图 5-110　过程控制对象液位控制 PLC 程序

2）PID 控制

程序如图 5-110b 所示。这里要定义 PID 功能块的实例并把相应的参数赋给 PID 功能块。PID 控制最关键的几个参数就是测量值、设定值和控制器输出。

3）输出信号转换

程序如图 5-110c 所示。这里把控制器的输出转换为模拟量输出模块可以接收的信号范围。使用了限幅模块对控制器的输出进行了限幅。

在程序编写过程中，要利用不少临时变量，这些变量应该定义为程序局部变量，而不要定义成全局变量。对于要与人机界面通信的变量，要定义全局变量。

对于 PID 程序的编写，由于在不同的应用中，实际测量值的范围可能会很大或很小，这会导致 PID 参数整定的困难。因此，一个较好的解决办法是不论实际测量值是多少，都把它转换为 0～100 范围的中间变量，相应的，设定值也转换为 0～100 范围的中间变量。然后把变换过的中间变量作为 PID 模块的输入，这样，不仅 PID 参数容易调整，而且控制器输出的范围也不会太大或太小。当然，如果实际测量值范围与 100 相差不是太大，也可以不用这样变换。

（2）液位控制人机界面

采用 RSView32 开发了该液位对象的人机界面。其过程包括新建人机界面，在界面中可以增加图库中的图形或用户自己制作界面图形元素；添加文字、标签、趋势图和按钮等。标签是用来连接硬件中接口及控制器中的内部变量和监控界面的方式，通过标签可以把控制器中的变量关联到图形界面中，可以实时显示变量的值，对控制器中的变量赋值，从而完成界面的监控任务。本系统中人机界面标签/参数与控制器的连接是通过 OPC 实现的。液位控制过程人机界面如图 5-111 所示，可以看到，液位的响应曲线还是比较满意的。

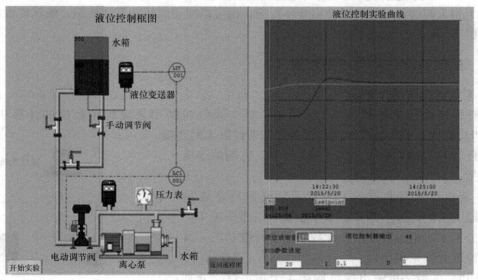

图 5-111　液位控制过程人机界面

有关使用 RSView32 使用及其与 Micro850 以太网通信，下一节将详细介绍。

5.6　Micro850 运动控制程序设计

5.6.1　丝杆被控对象及其控制要求

丝杠设备是由设备本体及其检测与控制设备组成，分别由丝杠（主体）、驱动电机（用于驱动丝杠的运转，带动滑块运动）、光电传感器（用于检测具体的滑块位置和速度）、限位开关（保护设备不被撞坏）和旋转编码器（用于连接 PLC 的 HSC 来记录丝杠的运转圈数而产生的脉冲）等组成。

本例程主要是使用 Micro850 及罗克韦尔 PowerFlex525 变频器实现丝杠按规定曲线加速、匀速和减速至指定位置，并以最快速度返回起始位置。其基本控制要求如下：

1）PLC 通过以太网接口与 PowerFlex525 变频器通信，控制变频器实现丝杠的启动、停止及加减速运行。

2）利用光电开关确定丝杠滑块的特殊位置。

3）利用编码器反馈确定丝杠（电动机）转速。

4）丝杠在任意位置时，一旦启动系统，则丝杠自动运行至刻度尺零点位置。

5）丝杠滑块在回到初始位置后，匀加速运行至第二个光电传感器位置，保持匀速速度运行至第三个传感器位置，匀减速运行并在第四个传感器位置停止。

6）在第四个传感器位置停止后，丝杠滑块返回初始位置，并在返回过程中，先后在第三个和第二个传感器位置上停止半秒。

7）在 RSView 中显示当前转速及每段行程运行时间。

对于相关的加速过程可以使用开环控制，也可以使用闭环的 PID 控制，使丝杠滑块的运动更加稳定准确。

5.6.2　控制系统结构与设备配置

1. 系统结构与硬件连接

丝杆控制系统结构如图 5-112 所示。整个系统包括用来编程和监控的计算机、Micro850PLC 和变频器等组成，这些设备之间通过以太网连接。

丝杆和 PLC 的连接图如图 5-113 所示，它们的连接主要包括：

1）光电传感器和限位开关以及旋转编码器连接 PLC 的输入接口，另外 PLC 的数字量输入口还要接 4 个按钮，分别表示运行、停止、计数和停止计数功能。具体信号地址分配见表 5-14。

2）PLC 的数字量输出接口连接 4 个指示灯，分别表示运行、停止、正转和反转指示。具体信号地址分配见表 5-15。

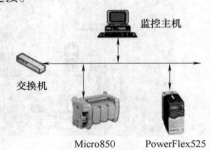

图 5-112　丝杆运动控制系统结构图

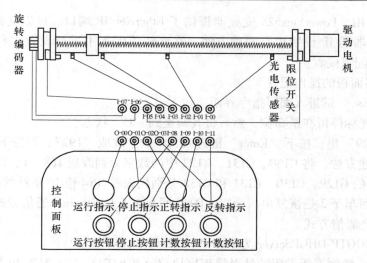

图 5-113　丝杠设备与 PLC 连接示意图

表 5-14　输入接口的分配

序号	连接硬件名称	硬件功能	PLC 的 DI 口
1	1#光电传感器		I-00
2	2#光电传感器	确定滑块的特殊位置和速度	I-01
3	3#光电传感器		I-02
4	4#光电传感器		I-03
5	1#限位开关	保护丝杠设备	I-04
6	2#限位开关		I-05
7	旋转编码器 +	计数脉冲	I-06
8	旋转编码器 −		I-07
9	运行按钮	设备开始运行	I-08
10	停止按钮	设备停止运行	I-09
11	计数按钮	使高速计数器开始计数脉冲	I-10
12	计数停止按钮	使高速计数器停止计数脉冲	I-11

表 5-15　输出接口的分配

序号	信号名称	硬件功能	PLC 的 DO 口
1	运行指示	点亮代表丝杠运转	O-00
2	停止指示	点亮代表丝杠停止	O-01
3	正转指示	点亮代表丝杠正向运转	O-02
4	反转指示	点亮代表丝杠反向运转	O-03

2. 变频器及其配置

PowerFlex525 是罗克韦尔公司的新一代交流变频器产品。它将各种电机控制选项、通信、节能和标准安全特性组合在一个高性价比变频器中，适用于从单机到简单系统集成的多种系统的各类应用。PowerFlex525 变频器提供了 EtherNet/IP 端口，可以支持 EtherNet 网络控制结构。变频器的 IP 设置也有两种方法，在变频器面板中进行设置或利用 BOOTP-DH-CPServer 软件来配置或者。

（1）变频器面板的操作配置

1）按下"Esc"键进入编写指令界面。

2）使闪烁光标停留在最高位，然后将其调整到"C"状态。

3）在"C129"里，按下"Enter"键进入，将数字改成"192"，再按下"Set"键。

4）利用上述方法，将 C130、C131、C132 中的数字分别改成 168、1、13 即可。

操作面板中的 C129、C130、C131 和 C132 分别代表着 IPv4 位 IP 地址的四段点分十进制数；另外 P053 回车至 2 是恢复出厂设置，P046 回车至 5 是 Ethernet 通信方式，P047 回车至 15 是 Ethernet/IP 通信方式。

（2）利用 BOOTP-DHCPServer 为 PowerFlex525 变频器设置 IP

PowerFlex525 变频器所采用的是引导程序协议（BOOTP）方法配置 IP 地址，该方法掉电时容易丢失 IP 地址，需要重新设置。使用 BOOTP 协议的时候，一般包括 BootstrapProtocolServer（自举协议服务端）和 BootstrapProtocolClient（自举协议客户端）两部分。BOOTP-DHCPServer 配置过程如下：

1）打开罗克韦尔的"BOOTP-DHCPServer"软件，若是首次打开该软件，则会自动弹出"Network Setting"对话框，用户需要先配置相应的网络信息，如图 5-114 所示。如果不是首次打开软件，可以从"Tools"菜单中，找到"Network Setting"选项。

2）将子网掩码地址输入到"Subnet Mask"中（192 为 C 类 IP 地址，默认的子网掩码为 255.255.255.0）。将网关的地址输入到"Gateway"中，这里使用路由器充当网关，将设置好的路由器地址（一般路由器出厂 IP 默认为 192.168.1.1，如果用户想更改，可以在浏览器中输入该地址，页面登录后在"网络参数"的"LAN 口设置"一栏中更改路由器的 IP 地址）192.168.1.1 输入该栏。如果是变频器和计算机直接连接，那要将计算机的 IP 地址填写至"Primary"一栏中。设置完毕后，点击"OK"键。

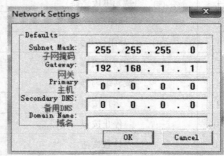

图 5-114　BOOTP-DHCP Server 网络信息设置

3）网络信息配置完成后，BOOTP-DHCP Server 将会自动扫描局域网中的硬件 MAC 地址，如果没有自动扫描，可以手动点击"Files"菜单中的"New"选项，稍等片刻便可扫描到。如果仍然没有反应，请检查网络信息设置或网卡配置。

4）选中扫描到的硬件 MAC 地址，点击"Request History"下的"Add to Relation List"，将硬件添加至分配清单中。

5）双击已添加至"Relation List"中的硬件 MAC 地址，会弹出"New Entry"对话框，输入需要设置的 IP 地址，注意要和计算机的 IP 地址位于同一网段，这里分配的地址为 192.168.1.13，输入完毕后点击"OK"键，但此时还未将期望 IP 地址配置到变频器中。

6）点击"Enable DHCP"或者"Enable BOOTP（直接连接计算机）"（根据连接情况和

网卡扫描情况所定，有的网卡不一定同时开启 BOOTP 和 DHCP 功能，具体的情况会在 "Type" 一栏中给出）就会将 IP 地址下装至变频器中，有时会返回失败消息，此时不要重新启动电源，稍等片刻便可看到添加成功。

7）最后点击 "Disable BOOTP/DHCP"，将 IP 地址锁存在变频器中，如图 5-115 所示。

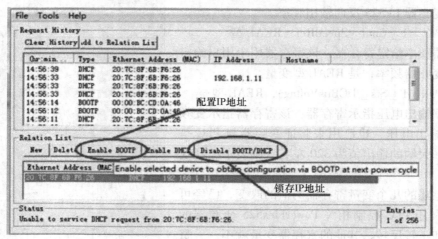

图 5-115　锁存变频器的 IP 地址

同样也可以采用这种方法为 PLC 分配 IP 地址。

现在罗克韦尔自动化的 Logix 系列和 Micro 系列的 PLC 都自带断电保持 IP 地址的功能，即使不进行最后一步，PLC 也不会因为断电而丢失 IP 地址。但是有些设备，例如 PF525 Flex 变频器可能会因为断电而丢失 IP 地址。

3. 变频器驱动模块

变频器驱动模块如图 5-116 所示。该功能块属于用户自定义功能块，作用是通过 PLC 来驱动 PowerFlex525 变频器进行频率输出，驱动电机运转。该功能块较为复杂，有多个输入变量和输出变量，在此选择比较重要的几个变量寄存器进行讲解。

（1）PFx_1_Cmd_Stop，BOOL 型

变频器停止标志位：该位为 "1" 时，表示变频器 PF525 停止运行；该位为 "0" 时，表示解除变频器 PF525 停止状态。

（2）PFx_1_Cmd_Start，BOOL 型

变频器启动标志位：该位为 "1" 时，表示变频器 PF525 启动运行；该位为 "0" 时，表示解除变频器 PF525 启动状态。

"解除" 的意思是没有改变原有状态，若要改变原有运行状态，则需要使用对立的命令来实现。

（3）PFx_1_Cmd_Jog，BOOL 型

变频器点动标志位：该位为 "1" 时，表示变频器 PF525 以 10Hz 的频率对外输出；该位为 "0" 时，表示变频器 PF525 停止频率输出。

（4）PFx_1_Cmd_SetFwd，BOOL 型

变频器正向输出频率标志位：该位为 "1" 时，表示变频器 PF525 正向输出频率；该位

为"0"时，表示解除变频器 PF525 正向输出频率。

（5）PFx_1_Cmd_SetRev，BOOL 型

变频器反向输出频率标志位：该位为"1"时，表示变频器 PF525 反向输出频率；该位为"0"时，表示解除变频器 PF525 反向输出频率。

（6）PFx_1_Cmd_SpeedRef，REAL 型

变频器频率给定寄存器：该寄存器用于用户给定所需要的变频器频率，是 REAL 型变量。

（7）PFx_1_Sts_DCBusVoltage，REAL 型

变频器输出电压指示寄存器：该寄存器指示变频器的三相输出电压，也已用来验证变频器与 PLC 是否连接上。大约的输出值为 320 左右，则表示已经通信成功。

通过上述的几个变量寄存器的值的改变，已经可以较好地利用 PLC 控制相关 PowerFlex525 变频器的频率输出和正转反转，其他的寄存器变量就不一一赘述。

4. 高速计数器（HSC）模块

高速计数器是指能计算比普通扫描频率更快的脉冲信号，它的工作原理与普通计数器类似，只是计数通道的响应时间更短，一般以的 kHz 频率来计数，比如精度是 20kHz 等。

该功能块用于启/停高速计数，刷新高速计数器的状态，重载高速计数器的设置，以及重置高速计数器的累计值。在 CCW 一体化编程组态软件平台中，高速计数器被分为两个部分，高速计数部分和用户接口部分，这两部分是结合使用的。在此，结合图 5-117，选择比较重要的几个变量寄存器进行讲解。

（1）HCSCmd（MyCommand），USINT 型

功能块执行刷新等控制命令，其中

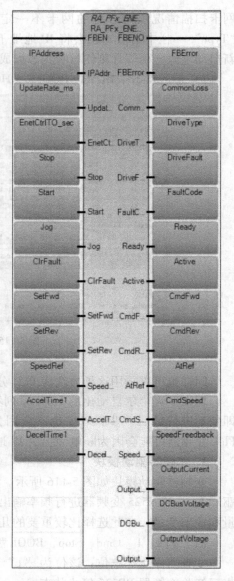

图 5-116　控制变频器用户自定义功能块
RA_PFx_ENET_STS_CMD

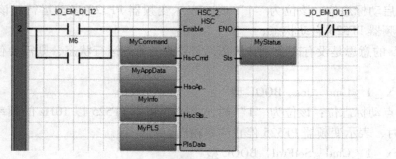

图 5-117　高速计数器（HSC）模块

1）0x00：保留，未使用；

2）0x01：执行 HSC，运行 HSC，只更新 HSC 状态信息；

3）0x02：停止 HSC；

4）0x03：上载或设置 HSC 应用数据配置信息；

5）0x04：重置 HSC 累加值。

（2）HSCAPP（MyAppData），HSCAPP 型

HSC 应用配置，通常只需配置一次，其中

1）HscID，UINT 型　要驱动的 HSC 编号，见表 5-16。

表 5-16　HSC 编号

高速计数器	使用的输入	高速计数器	使用的输入
HSC0	0,1,2,3	HSC3	6,7
HSC1	2,3	HSC4	8,9,10,11
HSC2	4,5,6,7	HSC5	10,11

跟在字符串"HSC"后面的数字即代表 HscID 的含义。

2）HscMode，UINT 型　要使用的 HSC 计数模式，有九种模式。本次使用的是第六种计数模式，即正交计数（编码形式，有 A、B 两相脉冲）。注：HSC3、HSC4 和 HSC5 只支持 0、2、4、6 和 8 模式。HCS0、HSC1 和 HSC2 支持所有模式。

3）Accumulator，DINT 型　设置计数器的计数初始值。

上述的两个特殊寄存器在本次设计中是应用频率最多的寄存器，已经满足设计要求，其他的寄存器就不一一赘述。

最后要进行一个滤波的环节配置，如图 5-118 所示。选择"Embedded I/O"选项，将对应连接旋转编码器的 I/O 接口的选项改为"DC 5μs"，这样才能保证计数器在丝杠高速运转的时候进行计数。

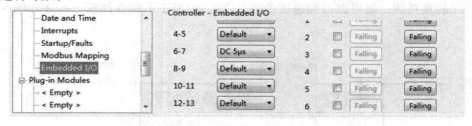

图 5-118　滤波过程

5.6.3　丝杆运动控制 PLC 程序设计

1. 丝杆运动控制程序顺序功能图（SFC）设计

由于丝杆运动控制过程十分适合采用顺序功能图的原理来进行设计，代码的实现部分可以利用梯形图。采用顺序功能图分析方法能够清晰地看到相关的逻辑步的相关状态。设计的 SFC 原题图如图 5-119 所示，具体解释如下：

1）M0 步：无论滑块在什么位置，在程序启动时都要恢复到起点位置。

2）M1 步：触碰到光电传感器 1#时，表明滑块已经恢复至起点位置，开始匀加速转动。

3）M2步：触碰到光电传感器2#时，加速结束，进行匀速运动。

4）M3步：触碰到光电传感器3#时，开始匀减速运动。

5）M4步：触碰到光电传感器4#时，表明正转已经结束，丝杠准备反转。

6）M5步：再次触碰到光电传感器3#时，停止0.5s，继续运转。

7）M6步：0.5s时间到达之后，继续反向运转。

8）M7步：再次触碰到光电传感器2#时，停止0.5s，继续运转。

9）M8步：0.5s时间到达之后，继续反向运转。

10）M9步：再次触碰到光电传感器1#后，表示整个运动结束。

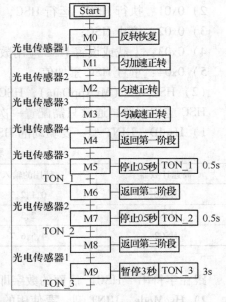

图5-119　丝杠运转的顺序功能图

2. 恢复原始位置阶段

在程序的开始加入一个系统内部的全局变量_SYSVA_FIRST_SCAN，功能是在第一次扫描的时候该逻辑量是"1"，之后的扫描阶段全部是"0"状态，可以保证该状态步只执行一次。由此可以实现无论在什么位置，都可在程序启动时可以将丝杠滑块恢复到初始位置。

3. 正向加速匀速减速行驶阶段

加速阶段可以看作一个速度时间曲线，产生一个斜坡函数，在这个函数的作用下进行加速运转，图5-120中的TON_2可以当作是一个输入的斜坡函数。

1）利用TON_2中的TON_2.ET寄存器中的计时值变化作为速度的加速值，在这里主要控制的是变频器的频率，可以近似看为频率的加速。将TON_2.ET转换成为REAL类型，再乘以一个转换系数，就可以得到速度的变化T2，相当于不断在加速。程序如图5-120所示。

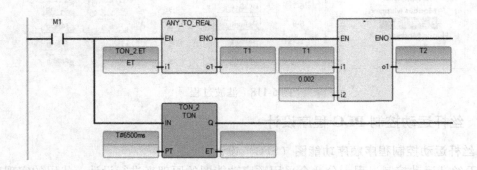

图5-120　加速过程程序之一

2）下一步，将T2中不断变化的频率值与8相加，得到最终的速度T3，再将T3传送至PFx_1_Cmd_SpeedRef寄存器（内部存有变频器的频率输出）。程序如图5-121所示。

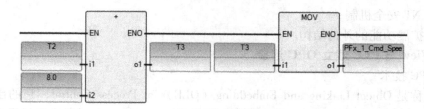

图 5-121　加速过程程序之二

由于滑块移动存在摩擦力的原因，当变频器输出频率小于 8Hz 时，丝杠会无法带动滑块的运转，因此将 T2 中不断变化的频率值加 8Hz。（由于不同的丝杠硬件系数的不同，在其他的丝杠上带动滑块运转的最小频率可能会是其他数值而不一定是 8Hz）。

3）图 5-122 中 TON _ 7 的作用是用于记录相关阶段的运行时间，用于输出至人机界面显示。

4）匀速运行阶段只要将滑块触碰 2#光电传感器时的变频器频率值 T3 保持不变，送入寄存器 PFx _ 1 _ Cmd _ SpeedRef 中即可，便能实现丝杠带领滑块匀速运动。

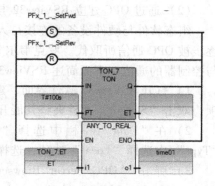

图 5-122　加速过程程序之三

5）匀减速阶段的思路与匀加速阶段大体一样，区别是利用匀速时的 T3 值，减掉相应的定时器 ET 值（乘以系数之后），得到的 REAL 便是相应的最终速度。

4. 反向恢复阶段

反向恢复阶段就是在三段过程中反复使用前面匀加速和匀减速的编程方法，在触碰 2#光电传感器和 3#光电传感器时，将 PFx _ 1 _ Cmd _ Start 寄存器置为 "0"，将 PFx _ 1 _ Cmd _ Stop 寄存器置为 "1"，同时触发一个 0.5s 的定时器。在定时结束的时候，将 PFx _ 1 _ Cmd _ Start 寄存器置为 "1"，将 SetPFx _ 1 _ Cmd _ Stop 寄存器置为 "0"，这样，便又能继续运动。

5.6.4　丝杆控制人机界面设计

1. RSView32 人机界面

采用 RSView32 组态软件设计丝杆控制系统的人机界面。RSView32 是一种对自动控制设备或生产过程进行高速与有效的监视和控制组态软件。RSView32 是以 MFC（微软基础级），COM（元件对象）组件技术为基础的中文 Windows 平台下的汉化人机接口软件包，是第一个在图形显示中利用 ActiveX、Visual Basic Application、OPC 的人机界面产品，提供了监视、控制及数据采集等必要的全部功能，具有使用方便、可扩展性强、监控性能高并有很高可重用性的监控组态软件包。其主要特点有：

- 弹出式图形工具提示；
- PLC 数据库及 OPC 浏览器；
- 开发过程中的快速测试；
- 用 Microsoft VBA 检索对象模块；
- RSWho，Allen-Bradley 可编程序控制器及网络浏览器；

- 支持 NT 安全机制;
- 提供扩展功能的外持结构。

2. RSView 与 PLC 建立 OPC 连接

(1) OPC 技术

OPC 全称是 Object Linking and Embedding (OLE) for Process Control, 它的出现为基于 Windows 的应用程序和现场过程控制应用建立了桥梁。在过去, 为了存取现场设备的实时数据信息, 每一个应用软件开发商都需要编写专用的接口函数。由于现场设备的种类繁多, 且产品的不断升级, 往往给用户和软件开发商带来了巨大的工作负担。而且有时这也不能满足应用系统的实际需要, 硬件制造商、软件制造商、系统集成商和用户需要一种具有高效性、可靠性、开放性、可互操作的即插即用的设备驱动程序。在这种情况下, OPC 标准应运而生。OPC 标准以微软公司的 COM/DCOM 技术为基础, 它的制定是通过提供一套标准的 COM 接口完成的。

(2) 通过 OPC 建立 RSView32 与 Micro850PLC 的连接

组态软件与硬件设备的连接是人机界面开发中的重要环节。目前, 传统的驱动程序方式逐步被 OPC 通信所取代。罗克韦尔 PLC 拥有自己特定的 OPC, 可以通过 OPC 实现人机界面与控制器的通信。下面简述 RSView32 与 PLC 建立 OPC 连接的过程与步骤。

1) 打开 RSView32 软件界面, 建立新的工程。在新工程界面下, 选择 "Edit Mode" 选项, 双击 "System" 文件夹将其展开, 双击 "Node" 选项, 则会弹出 "Node" 对话框。

2) 在 "Data" 一栏中选择 "OPC Server", 在 "Name" 一栏中输入建立的名称, "Type" 中选择 "Local" 选项, 选择 "Server" 框下的 "Name" 后的 "浏览" 按钮。

3) 弹出 "OPC Server Browser" 对话框, 选择第二行的 "RockWell . IXLCIP . Gateway. OPC. DA30. 1" 选项, 点击 "OK" 键即可。这样便建立了 OPC 节点, 以后的变量关联都要基于这个节点, 如图 5-123 所示。

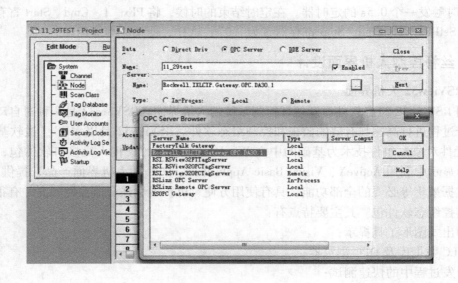

图 5-123　建立 OPC 节点

3. 人机界面上界面的编辑及变量关联

建立好 OPC 节点后，就要在工程中进行监控界面的绘制和变量的关联。

1）在"Edit Mode"选项栏中，双击"Graphics"文件夹将其展开，双击"Display"将会进入人机界面制作。在这里也可以选择"Library"选项，这里是图库，可以使用系统已经画好的图形作用用户人机界面的一部分，并建立自己的图库，如图 5-124 所示。

编辑好相关的人机界面后，需要进行变量的关联工作，下面以显示 PLC 中的 REAL 型寄存器变量为例来介绍。

2）在绘制菜单栏中选择"Numeric Display"选项，并把其拖动到界面中。

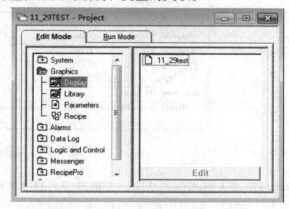

图 5-124　建立人机界面

3）双击"####（非运行状态下的 Numeric Display）"，会弹出"Numeric Display"对话框，在"Expression"框下点击"Tags…"选项，将会弹出"Tags"对话框。

4）在"Tags"对话框中选择变量存放的文件夹，并点击"New Tag…"，则会弹出"Tag Editor"对话框，如图 5-125 所示。

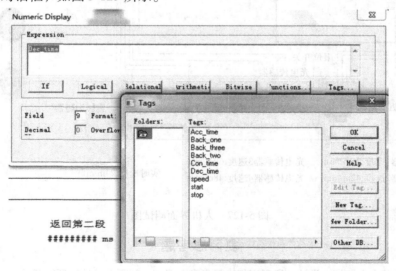

图 5-125　变量连接之一

5）在"Name"中填写变量名称，"Type"中选择自己变量的类型（有三种类型：模拟量、数字量和字符串量），"Data Source"选项中选择"Device"，"Node Name"选择刚刚建立好的 OPC 节点，在"Address"中，会有所有的 PLC 中定义的用户局部变量、全局变量和 I/O 接口，选择需要关联的变量，连续点击"OK"键即可完成变量关联，如图 5-126 所示。

4. 测试和运行

在 RSView 中组态好人机界面中的各种图形元素并把动态的图形元素与变量关联好后，

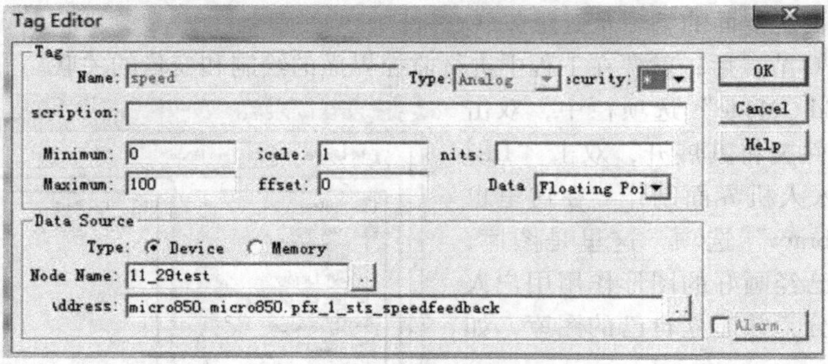

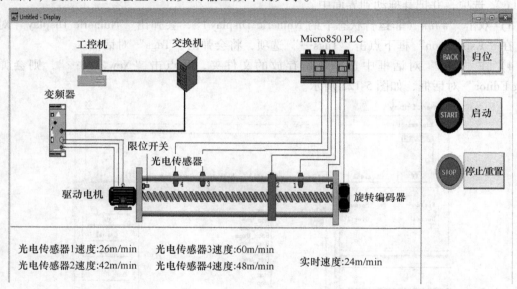

图 5-126　变量关联之二

就可以测试人机界面的功能。人机界面的测试界面如图 5-127 所示。点击图中的"启动"和"运行"按钮，便可以控制丝杠的运转和停止；经过每个传感器时的速度及当前速度在图中显示出来，变频器上也会显示相关的输出频率的大小。

图 5-127　人机界面测试图

复习思考题

1. 某霓虹灯共有 8 盏灯，设计一段程序每次只点亮 1 盏灯，间隔 1 秒钟循环往复不止。

2. 编写用户功能块，要求输入信号 IN2 与输入信号 IN2 比较，如果大于，则输出 Q 是 IN1-IN2 的值，输出 Q1 为 1。反之，输出等于 IN2-IN1 的值，Q1 为 -1。

3. 楼层灯 LAMP 可由楼下开关 F_UP 和楼上开关 F_DOWN 控制，控制要求是 LAMP 灯不亮时，只要其中任一个开关切换，LAMP 灯就点亮。当 LAMP 灯点亮时，只要其中任一开关切换，LAMP 灯就熄灭，设计程序实现。

4. 编写用户功能块 FLOWDATA，它根据输入的差压 DP 和满量程 FM，计算流量 FLOW，流量系数 K = 10；即：$FLOW = K\sqrt{DP}$。要求流量小于满量程 FM 的 0.75% 时，输出流量值为 0，即小信号切除。

5. 编写程序，控制要求如下：将开关 START1 合上后，先延时 5s，然后，绿灯 GREEN 点亮 3s，然后熄灭，并每隔 6s，再点亮 3s，循环点亮和熄灭。

6. 编写用户函数，输入信号与 20 比较，如果大于 20，则输出 20，反之，输出等于输入。

7. 编写 3~8 编码器程序 P1，用 3 个开关信号 S1、S2、S3，使输出 OUT 根据 3 个信号输入的 0 或 1，分别输出 0~7。（即 S1、S2、S3 全 1 时，输出 7，S1 为 1，输出 1；S2 为 1，输出 2；S1、S2 为 1，输出 3；S3 为 1，输出 4 等）。

8. 灯 L1 在 S1 开关合上后延迟 10s 点亮，点亮时间 15s，然后熄灭 20s，点亮 10s，等 10s，再点亮 15s，然后，熄灭 20s，点亮 10s，等 10s，再点亮 10s，如此循环，S1 断开熄灭，其时序图如图 5-128 所示。试用 FB _ CYCLETIME 来编写该程序。

9. 两台电动机的关联控制：在某机械装置上装有两台电动机。当按下正向起动按钮 SB2，电动机 1 正转；当按下反向起动按钮 SB3，电动机 1 反转；只有当电动机 1 运行时，并按下起动按钮 SB4，电动机 2 才能运行，电动机 2 为单向运行；两台电动机有同一个按钮 SB1 控制停止。试编写满足上述控制要求的 PLC 程序。

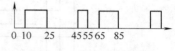

图 5-128　信号灯控制时序

10. 用接在输入端的光电开关 SB1 检测传送带上通过的产品，有产品通过时 SB1 为常开状态，如果在 10s 内没有产品通过，由输出电路发出报警信号，用外接的开关 SB2 解除报警信号。试编写满足上述控制要求的 PLC 程序。

11. 由两台三相交流电动机 M1、M2 组成的控制系统的工作工程为：当按下起动按钮 SB1 电动机 M1 起动工作；延时 5s 后，电动机 M2 起动工作；当按下停止按钮 SB2，两台电动机同时停机；若电动机 M1 过载，两台电动机同时停机；若电动机 M2 过载，则电动机 M2 停机而电动机 M1 不停机。试编写满足上述控制要求的 PLC 程序。

12. 如图 5-129 所示，当停车场内车辆少于 10 辆，指示灯绿灯亮，如果有车左栏杆抬起，车进入停车场后，左栏杆落下。出车时，右侧栏杆抬起，车从停车场右侧出，出车后 10s 栏杆落下。停车场内最多能停 10 辆车，达到 10 辆车，指示灯红灯亮，左侧栏杆不会再抬起。遇到紧急情况启动 SO 开关，栏杆落下，传感器失灵启动手动开关 ST 栏杆抬起。试编写满足上述控制要求的 PLC 程序。

13. 用 PLC 控制自动轧钢机，如图 5-130 所示。控制要求：当起动按钮按下，M1、M2 运行，传送钢板，检测传送带上有无钢板的传感器 S1（为 ON），表明有钢板，则电动机 M3 正转，S1 的信号消失（为 OFF）检测传送带上钢板到位后 S2 有信号（为 ON），表明钢板到位，电磁阀 Y1 动作，电动机 M3 反转，如此循环下去，当按下停车按钮则停机。

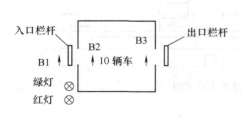

图 5-129　停车场示意图

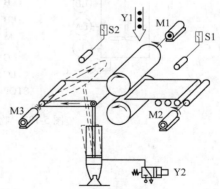

图 5-130　轧钢机工作示意图

14. 用 PLC 改造图 5-131 所示的继电器－接触器电气控制电路，要求增加点动功能，有电源指示、运行指示、点动指示。请绘制 PLC 控制 I/O 接口接线图，并且编写控制程序。

15. 用功能块图或顺序功能表图编程语言编写程序，实现物料的混合控制。生产过程和信号波形如图

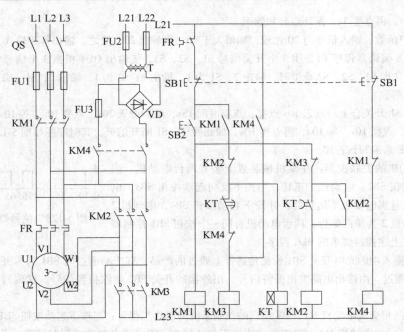

图 5-131 三相交流异步电动机 Y-△减压起动、停车能耗制动控制电路原理图

5-132 所示。其操作过程说明如下：操作人员检查混合罐液位是否已排空，已排空后由操作人员按下 START 启动按钮，自动开物料 A 的进料阀 A，当液位升到 LA 时，自动关进料阀 A，并自动开物料 B 的进料阀 B。当液位升到 LB 时，关进料阀 B，并起动搅拌机电动机 M，搅拌持续 15s 后停止，并开出料阀 C。当液位降到 L 时，表示物料已达下限，再持续 5s 后，物料可全部排空，自动关出料阀 C。整个物料混合和排放过程结束进入下次混合过程，如此循环。当按下 STOP 停止按钮时，在排空过程后关闭出料阀 C。

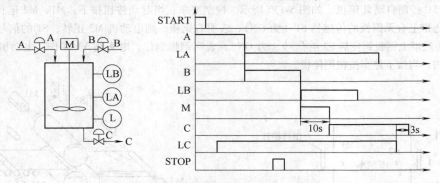

图 5-132 物料混合过程及其时序图

第 6 章　工业人机界面与工控组态软件

6.1　工业人机界面

人机界面是指人和机器在信息交换和功能上接触或互相影响的人机结合面，英文称作 Human Machine Interface（HMI），有些地方也称为 Man Machine Interface（MMI）。目前，由于信息技术已经深入地影响了人民的生活工作，特别是各种移动设备的广泛应用，人们几乎时时刻刻都要进行人机操作，比如利用手机上网、在银行 ATM 机上操作等。

在工业自动化领域，主要有两种类型的人机界面：

1）在制造业流水线及机床等单体设备上，大量采用了 PLC 作为控制设备，但是 PLC 自身没有显示、键盘输入等人机交互功能，因此通常需要配置触摸屏或嵌入式工业计算机作为人机界面，它们通过与 PLC 通信，实现对生产过程的现场监视和控制，同时还可进行参数设置、参数显示、报警、打印等功能。图 6-1 所示为某应用中的终端操作界面。针对触摸屏这类嵌入式人机界面（或称操作员终端面板 Operator Interface Panel），通常需要在 PC 机上利用设备配套的人机界面开发软件，按照系统的功能要求进行组态，形成工程文件，对该文件进行功能测试后，将工程文件下载到触摸屏存储器中，就可实现监控功能。为了与位于控制室的人机界面应用相区别，这种类型的人机界面也常称作终端（以下用此称法）。

由于 PLC 与终端的组合几乎是标配，因此几乎所有的主流 PLC 厂商都生产终端设备，同时，还有大量的第三方厂家生产终端。通常，这类厂家的终端配套的人机界面开发软件支持市面上主流的 PLC 产品和多种通信协议，因此能和各种厂家的 PLC 配套使用。一般而言，第三方厂家的设备在价格上有较大优势，支持的设备种类也较多。

2）工业控制系统通常是分布式控制系统，各种控制器在现场设备附近安装，为了实现全厂的

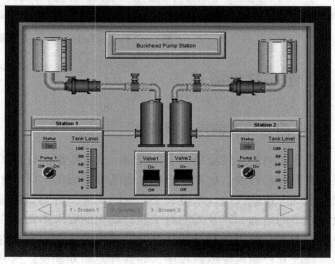

图 6-1　终端人机界面应用

集中监控和管理，需要设立一个统一监视、监控和管理整个生产过程的中央监控系统，中央监控系统的服务器与现场控制站进行通信，工程师站、操作员站等需要安装配置对生产过程进行监视、控制、报警、记录、报表功能的工控应用软件，具有这样功能的工控应用软件也称为人机界面，这一类人机界面通常是用工控组态软件（后简称组态软件）开发。和触摸

屏终端相比，不存在工程下装（download）的问题，这类应用软件直接运行在工作站上（通常是商用机器、工控机或工作站）。图 6-2 所示为用罗克韦尔自动化 FactoryTalk View Studio 工控组态软件开发的污水处理过程监控系统人机界面。上一段中介绍的配置嵌入式工控机的应用也属于此类，只是这类应用中工控机是安装在设备配套的控制柜上，而不是放在中控室。

本章重点介绍内容更加丰富的工控组态软件，并对终端也做一些介绍。

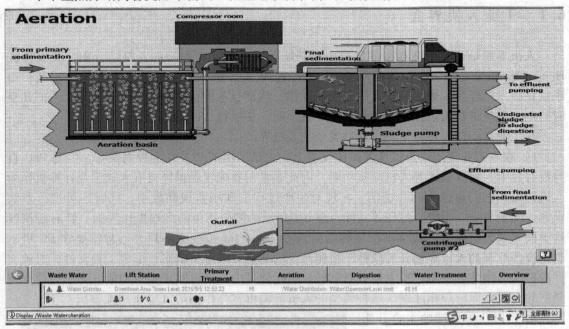

图 6-2　FactoryTalk View 人机界面的应用

6.2　组态软件概述

6.2.1　组态软件的产生及发生

工业控制的发展经历了手动控制、仪表控制和计算机控制等几个阶段。随着集散控制系统的发展和在石油、化工、冶金、造纸等领域的广泛应用，集散控制中采用组态工具来开发控制系统应用软件的技术得到了广泛的认可。特别是随着 PC 的普及和计算机控制在众多行业应用中的增加，以及人们对工业自动化的要求不断提高，传统的工业控制软件已无法满足各类应用系统的需求和挑战。在开发传统的工业控制软件时，一旦工业被控对象有变动，就必须修改其控制系统的源程序，导致开发周期延长；已开发成功的工控软件又因控制项目的不同而很难重复使用。这些因素导致工控软件价格昂贵，维护困难，可靠性低。

随着微电子技术、计算机技术、软件工程和控制技术的发展，作为用户无需改变运行程序源代码的软件平台工具——工控组态软件（Configuration software）便逐步产生且不断发展。由于组态软件在实现工业控制的过程中免去了大量繁琐的编程工作，解决了长期以来控制工程人员缺乏丰富的计算机专业知识与计算机专业人员缺乏控制工程现场操作技术和经验的矛盾，极大地提高了自动化工程的开发效率及工控应用软件的可靠性。近年来，组态软件不仅在中小型工业控制系统中广泛应用，也成为大型 SCADA 系统开发人机界面和监控应用程序的最主要应用软件，在配电自动化、智能楼宇、农业自动化、能源监测等领域也得到了众多应用。在 DCS 中，其操作员站等人机接口也是采用组态软件，只是这些软件与控制器组态软件及 DCS 中其他应用软件进行了更好的集成。艾默生的 DeltaV 的操作员界面就是艾默生收购 iFix 并在此基础上进一步开发的，因此熟悉 iFix 组态软件应用开发的工程技术人员在利用 DeltaV 时很容易上手。

"组态"的概念最早来自英文 Configuration，其含义是使用软件工具对计算机及软件的各种资源进行配置与编辑（包括进行对象的创建、定义、制作和编辑，并设定其状态特征属性参数），达到使计算机或软件按照预先设置，自动执行特定任务，满足使用者要求的目的。在控制界，"组态"一词首先出现在 DCS 中。组态软件自 20 世纪 80 年代初期诞生至今，已有 30 多年的发展历史。应该说组态软件作为一种应用软件，是随着 PC 的兴起而不断发展的。20 世纪 80 年代的组态软件，像 Onspec、Paragon 500、早期的 FIX 等都运行在 DOS 环境下，图形界面的功能不是很强，软件中包含着大量的控制算法，这是因为 DOS 具有很好的实时性。20 世纪 90 年代，随着微软的图形界面操作系统 Windows 3.0 风靡全球，以罗克韦尔自动化的 RSView 等为代表的人机界面开发软件开创了 Windows 操作系统下运行工控软件的先河。目前，主要的组态软件有罗克韦尔自动化的 FactoryTalk View Studio 和 RSView32，美国 GE 公司的 Proficy iFIX（收购的产品）和 Proficy Cimplicity，德国西门子公司的 WinCC，施耐德公司的 Wonderware Intouch（从 Invensys 收购）与 Vijeo Citect（从澳大利亚西雅特 CIT 公司收购）以及法国彩虹计算机公司 PcVue 等。国产产品主要有北京亚控科技公司的组态王、力控元通科技的 Forcecontrol 和大庆紫金桥软件公司的紫金桥等。

纵观各种类型的工控组态软件，尽管它们都具有各自的技术特色，但总体上看，这些组态软件具有以下的主要特点：

1）延续性和扩充性好　用组态软件开发的应用程序，当现场硬件设备有增加，系统结构有变化或用户需求发生改变时，通常不需要很多修改就可以通过组态的方式顺利完成软件功能的增加、系统更新和升级。

2）封装性高　组态软件所能完成的功能都用一种方便用户使用的方法包装起来，对于用户，不需掌握太多的编程语言技术（甚至不需要编程技术），就能很好地完成一个复杂工程所要求的所有功能。

3）通用性强　不同的行业用户，都可以根据工程的实际情况，利用组态软件提供的底层设备（PLC、智能仪表、智能模块、板卡、变频器等）的 I/O 驱动程序、开放式的数据库和画面制作工具，就能完成一个具有生动图形界面、动画效果、实时数据显示与处理、历史数据、报警和记录、具有多媒体功能和网络功能的工程，不受行业限制。

4）人机界面友好　用组态软件开发的监控系统人机界面具有生动、直观的特点，动感强烈，画面逼真，深受现场操作人员的欢迎。

5）接口趋向标准化　如组态软件与硬件的接口，过去普遍采用定制的驱动程序，现在普遍采用 OPC 规范。此外，数据库接口也采用工业标准。

由于市场对组态软件的巨大需求，从 1990 年开始，国产组态软件逐步出现，如北京亚控科技发展有限公司的组态王系列产品、北京三维力控科技有限公司的力控软件等。这些产品以价格低、驱动丰富等特点，在中小型工业监控系统开发中得到了广泛应用，积累了大量客户。近年来，随着计算机软、硬件技术的发展，组态软件的开发门槛逐步降低，越来越多的公司加入到组态软件的开发中来，新的产品不断出现。但总体来讲，虽然这些新的产品都具有一定的技术特色，但主要的功能还是比较相似，出现了明显的趋同性。

6.2.2　组态软件的功能需求

组态软件的使用者是自动化工程设计人员。组态软件包的主要目的是使使用者在生成适合自己需要的应用系统时不需要修改软件程序的源代码，因此不论采取何种方式设计组态软件，都要面对和解决控制系统设计时的公共问题，满足这些要求的组态软件才能真正符合工业监控的要求，能够被市场接受和认可。这些问题主要有以下几点：

1）如何与采集、控制设备进行数据交换，即广泛支持各种类型的 I/O 设备、控制器和各种现场总线技术和网络技术。

2）多层次的报警组态和报警事件处理、报警管理和报警优先级等。如支持对模拟量、数字量报警及系统报警等；支持报警内容设置，如限值报警、变化率报警、偏差报警等。

3）存储历史数据并支持历史数据的查询和简单的统计分析。工业生产操作数据，包括实时和历史数据是分析生产过程状态，评价操作水平的重要信息，对加强生产操作管理和优化具有重要作用。

4）各类报表的生成和打印输出。不仅组态软件支持简单的报表组态和打印，还要支持采用第三方工具开发的报表与组态软件数据库连接。

5）为使用者提供灵活、丰富的组态工具和资源。这些工具和资源可以适应不同应用领域的需求，此外，在注重组态软件通用性的情况下，还能更好地支持行业应用。

6）最终生成的应用系统运行稳定可靠，不论对于单机系统还是多机系统，都要确保系统能长期安全、可靠、稳定工作。

7）具有与第三方程序的接口，方便数据共享。

8）简单的回路调节、批次处理和 SPC 过程质量控制等高级功能。

9）如果内嵌入软逻辑控制，软逻辑编程软件要符合 IEC 61131-3 编程语言标准。

10）安全管理，即系统对每个用户都具有操作权限的定义，系统对每个重要操作都可以形成操作日志记录，同时有完备的安全管理制度。

11）对 Internet/Interanet 的支持，可以提供基于 Web 的应用。随着移动应用的增加，新型的组态软件要支持安卓或 iOS 移动终端。

12）多机系统的时钟同步，系统可由 GPS 全球定位时钟提供标准时间，同时向全系统发送对时命令，包括监控主机和各个客户机、下位机等。可实现与网络上其他系统的对时服务，支持人工设置时间功能。

13）开发环境与运行环境切换方便，支持在线组态功能。即在运行环境时也可以进行一些功能修改和组态，刷新后修改后的功能即生效。

14）信息安全保障。工控应用软件要减少漏洞，提高信息安全防护水平，确保工控应用软件系统的信息安全。

15）工控组态软件的易用性。开发人员在利用工控组态软件开发工控应用软件时，只需要通过简单的操作，就可以实现工程的生成、设备组态、网络配置、图形界面编辑、逻辑与控制（事件、配方处理等）、报警、报表、用户管理等功能。

为了设计出满足上述要求的组态软件系统，要特别注意系统的架构设计和关键技术的使用。在设计中，一方面要兼顾一般性与特性，也要遵从通用软件的设计思想，注重安全性和可靠性、标准化、开放性和跨平台操作等。

6.3　组态软件系统构成与技术特色

6.3.1　组态软件的总体结构及相似性

组态软件主要作为 SCADA 系统及其他控制系统的上位机人机界面的开发平台，为用户提供快速地构建工业自动化系统数据采集和实时监控功能服务。而不论什么样的过程监控，总是有相似的功能要求，例如流程显示、参数显示和报警、实时和历史趋势显示、报表、用户管理、监控功能等。正因为如此，不论什么样的组态软件，它们在整体结构上都具有相似性，只是不同的产品实现这些功能方式有所不同。

从目前主流的组态软件产品看，组态软件多由开发系统与运行系统组成，如图 6-3 所示。系统开发环境是自动化工程设计师为实施其控制方案，在组态软件的支持下进行应用程序的系统生成工作所必需依赖的工作环境，通过建立一系列用户数据文件，生成最终的图形目标应用系统，供系统运行环境运行时使用。

系统运行环境由若干个运行程序支持，如图形界面运行程序、实时数据库运行程序等。在系统运行环境中。系统运行环境将目标应用程序装入计算机内存并投入实时运行。不少组态软件都支持在线组态，即在不退出系统运行环境下修改组态，使修改后的组态在运行环境中直接生效。当然，如果修改了图形界面，必须刷新该界面新的组态才能显示。维系组态环境与运行环境的纽带是实时数据库，如图 6-3 所示。

运行环境系统由任务来组织，每个任务包括一个控制流程，由控制流程执行器来执行。任务可以由事件中断、定时时间间隔、系统出错或报警及上位机指令来调度。每个任务有优先级设置，高优先级的任务能够中断低优先级任务。同优先级的程序若时间

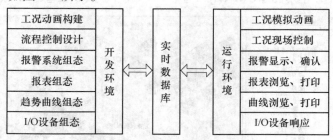

图 6-3　组态软件结构

间隔设置不同，可通过竞争，抢占 CPU 使用权。在控制流程中，可以进行逻辑或数学运算、流程判断和执行、设备扫描及处理和网络通信等。此外，运行环境还包括以下一些服务：

1）通信服务　实现组态软件与其他系统之间的数据交换。

2）存盘服务　实现采集数据的存储处理操作。

3）日志服务　实现系统运行日志记录功能。

4）调试服务　辅助实现开发过程中的调试功能。

组态软件的功能相似性还表现在以下几个方面：

1）目前绝大多数工控组态软件都可运行在 Windows 2000/Win7 环境下，部分还可以运行在 Win8 操作系统下。这些软件界面友好、直观、易于操作。

2）现有的组态软件多数以项目（Project）的形式来组织工程，在该项目中，包含了实现组态软件功能的各个模块，包括 I/O 设备、变量、图形、报警、报表、用户管理、网络服务、系统冗余配置和数据库连接等。

3）组态软件的相似性还表现在目前的组态软件都采用 TAG 数来组织其产品和进行销售，同一公司产品的价格主要根据点数的多少而定；而软件的加密多数采用硬件狗。部分产品也支持软件 License。

6.3.2 组态软件的功能部件

为了解决 6.2.2 节指出的功能需求问题，完成监控与数据采集等功能，简化程序开发人员的组态工作，易于用户操作和管理。一个完整的组态软件基本上都包含以下一些部件，只是不同的系统，这些构件所处的层次、结构会有所不同，名称也会不一样。

1. 人机界面系统

人机界面系统实际上就是所谓的工况模拟。人机界面组态中，要利用组态软件提供的图形工具，制作出友好的图形界面给控制系统用，其中包括被控过程流程图、曲线图、棒状图、饼状图、趋势图，以及各种按钮、控件、文本等元素。人机界面组态中，除了开发出满足系统要求的人机界面外，还要注意运行系统中界面的显示、操作和管理。图 6-4 所示为 FactoryTalk View Studio 图形编辑窗口。

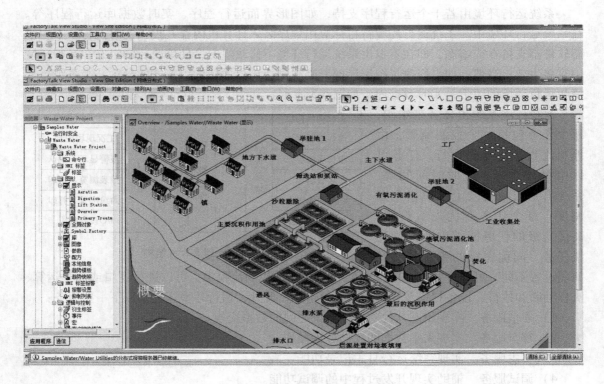

图 6-4　FactoryTalk View Studio 图形编辑窗口

在组态软件中进行工程组态的重要一步即是制作工况模拟画面,画面制作分为静态图形设计和动态属性设置两个过程。静态图形设计类似于"画画",用户利用组态软件中提供的基本图形元素,如线、填充形状、文本及设备图库,在组态环境中"组合"成工程的模拟静态界面。静态图形设计在系统运行后保持不变,与组态时一致。动态属性设置则完成图形的动画属性,与实时数据库中定义的变量建立相关性的连接关系,作为动画图形的驱动源。动态属性与确定该属性的变量或表达式的值有关。表达式可以是来自 I/O 设备的变量,也可以是由变量和运算符组成的数学表达式,它反映图形大小、颜色、位置、可见度、闪烁性等状态的特征参数,随着表达式的值的变化而变化。人机界面系统的设计还包括报警组态及输出、报表组态及打印、历史数据检索与显示等功能。各种报警、报表、趋势的数据源都可以通过组态作为动画链接的对象。

组态软件给用户最深刻印象的就是图形用户界面。在组态软件中,图形主要包括位图与矢量图。所谓位图就是由点阵所组成的图像,一般用于照片品质的图像处理。位图的图形格式多采用逐点扫描、依次存储的方式。位图可以逼真地反映外界事物,但放大时会引起图像失真,并且占用空间较大。即使现在流行的 jpeg 图形格式也不过是采用对图形隔行隔列扫描从而进行存储的,虽然所占用空间变小,但是同样在放大时引起失真。矢量图是由轮廓和填空组成的图形,保存的是图元各点的坐标,其构造原理与位图完全不同。矢量图形,在数学上定义为一系列由线连接的点。矢量文件中的图形元素称为对象,每个对象都是一个自成一体的实体,它具有颜色、形状、轮廓、大小和屏幕位置等属性。因为每个对象都是一个自成一体的实体,就可以在维持它原有清晰度和弯曲度的同时,多次移动和改变它的属性,而不影响图例中其他对象。矢量图的优点主要表现在以下 3 点:

1)克服了位图所固有的缺陷,文件体积小,具有无级缩放、不失真的特点,并可以方便地进行修改、编辑。

2)基于矢量图的绘图同分辨率无关,这意味着它们可以按照最高分辨率显示到输出设备上,并且现场操作站显示器的升级等不影响矢量图界面。

3)可以和位图图形集成在一起,也可以把它们和矢量信息结合在一起以产生更加完美的图形。

正因为如此,在组态软件中大量使用矢量图。

2. 实时数据库系统

实时数据库是组态软件的数据处理中心,特别是对于大型分布式系统,实时数据库的性能在某种方面就决定了监控软件的性能。它负责实时数据运算与处理、历史数据存储、统计数据处理、报警处理、数据服务请求处理等。实时数据库实质上是一个可统一管理的、支持变结构的、支持实时计算的数据结构模型。在系统运行过程中,各个部件独立地向实时数据库输入和输出数据,并完成自己的差错控制以减少通信信道的传输错误,通过实时数据库交换数据,形成互相关联的整体。因此,实时数据库是系统各个部件及其各种功能性构件的公用数据区。

组态软件实时数据库系统的含义已远远超过了一个简单的数据库或一个简单的数据处理软件,它是一个实际可运行的,按照数据存储方式存储、维护和向应用程序提供数据或信息支持的复杂系统。因此,实时数据库系统的开发设计应该视为一个融入了实时数据库的计算机应用系统的开发设计。

数据库是组态软件的核心，数据来源途径的多少将直接决定开发设计出来的组态软件的应用领域与范围。组态软件基本都有与广泛的数据源进行数据交换的能力，如提供更多厂家的硬件设备的 I/O 驱动程序；能与 Microsoft Access、SQL Sever、Oracle 等众多的 ODBC 数据库连接；全面支持 OPC 标准，从 OPC 服务器直接获取动态数据；全面支持动态数据交换（DDE）标准和其他支持 DDE 标准的应用程序，如与 EXCEL 进行数据交换；全面支持 Windows 可视控件及用户自己用 VB 或 VC＋＋开发的 ActiveX 控件。

组态软件实时数据库的主要特征是实时、层次化、对象化和事件驱动。所谓层次化是指不仅记录一级是层次化的，在属性一级也是层次化的。属性的值不仅可以是整数、浮点数、布尔量和定长字符串等简单的标量数据类型，还可以是矢量和表。采取层次化结构便于操作员在一个熟悉的环境中对受控系统进行监视和浏览。对象是数据库中一个特定的结构，表示监控对象实体的内容，由项和方法组成。项是实体的一些特征值和组件。方法表示实体的功能和动作。事件驱动是 Windows 编程中最重要的概念，在组态软件中，一个状态变化事件引起系统产生所有报警、时间、数据库更新，以及任何关联到这一变化所要求的特殊处理。如数据库刷新事件通过集成到数据库中的计算引擎执行用户定制的应用功能。

此外，组态软件实时数据库还支持处理优先级、访问控制和冗余数据库的数据一致性等功能。

3. 设备组态与管理

组态软件中，实现设备驱动的基本方法是：在设备窗口内配置不同类型的设备构件，并根据外部设备的类型和特征，设置相关的属性，将设备的操作方法和硬件参数配置、数据转换、设备调试等都封装在设备构件中，以对象的形式与外部设备建立数据的传输特性。

组态软件对设备的管理是通过对逻辑设备名的管理实现的，具体地说就是每个实际的 I/O 设备都必须在工程中指定一个惟一的逻辑名称，此逻辑设备名就对应一定的信息，如设备的生产厂家、实际设备名称、设备的通信方式、设备地址等。在系统运行过程中，设备构件由组态软件运行系统统一调度管理。通过通道连接，它可以向实时数据库提供从外部设备采集到的数据，供系统其他部分使用。

采取这种结构形式使得组态软件成为一个"与设备无关"的系统，对于不同的硬件设备，只需要定制相应的设备构件放置到设备管理子系统中，并设置相关的属性，系统就可以对这设备进行操作，而不需要对整个软件的系统结构做任何改动。

4. 网络应用与通信系统

广义的通信系统是指传递信息所需的一切技术设备的总和。这里所谓的通信系统是组态软件与外界进行数据交换的软件系统，对于组态软件来说，包含以下几个方面：

1）组态软件实时数据库等与 I/O 设备的通信。

2）组态软件与第三方程序的通信，如与 MES 组件的通信、与独立的报表应用程序的通信等。

3）复杂的分布式监控系统中，不同 SCADA 节点之间的通信，如主机与从机间的通信（系统冗余时）、网络环境下 SCADA 服务器与 SCADA 客户机之间的通信、基于 Internet 或 Intranet 应用中的 Web 服务器与 Web 客户机的通信等。

组态软件在设计时，一般都考虑到解决异构环境下不同系统之间的通信。用户需要自己的组态软件与主流 I/O 设备及第三方厂商提供的应用程序之间进行数据交换，应使开发设计的软件支持目前主流的数据通信、数据交换标准。组态软件通过设备驱动程序与 I/O 设备进行数据交换，包括从下位机采集数据和发送来自上位机的设备指令。设备驱动程序是由高级语言编写的 DLL（动态连接库）文件，其中包含符合各种 I/O 设备通信协议的处理程序。组态软件负责在运行环境中调用相应的 I/O 设备驱动程序，将数据传送到工程中各个部分，完成整个系统的通信过程。组态软件与 I/O 设备之间通常通过以下几种方式进行数据交换：串行通信方式（支持 Modem 远程通信）、板卡方式（ISA 和 PCI 等总线）、网络节点方式（各种现场总线接口 I/O 及控制器）、适配器方式、DDE（快速 DDE）方式、OPC 方式、ODBC 方式等。可采用 NetBIOS、NetBEUI、IPX/SPX、TCP/IP 协议联网。

自动化软件正逐渐成为协作生产制造过程中不同阶段的核心系统，无论是用户还是硬件供应商都将自动化软件作为全厂范围内信息收集和集成的工具，这就要求自动化软件大量采用"标准化技术"，如 OPC、DDE、ActiveX 控件、COM/DCOM 等，这样使得自动化软件演变成软件平台，在软件功能不能满足用户特殊需要时，用户可以根据自己的需要进行二次开发。

5. 控制系统

控制系统以基于某种语言的策略编辑、生成组件为代表，是组态软件的重要组成部分。组态软件控制系统的控制功能主要表现在弥补传统设备（如 PLC、DCS、智能仪表或基于 PC 的控制）控制能力的不足。目前，实际运行中的工控组态软件都是引入"策略"或"事件"的概念来实现组态软件的控制功能。策略相当于高级计算机语言中的函数，是经过编译后可执行的功能实体。控制策略构件由一些基本功能模块组成，一个功能模块实质上是一个微型程序（但不是一个独立的应用程序），代表一种操作、一种算法或一个变量。在很多组态软件中，控制策略是通过动态创建功能模块类的对象实现的。功能模块是策略的基本执行元素，控制策略以功能模块的形式来完成对实时数据库的操作、现场设备的控制等功能。在设计策略控件的时候我们可以利用面向对象的技术，把对数据的操作和处理封装在控件的内部，而提供给用户的只是控件的属性和操作方法。用户只需在控件的属性页中正确设置属性值和选定控件的操作方法，就可满足大多数工程项目的需要。而对于特殊的复杂控制工程，开发设计组态软件时应该为用户提供创建运行策略的良好构架，使用户比较容易地将自己编制或定制的功能模块以构件的形式装入系统设立的控件箱内，以便在组态控制系统中方便地调用，实现用户自定义的功能。

目前，组态软件对控制系统的支持更多是集成符合 IEC61131-3 编程语言标准的编程语言和环境来实现，使得控制功能的实现更加标准化。

此外，为了提高组态软件对特定事件发生时的事件处理能力，一些组态软件还提供了事件编辑功能。图 6-5 所示为 FactoryTalk View Studio 的事件组态窗口。用户可以编辑事件发生的逻辑条件及事件发生后执行的动作。

6. 系统安全与用户管理

组态软件提供了一套完善的安全机制。用户能够自由组态控制菜单、按钮和退出系统的操作权限，只允许有操作权限的操作员对某些功能进行操作、对控制参数进行修改，防止意外地或非法地关闭系统、进入开发环境修改组态或者对未授权数据进行更改等操作。图 6-6 所示为 FactoryTalk View Studio 用户和组的安全设置窗口。

组态软件的操作权限机制和 Windows 操作系统类似，采用用户组和用户的机制来进行操

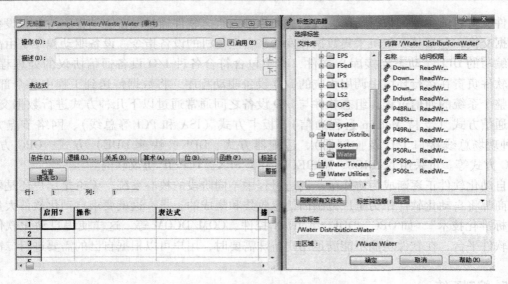

图 6-5　FactoryTalk View Studio 的事件组态窗口

作权限的控制。在组态软件中可以定义多个用户组，每个用户组可以有多个用户，而同一用户可以隶属于多个用户组。操作权限的分配是以用户组为单位进行的，即某种功能的操作哪些用户组有权限，而某个用户能否对这个功能进行操作取决于该用户所在的用户组是否具备对应的操作权限。通过建立操作员组、工程师组、负责人组等不同操作权限的用户组，可以简化用户管理，确保系统安全运行。

FactoryTalk View Studio、iFix 等还可以将这种用户管理和操作系统的用户管理关联起来，以简化应用软件的用户管理。一些组态软件（如组态王）还提供了工程密码、锁定软件狗、工程运行期限等功能，来保护使用组态软件的开发商所得的成果，开发者还可利用这些功能保护自己的合法权益。

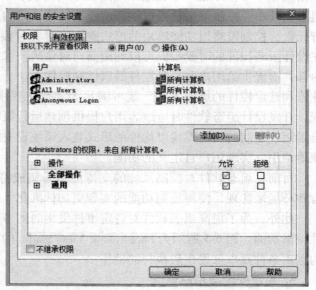

图 6-6　FactoryTalk View Studio 用户和组的安全设置

7. 脚本语言

脚本语言 Script languages，scripting programming languages，scripting languages）是为了缩短传统编程语言所采用的编写-编译-链接-运行（edit-compile-link-run）过程而创建的计算机编程语言。脚本语言又被称为扩建的语言，或者动态语言，通常以文本（如 ASCII）保存。相对于编译型计算机编程语言首先被编译成机器语言而执行的方式，用脚本语言开发的程序在执行时，由其所对应的解释器（或称虚拟机）解释执行。脚本语言的主要特征是程序代码即是脚本程序，亦是最终可执行文件。脚本语言可分为独立型和嵌入型，独立型脚本语言在其执行时完全依赖于解释器，而嵌入型脚本语言通常在编程语言中（如 C，C ++，VB，Java 等）被嵌入使用。

工控系统中脚本程序的起源要追溯到 DCS 中的高级语言。早期的多数 DCS 均支持 1 ~ 2 种高级语言（如 Fortran、Pascal、Basic、C 等）。1991 年霍尼韦尔公司新推出的 TDC3000LCN/UCN 系统支持 CL（Control Lanuage）语言，这既简化了语法，又增强了控制功能，把面向过程的控制语言引入了新的发展阶段。

虽然采用组态软件开发人机界面把控制工程师从繁琐的高级语言编程中解脱出来了，它们只需要通过鼠标的拖、拉等操作就可以开发监控系统。但是，这种采取类似图形编程语言方式开发系统毕竟有其局限性。在监控系统中，有些功能的实现还是要依赖一些脚本来实现。例如可以在按下某个按钮时，打开某个窗口；或当某一个变量的值变化时，用脚本触发系列的逻辑控制，改变变量的值、图形对象的颜色、大小，控制图形对象的运动等。

所有的脚本都是事件驱动的。事件可以是数据更改、条件、单击鼠标、计时器等。在同一个脚本程序内处理顺序按照程序语句的先后顺序执行。不同类型的脚本决定在何处以何种方式加入脚本控制。目前，组态软件的脚本语言主要有以下几种：

1）Shell 脚本语言。所谓 Shell 脚本主要由原本需要在命令行输入的命令组成，或在一个文本编辑器中，用户可以使用脚本来把一些常用的操作组合成一组序列。这些语言类似 C 语言或 BASIC 语言，这种语言总体上比较简单，易学易用，控制工程师也比较熟悉。但是总体上这种编程语言功能比较有限，能提供的库函数也不多，但实现成本相对较低。图 6-7 所示即为 FactoryTalk View Studio 脚本命令编辑向导，该向导把用户能利用的各种函数都列出了，从而不需要用户记忆这些指令，减少了命令错误引起的问题。

图 6-7　FactoryTalk View Studio 脚本命令编辑向导

2）采用 VBA（Visual Basic for Application），如 FactoryTalk View、iFIX 等组态软件。

VBA 比较简单、易学。采用 VBA 后，整个系统编程的灵活性大大加强，控制工程师编程的自由度也扩大了很多，一些组态软件本身不具有的功能通过 VBA 可以实现，而且控制工程师还可以利用它开发一些针对特定行业的应用。图 6-8 所示即为 FactoryTalk View 的 VBA 脚本语言编程环境。

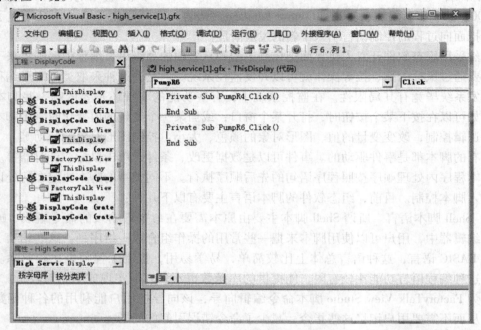

图 6-8　FactoryTalk View 的 VBA 脚本语言编辑窗口

3）支持多种脚本语言，目前来看，只有西门子公司的 WinCC。

脚本语言的使用，极大地增强了软件组态时的灵活性，使组态软件具有了部分高级语言编程环境的灵活性和功能。典型的如可以引入事件驱动机制，当有窗口装入、卸载事件，当有鼠标左、右键的单击、双击事件，当有某键盘事件及其他各种事件发生时，就可以让对应的脚本程序执行。

脚本程序一般都具有语法检查等功能，方便开发人员检查和调试程序，并通过内置的编译系统将脚本编译成计算机可以执行的运行代码。

脚本程序不仅能利用脚本编程环境提供的各种字符串函数、数学函数、文件操作等库函数，而且可以利用 API 函数来扩展组态软件的功能。

8. 运行策略

所谓运行策略，是用户为实现对运行系统流程自由控制所组态生成的一系列功能模块的总称。运行策略的建立，使系统能够按照设定的顺序和条件，操作实时数据库，控制用户窗口的打开、关闭以及设备构件的工作状态，从而达到对系统工作过程精确控制及有序调度的目的。通过对运行策略的组态，用户可以自行完成大多数复杂工程项目的监控软件，而不需要繁琐的编程工作。

按照运行策略的不同作用和功能，一般把组态软件的运行策略分为启动策略、退出策略、循环策略、报警策略、事件策略、热键策略及用户策略等。每种策略都由一系列功能模块组成。

启动策略是指在系统运行时自动被调用一次，通常完成一些初始化等工作。

退出策略在退出时自动被系统调用一次。退出策略主要完成系统退出时的一些复位操作。有些组态软件的退出策略可以组态为退出监控系统运行状态转入开发环境、退出运行系统进入操作系统环境、退出操作系统并关机等 3 种形式。

循环策略是指在系统运行时按照设定的时间循环运行的策略，在一个运行系统中，用户可以定义多个循环策略。

报警策略是用户在组态时创建，在报警发生时该策略自动运行。

事件策略是用户在组态时创建，当对应表达式的某种事件状态为真时，事件策略被自动调用。事件策略里可以组态多个事件。

热键策略由用户组态时创建，在用户按下某个热键时该策略被调用。

用户策略由用户在组态时创建，在系统运行时供系统其他部分调用。

当然，需要说明的是，不同的组态软件中对于运行策略功能的实现方式是不同的，运行策略的组态方法也相差较大。

6.3.3　组态软件的技术特色

不同的组态软件在系统运行方式、操作和使用上都会有自己的特色，但它们总体上都具有以下特点。

（1）简单灵活的可视化操作界面

组态软件多采用可视化、面向窗口的开发环境，符合用户的使用习惯和要求。以窗口或画面为单位，构造用户运行系统的图形界面，使组态工作既简单直观，又灵活多变。用户可以使用系统的默认架构，也可以根据需要自己组态配置，生成各种类型和风格的图形界面及组织这些图形界面。

（2）实时多任务特性

实时多任务性是工控组态软件的重要特点和工作基础。在实际工业控制中，同一台计算机往往需要同时进行实时数据的采集、处理、存储、检索、管理、输出，算法的调用，实现图形、图表的显示，报警输出，实时通信等多个任务。实时多任务特性是衡量系统性能的重要指标，特别是对于大型系统，这一点尤为重要。

（3）强大的网络功能

可支持 Client－Server 模式，实现多点数据传输；能运行于基于 TCP/IP 网络协议的网络上，利用 Internet 浏览器技术实现远程监控；提供基于网络的报警系统、基于网络的数据库系统、基于网络的冗余系统；实现以太网与不同的现场总线之间的通信。

（4）高效的通信能力

简单地说，组态软件的通信即上位机与下位机的数据交换。开放性是指组态软件能够支持多种通信协议，能够与不同厂家生产的设备互连，从而实现完成监控功能的上位机与完成数据采集功能的下位机之间的双向通信，它是衡量工控组态软件通信能力的标准。能够实现与不同厂家生产的各种工控设备的通信是工控组态软件得以广泛应用的基础。

（5）接口的开放特性

接口开放可以包括两个方面的含义：

1）就是用户可以很容易地根据自己的需要，对组态软件的功能进行扩充。由于组态软件是通用软件，而用户的需要是多方面的，因此用户或多或少都要扩充通用版软件的功能，这就要求组态软件留有这样的接口。例如，现有的不少组态软件允许用户可以很方便地用 VB 或 VC＋＋等编程工具自行编制或定制所需的设备构件，装入设备工具箱，不断充实设备工具箱。有些组态软件提供了一个高级开发向导，自动生成设备驱动程序的框架，给用户开发 I/O 设备驱动程序工作提供帮助。用户还可以使用自行编写动态链接库 DLL 的方法在策略编辑器中挂接自己的应用程序模块。

2）组态软件本身是开放系统，即采用组态软件开发的人机界面要能够通过标准接口与其他系统通信，这一点在目前强调信息集成的时代特别重要。人机界面处于综合自动化系统的最底层，它要向制造执行系统等上层系统提供数据，同时接受其调度。此外，用户自行开发的一些先进控制或其他功能程序也要通过与人机界面或实时数据库的通信来实现。

现有的组态软件一方面支持 ODBC 数据库接口，另一方面普遍符合 OPC 规范，它们既可以作为 OPC 服务器，也可以作为 OPC 客户机，这样可以方便地与其他系统进行实时或历史数据交换，确保监控系统是开放的系统。

（6）多样化的报警功能

组态软件提供多种不同的报警方式，具有丰富的报警类型，方便用户进行报警设置，并且系统能够实时显示报警信息，对报警数据进行存储与应答，并可定义不同的应答类型，为工业现场安全、可靠运行提供了有力的保障。

（7）良好的可维护性

组态软件由几个功能模块组成，主要的功能模块以构件形式来构造，不同的构件有着不同的功能，且各自独立，易于维护。

（8）丰富的设备对象图库和控件

对象图库是分类存储的各种对象（图形、控件等）的图库。组态时，只需要把各种对象从图库中取出，放置在相应的图形画面上。也可以自己按照规定的形式制作图形加入到图库中。通过这种方式，可以解决软件重用的问题，提高工作效率，也方便定制许多面向特定行业应用的图库和控件。

（9）丰富、生动的画面

组态软件多以图像、图形、报表、曲线等形式，为操作员及时提供系统运行中的状态、品质及异常报警等相关信息；用大小变化、颜色变化、明暗闪烁、移动翻转等多种方式增加画面的动态显示效果；对图元、图符对象定义不同的状态属性，实现动画效果，还为用户提供了丰富的动画构件，每个动画构件都对应一个特定的动画功能。

6.3.4 组态软件的发展趋势

1. 丰富的控制算法

工控组态软件广泛用于工业控制的许多领域，在这些领域中，常规控制占据了绝大多数。因此，组态软件中通常包括经典 PID 控制及其改进算法，如位置型 PID、增量型 PID 等。为了改进经典 PID 算法的不足，适应复杂过程特性的需要，组态软件中需要更多的先进控制算法，包括允许用户定制的专用的控制算法控件。当然，由于 SCADA 系统中直接控制功能是在下位机实现的，因而在上位机平台的组态软件中，可以开发起监控作用的优化算法，如自适应 PID 算法，把组态软件中优化的 P、I、D 参数传入下位机中，实现高级的控制功能。

2. 支持全厂综合自动化平台

随着制造业等行业向数字化、网络化和智能化的发展，工业控制系统已经成为企业综合自动化系统的一个组成部分。通常，一个综合自动化系统包括上层的企业资源计划 ERP、中间层的制造执行系统 MES 和底层的基本控制系统 BPS。在组态软件基础上开发的监控系统也处于综合自动化系统的底层，为整个信息系统提供信息，并接受上层系统的调度。目前组态软件的发展已经进入比较成熟阶段，产品的升级节奏明显减缓，各个组态软件开发商都把精力集中到对 MES 和 ERP 的支持上来，开发更多的组件来方便建立全厂信息平台。

目前，国内的 ERP 除了应用在商业企业的财务、销售、物流等方面外，国内外的一些生产企业也能够将生产信息和 ERP 系统整合到一起，使生产效率和市场效益最大化。随着大型数据库技术的日益成熟，全球主要的自动化厂商已发展了相关平台，使自动化软件向着生产制造和管理的信息系统的方向发展。自动化软件已经成为构造全厂信息平台的承上启下的重要组成部分。在未来企业的信息化进程中，自动化软件将成为中间件，因为自动化软件厂商在既了解企业工艺、控制、生产制造需求，又能完成现场历史数据的记录、存储及为 ERP 提供生产实时数据方面有着得天独厚的优势。目前，即使是国内从事组态软件开发的厂商都把重点转向开发综合自动化平台产品，这些产品包括企业信息门户、实时与历史数据库、MES 部件等，而不单单只是升级工控组态软件。

3. 支持移动互联网

随着 Internet 的深入和发展，基于 Internet 的各种应用日益增多，通过 IE 访问远程监控系统已经成为一种需要。这导致自动化软件从单机向客户机/服务器和浏览器/服务器方向发展。瘦客户技术使得用户可以在企业的任何地方只要通过一个简单的浏览器，输入用户名和密码就可以方便地获取信息，而且在企业 IT 人才和资源比较缺乏的情况下，使用瘦客户技术可以使系统安装和维护费用大幅度降低，因为只需要对服务器端进行维护与升级。目前多数组态软件都支持这项技术，而且实现起来也比较容易。

然而，对于一般的桌面 Internet 应用，其使用仍然有一定的局限性。早些年，数字终端由于具备较强的功能和智能化，产生了基于 PDA 等设备的移动监控。和其他技术相比，无线的人机界面能够以更低的费用、更快的连接、更容易地获取重要的生产信息，如紧急报警、重要事件、生产过程中的重要参数等。典型的无线 Web 产品由手持式 PC 和预装的 HMI 客户端软件组成。近年来，移动互联网作为互联网发展的一个重要里程碑，已经更大程度地改变了人民的生活、工作。以手机和平板电脑为代表的移动设备已经成为人们上网的主要设备。移动互联网的一个重要特点是通过 APP 来完成各种功能，而不是输入各种网址。因此，组态软件未来要适应这种趋势，开发出具有监控功能的 APP，从而进一步扩展和丰富监控的手段。

4. 面向特定行业定制产品

组态软件的通用性固然是优点，但由于强调通用性，因此个性化就显得不足。不同的行业有其特殊性，对监控系统也会有一些特殊要求。因此，结合行业应用需求，定制面向特定行业的组态软件一直受到组态软件厂家的重视。目前最为典型的是面向电力行业的工控组态软件。如北京力控公司的 FCPower 专业电力电气监控组态软件就是结合了通用组态软件和电力专业技术而开发的专业电力电气自动化组态软件。该软件适用于企业供配电自动化、集控站自动化、楼宇配电自动化、变电站综合自动化、电厂电气监控（ECS）、水电站综合自动化等系统，可以广泛应用于工业企业各电压等级的变配电室和市政建设、智能大厦、水利、环保、港口等领域的智能变配电系统，并且可以和 GIS（地理信息系统）/MIS（电力企业管理信息系统）/CIS（用户信息系统）等其他系统进行结合。

6.4　嵌入式组态软件

6.4.1　嵌入式组态软件的产生

从 20 世纪 70 年代单片机的出现到今天各式各样的嵌入式微处理器、微控制器的大规模应用，已有了近 40 年的发展历史，已经发展到以基于 Internet 为标志的嵌入式系统。由于嵌入式系统软、硬件的迅速发展，嵌入式系统的功能变得十分强大，嵌入式系统在工业控制、交通管理、信息家电、POS 网络及电子商务、机器人等众多行业得到广泛的应用。

根据 IEEE 的定义，嵌入式系统是"用于控制、监测仪器、机器、设备的辅助运行装置"。这主要是从应用上加以定义的，从中可以看出嵌入式系统是软件和硬件的综合体，还可以涵盖机械等附属装置。而国内普遍认同的嵌入式系统的定义是：嵌入式系统是以应用为中心，以计算机技术为基础，软硬件可以裁减，适应应用系统对功能、可靠性、成本、体积、功耗严格要求的专用计算机系统。

在 PC 平台可以采用组态软件快速开发各种控制系统的人机界面，而在嵌入式平台上如何实现各种监控任务？一个很自然的想法就是能否将 PC 平台的组态软件通过适当的裁减和修改移植到嵌入式平台，以构建各种嵌入式控制系统应用软件，由此就产生了嵌入式组态软件。嵌入式组态软件的出现，大大缩短嵌入式控制系统软件开发时间，而且使产品具有丰富的人机界面、嵌入式 Web 及符合 IEC61131 - 3 的控制逻辑功能，并且可以存储相当数量的历史数据，部分完成现场工作站及计算机的功能。

嵌入式组态软件是一种用于嵌入式操作系统并带有网络功能的嵌入式应用软件。嵌入式系统可以是某一种设备、产品并可以连接至网络的带有智能的设备。嵌入式组态软件可以分为开发环境和运行环境。开发环境一般运行于 Windows 操作系统上，而运行环境可基于多种嵌入式操作系统，如 Windows CE、NT Embedded、LINUX 和 DOS 等，甚至直接支持特定的CPU。嵌入式组态软件的运行系统大多为组件式可伸缩配置，一般包括人机界面组件、历史数据记录组件、网络通信组件、Internet 组件、逻辑控制组件、流程控制组件及实时内核等。

嵌入式组态软件主要是一些通用组态软件开发商把其通用版组态软件进行裁减而产生的，目前国内主要的嵌入式组态软件有组态王嵌入版、MCGS 嵌入版和三维力控 pSolidLerine 嵌入式组态软件。

6.4.2　嵌入式组态软件的功能与特点

因为嵌入式组态软件是通用组态软件的裁减版本，因此其主要功能与 PC 平台组态软件基本相同。但由于嵌入式组态软件运行在嵌入式系统上，这些嵌入式系统基本采用实时性能更好的操作系统，此外在嵌入式平台上运行的任务更少且嵌入式平台更能适应恶劣的工作环境，因此嵌入式平台相比 PC 平台有更好的实时性能与可靠性，这就为在嵌入式平台运行一些实时控制程序创造了条件。目前，多数嵌入式组态软件都具有"软 PLC"的功能，即嵌入式组态软件可以进行控制程序的编写和下载运行。这些编辑环境多符合 IEC61131-3 编程语言标准，为开发人员提供标准的编程环境，支持多种编程方式，如梯形图、结构化文本、指令表等。在程序编写完成后，可以对组态的控制程序进行语法检查、编译和调试。编译生成的目标策略代码可以与图形界面一起下载到嵌入式目标设备上运行，有些也可以在 PC 平台运行。

与通用组态软件相比，嵌入式组态软件具有如下特点：

1）容量小 整个系统最低配置只需要更小存储空间，可以方便地使用电子盘等存储设备。

2）速度快 采用了真正的实时多任务操作系统，系统的时间控制精度高，可以方便地完成各种高速数据采集与控制任务，满足实时性条件。

3）成本低 使用嵌入式计算机达到降低设备成本的目的。

4）稳定性高 无风扇、内置看门狗，上电重启时间短，可在各种恶劣环境下长时间使用。

5）功能强大 提供中断处理，定时扫描精度可达到毫秒级，提供对计算机串口、内存、端口的访问，并可以根据需要灵活组态。

6）通信接口丰富 内置串行通信功能、以太网功能、GPRS 通信、Web 流量功能，可以方便地实现与各种设备进行数据交换、远程采集和 Web 浏览。

7）操作简便 嵌入式组态软件采用的组态环境，继承了通用组态软件简单易学、易用的特点，组态操作既简单直观，又灵活多变。

8）有助于构建完整的解决方案 嵌入式组态软件组态环境运行于 Windows 操作系统，具备与其他版本的组态软件相同的组态环境界面，可以有效地帮助用户构建从嵌入式设备到现场监控工作站和企业生产监控网络在内的完整解决方案。

6.4.3 嵌入式组态软件的构成

与通用组态软件一样，嵌入式组态软件根据使用软件的工作阶段也可以分为开发环境和运行环境两个部分。

系统开发环境由若干组态部分组成，如图形界面组态、实时数据库组态等。一般来说，嵌入式组态软件的系统开发环境包括以下部分：

1）工程管理器（包括项目、实时数据库、设备等的管理）。

2）界面组态，包括趋势图，报警和报表。

3）实时数据库和历史数据库的组态。

4）编译下载系统，组态安全系统。

5）作为嵌入式组态核心的控制系统组态包括以下部分：

● 软逻辑组态，实现逻辑控制功能的软 PLC 系统。

● 连续过程组态及配置，实现流程控制的流程图系统。

● 调试工具，允许在线监视各个内部变量的值，监控流程执行顺序，允许重新设置和启动流程运行。

●仿真运行工具，在开发环境中，仿真运行控制流程，离线测试控制效果。

嵌入式组态软件的运行环境是嵌入式实时多任务操作系统，可以运行于低端硬件平台。目标工程被装入目标计算机（嵌入式系统）内存，由嵌入式实时多任务操作系统调度和管理。目前工控应用中目标机主要是工业用平板电脑、嵌入式主板、嵌入式控制器等。嵌入式组态软件运行环境的功能总体上与通用组态软件的运行环境类似。

6.5 罗克韦尔 FactoryTalk View Studio 组态软件

6.5.1 FactoryTalk View Studio 的特点

2013 年初，罗克韦尔自动化推出最新 7.0 版的 FactoryTalk View Studio 套件，包括用于开发和测试机器级应用的软件 FactoryTalk ViewMachine Edition（ME）与现场级人机界面应用的组态软件 FactoryTalk View Site Edition（SE）。该软件为制造商尤其是过程行业制造商提供更强的功能以及更好的操作体验。该版本软件报警管理更高效、安装更简单，能够进一步提升用户体验，并在多种生产环境中实现集成数据的共享。

FactoryTalk View SE 7.0 软件可在单一系统中支持更多 HMI 客户端和服务器，从而扩大了支持 FactoryTalk View SE 报警子系统 FactoryTalk 报警和事件的系统规模。新的 FactoryTalk 报警和事件报警子系统已经符合 ISA 报警标准，并且支持搁置状态。

最新版本还在安装过程和设计环境方面做了很大改善。FactoryTalkViewSE 和 ME 软件简化了新的安装工作流程，可自动安装各个 FactoryTalkView 组件，从而缩短安装时间。在设计时间方面，FactoryTalkViewStudio 设计环境具有全新查找和替换功能，用户可针对 HMI 和全局对象显示界面，在多个服务器和界面范围内查找和替换标签或字符串。

添加了与市面上 Web 浏览器功能类似的导航按钮，操作员可借此更快速、更直观地导航各个界面，解决生产问题。客户端工作站可跟踪操作员打开的各个界面，同时操作员也可使用导航按钮快速地显示并浏览导航历史界面。FactoryTalkView7.0 软件还增强了绘图能力，借助浓淡绘制法以及对 PNG 格式图形的支持，为操作员提供更为逼真的过程视图。

FactoryTalk View SE Station 软件具备全新的网络选件，可使单一计算机 HMI 更好地与 FactoryTalk Historian SE 和 ME 软件等产品集成。全新的 FactoryTalk View SE Station 软件联网后，用户可以直接在操作员工作站浏览 FactoryTalk Historian SE 服务器，选择标签并查看这些标签的历史信息。

FactoryTalkViewME7.0 软件可为 PanelViewPlus6 操作员终端应用提供更好的设备连接和诊断功能。PanelViewPlus6 操作站可直接连接智能过载继电器或电力监测器等非控制器设备，并显示这些设备中的数据，节省控制器的内存空间。FactoryTalkViewME7.0 软件还具备全新的 ActiveX 控件和运行时功能，使得操作员可以直接在显示界面中查看 PanelViewPlus 终端的诊断信息，例如温度、负载、电池电压和网络 IP 设置等。

FactoryTalk View 的主要特点有：

1）使用 FactoryTalk View Site Edition，可以用一种映射工厂或过程的方式来分配应用项目的各个部分。分布式应用项目可以包括几个服务器，它们分布于网络上的多台计算机上。多个客户端用户可以从网络上的任何位置同时访问该应用项目。

2）为工厂或者过程创建单机的应用项目，这些过程自成一体，并且与过程的其他部分之间没有关联。

3）使用专业的面向对象的图形和动画来创建和编辑图形显示界面。简单的拖拽和剪切复制技术可以简化应用项目组态的操作。

4）使用来源于图形库的图形，或者从其他的绘图包，例如：CorelDRAW 和 AdobePhotoshop 导入文件。

5）使用 FactoryTalk View 的 ActiveX 包容功能来使用先进的技术。例如：将 Visual BasicActiveX 控件或其他的 ActiveX 对象嵌入图形显示界面来扩展 FactoryTalk View 的功能。使用 FactoryTalk View SE Client Object Model（FactoryTalk View SE 客户端对象模型）和 VBA 与其他 Windows 程序（如 Microsoft Access 和 Microsoft SQL Server）共享数据，与其他 Windows 程序（例如：Microsoft Excel）数据交互，并且自定义和扩展 FactoryTalk View 以适应用户的特殊需求。

6）使用 FactoryTalk View 高效的工具快速开发应用程序，例如：直接引用数据服务器标签、Command Wizard（命令向导）、Tag Browser（标签浏览器）。

7）避免重复输入信息。使用 PLC Database Browser（PLC 数据库浏览器）将 A – B PLC 或者 SLC 的数据库导入。利用 FactoryTalk View 的直接标签应用功能，可直接使用那些存在于控制器或者设备中的标签。

8）使用 FactoryTalk View 报警通知功能来监视具有多种严重程度的过程事件。创建多个报警汇总，以便为整个系统提供除了查看报警以外的特殊报警数据。

9）创建反映过程变量与时间之间关系的趋势图。在每个趋势中都可以显示多达 100 条画笔曲线（标签）的实时或历史数据。

10）将数据同时记录到 FactoryTalk 诊断日志文件和远程 ODBC 数据库中，以便提供产品数据的各种记录。

11）用户还可以使用第三方的程序，如 Microsoft Access 和 Seagate Crystal Reports 直接查看或者操作 ODBC 格式的日志数据，而不用转化这些文件。

12）通过禁用 Windows 键盘来锁定操作员只能够进行 FactoryTalk View SE Client（FactoryTalk View SE 客户端）操作，从而防止操作员运行其他程序或进行其他操作影响计算机系统稳定，或因进行上述操作而影响了正常的工作。

6.5.2 FactoryTalk View Studio 组件

FactoryTalk View Studio 不仅包含用于创建完整人机交互界面项目的编辑器，而且还包含用于测试应用程序的软件。使用该编辑器可以创建用户所需的从简单应用到复杂应用的监控应用程序。FactoryTalk View Studio 组态开发环境包括 FactoryTalk ViewSE 客户端、FactoryTalk View SE 服务器、FactoryTalk 报警和事件、FactoryTalk 服务平台、FactoryTalk 管理控制台、FactoryTalk 目录和 FactoryTalk 激活等部件。FactoryTalk View 包含了人机界面中所需要的过程控制操作面板（操作面板）和图形库。预定义的过程控制操作面板是和各种 Logix5000 指令（例如 PIDE、D2SD 和最新的 ALMD、ALMA 指令）配合工作的。大量的图形库对象具备预定义动画功能，既可以直接使用，也可以根据需要进行适当修改。应用程序开发完毕后，就可以使用 FactoryTalk View SE Client（FactoryTalk View SE 客户端）查看或者与该应用程序进行交互操作了。

1. FactoryTalk View 管理控制台

FactoryTalk View Administration Console（FactoryTalk View 管理控制台）是在 FactoryTalk View SE 应用程序部署之后，用于管理这些应用程序的软件。FactoryTalk View 管理控制台包含一少部分的 FactoryTalk ViewStudio 编辑器，因此可以对应用程序进行一些微小的改动，而不用安装 FactoryTalk View Studio。FactoryTalk View 管理控制台被限制为只能运行 2 个小时，告警信息会提前 5 分钟弹出。如需继续使用该部件，只要关闭并重新打开即可。

使用 FactoryTalk View 管理控制台，可以完成以下功能：

1）更改 HMI 服务器的属性。

2）更改数据服务器的属性。

3）为应用程序添加 FactoryTalk 用户，使用运行时安全编辑器。

4）对命令和宏设置安全，使用运行时安全命令编辑器。

5）在命令行中运行 FactoryTalk View 命令。

6）使用报警设置编辑器来修改 HMI 标签报警的记录和通知方式。

7）修改数据记录模型的路径。

8）使用 Tools 菜单中的诊断设置编辑器来修改系统活动记录的内容和频率。

9）使用 Tools 菜单中的报警记录设置编辑器来修改报警记录的位置并管理记录文件。

10）使用标签导入和导出向导来导入和导出 HMI 标签。

2. FactoryTalk View SE Client

FactoryTalk View SE Client（FactoryTalk View SE 客户端）是用来与 FactoryTalk View SE 服务器上的本地或网络应用程序（已用 FactoryTalk View Studio 开发完成）进行交互的软件。要设置 FactoryTalkView SE 客户端，需要使用 FactoryTalk View SE 客户端向导来创建一个配置文件。配置 FactoryTalkView SE 客户端时，HMI 服务器可以不必运行。使用 FactoryTalk View SE 客户端，可以完成以下功能：

1）同时对来自多个服务器的多个图形界面进行调用、查看和交互操作。

2）执行报警管理。

3）查看实时和历史趋势。

4）调整设定值。

5）启动和停止服务器上的有关组件。

6）提供安全的操作环境。

3. FactoryTalk View SE 服务器

FactoryTalk View SE 服务器，也叫作 HMI 服务器，用于存储 HMI 工程组件（例如：图形显示界面、全局对象、宏等），并将这些组件提供给客户。该服务器包含标签数据库，可以执行报警检测与历史数据管理（记录）功能。FactoryTalk 报警和事件可以被用来代替 FactoryTalk View SE HMI 报警检测。为保持与已有应用程序的兼容，FactoryTalk View 还继续支持传统的 HMI 报警检测。

FactoryTalk View SE 服务器没有用户界面。一旦安装了，它就作为一组"傻瓜型"的 Windows 服务器来运行，并在客户端需要时为其提供信息。

4. FactoryTalk 报警和事件

在 FactoryTalk 报警和事件中，FactoryTalk View SE 只支持 HMI 标签报警检测。为保持与已有应用程序的兼容，FactoryTalk View 还继续支持传统的 HMI 报警检测。

通过 FactoryTalk 报警和事件，可以将整个 FactoryTalk 系统内的多个 FactoryTalk 产品整合到一个通用一致的报警和事件系统中。FactoryTalk 报警和事件支持两种类型的报警检测：

1）基于设备的报警检测　在 RSLogix 5000（V16 及以上的）中为控制器程序编写报警指令，并下载到控制器中。控制器检测报警状态并发布报警信息，该信息被转发到系统的显示界面或历史记录。

2）基于标签的报警检测　在不具备内置报警检测功能的设备中，通过为标签指定报警条件的方式来设置基于标签的 FactoryTalk 报警。可使用基于标签的报警将这些设备整合到一个集成的 FactoryTalk 报警和事件系统中。可以为早先的可编程控制器中的标签、通过 OPC 数据服务器通信的第三方设备中的标签或者 HMI 服务器标签数据库中的标签设置基于标签的报警。对于原本就支持基于设备的报警的 Logix5000 控制器，如果不想设置内置报警检测功能，也可以设置基于标签的报警。

5. FactoryTalk 服务平台

FactoryTalk 服务平台为一个 FactoryTalk 系统内的产品和应用程序提供通用的服务（例如诊断信息、健康状态监视服务和访问实时数据）。

6. FactoryTalk 目录

FactoryTalk 目录（FactoryTalk Directory）通过共用地址薄使 FactoryTalk 产品和组件访问工厂资源（如 HMI 显示界面和标签）。在控制器中定义的标签，通过在目录中引用，HMI 可以自动获得它们。使用 FactoryTalk Directory，没有必要在另外的标签数据库中重新创建或者导入标签。

FactoryTalk View Site Edition 应用程序使用两种类型的 FactoryTalk 目录：

1）FactoryTalk 本地目录管理本地应用程序：所有项目信息和相关软件产品（除 OPC 数据服务器外）都位于一个单一计算机上。本地应用程序不能跨网络共享。

2）FactoryTalk 网络目录管理网络应用程序。网络应用程序包含分布在网络中多台计算机上的多个服务器和客户端。一个网络目录对加入到单个网络应用程序内的所有 FactoryTalk 的产品进行管理。

在安装 FactoryTalk 服务平台时，计算机上同时设置了本地目录和网络目录。

7. FactoryTalk 管理控制台

使用 FactoryTalk 管理控制台可以：

1）在 FactoryTalk 目录下创建和配置应用程序、区域（area）和数据服务器。

2）创建和配置报警和事件服务器，包括基于标签的和基于设备的 FactoryTalk 报警和事件服务器。

3）为基于标签的报警检测配置报警条件。

4）将安全动作组织为组。

5）为记录历史报警和事件信息创建数据库定义。

6）为诊断信息配置路径、记录和查看的选项。

7）备份和恢复整个目录、单个应用程序或系统设置。

8）为 OPC 数据服务器、标签报警和事件服务器设置冗余。

9）配置客户端计算机以识别网络目录服务器的位置。

10）配置系统范围策略设置。

11）使用安全服务为 FactoryTalk 配置安全。

6.5.3　FactoryTalk View SE 应用程序

1. FactoryTalk View SE 应用程序

（1）网络应用程序

FactoryTalk View SE 监控系统软件为真正的分布式可扩展多服务器、多客户端结构，系统扩展时可直接增加人机界面服务器和数据服务器，其网络应用程序的系统结构及不同节点的软件配置如图 6-9 所示。FactoryTalk View SE 人机界面服务器可以从多个数据服务器读取数据，客户端可以从多个人机界面服务器读取数据（包括标签、界面和报警等），同时客户端也可以直接从多个数据服务器读取数据（即支持数据标签的直接引用）。网络应用程序具有一个或多个区域（area），每个区域只能有 1 个 HMI 服务器，1 个或多个数据服务器（实际系统中建议只加入 1 个）。一个区域内还可以包含多个区域。

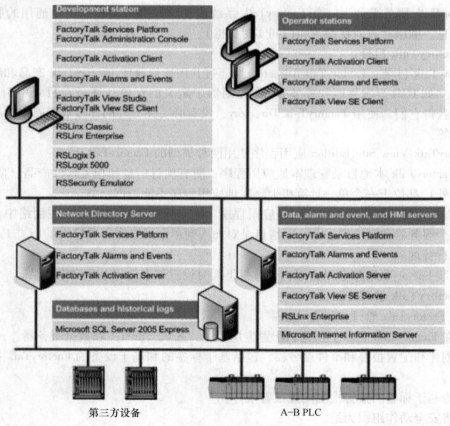

图 6-9　FactoryTalk View SE 网络应用系统结构

一旦创建了一个应用程序及 HMI 服务器，就可以使用 FactoryTalk View Studio 编辑器在

HMI 项目内创建应用程序的组件，例如图形显示界面、全局对象和数据记录模型等。

区域是网络架构系统的关键部分。区域是应用程序内部的逻辑划分。在分布式应用程序里，区域使得用户可以将一个应用程序分成若干方便管理的逻辑部分，或按照对用户正在控制的过程有意义的方式来组织应用程序。一个区域可能代表过程的一部分或一个阶段，或在过程设备处于的某个区域。

例如：一个汽车厂可以被划分为几个区域，称为冲压与装配、主体车间、喷涂车间、发动机与传送。一个面包车间可以被划分为几个区域，称为配料、混合、烘烤和包装。除此之外，使用相同生产线的车间可以被划分为几个区域，称为流水线 1、流水线 2、流水线 3，等。这允许用户为该应用程序添加新的同样的生产线，只需将 HMI 服务器工程复制到新的区域中。

根区域：所有的分布式应用程序都有一个系统预定义区域，被称为应用程序根区域。应用程序根区域具有和应用程序相同的名称。应用程序根区域可以包含 1 个 HMI 服务器，1 个或多个数据服务器。

图 6-10 是 FactoryTalk View SE 网络应用程序的例子，从中可以看出其程序结构。实例是关于污水处理的。该污水处理系统包括污水收集、污水处理、配水和公共设施部分。这样可以把该水务系统分成以上几个区域。名为"Samples Water"的应用程序包含 4 个区域，分别

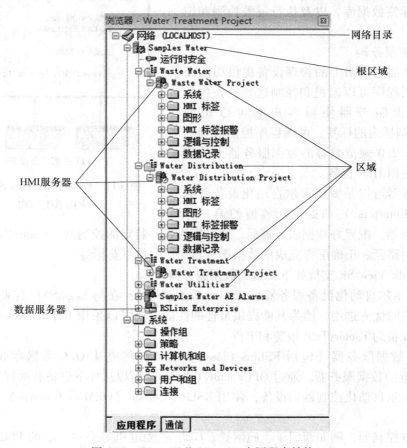

图 6-10　FactoryTalk View SE 应用程序结构

是 "Waste Water"、"Water Distribution"、"Water Treatment" 和 "Water Utilities"。对于区域 "Waste Water",有一个名称为 "Waste Water Project" 的 HMI 服务器。在服务器下,有系统、HMI 标签、图形、HMI 标签报警、逻辑与控制及数据记录等文件夹,这些都是每一个 HMI 服务器中可以组态的不同组件。在根区域 "Samples Water" 下有一个名称为 RSLinx Enterprise 的数据服务器。

（2）本地应用程序

本地应用程序类似于 RSView32 项目:所有的应用程序组件和 FactoryTalk View SE 客户端都位于同一台计算机。本地应用程序只包含 1 个 HMI 服务器（创建应用程序时在根区域下自动创建）。图 6-11 所示是一个作为单机 FactoryTalk 系统一部分的本地应用程序的系统结构及节点软件配置示例。

2. FactoryTalk View SE 应用程序服务器

（1）HMI 服务器

HMI 服务器是在客户端向其发送请求时能够将信息提供给客户端的软件程序。HMI 服务器可存储 HMI 工程组件（例如:图形显示界面）,并将这些组件提供给客户端。每台 HMI 服务器同时也可以管理标签数据库,以及执行报警检测和记录历史数据。

（2）数据服务器

数据服务器为网络上的物理设备提供访问路径,使得应用程序可以监视和控制这些设备内部的数值。数据服务器使得客户端可以访问 Logix5000 控制器内的标签、可编程序控制器和其他与 OPC-DA 2.0 规范兼容的数据服务器上的数据,而不必使用 HMI 标签。

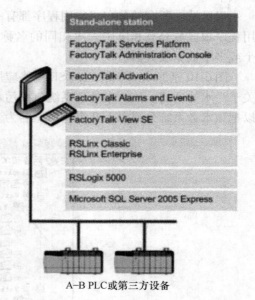

图 6-11　FactoryTalk View SE 网络
应用系统结构

数据服务器可以是罗克韦尔自动化设备服务器（RSLinx Enterprise）和提供标签值的第三方 OPC 数据服务器。配置好数据服务器后,就可以为每一特定的控制器（ControlLogix 处理器）设置一个指向路径。正确配置完成的数据服务器支持直接浏览标签。

FactoryTalk View SE 支持如下类型的数据服务器:

1）罗克韦尔自动化设备服务器（RSLinx Enterprise）:在与 Logix5000 控制器通信时或有大量客户端时优先选用,因为其能提供最佳的性能。还可以采用 RSLinx Enterprise 服务器来订阅基于设备的 FactoryTalk 报警和事件。

2）OPC 数据服务器（包括 RSLinx Classic）支持任何遵从 OPC 数据存取标准（OPC DA）2.0 规范的数据服务器。通过 OPCFactoryTalk View 可以从如下设备获取标签值:

①罗克韦尔自动化控制器和设备,使用 RSLinx Classic（OEM 或 Gateway）作为 OPC 服务器。

②第三方控制器,例如西门子、施耐德、GE、三菱电机等公司产品的 PLC 及其他各种类型设备的 OPC 服务器。

3. 创建 FactoryTalk View SE 应用程序步骤

以下为创建 FactoryTalk View SE 应用程序的基本步骤：

1）创建本地或网络应用程序。

2）如果是网络应用程序，就添加一个或多个区域。

3）如果是网络应用程序，在每一区域可添加一个 HMI 服务器（对于本地应用程序，会在根区域下自动创建）。为 HMI 服务器选择任意操作面板界面。

4）设置数据服务器的数据通信（添加一个或多个如下类型的数据服务器）。

①罗克韦尔自动化设备服务器（Rockwell Automation Device Server）。

②OPC 数据服务器。

5）设置标签报警和事件服务器

6）创建 HMI 服务器的图形界面、全局对象和其他组件。

7）设置 FactoryTalk 报警和事件的历史记录。

8）设置安全。

9）设置运行时 FactoryTalk View SE 客户端。

6.6　罗克韦尔 PanelView Plus 6 HMI 终端

6.6.1　PanelView Plus 6 终端概述

1. 终端硬件介绍

PanelView Plus 6 终端是在工业环境中运行 HMI 机器级应用的操作员界面设备。显示屏尺寸介于 4~15 英寸之间。这些设备用于以图形方式监视、控制或显示信息，以便操作员快速了解应用的状态。该平台使用通用开发软件进行编程，提供多语言支持，并且被集成到带有罗克韦尔自动化控制器（包括首选的 Logix 控制器）的系统中。PanelView Plus 6 终端运行 Windows CE 操作系统，可以提供满足用户大多数需求的基础操作系统要素。详细的操作系统特性见表 6-1。该系列终端安装方式灵活，可使用安装夹将 700~1500 终端固定在面板中，安装夹数量因终端尺寸而异。安装所需的工具包括面板开口工具、小号一字旋具和用于拧紧安装夹的扭矩扳手。

表 6-1　PanelView Plus 6 终端操作系统特性

特　性	400 终端	600 终端		700~1500 终端	
目录号	2711P-×××8	2711P-×××8	2711P-×××9	2711P-×××8 2711P-RP8×	2711P-×××9 2711P-RP9×
标准特性					
FTP 服务器	*	*	*	*	*
VNC 客户端/服务器	*	*	*	*	*
ActiveX 控件	*	*	*	*	*
第三方设备支持	*	*	*	*	*
PDF 阅读器		*	*	*	*

（续）

特　　性		400 终端	600 终端		700 ~ 1500 终端	
	目录号	2711P-××××8	2711P-××××8	2711P-××××9	2711P-××××8 2711P-RP8×	2711P-××××9 2711P-RP9×
可选的增强特性						
Web 浏览器—Internet Explorer		—	—	*	—	*
远程桌面连接		—	—	*	—	*
媒体播放器		—	—	*	—	*
Microsoft Office 文件查看器						
● PowerPoint		—	—	*	—	*
● Excel		—	—	*	—	*
● Word		—	—	*	—	*
WordPad 文本编辑器		—	—	*	—	*

2. 终端硬件组成及特性

（1）终端元件

PanelView Plus 6 尺寸较大的 700 ~ 1500 终端由一系列模块化元件（单独订购或作为已配置终端订购）组成。模块化元件包括显示模块、逻辑模块和可选通信模块，如图 6-12 所示，其具体说明见表 6-2。这些元件均可灵活地配置、安装和升级。用户可以使用单一产品目录号订购出厂组装好的设备，或单独订购用于现场安装的元件。

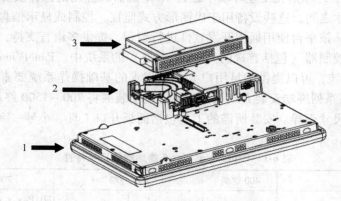

图 6-12　终端硬件组成示意图

表 6-2　终端元件说明

条目	终端元件	描　　述	环境条件选项
1	显示模块	彩色图形平板显示屏，四种尺寸，采用键盘、触摸屏或键盘/触摸屏组合输入： ● 700（6.5″） ● 1000（10.4″） ● 1250（12.1″） ● 1500（15″）	显示模块还具备以下特性： ●船舶认证 ●涂层防护 ●供室外使用的高亮度显示屏 ●内置防眩保护层

（续）

条目	终端元件	描 述	环境条件选项
2	逻辑模块	逻辑模块具备以下硬件特性： ● 交流或直流电源输入 ● RS-232 串口 ● 以太网端口 ● 2 个 USB 2.0 主机端口，1 个高速设备端口 ● 可选通信模块的网络接口 ● 512MB 非易失性内存和 512MB RAM ● 安全数字（SD）卡槽 ● 带备用电池的实时时钟 ● 状态指示灯 ● 复位开关 ● 单 PCI 插槽	逻辑模块还具备以下特性： ● 船舶认证 ● 涂层防护
3	通信模块	与以下网络进行通信的可选模块： ● DH + TM/DH-485 ● ControlNet 网络（预定性和非预定性通信） ● 以太网	通信模块还具备以下特性： ● 船舶认证 ● 涂层防护

（2）终端触摸屏

PanelView Plus 6 所有 700 型到 1500 型显示模块都配有 TFT 彩色图形显示屏，如图 6-13 所示，其具体特性见表 6-3。这些终端采用键盘、触摸屏或键盘/触摸屏组合输入。这些模块具备通用的特性和固件，可以方便地移植到大显示屏：

● 操作员界面采用八线制电阻式触摸屏，触控极其准确。按压触摸屏上的某一点时，薄膜层相连并改变电流，随后会记录并处理此电流。

● 除了功能键的数量外，所有键盘或键盘/触摸屏组合式显示屏都很相似。

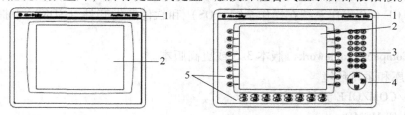

图 6-13　终端触摸屏

表 6-3　触摸屏特性

条目	特性	描 述
1	可更换的 ID 标签	也可使用自定义标签替代产品识别标签
2	显示屏	模拟电阻式触摸屏适用于触摸屏型终端或键盘、触摸屏组合终端
3	数字键盘	0…9、－、退格、回车、左右制表键、Shift、Esc、Ctrl、Alt 键

（续）

条目	特性	描　述
4	导航键	使用方向键进行导航。Alt + 箭头键可启动以下功能： ● Alt + 向左箭头键（开头），Alt + 向右箭头键（末尾） ● Alt + 向上箭头键（向上翻页），Alt + 向下箭头键（向下翻页）
5	功能键 700　F1…F10、K1…K12 1000　F1…F16、K1…K16 1250　F1…F20、K1…K20 1500　F1…F20、K1…K20	可在应用程序中进行配置，用于执行某些操作的按键。例如，可将 F1 配置为导航到另一个画面 同时提供可替换的图例，用于自定义功能键标签

3. 终端操作系统及软件支持

PanelView Plus 6 终端上运行 Windows CE 6.0 操作系统，该系统具有下列外壳（shell）和用户界面持特性：

- 命令外壳。
- 命令处理器。
- 控制台窗口。
- Windows Explorer 外壳。
- 鼠标和触摸屏支持。
- 通用对话框。
- 控制面板。
- 网络用户界面。
- 软键盘输入面板。
- PDF 阅读器。
- VNC 服务器和客户端查看器。

Windows CE 6.0 操作系统在操作系统（OS）和软件开发套件（SDK）中提供下列应用程序支持：

- . Net Compact Framework，版本 3.5 或更高版本。
- C + + 库和运行环境。
- DCOM/COM/OLE 元件服务。
- 消息队列 MSMQ。
- MSXML，版本 3.0 或更高版本。
- 设备的 MFC，版本 8.0 或更高版本。
- ATL。
- ActiveSync。
- CAB 文件安装程序/卸载程序。
- 工具帮助 API。
- 错误报告（生成器、传输驱动程序、控制面板）。

Windows CE 6.0 操作系统支持以下脚本特性：

- 批处理/命令（BAT 和 CMD 文件）。
- JScript。
- VBScript。
- CSScript。

Windows CE 6.0 操作系统支持以下网络特性：

- Winsock 支持。
- 网络实用工具—ipconfig、ping、route。
- 网络驱动程序体系结构（NDIS）。
- Windows 联网 API/ 重定向程序。
- 有线局域网，802.3、802.5。

PanelView Plus 6 终端的软件支持见表6-4。

表 6-4 PanelView Plus 6 软件支持

软件	描 述	版本
FactoryTalk View Machine Edition Station	FactoryTalk View Machine Edition、mer 应用程序的运行时环境。每台终端上都预加载了 Machine Edition Station，不需要使用 FactoryTalk View 激活	● 6.10 或更高版本（400 和 600 终端）● 6.0 或更高版本（700 ~ 1500 终端）
FactoryTalk View Studio for Machine Edition	在 PanelView Plus6 终端上运行、用于开发 HMI 应用程序的配置软件 FactoryTalk View Studio 软件中包括 RSLinx® Enterprise 软件，将在安装时加载	
FactoryTalk ViewPoint（仅限 700 ~ 1500 终端）	FactoryTalk View Studio 软件提供的附加功能：● 这是一种基于网络的瘦客户端解决方案，制造商或临时用户可通过 Internet 浏览器在远程地点监视或下载正在运行的 Machine Edition 应用的变更 ● 每台终端都内置一个单用户许可证，支持单个客户端与终端连接。不需要附加软件	1.2 或更高
WindowsCE6.005	所有终端上运行的操作系统	6.0

6.6.2 PanelView Plus 6 终端配置与使用

1. 启动方式

任何终端均可进行配置，从而允许或限制桌面访问。用户可以从桌面执行系统和控制面板操作，或运行第三方应用程序。对于带可选增强特性的终端（产品目录号以 9 结尾），可另外运行查看器、媒体播放器和启动 Web 浏览器。用户甚至可以临时允许桌面访问来执行特定任务，然后禁用桌面访问，防止未授权的改动。最初出厂时，所有终端的桌面访问都被禁用。首次启动系统时，终端将执行上电序列，并启动 FactoryTalk View ME Station 配置模式。此时，用户可以更改启动选项，允许桌面访问。

可将终端配置为运行开放式或封闭式桌面环境：

1）开放式系统在启动时运行 Windows Explorer 桌面。系统可通过控制面板进行配置，并支持 Windows 操作。

2）封闭式系统在启动时运行 FactoryTalk View Machine Edition 应用程序，并限制访问 Windows Explorer 桌面。

用户可以使用多种方法直接重启终端，无需断电并重新上电：

1）使用终端背面的复位开关。

2）从终端桌面的 Start（开始）菜单中选择 Restart System（重启系统）。

3）在 FactoryTalk View ME Station 配置对话框中，按下 Reset（复位）。

重启后，终端将执行一系列启动测试，然后执行以下操作之一：

1）启动配置为启动时运行的 HMI 应用程序。

2）启动 FactoryTalk Machine Edition 配置模式。

3）启动 Windows Explorer 桌面。

具体采用哪种操作取决于终端配置的启动选项。

2. 终端配置

为了能按照设计要求使用好终端，必须对终端进行一系列配置，这些配置主要包括访问配置模式、终端设置、加载和运行应用程序、配置打印选项、启动选项、桌面访问、通信设置、以太网连接、文件管理、显示屏设置、输入设备设置、检查应用程序文件的完整性、配置诊断、查看和清除系统事件日志、系统信息、启用或禁用报警显示界面、时间和日期设置、区域设置、字体链接等。

由于配置内容较多，这里介绍一些与终端应用关系比较紧密的配置及其含义。具体的配置过程可以参考终端的使用手册。

（1）终端配置模式

终端使用内置软件 FactoryTalk View ME Station 来配置启动选项、加载和运行应用程序、访问 Windows 桌面以及执行其他终端操作。当复位终端时，根据配置的启动选项，将出现以下一种情况：

- 启动 FactoryTalk View ME Station 配置模式（封闭系统）。这是初始默认设置。
- FactoryTalk View Machine Edition HMI 的 .mer 应用程序设为运行（封闭系统）。
- 启动 Windows Explorer 桌面（开放系统）。

在 Windows Explorer 桌面上，用户可以双击 FactoryTalk View ME Station 图标访问终端的配置模式。

在访问配置模式中，可以进行配置模式操作，见表 6-5。

表 6-5　配置操作模式

终 端 操 作	描　　述
加载应用程序（F1）	打开对话框，选择要加载的应用程序。已加载应用程序的名称将显示在当前应用程序下方
运行应用程序（F2）	运行显示在当前应用程序下方的已加载 .mer 应用程序。您必须在运行应用程序前加载它
应用程序设置（F3）	打开与应用程序相关的配置设置菜单，例如，为已加载 .mer 应用程序定义的设备快捷方式。设置快捷方式为只读，不可编辑 例如，在 .MER 应用程序中，用户可以将 CLX 定义为 ControlLogix 控制器的设备快捷方式名称

（续）

终 端 操 作	描　　述
终端设置（F4）	打开用于配置 PanelView Plus6 设备的非应用程序终端设置的选项菜单
在运行前删除日志文件（F5）	在 Yes（是）和 No（否）之间切换。如果选择 Yes（是），则在运行应用程序之前，所有数据日志文件、报警历史和报警状态文件都将删除。如果选择 No（否），则不删除日志文件 删除日志文件是腾出终端内存的一种方式
复位（F7）	复位终端，然后启动 HMI 应用程序、配置模式或桌面，视配置的启动选项而定
退出（F8）	退出配置模式。如果允许桌面访问，用户可以访问桌面

（2）终端设置

用户可以在终端上修改非应用程序特定的设置，具体见表 6-6。

表 6-6　终端设置具体内容

终 端 设 置	描　　述
Alarms（报警）	指定当操作员确认最新报警后，是否关闭终端上的报警显示界面。默认情况下，将关闭报警显示界面
Diagnostics Setup（诊断设置）	将诊断消息从远程日志目标转发到计算机运行的诊断工具
Display（显示屏）	设置背光源的亮度，显示 700~1500 显示屏的温度，配置屏幕保护程序以及启用触摸屏光标
Desktop Access Setup（桌面访问设置）	指定访问桌面是否需要密码，可在此设置/重置密码
File Management（文件管理）	将应用程序文件和字体文件复制到终端、SD 卡或 USB 闪存盘。还可从终端、SD 卡或 USB 驱动器删除应用程序文件。可从终端删除由应用程序生成的日志文件
Font Linking（字体链接）	将字体文件链接到终端中已加载的基础字体
Input Devices（输入设备）	配置小键盘、触摸屏或外接键盘和鼠标的设置，包括触摸屏校准。还可选择使用弹出式字符输入还是弹出式键盘进行字符串输入
File Integrity Check（文件完整性检查）	通过将详细信息记录到文件完整性检查日志中，检查 .mer 应用程序文件和运行时文件的完整性。用户可以随时查看和清除该日志
Networks and Communications（网络和通信）	配置应用程序的以太网或其他通信设置
Print Setup（打印设置）	配置应用程序生成的显示界面、报警消息和诊断消息的打印设置
Startup Options（启动选项）	指定终端启动时是启动桌面、配置模式还是运行应用程序
System Event Log（系统事件日志）	显示终端记录的系统事件，用户可以从日志中清除事件
System Information（系统信息）	显示终端电源、温度、电池和内存的详细信息，还会显示 FactortTalk View ME 软件的固件编号和技术支持信息
Time/Date/Regional Settings（时间/日期/区域设置）	设置终端和应用程序使用的日期、时间、语言和数字格式

（3）加载和运行应用程序

在运行 FactoryTalk View Machine Edition 的 .mer 应用程序之前，必须首先加载应用程序。用户可以从终端内部存储区域或非易失性内存中，或者 SD 卡及 USB 闪存盘中加载 .mer 应用程序。

（4）启动选项

用户可以指定终端在启动时或复位后采取的操作。如果桌面访问被限制，则必须将启动选项设为 Run CurrentApplication（运行当前应用程序）或 Go to Configuration Mode（进入配置模式）（默认设置）。启动选项配置见表 6-7。

表 6-7　启动选项配置

启 动 选 项	执行的操作	典 型 系 统
Do not start FactoryTalk View ME Station（不启动 FactoryTalk View ME Station）	启动时运行 Windows Explorer 桌面	开放式
Go to Configuration Mode（进入配置模式）	在启动时运行 FactoryTalk View ME Sation 配置模式，这是出厂初始默认设置	封闭式
Run Current Application（运行当前应用程序）	在启动时运行终端中加载的 FactoryTalk View ME 应用程序	封闭式

（5）桌面访问

用户可以在所有终端上允许或限制对 Windows 桌面的访问。可从桌面执行系统和控制面板操作，或运行第三方应用程序。对于带扩展功能的终端，可另外运行查看器、媒体播放器和启动 Web 浏览器。用户可以临时允许桌面访问来执行特定任务，然后禁用桌面访问，防止未授权的改动。

（6）通信设置用户可以使用 RSLinx Enterprise 软件配置应用程序和控制器的通信：

1）访问 KEPServer 串口 ID。

2）编辑 .mer 应用程序所用协议的驱动程序设置。

3）编辑网络中控制器的设备地址。

（7）以太网连接

终端带有内置以太网驱动程序。用户可以为终端配置以下以太网信息：

1）网络中终端的 IP 地址，包括链接速度。

2）用于在网络中标识终端的设备名称。

3）用于访问网络资源的用户名和密码。

（8）检查应用程序文件的完整性

定期检查终端中加载的 FactoryTalk View ME Station 应用程序和运行时文件的完整性。这些文件生成的所有错误、警告和信息消息都将记录到一个日志文件中。用户可以定期查看日志和清除日志中的所有条目。

（9）配置诊断

用户可以配置目标计算机的诊断。要访问诊断，在配置模式（Configuration Mode）对话框中按下 Terminal Settings（终端设置）> Diagnostic Setup（诊断设置），将看到诊断节点的树形视图。

（10）查看和清除系统事件日志

System Event Log（系统事件日志）对话框显示终端记录的警告、错误和事件。日志会提供每次事件发生的时间戳和描述事件的文本。如果在一个新事件发生时，事件日志已存满，则将删除最旧的条目以容纳新事件。

（11）启用或禁用报警显示界面

终端上生成的每个新报警都将显示在报警显示界面或状态栏中。操作员确认最新的报警后，您可以选择关闭报警显示界面或任其继续打开。默认情况下，将关闭报警显示界面。

3. 终端应用程序开发工具 FactoryTalk View Machine Edition

FactoryTalk View Machine Edition（ME）是用于开发和运行人机界面（HMI）应用程序的软件，是为监视和控制自动化的过程和机器而设计的。它也是罗克韦尔整个人机界面开发套件 FactoryTalk View Studio 中的一共组件。该软件还需要 FactoryTalk Services Platform View 的各组件共享的软件支持。另外，为了支持和各种 PLC 等设备通信，还需要安装 RSLinx Enterprise，该工具软件是根椐 FactoryTalk 技术建立的通信服务器，有助于 FactoryTalk View Machine Edition 应用程序的开发和运行。它是 OPC 兼容服务器，并且可以在从 PanelView Plus 专用终端到台式机范围内的各种平台上运行。

6.7　用组态软件开发工控系统上位机的人机界面

不论选用什么样的组态软件开发工控系统（特别是 SCADA 系统）的人机界面，通常包括以下一些内容。当然，具体组态工作除了与监控系统要求有关外，还取决于所选用的组态软件，不同的组态软件在完成类似功能时会有不同的操作方法和步骤。

6.7.1　组态软件的选型

目前，组态软件种类繁多，各具特色，任一组态软件都有其优点和不足。通常进行选型时，要考虑如下几个方面。

1. 系统规模

系统规模的大小在很大程度上决定了可选择的组态软件的范围，对于一些大型系统，如城市燃气 SCADA 系统，西气东输 SCADA 等。考虑到系统的稳定性和可靠性，通常都使用国外有名的组态软件。而且，国外一些组态软件供应商，能提供软、硬件整体解决方案，确保系统性能，并能够提供长期服务。如罗克韦尔自动化的 FactoryTalk View Studio，美国 GE 的 iFIX，德国西门子的 WinCC 和原英国 Invensys 的 Intouch（已被法国施耐德公司收购）等。对于一些中、小型系统，完全可以选择国产的组态软件，应该说，在中、小规模的 SCADA 系统上，国产组态软件是有一定优势的，性价比较高。

各种组态软件，其价格是按照系统规模来定的。组态软件的基本系统通常是以 I/O 点数来计算的，并以 64 点的整数倍来划分的，如 64 点、128 点、256 点、512 点、1024 点及无限点等。不同的软件市场策略不同，点数的划分也不一样。组态软件中，I/O 点包含两种类型，一种是组态软件数据字典中定义的与现场 I/O 设备连接的变量，对模拟输入和输出设备，就对应模拟 I/O 变量；对数字设备，如电机的起、停和故障等信号，就对应数字 I/O 变量。I/O 变量还有另外一种情况，即 PLC 中用于控制目的而用到的寄存器变量，如三菱电机中的 M 和 D 等寄存器，若这些寄存器变量在组态软件中进行了定义，也要进行统计。另一种就是软件设计中要用到的内部变量，这些内部变量也在数据字典中定义，但它们不和现场设备连接。这里要特别注意的是，不同的组态软件对 I/O 点的定义不同，有些软件的 I/O 点是指前者，如 iFIX；而有些软件的 I/O 点是指两种的总和，如组态王。通常在选型中，考虑到系统扩展等，I/O 点数要有 20% 裕量。

2. 组态软件的稳定性和可靠性

组态软件应用于工业控制，因此其稳定性和可靠性十分重要。一些组态软件应用于小的 SCADA 系统，其性能不错，但随着系统规模的变大，其稳定性和可靠性就会大大下降，有些甚至不能满足要求。目前，考察组态软件稳定性和可靠性主要根据该软件在工业过程，特别是大型工业过程的应用情况。如 CITEC 在澳大利亚的采矿厂 SCADA 中的应用，其 I/O 点数超过 10 万，在国内宝钢，也有上万点的应用，因此该软件在大型项目中有一定的应用。当然，随着国产组态软件应用的工程应用案例不断增加，功能的不断升级，在一些大型工程中，国产组态软件已近有成功应用。

3. 软件价格

软件价格也是在组态软件选型中考虑的重要方面。组态软件的价格随着点数的增加而增加。不同的组态软件，价格相差较大。在满足系统性能要求的情况下，可以选择价格较低的产品。购买组态软件时，还应注意该软件开发版和运行版的使用。有些组态软件，其开发版只能用于开发，不能在现场长期运行，如组态王。而有些组态软件，其开发版也可以在现场运行。因此，若用组态王软件开发 SCADA 系统的人机界面，就要同时购买开发版（I/O 点数大于 64 时）和运行版。目前，许多组态软件还分服务器和客户机版本，服务器与现场设备通信，并为客户机提供数据。而客户机本身不与现场设备通信，客户机的 License 价格较低。因此，对于大型的 SCADA 系统，通常可以配置一个或多个 SCADA 服务器，再根据需要配置多个客户机，这样可以有较高的性价比。

4. 对 I/O 设备的支持

对 I/O 设备的支持即驱动问题，这一点对组态软件十分重要。再好的组态软件，如果不能和已选型的现场设备通信，也不能选用，除非组态软件供应商同意替客户开发该设备的驱动，当然，这很可能要付出一定的经济代价。目前，组态软件支持的通信方式包括：

1）专用驱动程序，如各种板卡、串口等设备的驱动。

2）DDE、OPC 等方式，DDE 属淘汰的技术，但仍然在大量使用；而 OPC 是比较新的方式，但目前还没有专用驱动丰富。

3）ActiveX 形式的驱动。国产的组态软件对板卡、仪表与模型等设备的驱动极其丰富，而国外组态软件由于市场定位在高端，因此其对这些硬件设备的支持较差。

5. 软件的开放性

现代工厂不再是自动化"孤岛"，非常强调信息的共享。因此，组态软件的开放性变得十分重要，组态软件的开放性包含两个方面的含义：一是指它与现场设备的通信。二是指它作为数据服务器，与管理系统等其他信息系统的通信能力。现在许多组态软件都支持 OPC 技术，即它即可以是 OPC 服务器，也可以是 OPC 客户。当然，对于小规模的系统，这一点会显得并不重要。

6. 服务与升级

组态软件在使用中都会碰到或多或少的问题，因此能否得到及时的帮助变得十分重要。另外，还要考虑到系统升级要求，系统要能够平滑过渡到未来新的版本甚至新的操作系统。在这方面，不同的公司有不同的市场策略，购买前一定要求向软件供应商询问清楚，否则将来可能会有麻烦。

6.7.2　用组态软件设计工控系统人机界面

由于 SCADA 系统的整体性比集散控制系统差，因此在开发工控系统人机界面时，用组态软件开发 SCADA 系统的要更加复杂一些，特别是通信设置及标签定义等。这里，以 SCADA 系统为例，说明用组态软件设计 SCADA 系统的人机界面过程，集散控制系统人机界面设计可以参考以下内容。

1. 根据系统要求的功能，进行总体设计

这是系统设计的起点和基础，如果总体设计有偏差，会给后续的工作带来较大麻烦。进行系统总体设计前，一定要吃透系统的功能需求有哪些，这些功能需求如何实现。系统总体设计主要体现在以下几个方面：

1）SCADA 系统的总体结构是什么？有多少个 SCADA 服务器，多少个 I/O 服务器，多少个 SCADA 客户端，有多少 Internet 客户等。这些决定后，再配置相应的计算机、服务器、网络设备、打印机以及必要的软件，以构建系统的总体结构。

2）是否要设计冗余 SCADA 服务器？对于重要的过程监控，应该进行冗余设计，这时，系统的结构上会复杂一些。

3）若采用多个 SCADA 服务器和 I/O 服务器，就要确定下位机与哪台 SCADA 服务器通信。这里要合理分配，既要保证监控功能快速、准确实现，又要尽量使得每台 SCADA 服务器的负载平均化，这样对系统稳定性和网络通信负载都有利。

4）SCADA 服务器和下位机通信接口设计，这里必须要解决这些设备与组态软件的通信问题。确定通信接口形式和参数，并确保这样的通信速率满足系统对数据采集和监控的实时性要求。另外，若系统中使用了现场总线，就要考虑总线节点的安装位置等，确定总线结构，要考虑是否需要配置总线协议转换器以实现信息交换。

5）不同设备的参数配置，如不同计算机的 IP 地址等。

6）SCADA 系统信息安全防护策略。

7）根据工作量，确定开发人员任务分工及开展周期、系统调试方案及交付等。

2. 数据库组态，添加设备，定义变量等

数据库组态主要体系在添加 I/O 设备和定义变量。要注意添加的设备类型，选择正确的设备驱动。设备添加工作并不复杂，但在实际操作中，经常出现问题。虽然是采取组态方式来定义设备，但如果参数设置不恰当，通信常会不成功，因此参数设置要特别小心，一定要按照 I/O 设备用户手册来操作。在作者设计过的一个系统中，上位机组态软件选用 WinCC 6.0，下位机配置了多台具有以太网模块的 S7-300PLC。在添加设备时有一个参数是要填写某个 S7-300PLC 站 CPU 所在的槽号，我想当然地填写了以太网模块所在的槽号（因为过去为三菱电机 Q 系列以太网模块配置时，就是写以太网模块的起始地址），结果通信就是不成功，费了一些周折终于发现了这个问题。其他容易出现的问题包括设备的地址号、站号、通信参数等。设备添加后，有条件的话可以在实验室测试一下通信是否成功，若不成功，继续修改并进行调试，直至成功为止。

此外，由于经常出现项目开发是在一台电脑，项目开发完成，要把工程复制到现场的电脑上，这时工程中的有些参数也需要重新设置。例如，对于 WinCC 工程来说，除了要把工程中的电脑名改为现场的电脑名外，如果采用 S7-TCP/IP 通信，就要在驱动的属性中把以太网卡选择现场电脑的以太网，否则即使 IP 等都正确，使用 Ping 指令也能连上 PLC，但组态软件与 PLC 的通信就是不成功。

设备添加成功后，就可以添加变量（标签）了。变量可以有 I/O 变量和内存变量。添加变量前一定要作规划，不要随意增加变量。比较好的做法是做出一个完整的 I/O 变量列表，标明变量名称、地址、类型、报警特性和报警值、标签名等，对模拟量还有量程、单位、标度变换等信息。对于一些具有非线性特性的变量进行标度变换时，需要做一个表格或定义一组公式。给变量命名最好有一定的实际意义，以方便后续的组态和调试，还可以在变量注释中写上具体的物理意义。对内存变量的添加也要谨慎，因为有些组态软件把这些点数也计入总的 I/O 点的。在进行标签定义时，要特别注意数据类型及地址的写法。在通信调试中常常出现组态软件与控制器已经连接成功，但参数却读写不成功的情况，很大一部分原因就是地址或数据类型错误。此外，对于罗克韦尔自动化 ControlLogix5000 PLC 这类支持标签通信的系统，与上位机通信的标签需要在控制器程序的全局变量中定义。ABB 公司的 AC500 控制器与上位机通信时，也要把变量定义成符合 Modbus 地址规范的全局变量。

对于大型的系统，变量很多，如果一个一个定义变量十分麻烦，现有的一些组态软件可以直接从 PLC 中读取变量作为标签，简化了变量定义工作；或者在 EXCEL 中定义变量，再导入到组态软件中。

3. 显示界面组态

显示界面组态就是为计算机监控系统设计一个方便操作员使用的人机界面。界面组态要遵循人机工程学。界面组态前一定要确定现场运行的计算机的分辨率，最好保证设计时的分辨率与现场一样，否则会造成软件在现场运行时界面失真，特别是当界面中有位图时，很容易导致界面失真问题。界面组态常常因人而异，不同的人因其不同的审美观对同样的界面有不同的看法，有时意见较难统一。一个比较好的办法是把初步设计的界面组态给最终用户看，征询他们的意见。若界面组态做好后再修改就比较麻烦。界面组态包括以下一些内容：

1）根据监控功能的需要划分计算机显示屏幕，使得不同的区域显示不同的子界面。这里没有统一的界面布局方法，但有两种比较常用，如图 6-14 所示。由于目前大屏幕显示器多数都是宽屏，因此图 6-14b 的布局更加合理。总揽区主要有界面标题、当前报警行等。而按钮区主要有界面切换按钮和依赖于当前显示界面的显示与控制按钮。最大的窗口区域用作各种过程界面、放大的报警、趋势等界面显示。

2）根据功能需要确定流程界面的数量、每个流程界面的具体设计，包括静态设计与动态设计，各个图形对象的属性，如大小、比例、颜色等。现有的组态软件都提供了丰富的图形库和工具箱，多数图形对象可以从中取出。图形设计时要正确处理界面美观、立体感强、动画与界面占用资源的矛盾。

3）把界面中的一些对象与具体的参数连接起来，即做所谓的动画连接。通过这些动画连接，可以更好地显示过程参数的变化、设备状态的变化和操作流程的变化，并且方便工人

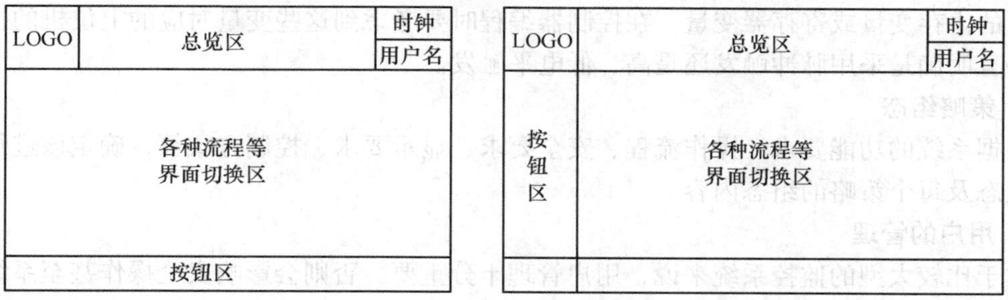

LOGO	总览区	时钟
		用户名
	各种流程等 界面切换区	
按钮区		

a) 显示界面布局一

LOGO	总览区	时钟
		用户名
按钮区	各种流程等 界面切换区	

b) 显示界面布局二

图 6-14　显示界面的两种布局方式

操作。动画连接实际是把界面中的参数与变量标签连接的过程。变量标签包括以下几种类型：I/O 设备连接（数据来源于 I/O 设备的过程）、网络数据库连接（数据来源于网络数据库的过程）、内部连接（本地数据库内部同一点或不同点的各参数之间的数据传递过程）。

显示界面中的不少对象在进行组态时，可以设置相应的操作权限甚至密码，这些对象对应的功能实现只对满足相应权限用户有效。

4. 报警组态

报警功能是 SCADA 系统人机界面重要功能之一，对确保安全生产起重要作用。它的作用是当被控的过程参数、SCADA 系统通信参数及系统本身的某个参数偏离正常数值时，以声音、光线、闪烁等方式发出报警信号，提醒操作人员注意并采取相应的措施。报警组态的内容包括：报警的级别、报警限、报警方式、报警处理方式等。当然，这些功能的实现对于不同的组态软件会有所不同。

5. 实时和历史趋势曲线组态

由于计算机在不停地采集数据，形成了大量的实时和历史数据，这些数据的变化趋势对了解生产情况和安全追忆等有重要作用。因此，组态软件都提供有实时和历史曲线控件，只要做一些组态就可以了。并非所有的参数都能查询到历史趋势，只有选择进行历史记录的参数才会保存在历史数据库中，才可以观察它们的历史曲线。

对于一个大型的系统，参数很多，如果每个参数都设置较小的记录周期，则历史数据库容量会很大，影响系统的运行。因此，一定要根据监控要求合理设置参数的记录属性及保存周期等。

6. 报表组态及设计

报表组态包括日报、周报或月报的组态，报表的内容和形式由生产企业确定。报表可以统计实时数据，但更多的是历史数据的统计。绝大多数组态软件本身都不能做出很复杂的报表，一般的做法是采用 Crystal Report（水晶报表）等专门的工具做报表，数据本身通过 ODBC 等接口从组态软件的数据库中提取。

7. 控制组态和设计

由于多数人机界面只是起监控的作用，而不直接对生产过程进行控制，因此用组态软件开发人机界面时没有复杂的控制组态。这里说的控制组态主要是当要进行远程监控时，相应的指令如何传递到下位机中，以通过下位机来执行。常用的做法是定义一些起制信息传递作用的标签（它们当然属于 I/O 变量，虽然不对应实际的过程仪表或设备），这些标签对应控制器中的内存变量或寄存器变量。在控制器编程时要考虑到这些变量对应的上位机的控制指令，并且明确是采用脉冲触发还是高、低电平触发。

8. 策略组态

根据系统的功能要求、操作流程、安全要求、显示要求、控制方式等，确定该进行哪些策略组态及每个策略的组态内容。

9. 用户的管理

对于比较大型的监控系统来说，用户管理十分重要。否则会影响安全操作甚至系统的安全运行。可以设置不同的用户组，它们有不同的权限。把用户归入到相应的用户组中。如工程师组的操作人员可以修改系统参数，对系统进行组态和修改，而普通用户组别的操作人员只能进行基本的操作。当然，根据需要还可以进一步细化。

6.7.3　数据报表开发

SCADA 系统中保存大量企业运行与操作数据，这些数据对于了解企业生产和运行、加强操作管理起重要作用。SCADA 系统的报表是通过数据报表系统实现的，通过数据报表可以直观的和综合的表现 SCADA 系统存储数据的特性。数据报表的功能主要有：

1）提取存储在 SCADA 数据库中的各种基本数据和统计信息，可以以类似 Excel 等统一规范格式显示任意测控点在任意时间的数据记录及报警等事项，可以对数据进行比较、统计等计算，以发现数据中存在的统计特征。

2）提供数据报表组态功能，可以进行报表格式的定制和表中数据项的数据源定义，可以定义提取数据的显示形式，对提取的数据进行统计、筛选和分析，并将分析结果转存和打印，用于企业存档、交流甚至考核。

3）可以统计一段时间内操作人员的操作记录，以了解操作人员的操作是否正确，这有利于事故追忆。

SCADA 系统中，数据报表的开发主要有以下几种形式：

1）通过组态软件提供的报表组态工具，设计绘制报表的格式。采取这种方式只能制作出格式和内容比较简单的报表，这些报表离用户的要求会有一定的距离。因此，通常采取其他的方式，开发符合企业要求的专门报表。

2）通过通用的功能强大的办公软件来实现，典型的就是利用 Excel 进行报表组态，即把数据从 SCADA 系统的数据库导入到 Excel 中。

3）用专用的报表开发工具开发。这种方式中数据也要从 SCADA 系统的数据库导入。这种方式可以开发出格式和功能比较复杂的报表，是 SCADA 中一种常用的报表开发方式。

6.7.4　人机界面的调试

在整个组态工作完成后，可以进行离线调试，检验系统的功能是否满足要求。调试中要确保机器连续运行数周时间，以观察是否有机器速度变慢甚至死机等现象。在反复测试后，再在现场进行联机调试，直到满足系统设计要求。

组态软件人机界面的调试是非常灵活的，为了验证所设计的功能是否与预期一致，可以随时由开发环境转入运行环境。人机界面的调试可以对每个开发好的人机界面进行调试，而不是等所有界面开发完成才对每个界面进行调试。

人机界面调试的主要内容有：

1）I/O 设备配置　有条件的可以把 I/O 硬件与系统进行连接，进行调试，以确保设备正常工作。若有问题，要检查设备驱动是否正确、参数设置是否合理、硬件连接是否正确等。

2）变量定义　外部变量定义与 I/O 设备联系紧密，要检查变量连接的设备、地址、类型、报警设置、记录等是否准确。对于要求记录的变量，检查记录的条件是否准确。

3）运行系统配置是否准确　运行系统配置包括初始界面、允许打开界面数、各种脚本运行周期等。一般的组态软件都要设置启动运行界面，即组态软件从开发状态进入运行状态后就被加载的界面。这些界面通常包括主菜单栏、主流程显示、LOGO 条等。

4）界面切换是否正确及流畅　组态软件工程中包括许多不同功能的界面，用户可以通过各种按钮等来切换界面，要测试这些界面切换是否正确和流畅，切换方式是否简捷、合理。考虑到系统的资源约束，在系统运行中，不可能把所有的界面都加载到内存中，因此若某些界面切换不流畅，可能是这些界面占用的资源较多，应该进行功能简化。

5）数据显示　主要包括数据的链接是否正确、数据的显示格式和单位等是否准确。当工程中变量多了以后，常会出现变量链接错误，特别是采取复制等方式操作时，常会出现这样的错误。

6）动画显示　动画显示是组态软件开发的人机界面最吸引眼球的特性之一，要检查动画功能是否准确、表达方式是否恰当、占用资源是否合理、效果是否逼真等。有时系统调试运行时会存在动画功能受到系统资源调度的影响而运行不流畅的情况，因此，要合理调整动画相关的参数。

7）其他方面　包括报警、报表、用户、逻辑与控制组态、信息安全等功能调试。

复习思考题

1. 工业人机界面有哪些类型？其各自的应用领域是什么？
2. 什么是组态软件？其作用是什么？
3. 组态软件的组成部分是哪些？
4. 嵌入式组态软件与通用组态软件相比，有何特点？
5. 罗克韦尔自动化 FactoryTalk View 组态软件有何技术特色？
6. 用组态软件开发人机界面的基本内容与步骤是什么？
7. 组态软件中报表如何开发？
8. 组态软件的脚本语言有哪些？

第 7 章 工业控制系统的设计与应用

7.1 工业控制系统的设计原则

7.1.1 工业控制系统的设计概述

工业控制系统的设计与开发不仅首先要了解相应的国家和行业标准,还要掌握一定的生产工艺方面的知识,充分掌握自动检测技术、控制理论、网络与通信技术、计算机编程等方面的技术知识。在系统设计时要充分考虑工业控制系统的发展趋势;在系统开发过程中,始终要和用户进行密切沟通,了解它们的真实需求和企业操作、管理人员的专业水平。

在国内,工业控制系统设计与开发有不同的模式,对于一些小的系统,用户会委托工程公司或其他的自动化公司进行设计与开发;而对于大型的系统,特别是政府投资的项目,要进行公开招标,由中标者进行系统开发;还有一种情况,用户会对要开发的工业控制系统提出总体的功能要求、技术要求和验收条件,然后进行招标。应标者要提出详细的系统设计方案,最后由评标专家决定最终中标者,由中标者根据投标技术方案进行系统的开发和调试。

在介绍有关工业控制系统设计与开发前,有必要阐述工业控制系统生命周期的问题。任何一个系统的设计与开发基本上是由 6 个阶段组成,即可行性研究、初步设计、详细设计、系统实施、系统测试和系统运行维护。通常这 6 个步骤并不是完全按照直线顺序进行的,在任意一个环节出现了问题或发现不足后,都要返回到前面的阶段进行补偿、修改和完善。

由于工业控制系统规模不同,其设计与开发所包含的工作量有较大的不同,但总体的设计原则和系统开发步骤相差不大。本章主要介绍工业控制系统的设计原则、系统开发、调试等。所介绍的内容对于其他计算机控制系统的开发也有一定的参考意义。

7.1.2 工业控制系统的设计原则

控制技术的发展使得对于任何一个工业、公用事业、环保等行业的工业控制系统都可以有多个不同的解决方案,而且这些方案各有特点,很难说哪个更好。为此,在设计时,必须考虑如下原则与要求,选取一个综合指标好的方案。当然,不同时期、不同用户对这些指标的认同程度可能是不一样的,甚至用户会根据其特殊需求提出一些其他方面的性能指标,这些因素都会影响到最终的系统设计。一般而言,以下几点是工业控制系统设计时要参考的主要指标。

1. 可靠性

工业控制系统,特别是下位机工作环境比较恶劣,存在着各种干扰,而且它所担当的控制任务对运行要求很高,不允许它发生异常现象,因此在系统设计时必须立足于系统长期、可靠和稳定的运行。因为一旦控制系统出现故障,轻者影响生产,重者造成事故,甚至人员伤亡。因此,在系统设计过程中,要把系统的可靠性放在首位,以确保系统安全、可靠和稳定地运行。

系统的可靠性是指系统在规定的条件下和规定的时间内完成规定功能的能力，常用概率来定义，常用的有可靠度、失效率、平均故障间隔时间（MTBF）、平均故障修复时间（MT-TR）、利用率等。

为提高系统的可靠性，需要从硬件、软件等方面着手。首先要选用高性能的上、下位机和通信设备，保证在恶劣的工业环境下仍能正常运行。其次是设计可靠的控制方案，并具有各种安全保护措施，比如报警、事故预测、事故处理等。

对于特别重要的监控过程或控制回路，可以进行冗余设计。对于一般的控制回路选用手动操作为后备；对于重要的控制回路，选用常规控制仪表作为后备。对于监控主机，可以进行冷备份或热备份，这样，一旦一台主机出现故障，后备主机可以立即投入运行，确保系统安全。当然，冗余是多层次的，包括 I/O 设备、电源、通信网络和主机等。冗余设计多可以提高可靠性，但系统成本也会显著增加。

2. 先进性

在满足可靠性的情况下，要设计出技术先进的工业控制系统。先进的工业控制系统不仅具有很高的性能，满足生产过程所提出的各种要求和性能指标，而且对于生产过程的优化运行和实施其他综合自动化措施都是有好处的。先进的工业控制系统通常都符合许多新的行业标准，采用了许多先进的设计理念与先进设备，因此可以确保系统在较长时间内稳定可靠工作。当然，也不能片面追求系统的先进性而忽视系统开发、应用及维护的成本和实现上的复杂性与技术风险。

3. 实时性

工业控制系统的实时性，表现在对内部和外部事件能快速、及时的响应，并做出相应的处理，不丢失信息，不延误操作。计算机处理的事件一般分为两类：一类是定时事件，如数据的定时采集、运算、调度与控制等；另一类是随机事件，如事故、报警等。对于定时事件，系统设置查询时钟，保证定时处理。对于随机事件，系统设置中断，并根据故障的轻重缓急，预先分配中断级别，一旦事故发生，保证优先处理紧急故障。

在工业控制系统中，不同的监控层面对实时性的要求是不一样的，下位机系统对实时性的要求最高，而监控层对实时性的要求较低。在系统设计时，要合理确定系统的实时性要求，分配相应的资源来处理实时性事件，一方面保证实时性要求高的任务得以执行，又要确保系统的其他任务也能及时执行。

4. 开放性

由于工业控制系统多是采用系统集成的办法实现的，即系统的软、硬件是不同厂家的产品，因此首先要保证所选用设备具有较好的开放性，以方便系统的集成；其次，工业控制系统作为企业综合自动化系统的最低层，既要向上层 MES 或 ERP 系统提供数据，也要接受这些系统的调度，因此工业控制系统整体也必须是开放的。此外，系统的开放性还是实现系统功能扩展和升级的重要基础。在系统设计时一定要避免所设计的系统是"自动化孤岛"，导致系统的功能得不到充分发挥。

5. 经济性

在满足工业控制系统性能指标（如可靠性、实时性、开放性）的前提下，尽可能地降低成本，保证性能价格比较高，为用户节约成本。

此外，还要尽可能地提高系统投运后的产出，即为企业创造一定的经济效益和社会效益，这才是工业控制系统的最大作用，也是用户最欢迎的。

6. 可操作性与可维护性

操作方便表现在操作简单、直观形象和便于掌握，且不要求操作工一定要熟练掌握计算机知识才能操作。对于一些升级的系统，在新系统设计时要兼顾原有的操作习惯。

可维护性体现在维修方便，易于查找和排除故障。系统应多采用标准的功能模块式结构，便于更换故障模块，并在功能模块上安装工作状态指示灯和监测点，便于维修人员检查。另外，有条件的话，配置故障检测与诊断程序，用来发现和查找故障。

在系统设计时坚持以人为本是确保系统具有可操作性和可维护性的重要手段和途径。

7. 可用性

可用性是在某个考察时间，系统能够正常运行的概率或时间占有率期望值。考察时间为指定瞬间，则称瞬时可用性；考察时间为指定时段，则称时段可用性；考察时间为连续使用期间的任一时刻，则称固有可用性。可用性常用下面公式 $A = MTBF/(MTBF + MTTR)$ 来表示，式中 A 代表可用度；MTBF 指的是平均故障间隔时间；MTTR 表示平均修复时间。它是衡量设备在投入使用后实际使用的效能，是设备或系统的可靠性、可维护性和维护支持性的综合特性。

7.2 工业控制系统的设计与开发步骤

工业控制系统的设计与开发要比一般的 PLC 控制系统要复杂许多。工业控制系统的设计与开发主要包括 3 个部分的内容：上位机系统设计与开发、下位机系统设计与开发、通信网络的设计与开发。对于集散控制系统，由于其极高的系统整合度，因此在开发中相对比SCADA 系统简单。

工业控制系统的设计与开发具体内容会随系统规模、被控对象、控制方式等不同而有所差异，但系统设计与开发的基本内容和主要步骤大致相同。一个完整的工业控制系统设计与开发步骤如图 7-1 所示。主要包括需求分析、总体设计、细化设计、项目开发、设备安装、系统调试与验收等环节。这些环节紧密相连，特别是后续环节通常都依赖于前一个环节，因此，如果前期工作存在不足就可能造成后续系统设计或开发面临困难，最终导致系统在性能等方面达不到设计要求。

7.2.1 工业控制系统的需求分析与总体设计

在进行设计前，首先要深入了解生产过程的工艺流程、特点；主要的检测点与控制点及它们的分布情况；明确控制对象所需要实现的动作与功能；确定控制方案；了解业主对监控系统是否有特殊的要求；了解用户对系统安全性与可靠性的需要；了解用户的使用和操作要求；了解用户的投资概算等。

在了解这些基本信息后，就可以开始总体设计。首先要统计系统中所有的 I/O 点，包括模拟量输入、模拟量输出、数字量输入、数字量输出等，确定这些点的性质及监控要求，如控制、记录、报警等。表 7-1 给出了模拟量输入信号列表，表 7-2 给出了数字量输入信号列表。在此基础上，根据监控点的分布情况确定工业控制系统的拓扑结构，主要包括上位机的

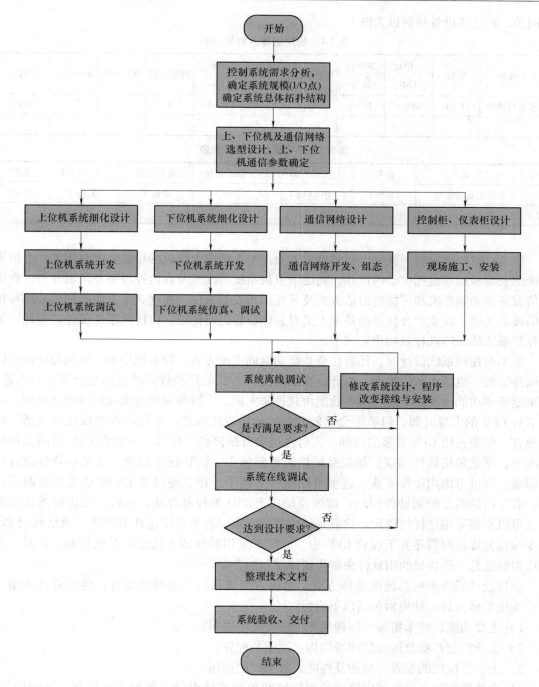

图 7-1　工业控制系统设计与开发步骤示意图

数量和分布、下位机的数量和分布、网络与通信设备等。在工业控制系统中,拓扑结构很关键,一个好的拓扑结构可以确保系统的监控功能被合理分配,网络负载均匀,有利于系统功能的发挥和稳定运行。在确定拓扑结构时,要考虑到控制层网络结构和现场层网络结构。目前的发展趋势是尽量使用工业以太网,因此对于一些现场串行总线协议设备,可以采用以太网网关，把这些设备挂到以太网上。

表 7-1　模拟量输入信号列表

I/O 名称	位号	上位机 TAG	下位机地址	工程单位	信号类型/mA	量程/m	报警上限	报警下限	偏差报警	备注
进水泵房液位	LT-101	BFL-1	D200	米	4～20	0～6	5	2		归档

表 7-2　数字量输入信号列表

序号	I/O 名称	位号	上位机 TAG 号	下位机地址	报警类型	正常信号	备注
1	1 号进水泵故障	FR-101	B1FAULT	X10	高电平	低电平	归档
2							

在拓扑结构确定后，就可以初步确定工业控制系统中上位机的功能要求与配置，上位机系统的安装地点和监控中心的设计；确定下位机系统的配置及其监控设备和区域分布；确定通信设备的功能要求和可能的通信方式及其使用和安装条件；在这 3 个方面确定后，编写相应的技术文档，和业主及相关的技术人员对总体设计进行论证，以优化系统设计。至此，工业控制系统的总体设计就初步完成了。

在工业控制系统设计时，还要注意系统功能的实现方式，即系统中的一些监控功能既能由硬件实现，也能由软件实现。因此，在系统设计时，硬件和软件功能的划分要综合考虑，以决定哪些功能由硬件实现，哪些功能由软件来完成。一般采用硬件实现时速度比较快，可以节省 CPU 的大量时间，但系统会比较复杂、价格也比较高；采用软件实现比较灵活、价格便宜，但要占用 CPU 较多的时间，实时性也会有所降低。所以，一般在 CPU 时间允许的情况下，尽量采用软件实现，如果系统控制回路较多、CPU 任务较重，或某些软件设计比较困难，则可考虑用硬件完成。这里可以举一个例子，在三菱电机 FX 和 Q 系列控制系统中，有专门的温度控制硬件模块，即该模块内有 PID 等控制算法。因此，在进行温度控制时，可以直接采用这样的模块，这就是硬件控制方案。若不采用这样的模块，而是利用 PID指令编写温度控制程序并下载到 CPU 中，就属于采用软件的方式实现温度控制。此外，软PLC 控制也是一种典型的用软件来替代硬件控制的方案。

总体设计后将形成系统的总体方案。总体方案确认后，要形成文件，建立总体方案文档。系统总体设计文件通常包括以下内容：

1）主要功能、技术指标、原理性方框图及文字说明。

2）工业控制系统总体通信网络结构、性能与配置。

3）上、下位机的配置、功能及性能，数据库的选用。

4）主要的测控点和控制回路；控制策略和控制算法设计，例如 PID 控制、解耦控制、模糊控制和最优控制等。

5）系统的软件功能确定与模块划分，主要模块的功能、结构及流程图。

6）安全保护设计，联锁系统设计。

7）抗干扰和可靠性设计。

8）机柜或机箱的结构设计，电源系统设计。

9）中控室设计，操作台设计。

10）经费和进度计划的安排。

对所提出的总体设计方案要进行合理性、经济性、可靠性及可行性论证。论证通过后，便可形成作为系统设计依据的系统总体方案图、表和设计任务书，以指导具体的系统设计、开发与安装工作。

7.2.2 工业控制系统的类型确定与设备选型

与其他的控制系统相比，工业控制系统的设备选型范围更广，灵活性更大。在进行设备选型前，首先要确定所选用的系统类型。由于工业控制系统解决方案的多样性，因此要通过深入地分析，在满足用户需求的前提下，为用户选择一个性/价比较高的系统，让最终用户满意。

1. 系统类型的确定

目前，主要的工业控制系统有 SCADA 系统和集散控制系统（目前集散控制系统已经很好地支持了现场总线，因此这里不把现场总线控制系统列出）。若采用集散控制系统，则在确定厂家后，整套系统，包括现场控制站、服务器、工程师站与操作员站及通信网络基本就确定了。

如果采用 SCADA，则这些设备都有不同的选择范围。一般而言，工业控制系统上位机选择通常是商用计算机或工控机，或配置服务器。主要的不同体现在下位机和通信网络。对于 SCADA 系统，几种主要的下位机有：

1）PLC 或 PAC—适合于模拟量比较少，数字量较多的应用。

2）各种 RTU—适合于监控点极为分散，且每个监控点 I/O 点不多的应用。

3）具有通信接口的仪表—适合于以计量为主的应用，如热电厂热能供应计量和监控等。

4）PLC 与分布式模拟量采集模块混合系统—适合于模拟与数字混合系统，用户对系统价格比较敏感，且模拟量控制要求不高的应用。

5）其他各种专用的下位机控制器。

当然，对于一些小的系统可以采取集中监控方式，即硬件选用商用机或工控机计算机，再配置各种数据采集板卡或远程数据采集模块，应用软件采用通用软件，如 Visual Basic、Visual C＋＋等开发。

上述下位机系统中，多数都具有系列化、模块化、标准化结构，有利于系统设计者在系统设计时根据要求任意选择，像搭积木般地组建系统。这种方式能够提高系统开发速度，提高系统的技术水平和性能，增加可靠性，也有利于系统维护。

各种类型的工业控制系统中，SCADA 系统的通信方式最为多样和复杂，其包含的通信网络和层次也比较多，而对于 DCS，其通信相对简单，而且集成度较高。当然，对于含有不同类型现场总线的系统，有时总线的通信与调试也有一定的难度。

2. 设备选型

工业控制系统的设备选型包括以下几个部分。

（1）上位机系统选型

上位机系统选型主要选择监控主机、操作计算机、服务器及相应的网络、打印、UPS 等设备。计算机品牌较多，可以选择在 CPU 主频、内存、硬盘、显示卡、显示器等各方面满足要求的品牌计算机。当然，若对可靠性要求更高，可以选择工控机。一般而言，工控机的配置要比商用机的配置要低一些（同样配置的工控机与商用机比较，工控机的上市时间更晚）。设计人员可根据要求合理地进行选型。监控中心的计算机多配置大屏幕显示器。在许多大型工业控制系统监控、调度中心，一般都配置有大屏幕显示系统或模拟屏，以方便对系统的监控和调度，但这些设备要专门的厂家来设计制造。

上位机在选型时还要考虑组态软件、数据库和其他应用软件，以满足生产监控和全厂信息化管理对数据存储、查询、分析和打印等的要求。

（2）下位机选型

对于集散控制系统而言，所谓下位机就是现场控制站，通常不同的集散控制系统制造商有不同性能的现场控制站，对于同类现场控制站，还有不同性能指标的控制器模块配置。因此，可以结合设计要求进行选择。

对于 SCADA 系统而言，下位机产品的选择范围极广，现有的绝大多数产品都能满足一般工业控制系统对下位机的功能要求。不多，下位机的类型通常与行业有关。根据所确定的下位机类型，选择相应的产品。建议选择主流厂商的主流产品，这样维护、升级、售后服务都有保证，系统开发时能有足够的技术支持和参考资料。而且这类产品用量大，用户多，其性能可以得到保证。

下位机选择时，要特别注意下位机的控制器模块的内存容量、工作频率（扫描时间）、编程方式与语言支持、通信接口和组网能力等，以确保下位机有足够的数据处理能力、控制精度与速度，方便程序开发和调试。下位机的选择还要考虑到所选用的组态软件是否支持该设备。

在进行 I/O 设备选择时，要注意 I/O 设备的通道数、通道隔离情况、信号类型与等级等。对于模拟量模块还要考虑转换速率与转换精度。下位机系统数字量 I/O 设备选型时，对于输出模块，要注意根据控制装置的特性选择继电器模块、晶体管模块还是晶闸管，要注意电压等级和负载对触点电流的要求；对于输入模块，要注意是选源型设备还是漏型设备（如果有这方面的要求）。另外，还要注意特殊功能模块与通信模块的选择。

在下位机系统，要注意 I/O 设备与现场检测与执行机构之间的隔离，特别是在化工、石化等场合，要使用安全栅等设备。对于数字量输入和输出，可以使用继电器做电气隔离。

（3）通信网络设备

工业控制系统中通信网络设备选型较复杂。首先在工业控制系统中，有运用下位机的现场总线或设备级总线，有实现下位机联网的现场总线，有连接各个下位机与上位机的有线或无线通信。特别是对于大范围长距离通信，通常要借助于电信的固定电话网络或移动通信公司的无线网络进行数据传输，而这会造成一些用户不可控的因素。例如，通信质量受制于这些服务提供商的服务水平。因此，在选择通信方式时，尽量选择用户可以掌控的通信方式和通信介质。通信系统的通信设备与介质的选择主要要满足数据传输对带宽、实时性和可靠性的要求。对于通信可靠性要求高的场合，可以考虑用不同的通信方式冗余。如有线通信与无线通信的冗余，以有线为主，无线通信做后备。

（4）仪表与控制设备

仪表与控制设备主要包含传感器、变送器和执行机构的选择。这些装置的选择是影响控制精度的重要因素之一。根据被控对象的特点，确定执行机构采用何种类型，应对多种方案进行比较，综合考虑工作环境、性能、价格等因素择优而用。

检测仪表可以将流量、速度、加速度、位移、湿度等信号转换为标准电量信号。对于同样一个被测信号，有多种测量仪表能满足要求。设计人员可根据被测参数的精度要求、量程、被测对象的介质类型与特性和使用环境等来选择检测仪表。为了减少维护工作量，可以尽量选用非接触式测量仪表，这也是目前仪表选型的一个趋势。对于一些检测点，只关心定性的信息时，可以选用开关量检测设备，如物位开关、流量开关、压力开关等，以降低硬件设备费用。

执行机构是控制系统中必不可少的组成部分，它的作用是接受计算机发出的控制信号，并把它转换成调节机构的动作，使生产过程按预先规定的要求正常运行。

执行机构分为气动、电动和液压 3 种类型。气动执行机构的特点是结构简单、价格低、防火防爆；电动执行机构的特点是体积小、种类多、使用方便；液压执行机构的特点是推力大、精度高。另外，还有各种有触点和无触点开关，也是执行机构，能实现开关动作。执行机构选型时要注意被控系统对执行机构的响应速度与频率等是否有要求。

7.2.3　工业控制系统应用软件的开发

工业控制系统的软件包括系统软件与应用软件。系统软件有运行于上位机的操作系统软件、数据库管理软件及服务器软件；下位机的系统软件主要是各种控制器中内置的系统软件，这些软件会随着设备制造商的不同而不同，但部分控制器设备，如 PAC 会选用微软的 WinCE 或其他商用的嵌入式操作系统。系统软件特别是上位机系统软件的稳定性是工业控制系统上位机稳定运行的基础，必须选用正版的操作系统软件，注意软件的升级和维护。另外还要注意上位机应用软件对操作系统的版本和组件要求。

工业控制系统功能很大程度上取决于系统的应用软件性能。为了确保系统的功能发挥和可靠性，应该科学设计工业控制系统的应用软件。工业控制系统的应用软件主要包括上位机的人机界面、通信软件、下位机中的程序，甚至还包括那些专门开发的设备驱动程序。不论是上位机应用软件还是下位机应用软件的设计，都要基于软件工程方法，采用面向对象与模块化结构等技术。编程前要画出程序总体流程图和各功能模块流程图，再选择程序开发工具，进行软件开发。要认真考虑功能模块的划分和模块的接口，设计合理的数据结构与类型。在下位机应用软件设计开发时，要根据程序组织单元相关的知识，合理设计功能、功能块和程序等程序组织单元。

工业控制系统的数据类型可分为逻辑型、数值型与符号型。逻辑型主要用于处理逻辑关系或用于程序标志等。数值型可分为整数和浮点数。整数有直观、编程简单、运算速度快的优点，其缺点是表示的数值动态范围小，容易溢出。浮点数则相反，数值动态范围大、相对精度稳定、不易溢出，但编程复杂、运算速度低。

在程序设计时，构件合理的数据结构类型可以明显提高程序的可读性，加强程序的封装，提高程序重用性。目前，主流的上位机的组态软件和下位机的编程软件都支持用户自定义数据结构。

1. 上位机应用软件的配置与开发

以 SCADA 系统为例，具体说明上位机软件的配置与开发。上位机软件包括上位机上多个节点的应用软件。由于大型的工业控制系统中，各种功能的计算机较多，因此上位机应用软件的配置与开发也是多样的。组态软件是设计上位机人机界面的首先工具。上位机应用软件配置与开发包括：

1）将组态软件配置成"盲节点"或将其功能简化为"I/O 服务器"，这两种节点通常不配置操作员界面，从而更好地进行数据采集。

2）工业控制服务器应用软件的开发与配置。在大型工业控制系统中，配置一台或多台工业控制服务器来汇总多个"I/O 服务器"的数据，因此要进行相关的组态工作。

3）监控中心操作站人机界面开发。操作站是人机接口，是操作和管理人员对监控过程进行操作和管理的平台，因此要开发出满足功能要求的人机界面。工业控制系统人机界面通常不与现场的控制器通信，其数据主要来源于工业控制服务器。关于采用组态软件开发人机界面的内容见本书第 5.7 节。

4）数据库软件配置与各种报表、管理软件开发。

在上位机人机界面软件开发中，还可以选用高级语言或一些专业数据采集软件。

采用高级语言编程的优点是编程效率高，不必了解计算机的指令系统和内存分配等问题。其缺点是，编制的源程序经过编译后，可执行的目标代码比完成同样功能的汇编语言的目标代码长得多，一方面占用内存量增多，另一方面使得执行时间增加很多，往往难于满足实时性的要求。针对汇编语言和高级语言各自的优缺点，可用混合语言编程，即系统的界面和管理功能等采用高级语言编程，而实时性要求高的控制功能则采用汇编语言编程。

典型的数据采集软件有美国国家仪器公司的图形化编程语言 LabView 和文本编程语言 LabWindows/CVI，以及 HP 公司的 HP VEE 等。这些软件更多的是面向测控领域，在工业控制系统中应用比较少。

2. 上、下位机通信系统配置与组态

在工业控制系统中，上、下位机的通信极为关键。通常，上、下位机通信相关的驱动程序、配置软件和其他的通信软件都由组态软件供应商、下位机供应商提供，相关的通信协议都封装在驱动程序或通信软件中，工业控制系统开发人员要熟悉这些软件的使用与配置，熟悉通信参数的意义与设置。在进行通信系统的开发和调试时，一定要确保通信中所要求的各种软件、驱动协议已经安装或配置，特别是那些属于操作系统的可选安装项。

对于那些组态软件还不支持的设备，可以采用组态软件厂家提供的设备驱动程序开发工具来开发专用的驱动程序，也可委托组态软件供应商开发。建议对这类设备开发 OPC 服务器，而不开发仅仅适用于某种组态软件的驱动程序。

7.3 工业控制系统的安全设计

7.3.1 工业控制系统的安全性概述

1. 安全性分类

系统的安全性包含三方面的内容：功能安全、人身安全和信息安全。功能安全和人身安全对应英文为 safety，而信息安全对应英文为 security。

（1）功能安全

根据 IEC61508《电气/电子/可编程电子安全相关系统的功能安全》定义，功能安全是依赖于系统或设备对输入的正确操作，它是全部安全的一部分。当每一个特定的安全功能获得实现，并且每一个安全功能必需的性能等级被满足的时候，功能安全目标就达到了。从另一个角度理解，当安全系统满足以下条件时就认为是功能安全的，即当任一随机故障、系统故障或共因失效都不会导致安全系统的故障，从而引起人员的伤害或死亡、环境的破坏、设备财产的损失，也就是装置或控制系统的安全功能无论在正常情况或者有故障存在的情况下都应该保证正确实施。在传统的工业控制系统中，特别是在所谓的安全系统（safety systems）或安全相关系统（Safety Related Systems）中，所指的安全性通常都是指功能安全。比如在联锁系统或保护系统中，安全性是关键性的指标，其安全性也是指功能安全。功能安全性差的控制系统，其后果不仅仅是系统停机的经济损失，而且往往会导致设备损坏、环境污染，甚至人身伤害。工控控制系统中，功能安全的实现是依赖安全仪表系统。

（2）人身安全（personal safety）

指系统在人对其进行正常使用和操作的过程中，不会直接导致人身伤害。比如，系统电源输入接地不良可能导致电击伤人，就属于设备人身安全设计必须考虑的问题。通常，每个国家对设备可能直接导致人身伤害的场合，都颁布了强制性的标准规范，产品在生产销售之前应该满足这些强制性规范的要求，并由第三方机构实施认证，这就是通常所说的安全规范认证，简称安规认证。

（3）信息安全（cyber security）

信息作为一种资源，它的普遍性、共享性、增值性、可处理性和多效用性，使其对于人类具有特别重要的意义。在传统 IT 领域，信息安全是指信息网络的硬件、软件及其系统中的数据受到保护，不受偶然的或者恶意的原因而遭到破坏、更改、泄露，系统能连续可靠正常地运行，信息服务不中断。信息安全的实质就是要保护信息系统或信息网络中的信息资源免受各种类型的威胁、干扰和破坏，即保证信息的安全性。根据国际标准化组织的定义，信息安全性的含义主要是指信息的保密性、完整性、可用性、可控性和不可否认性 5 个安全目标。病毒、黑客攻击及其他的各种非授权侵入系统的行为都属于信息安全。信息安全问题一般会导致重大经济损失，或对国家的公共安全造成威胁。

IEC 62443《工控网络与系统信息安全标准综述》标准给出了控制系统信息安全的定义：1）对系统采取的保护措施；2）由建立和维护保护系统的措施所得到的系统状态；3）能够免于对系统资源的非授权访问和非授权或意外的变更、破坏或者损失；4）基于计算机系统的能力，能够保证非授权人员和系统无法修改软件及其数据，也无法访问系统功能，却保证授权人员和系统不被阻止；5）防止对控制系统的非法或有害入侵，或者干扰控制系统执行正确和计划的操作。

2. 人身安全及安规认证

所有可能威胁人身安全的产品，在销售之前都必须通过某种要求的认证，一般每个国家都会列出一系列的产品目录，并规定每类产品应按何种标准进行安规认证或产品认证。产品认证主要是指产品的安全性检验或认证，这种检验或认证是基于各国的产品安全法及其引申出来的单一法规而进行的。在国际贸易中，这种检验或认证具有极其重要的意义。因为通过这种检验或认证，是产品进入当地市场合法销售的通行证，也是对在销售或使用过程中，因产品安全问题而引发法律或商务纠纷时的一种保障。

产品安全性的检验、认证和使用合法标识的分类情况如图 7-2 所示。

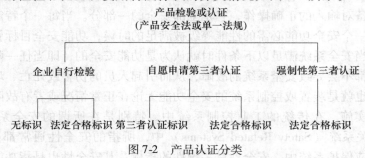

图 7-2　产品认证分类

7.3.2　安全仪表系统的设计

1. 安全仪表系统的设计原则

（1）基本原则

安全仪表系统 SIS 设计时必须遵循以下两个基本原则：

1）在进行 SIS 设计时，应当遵循 E/E/PES（电子/电气/可编程电子设备）安全要求规范。

2）通过一切必要的技术与措施使设计的 SIS 达到要求的安全完整性水平。

（2）逻辑设计原则

1）可靠性原则

安全仪表系统的可靠性是由系统各单元的可靠性乘积组成，因此任何一个单元可靠性下降都会降低整个系统的可靠性。在设计过程中，往往比较重视逻辑控制系统的可靠性，而忽视了检测元件和执行元件的可靠性，这是不可取的，必须全面考虑整个回路的可靠性，因为可靠性决定系统的安全性。

2）可用性原则

可用性虽然不会影响系统的安全性，但可用性较低的生产装置将会使生产过程无法正常进行。在进行 SIS 设计时，必须考虑到其可用性应该满足一定的要求。

3）"故障安全"原则

当安全仪表系统出现故障时，系统应当设计成能使系统处于或导向安全的状态，即"故障安全"原则。"故障安全"能否实现，取决于工艺过程及安全仪表系统的设置。

4）过程适应原则

安全仪表系统的设置应当能在正常情况时不影响生产过程的运行，当出现危险状况时能发挥相应作用，保障工艺装置的安全，即要满足系统设计的过程适应原则。

（3）回路配置原则

在 SIS 的回路设置时，为了确保系统的安全性和可靠性，应该遵循以下两个原则：

1）独立设置原则　SIS 应独立于常规控制系统，独立完成安全保护功能。即 SIS 的逻辑控制系统、检测元件与执行元件应该独立配置。

2）中间环节最少原则　SIS 应该被设计成一个高效的系统，中间环节越少越好。在一个回路中，如果仪表越多可能导致可靠性降低。尽量采用隔爆型仪表，减少由于安全栅而产生的故障源，防止产生误停车。

2. 安全仪表系统设计步骤

根据安全生命周期的概念，SIS 设计的一套完整步骤如图 7-3 所示，具体描述如下：

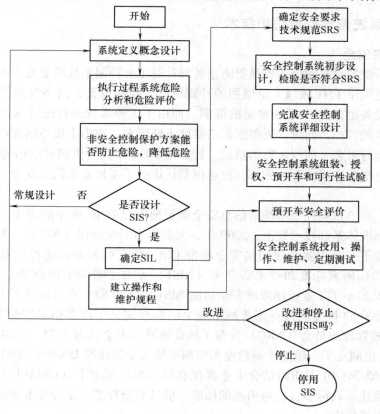

图 7-3　SIS 设计步骤

1）初步设计过程系统。

2）对过程系统进行危险分析和风险评价。

3）验证使用非安全控制保护方案是否能防止识别出的危险或降低风险。

4）判断是否需要设计安全仪表系统，如果需要转第（5）步，否则按照常规的控制系统进行设计。

5）依据 IEC61508《电气/电子/可编程电子安全相关系统的功能安全》确定对象的安全等级 SIL。

6）确定安全要求技术规范 SRS。

7）初步完成安全仪表系统的设计并验证是否符合安全要求技术规范 SRS。

8）完成安全仪表系统详细设计。

9）进行安全仪表系统的组装、授权、预开车和可行性试验。

10）在符合规定的条件下对 SIS 进行预开车安全评价。

11）安全仪表系统正式投用、操作、维护及定期进行功能测试。

12）如果原工艺流程被改造或在实际生产过程中发现安全仪表系统不完善，判断是否需要停用或改进安全仪表系统。

13）若需要改进，则转到第（2）步进入新的安全仪表系统设计流程。

7.3.3 工控系统信息安全防护技术

1. 工控信息安全

工业控制系统的信息安全主要是要防止各种针对工业控制系统的恶意人为攻击。由于现代工控系统广泛采用了 IT 领域大量通用的计算机软、硬件设备、网络与通信设备及通信协议，导致工控设备也存在 IT 系统常见的漏洞。而由于工控系统运行的特殊性，对工控系统的漏洞缺乏有效的管控。同时，近年来网络威胁不断增多，攻击手段不断提高，这更是给工控系统的安全运行带来了前所未有的挑战。特别是 2010 年针对伊朗核电站的"震网"攻击事件给伊朗核电事业造成的巨大破坏，使各国都认识到了工控系统信息安全的重要性和面临的严峻形势。

在国际上，对于过程控制系统的信息安全防护研究已有 10 多年的历史，已开始形成一些较为成熟的标准体系和技术规范。2009 年，北美电力安全公司（NERC）为除了核电以外的电力系统制定了一套控制系统网络安全标准 CIP，所有的发电设施都被要求遵循这一标准。2010 年，美国国家标准和技术研究所（NIST）发布了智能电网网络安全标准 NISTIR 7628，2011 年又发布了工业控制系统安全指南 NIST SP 800-82，专门讨论了工业控制系统的安全防护，SP-800-53 则专门针对工业网络安全的标准定义了许多信息安全的程序和技术。2010 年，美国核管理委员会（NRC）发布了核设施网络安全指南 5.71。2004 年，国际自动化学会（ISA）也制定了一项用于制造业和控制系统安全的标准 ISA-99。2007 年，国际电工委员会 IEC/TC65/WG10 工作组结合工业界现有的标准，制定了 IEC62443 工控网络与系统信息安全标准综述系列标准，从通用基础标准、信息安全程序、系统技术要求和组件技术要求 4 个方面做出了规定。

为了应对工业控制系统信息安全越发严峻的形势，我国工业和信息化部 2010 年印发《关于加强工业控制系统信息安全管理的通知》（简称：工信部［451］号文），要求各地区、各有关部门充分认识到工业控制系统信息安全防护的重要性和紧迫性，切实加强工业控制系统信息安全管理，保障工业生产安全运行、国家经济稳定和人民生命财产安全。［451］号文的印发标志着我国已将工业控制系统信息安全防护已经提升至国家高度。

2. 工控信息安全与 IT 信息安全的比较

工业控制系统的信息安全研究时间短，因此在工控系统信息安全的分析、评估、测试和防护上，一个自然的想法就是借鉴传统 IT 系统信息安全的既有成果，毕竟工业控制系统也是现代信息技术和控制技术的结合。然而，工业控制系统又不是一般的信息系统，要想采用传统的 IT 信息安全技术，首先要分清现代工业控制系统信息安全与传统 IT 信息安全的异同，在此基础上，才能有针对性的利用传统 IT 信息安全技术来解决工控信息安全的问题。

工控信息安全与传统信息安全相比，主要的不同点表现在以下几个方面：

1）工业控制系统以"可用性"为第一安全需求，而 IT 信息系统以"机密性"为第一安全需求。在信息安全的三个属性（机密性、完整性、可用性）中，IT 信息系统的优先顺序是机密性、完整性、可用性，更加强调信息数据传输与存储的机密性和完整性，能够容忍一定延迟，对业务连续性要求不高；而工业控制系统则是可用性、完整性、机密性。工控系统之所以强调可用性，主要是由于工控系统属于实时控制系统，对于信息的可用性有很高的要求，否则影响控制系统的性能。特别是早期的工控系统都是封闭性系统，信息安全问题不突出。此外，由于工控设备，特别是现场级的控制器，多是嵌入式系统，软、硬件资源有限，无法支撑复杂的加密等信息安全应用功能。

2）从系统特征看，工业控制系统不是一般的信息系统，现代的工业控制系统广泛用于电力、石油、化工、冶金、交通控制等许多重要领域。控制系统与物理过程结合紧密，已经成为一个复杂的信息物理系统（CPS）。而传统的 IT 系统与物理过程基本没有关联。因此，当工控系统受攻击后，可能会导致有毒原料泄露发生环境污染或区域范围内大规模停电等影响社会环境、人民生命财产安全的恶劣后果；而信息系统遭受攻击后主要是考虑的是由于重要数据泄露或被破坏而造成的经济损失。

3）从系统目的来看，工业控制系统更多是以"过程"——生产过程进行控制为中心的系统，而信息技术系统更多是以"信息"——人使用信息进行管理为中心的系统。

4）从系统用途来看，工业控制系统是工业领域的生产运行系统，而信息技术系统通常是信息化领域的管理运行系统。

5）工业控制系统生命周期长，通常至少要达到 10～15 年。而一般的 IT 系统生命周期在 3～5 年。

6）运行模式不同。对于多数工业控制系统，除了定期的检修外，系统必须长期连续运行，任何非正常停车都会造成一定的损失。而 IT 系统通常与物理过程没有紧密联系，允许短时间的停机或非计划的停机或系统重新启动。

7）由于生产连续性的特点，工业控制系统不能接受频繁的升级更新操作，而 IT 信息系统通常能够接受频繁的升级更新操作。由于该原因，工控系统无法像 IT 系统一样，通过不断给系统安装补丁，不断升级反病毒软件等典型的信息安全防护技术来提高系统的信息安全水平。

8）工业控制系统基于工业控制协议（例如，OPC、Modbus、DNP3、S7），而 IT 信息系统基于 IT 通信协议（例如，HTTP、FTP、SMTP、TELNET）。虽然，现在主流工业控制系统已经广泛采用工业以太技术，基于 IP/TCP/UDP 通信，但是应用层协议是不同的。此外，工业控制系统对报文时延很敏感，而 IT 信息系统通常强调高吞吐量。在网络报文处理的性能指标（吞吐量、并发连接数、连接速率、时延）中，IT 信息系统强调吞吐量、并发连接数、连接速率，对时延要求不太高（通常几百微秒）；而工业控制系统对时延要求高，某些应用场景要求时延在几十微秒内，对吞吐量、并发连接数、连接速率往往要求不高。

9）工业控制系统通常工作在环境比较恶劣的现场（如野外高低温、潮湿、振动、盐雾、电磁干扰），特别是各种现场仪表、远程终端单元等现场控制器；而 IT 信息系统通常在恒温、恒湿的机房中。这样，一些传统的 IT 信息安全产品无法直接用于工业现场。必须按照工业现场环境的要求设计专门的工控信息安全防护产品。

3. 工控信息安全防护技术

工控控制系统的信息安全远远没有功能安全成熟，目前还在起步阶段，但加强工控信息安全设计特别是防护还是十分重要的。工控信息安全包括两个方面的实践内容，一个是现有的工控系统，如何进行信息安全评估及采取何种措施加以防护；第二个是对于新上的工控系统，如何在设计环节就考虑工控信息安全。目前，工业控制系统生产商等组织已经开展了必要的信息安全设计，或是针对已有的系统进行改造升级，以此来满足所需的信息安全要求。目前，国外普遍使用的有两种不同的工业控制系统信息安全解决方案，分别为主动隔离解决方案和被动检测解决方案。

（1）主动隔离解决方案

主动隔离解决方案的设计思想来源于 IEC62443 工控网络与系统信息安全标准综述标准中定义的"区域"和"管道"的概念，即将相同安全要求和功能的设备放在同一区域内，区域间通信靠专有管道执行，通过对管道的管理来阻挡非法通信，保护网络区域及其中的设备。其典型代表是加拿大 Byres Security 公司推出的 Tofino 控制系统信息安全解决方案。Tofino 解决方案由硬件隔离模块、功能软插件和中央管理平台组成，整体系统架构如图 7-4 所示。硬件隔离模块应用于受保护区域或设备的边界；功能软插件对经过硬件模块的通信进行合法性过滤；中央管理平台实现对安全模块的配置和组态，并提供报警的显示、存储和分析。该方案最大的特点是基于白名单原理，能够深入到协议和控制器模型的层次对网络进行交通管制。此外，非 IP 的管理模式使安全设备本身不易被攻击，同时其报警平台让管理者对控制网络的信息安全状况有直观的了解。由于工控系统应用环境的特殊性，该方案对安全组件的可靠性要求比较高。

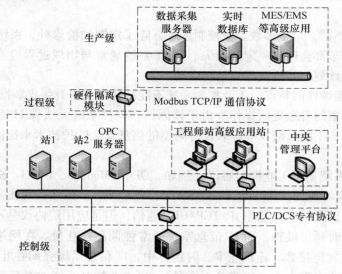

图 7-4　Tofino 控制系统信息安全解决方案

由于所有的网络威胁最后都是经由通信来实现的，而工业控制系统的物理结构和通信模式都相对固定，所以主动隔离是一种比较有效的解决方案，可以根据实际情况对控制系统进行信息安全防护。应用这种方案时应先根据防护等级和安全区域进行划分，寻求一个防护深度和成本的折中。

（2）被动检测解决方案

被动检测解决方案延续了 IT 系统的网络安全防护策略。由于 IT 系统具有结构、程序、通信多变的特点，所以除了身份认证、数据加密等技术以外，还需要采用病毒查杀、入侵检测等方式确定非法身份，通过多层次的部署来加强信息安全防护。被动检测的典型代表是美国 Industrial Defender 公司的控制系统信息安全解决方案 Industrial Defender，主要针对安全要求较高的电力行业推出的，包括统一威胁管理（UTM）、网络入侵检测、主机入侵防护、访问管理和安全事件管理等部分，如图 7-5 所示。其中，统一威胁管理为安全防御的第一道防线，集成了防火墙、入侵防御、远程访问身份验证和虚拟专用网络（VPN）技术。主机入侵防护将自动拦截所有未经授权的应用程序，网络入侵检测被动检测控制网络安全边界内所有的网络流量，能够检测到来自内部或外部的可疑活动。访问管理和 IP 网关保证了授权的远程访问和设备子站的安全接入；安全事件管理对网络中的安全事件进行集中监视和管理。该方案中的主机入侵防护系统基于白名单技术，确保得到授权的应用程序才能在工作站和客户端上运行，与耗费资源的黑名单技术相比，这是一个适用于工控环境的重要优点；网络入侵检测系统也集成了对某些工控协议的监视功能。该方案的缺点是部署和应用比较复杂。

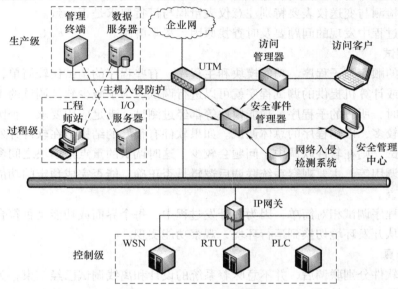

图 7-5　Industrial Defender 控制系统信息安全解决方案

被动检测解决方案的主要硬件设备均部署于原有系统之外，且主机入侵防护功能通过代理终端以白名单技术实现，这些措施对原有系统性能的影响较小，满足了工业控制系统可用性的要求。然而，由于网络威胁数据库的更新总存在滞后，所以基于黑名单技术的安全组件对于新出现的入侵行为无法做出及时的响应。一些新型的病毒或黑客攻击仍可能对工业控制系统造成危害。相比较而言，主动隔离方案主要对网络交通进行管理，而被动检测方案更侧重于对应用程序的监控。两者都可以达到一定的安全防御效果。

7.4　工业控制系统的调试与运行

工业控制系统的调试从内容分为上位机调试、下位机调试与通信调试；从项目进程分为离线仿真调试、现场离线调试、在线调试与运行阶段。离线仿真一般在实验室或非工业现场进行，而在线调试与运行调试都在工业现场进行。当在线调试及试运行一段时间，系统满足设计要求后，就可正式交付并投入生产运行。

7.4.1 离线仿真调试

1. 硬件调试

对于工业控制系统中的各种硬件设备，包括下位机控制器、I/O 模块、通信模块及各种特殊功能模块都要按照说明书检查主要功能。比如主机板（CPU 板）上 RAM 区的读/写功能、ROM 区的读出功能、复位电路、时钟电路等的正确性调试。对各种 I/O 模块要认真校验每个通道工作是否正常，精度是否满足要求。

对上位机设备，包括主机、交换机、服务器和 UPS 电源等要检查工作是否正常。

硬件调试还包括现场仪表和执行机构，如压力变送器、差压变送器、流量变送器、温度变送器和其他各种现场及控制室仪表，电动或气动执行器等，在安装前都要按说明书要求校验完毕。对于检测与变送仪表要特别注意仪表量程与订货要求是否一致。

硬件调试过程中发现的问题要及时查找原因，尽早解决。

2. 软件调试

软件调试的顺序是子程序、功能模块和主程序。有些程序的调试比较简单，利用开发装置、仿真软件或计算机提供的调试程序就可以进行调试。为了减少软件调试的工作量，要确保在软件编写时，所有的子程序、功能模块等都经过测试，满足应用要求。否则，在软件调试阶段问题会较多，影响程序的总体调试。如果软件有很好的结构，在软件开发过程中都经过了充分的调试，则在软件联调中，问题会较少。这时调试的重点是模块之间参数传递、主程序与子程序调用等。主要观察系统联调后逻辑是否正确，能否完成预定的功能，而不是简单的语法等检查。

上位机的程序调试相对简单，因为在开发过程中，每个界面或功能是否符合要求可以通过把组态软件从开发环境切换到运行环境，观察功能实现。

3. 系统仿真

在硬件和软件分别联调后，并不意味着系统的设计和离线调试已经结束，为此，必须再进行全系统的硬件、软件统调。这次统调试验，就是通常所说的"系统仿真"（也称为模拟调试）。所谓系统仿真，就是应用相似原理和类比关系来研究事物，也就是用模型来代替实际生产过程（即被控对象）进行实验和研究。系统仿真有以下 3 种类型：全物理仿真（或称在模拟环境条件下的全实物仿真）；半物理仿真（或称硬件闭路动态试验）；数字仿真（或称计算机仿真）。

系统仿真尽量采用全物理或半物理仿真。试验条件或工作状态越接近真实，其效果也就越好。对于纯数据采集系统，一般可做到全物理仿真；而对于控制系统，要做到全物理仿真几乎是不可能的，因此控制系统只能做离线半物理仿真。

在系统仿真的基础上进行长时间的运行考验（称为考机），并根据实际运行环境的要求，进行特殊运行条件的考验。

离线仿真和调试阶段的流程如图 7-6a 所示。所谓离线仿真和调试是指在实验室而不是在工业现场进行的仿真和调试。离线仿真和调试试验后，还要进行考机运行，考机的目的是在连续不停机的运行中暴露问题和解决问题。

在仿真调试完成后，设备就要在现场进行安装。系统安装完成后，就可以进行现场离线调试。所谓现场离线调试是指工业控制系统的所有设备安装完成后进行的调试，在这步调试中，最主要的工作是回路测试。即把主要的仪表和控制设备都带电，而一些可能影响到现场装置的执行器或电器的主回路可以不上电，在调试中主要检查所有的 I/O 信号连接和整个工业控制系统的通信。例如，在现场有一台电机，该电机的监控有 3 个数字量输入信号和一个数字量输出控制信号。3 个数字量输入信号是远程控制允许、运行、故障。假设在现场设置过热继电器的故障，则要检查该信号在下位机、上位机中与现场三者是否一致；在上位机中输出一个控制该电机的信号，检查下位机是否接收到，在现场设备端是否检测到，比如继电器是否动作。

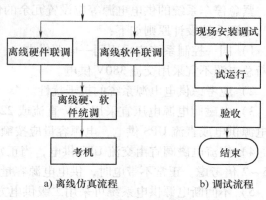

a) 离线仿真流程　　　b) 调试流程

图 7-6　离线仿真和调试流程

7.4.2　在线调试和运行

　　现场进行在线调试和运行过程中，设计人员与用户要密切配合，在实际运行前制订一系列调试计划、实施方案、安全措施、分工合作细则等。现场调试与运行过程是从小到大，从易到难，从手动到自动，从简单回路到复杂回路逐步过渡。为了做到有把握，现场安装及在线调试前先要进行硬件检查，经过检查并已安装正确后即可进行系统的投运和参数的整定。投运时应先切入手动，等系统运行接近于给定位时再切入自动，并进行参数的整定。

　　在线调试和运行就是将系统和生产过程连接在一起，进行现场调试和运行。尽管离线仿真和调试工作非常认真、仔细，现场调试和运行仍可能出现问题，因此必须认真分析加以解决。系统运行正常后，可以再试运行一段时间，即可组织验收。验收是整个项目最终完成的标志，应由甲方主持、乙方参加，双方协同办理，验收完毕后形成验收文件存档。整个过程可用图 7-6b 来说明。

7.5　工业控制系统的电源、接地、防雷和抗干扰设计

7.5.1　电源系统的设计

　　工业控制系统的电源系统设计应考虑采用冗余系统。包括对系统供电电源的冗余，电源模块的冗余和对输入输出模块供电的冗余等。

　　电源系统的供电包括对可编程序控制器和集散控制系统本身的供电和对控制系统中有关外部设备的供电。

　　系统供电电源的冗余可采用不间断电源或双路供电设计。不间断电源应带充电电池或蓄电池，电气供电应采用静止型不间断电源装置（UPS）。双路供电设计时，两路供电应引自不同的供电系统，保证在某一路供电电源停止时能够切换到另一路供电电源，还可采用其他辅助供电系统作为备用供电电源。例如，柴油发电机组供电。

　　通常，输入输出模块的供电不采用冗余系统。对重要的输入输出模块，或采用冗余输入

输出模块的系统，及为保证控制系统中有关设备的正常运行，例如，联锁控制系统的供电电源、紧急停车系统的供电电源等应设置冗余的供电系统。

电源系统设计原则如下：

1）同一控制系统应采用同一电源供电。一般情况下，电气专业提供的普通总电源和不间断总电源不宜采用交流 380V 供电。

2）应考虑供电电源系统的抗干扰性。

3）电磁阀电源电压宜采用 24V 直流或 220V 交流，直流电磁阀宜由冗余配置的直流稳压电源供电或直流 UPS 供电，电源容量应按额定工作电流的 1.5～2 倍考虑。

4）交流电磁阀宜由交流 UPS 供电，当正常工况电磁阀带电时，电源容量按额定功耗的 1.5～2 倍考虑。正常不带电时，供电电源容量按额定功耗的 2～5 倍考虑。

5）不间断电源供电系统可采用二级供电方式，设置总供电箱和分供电箱。

6）保护电器的设置应符合下列规定：总供电箱设输入总断路器和输出分断路器；分供电箱设输出断路器，输入不设保护电器。各种开关和保护电器的保护特性应按有关标准的要求。分供电箱宜留至少 20% 备用回路。

7）用于工控系统的交流不间断电源装置，10kVA 以上大容量 UPS 宜单独设电源间；10kVA 及以下的小容量 UPS 可安装在控制室机柜间内。20kVA 以下供电宜采用单相输出。后备电池选择应符合：供电时间（不间断供电时间）≥15～30min；充电 2h 应至额定容量的 80%；宜采用密封免维护铅酸电池，也可采用镉镍电池。

8）交流不间断电源装置应具有故障报警及保护功能。应具有变压稳压环节，并具有维护、旁路功能。

9）直流稳压电源及直流不间断电源装置的选型设计时，其技术指标应符合有关规定。例如，环境温度变化对输出影响 <1.0%/10℃；机械振动对输出影响 <1.0%；输入电源瞬断（100ms）对输出影响 <1.0%；输入电源瞬时过压对输出影响 <0.5%；接地对输出影响 <0.5%；负载变化对输出影响 <1.0%；长期漂移 <1.0%；平均无故障工作时间大于 16000h。

10）直流稳压电源应具有输出电压上、下限报警及输出过电流报警功能。具有输出短路或负载短路时的自动保护功能。

11）直流不间断电源装置应满足直流稳压电源全部性能指标，具有状态监测和自诊断功能；具有状态报警和保护功能。

12）电源系统应有电气保护和正确接地。

7.5.2　接地系统的设计和防雷设计

接地系统包括保护接地和工作接地。

（1）保护接地

工业控制系统中保护接地所指的自控设备包括：仪表盘、仪表操作台、仪表柜、仪表架和仪表箱；可编程序控制器、集散控制系统或 ESD 机柜和操作站；计算机系统机柜和操作台；供电盘、供电箱、用电仪表外壳、电缆桥架（托盘）、穿线管、接线盒和铠装电缆的铠装护层；其他各种自控辅助设备。这些用电设备的金属外壳及正常不带电的金属部分，由于各种原因（如绝缘破坏等）而有可能带危险电压者，均应作保护接地。

（2）工作接地

工作接地的内容为信号回路接地、屏蔽接地、本安仪表接地。

1）信号回路接地 控制系统和计算机等电子设备中，非隔离信号需要建立一个统一的信号参考点，并应进行信号回路接地（通常为直流电源负极）。隔离信号可不接地，在此隔离是指每个输入（出）信号和其他输入（出）信号的电路之间是绝缘的，对地之间是绝缘的，电源是独立的，相互隔离的。

2）屏蔽接地 控制系统中用于降低电磁干扰的部件，如电缆的屏蔽层、排扰线、自控设备上的屏蔽接线端子均应作屏蔽接地。强雷击区，室外架空敷设、不带屏蔽层的普通多芯电缆，其备用芯应按照屏蔽接地方式接地。如果屏蔽电缆的屏蔽层已接地，则备用芯可不接地。

3）本安仪表接地 本质安全仪表系统在安全功能上必须接地的部件，应根据仪表制造厂商要求作本安接地。齐纳安全栅的汇流条必须与供电的直流电源公用端相连，齐纳安全栅的汇流条（或导轨）应作本安接地。隔离型安全栅不需要本安接地。图 7-7 是采用等电位联结的接地系统示意图。控制系统的接地联结采用分类汇总，最终与总接地板联结的方式。交流电源的中线起始端应与接地极或总接地板连接。当电气专业已经把建筑物（或装置）的金属结构、基础钢筋、金属设备、管道、进线配电箱 PE 母排、接闪器引下线形成等电位联结时，控制系统各类接地也应汇接到该总接地板，实现等电位联结，与电气装置合用接地装置，并与大地连接。

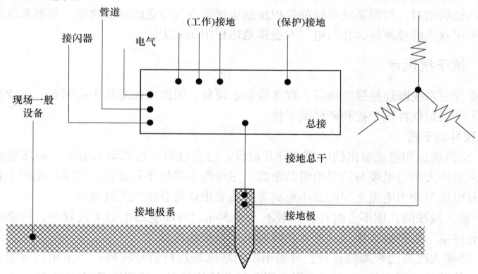

图 7-7 与电气装置合用接地装置的等电位联结示意图

（3）接地系统

接地系统由接地联结和接地装置两部分组成。接地联结包括接地连线、接地汇流排、接地分干线、接地汇总板和接地干线。接地装置包括总接地板、接地总干线和接地极。

1）联结电阻 仪表设备接地端子到总接地板之间导体及连接点电阻的总和。控制系统系统的接地联结电阻不应大于 1Ω。

2）对地电阻 接地极电位与通过接地极流入大地的电流之比称为接地极对地电阻。

3）接地电阻 接地极对地电阻和总接地板、接地总干线及接地总干线两端的连接点电阻之和称为接地电阻。控制系统的接地电阻不应大于 4Ω。

4）接地系统用导线 采用多股绞合铜芯绝缘电线或电缆。应根据连接设备的数量和连接长度按下列数值选用。接地连线：$1 \sim 2.5 \text{mm}^2$；接地分干线：$4 \sim 16 \text{mm}^2$；接地干线：$10 \sim 25 \text{mm}^2$；接地总干线：$16 \sim 50 \text{mm}^2$。

5）接地汇流排 采用 $25 \times 6 \text{mm}^2$ 铜条制作，或用连接端子组合而成；接地汇总板和总接地板应采用铜板制作，厚度不小于 6mm，长宽尺寸按需确定。

所有接地连接线在接到接地汇流排前均应良好绝缘；所有接地分干线在接到接地汇总板前均应良好绝缘；所有接地干线在接到总接地板前均应良好绝缘。接地汇流排（条）、接地汇总板、总接地板应采用绝缘支架固定；接地系统各种连接应保证良好导电性能。

接地系统的施工应严格按照设计要求进行，不能为了方便而随意更改。对隐蔽工程施工应及时做好详细记录，并设置标识。

现场控制系统设备的电缆槽、连接的电缆保护管及 36V 以上控制设备外壳的保护接地，每隔 30m 用接地连接线与就近已接地的金属构件相连，并保证其接地的可靠性及电气的连续性。严禁利用储存、输送可燃性介质的金属设备、管道及与之相关的金属构件进行接地。

（4）防雷设计

采用等电位联结可减少雷电伤害，降低干扰。因此，如果电气专业对建筑物（或装置）未做等电位联结时，控制系统系统的保护接地应接到电气专业的保护接地，控制系统的工作接地应采用独立的接地体，并与电气专业接地体相距 5m 以上。

7.5.3 抗干扰设计

工业控制系统既连接强电设备，也连接弱电设备，因此应注意抗干扰问题。工业控制系统的抗干扰包括软件抗干扰和硬件抗干扰。

1. 硬件抗干扰

1）交流输出和直流输出的电缆应分开敷设，输出电缆应远离动力电缆、高压电缆和高压设备。应加大动力电缆与信号电缆的距离，尽可能不采用平行敷设，以减小电磁干扰的影响。信号电缆与动力电缆之间的最小距离等安装要求应符合电气安装规范。

2）输入接线的长度不宜过长，一般不大于 30m。当环境的电磁干扰较小，线路压降不大时，允许适当加长输入接线长度。接线应采用双绞线连接。

3）当输入线路的距离较长时，可采用中间继电器进行信号转换；当采用远程输入输出单元时，线路距离不应超过 200m；当采用现场总线连接时，线路距离可达 2000m。

4）输入接线的公用端 COM 与输出接点的公用端 COM 不能接在一起。

5）输入和输出接线的电缆应分开设置，必要时可在现场分别设置接线箱。

6）集成电路或晶体管设备的输入信号接线必须采用屏蔽电缆，屏蔽层的接地端应单端接地，接地点宜设置在可编程控制器侧。

7）对有本安要求的输入信号，应在输入信号的现场侧设置安全栅，当输入信号点的容量不能满足负载要求或需要信号隔离时，应设置继电器。

8）输出接线分为独立输出和公用输出两类。公用输出是几组输出合用一个公用输出端，它的另一个输出端分别对应各自的输出。同一公用输出组的各组输出有相同的电压，因此，设计时应按输出信号供电电压对输出信号进行分类。输出接点连接在控制线路中间的场合，应注意公用输出端可能造成控制线路的部分短路，为此应在设计时防止这类出错的发生。

9）对交流噪声，可在负载线圈两端并联 RC 吸收电路，RC 吸收电路应尽可能靠近负载侧。对直流噪声，可在负载线圈两端并联二极管，同样它应尽可能靠近负载侧。

10）集成电路或晶体管设备的输出信号接线也应采用屏蔽电缆，屏蔽层的接地端宜在可编程序控制器侧。

11）对于有公用输出端的可编程序控制器，应根据输出电压等级分别连接。不同电压等级的公用端不宜连接在一起。

12）输入和输出信号电线、电缆与高压或大电流动力电线、电缆的敷设，应采用分别穿管配线敷设，或采用电缆沟配线敷设方式。

13）电缆槽、连接的电缆保护管应每隔 30m 用接地连接线与就近已接地的金属构件相连，保证其接地的可靠性及电气的连续性。

14）模拟信号线的屏蔽层应一端接地。数字信号线的屏蔽层应并联电位均衡线，其电阻应小于屏蔽线电阻的 0.1 倍，并将屏蔽层的两端接地。在无法设置电位均衡线或为抑制低频干扰，也可采用一端接地。

15）可编程序控制器的接地应与动力设备的接地分开。如不能分开接地时，应采用公用接地，接地点应尽可能靠近可编程序控制器。

16）对由多个可编程序控制器、集散控制系统组成的大型控制系统，宜采用同一电源供电。

17）控制设备的供电应与动力供电和控制电路供电分开，必要时可采用带屏蔽的隔离变压器供电、串联 LC 滤波电路、不间断电源或晶体管开关电源等。

18）可编程序控制器和现场控制站的安装环境应设置在尽量远离强电磁干扰的场所。此外，可采取下列措施防止和减少事故的发生。

19）为防止因误操作造成高压信号被引入输入信号端，可在输入端设置熔丝设备或二极管等保护元件，必要时可设置输入信号隔离继电器。

20）为使系统能再启动，可设置再启动按钮，并设计相应的再启动控制线路。

21）输出负载的大小应根据实际负载情况确定。接入负载超过控制设备允许限值时，应设计外接继电器或接触器过渡。接入负载小于最小允许值时，应设计阻容串联吸收电路（$0.1\mu F$，$50\sim100\Omega$）。

22）为防止外部负载短路造成高压串到输出端，有条件时应设置熔丝或二极管等保护设施。

23）从安全生产角度出发，设置由硬件直接驱动的紧急停车系统是十分必要的。它们应与可编程序控制器的软件紧急停车系统分开设计。通常，在重要设备的输出线可串联或并联连接紧急停车的相应按钮，保证在按下紧急停车按钮后能把有关重要设备启动或停止。

24）应根据人机工程学的原理，设计控制台或控制屏的结构和安装在上面的设备和电气元件的位置，便于操作人员的操作和监视，防止误操作。

2. 软件抗干扰措施

（1）输入/输出数字量的软件抗干扰技术

1）输入数字量的软件抗干扰技术 干扰信号多呈毛刺状，作用时间短，利用这一特点，对于输入的数字信号，可以通过重复采集的方法，将随机干扰引起的虚假输入状态信号滤除掉。若多次数据采集后，信号总是变化不定，则停止数据采集并报警；或者在一定采集时间内计算出现高电平、低电平的次数，将出现次数高的电平作为实际采集数据。对每次采集的最高次数限额或连续采样次数可按照实际情况适当调整。

2）输出数字量的软件抗干扰技术 当系统受到干扰后，往往使可编程序控制器的输出端口状态发生变化，因此可以通过反复对这些端口定期重写控制字、输出状态字，来维持既定的输出端口状态。只要可能，其重复周期尽可能短，外部设备收到一个被干扰的错误信息后，还来不及做出有效的反应，一个正确的输出信息又来到了，就可及时防止错误动作的发生。对于重要的输出设备，最好建立反馈检测通道，CPU 通过检测输出信号来确定输出结果的正确性，如果检测到错误便及时修正。

（2）指令冗余技术

在微机的指令系统中，指令由操作码和操作数组成，操作码指明 CPU 要完成什么样的操作，而操作数是操作码的对象。CPU 的取值过程是先取操作码，后取操作数。如何判断是操作码还是操作数就是通过取指令的顺序。而取指令的顺序完全由指令计数器来控制，因此一旦指令计数器受干扰出现错误，程序便会脱离正常的运行轨道出现"飞车"现象，即操作数数值改变以及将操作数当作操作码的错误。因单字节指令中仅含有操作码，其中隐含有操作数，所以当程序跑飞到单字节指令时，便自动纳入轨道。但当跑飞到某一双字节指令时，有可能落在操作数上，从而继续出错。当程序跑飞到三字节指令时，因其有两个操作数，继续出错的机会就更大。

为了使跑飞的程序在程序区内迅速纳入正轨，应该多用单字节指令，并在关键地方人为地插入一些单字节指令，如 NOP，或将有效单字节指令重复书写，称之为指令冗余。指令冗余显然会降低系统的效率，但随着科技的进步，指令的执行时间越来越短，所以一般可以不必考虑其对系统的影响，因此该方法得到了广泛的应用。具体编程时，可从以下两方面考虑进行指令冗余：

1）在一些对程序流向起决定作用的指令和某些对工作状态起重要作用的指令之前插入两条 NOP 指令，以保证跑飞的程序能迅速纳入正常轨道。

2）在一些对程序流向起决定作用的指令和某些对工作状态起重要作用的指令的后面重复书写这些指令，以确保这些指令的正确执行。

（3）软件陷阱技术

当跑飞程序进入非程序区（如 EPROM 未使用的空间）或表格区时，采用指令冗余技术使程序回归正常轨道的条件便不能满足，此时就不能再采用指令冗余技术，但可以利用软件陷阱技术拦截跑飞程序。

软件陷阱技术就是一条软件引导指令，强行将捕获的程序引向一个指定的地址，在那里有一段专门对程序出错进行处理的程序。

软件抗干扰的内容还有很多，例如检测量的数字滤波、坏值剔除，人工控制指令的合法性和输入设定值的合法性判别等等，这些都是一个完善的工业控制系统必不可少的。

7.5.4 环境适应性设计技术

环境变量是影响系统可靠性和安全性的重要因素，所以研究可靠性，就必须研究系统的环境适应性。通常纳入考虑的环境变量有温度、湿度、气压、振动、冲击、防尘、防水、防腐、防爆、抗共模干扰、抗差模干扰、电磁兼容性（EMC）及防雷击等。下面将简单说明各种环境变量对系统可靠性和安全性构成的威胁。其中抗干扰和电磁兼容性等内容，在7.5.4 节做了较详细的介绍。这里仅对其他几个比较的内容做一简单介绍。

1. 温度

环境温度过高或过低，都会对系统的可靠性带来威胁。

低温一般指低于 0℃ 的温度。我国境内的黑龙江漠河最低温度可达 −52.3℃。低温的危害使电子元器件参数变化、低温冷脆及低温凝固（如液晶的低温不可恢复性凝固）等。低温的严酷等级可分为 −5℃、−15℃、−25℃、−40℃、−55℃、−65℃、−80℃ 等。

高温一般指高于 40℃ 以上的温度。我国境内的吐鲁番最高温度可达到 47.6℃。高温的危害使电子元器件性能破坏、高温变形及高温老化等。高温严酷等级可分为 40℃、55℃、60℃、70℃、85℃、100℃、125℃、150℃、200℃ 等。

温度变化还会带来精度的温度漂移。设备的温度指标有两个，工作环境温度和存储环境温度。

1）工作环境温度　设备能正常工作时，其外壳以外的空气温度，如果设备装于机柜内，指机柜内空气温度。

2）存储环境温度　指设备无损害保存的环境温度。

对于 PLC 和 DCS 类设备，按照 IEC 61131—2 装置要求与测试（1992）的要求，带外壳的设备，工作环境温度为 5℃ ~ 40℃；无外壳的板卡类设备，其工作环境温度为 5℃ ~ 55℃。而在 IEC 60654-1：1993 工业过程测量和控制设备运行条件　第 1 部分：气候条件中，进一步将工作环境进行分类：有空调场所为 A 级 20℃ ~ 25℃，室内封闭场所为 B 级 5℃ ~ 40℃，有掩蔽（但不封闭）场所为 C 级 −25℃ ~ 55℃，露天场所为 D 级 −50℃ ~ 40℃。

关于工业控制系统的温度分级标准，可以参见 IEC 60654—1：1993 工业过程测量和控制设备运行条件　第 1 部分：气候条件（对应国标 GB/T 17214.1-1998—工业过程测量和控制装置的工作条件第 1 部分：气候条件）

2. 防爆

在石油、石化和采矿等行业中，防爆是设计控制系统时关键安全功能要求。每个国家和地区都授权权威的第三方机构，制定防爆标准，并对申请在易燃易爆场所使用的仪表进行测试和认证。美国的电气设备防爆法规，在国家电气代码（National Electric Code，NEC，由 NFPA 负责发布）中，最重要的条款代码为 NEC 500 和 NEC 505，属于各州法定的要求，以此为基础，美国各防爆标准的制定机构发布了相应的测试和技术标准。我国防爆要求的强制性标准为 GB 3836.1—2010 爆炸环境设备通用要求系列标准。检验机构主要是设在上海工业自动化仪表研究院的国家级仪表防爆安全监督检验站。

3. 防尘和防水

防尘和防水常用标准 IEC 60529 电器外壳保护分类等级（IP）码（等同采用国家标准为 GB 4208—1993）—外壳防护等级。其他标准有 NEMA 250，UL50 和 508 等。上述标准规定了设备外壳的防护等级，包含两方面的内容：防固体异物进入和防水。IEC 60529 采用 IP 编码（International Protection，IP）代表防护等级，在 IP 字母后跟两位数字，第一位数字表示防固体异物的能力，第二位数字表示防水能力，如 IP55。IEC 60529/IP。编码含义见表 7-3。

表 7-3　IEC 60529/IP 编码含义

第一位	含　义	第二位	含　义
0	无防护	0	无防护
1	防 50mm，手指可入	1	防垂滴
2	防 12mm，手指可入	2	防斜 15°垂滴
3	防 2.5mm，手指可入	3	防淋，防与垂直线成 60°以内淋水
4	防 1mm，手指可入	4	防溅，防任何方向可溅水
5	防尘，尘入量不影响工作	5	防喷，防任何方向可喷水
6	尘密，无尘进入	6	防浪，防强海浪冲击
		7	防浸，在规定压力水中
		8	防潜，能长期潜水

4. 防腐蚀

IEC 60654-4：1987 工业过程测量和控制设备的工作条件。第 4 部分：腐蚀和侵蚀影响将腐蚀环境分为几个等级。主要根据硫化氢、二氧化硫、氯气、氟化氢、氨气、氧化氮、臭氧和三氯乙烯等腐蚀性气体；盐雾和油雾；固体腐蚀颗粒三大类腐蚀条件和其浓度进行分级。

腐蚀性气体按种类和浓度分为四级：一级为工业清洁空气，二级为中等污染，三级为严重污染，四级为特殊情况。

油雾按浓度分为四级：一级 <5/μg/kg 干空气，二级 <50/μg/kg 干空气，三级 <500/μg/kg 干空气，四级 >500/μg/kg 干空气。

盐雾按距海岸线距离分为三级：一级距海岸线 0.5km 以外的陆地场所，二级距海岸线 0.5 km 以内的陆地场所，三级为海上设备。

固体腐蚀物未在 IEC 60654-4：1987 工业过程测量和控制设备的工作条件。第 4 部分：腐蚀和侵蚀影响标准中分级，但该标准也叙述了固体腐蚀物腐蚀程度的组成因素，主要是空气湿度、出现频率或浓度、颗粒直径、运动速度、热导率、电导率及磁导率等。

7.6　大型污水处理厂工业控制系统

7.6.1　污水处理工艺

某大型污水处理厂采用生化加物化的组合处理工艺，其完整的工艺流程如图 7-8 所示。具体工艺可概括为"匀质调节 + 混凝沉淀（前物化）+ 水解酸化 + 两段生化处理（A^2/O + MBBR）+ 后续处理（氧化）"。其具体工艺流程是：污水通过城市污水管道系统进入污水厂，首先进行过滤工序，先通过粗栅格去除大型固体漂浮物，通过细栅格过滤细小颗粒，过滤之后的污水经过隔油池，分离的油汇集到集油池中，由离心泵送至高位储蓄罐，这样后面流程中污水可以不需泵而直接通过高位势能流动。储蓄罐中的污水由势能流入沉砂池，在池中通过涡轮叶片的旋转获得水利漩流，从而达到分开泥沙与有机物的目的，实现除砂的效果。之后污水流入 A^2/O 生物反应池，在其中完成初沉、生物处理、二沉。初沉池的作用是去除无机颗粒和部分有机物，再通过曝气供氧微生物反应分解污染物来去污，其后经过再次沉淀可除去微生物分解所带来的副产品（主要为磷酸盐等），以此得到满足环保标准的再处理水。接着，再次进入 MBBR 生物反应池中，进行二次的生化处理。处理后的水通过排水管道排入附近江河，部分处理水还可以经过氯化消毒处理后进入厂区工业用水循环系统回收利用，以达到节省成本的目的。沉淀所得副产品污泥则首先通过离心脱水装置使得污泥达到脱水凝固的效果，所得清水送入厂区工业用水循环系统再循环利用，所得去水污泥则大部分在厂区内部由焚烧系统焚烧销毁，部分污泥则由于厂区内部焚烧设备产能所限经由外运处理。

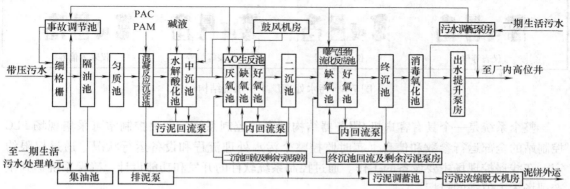

图 7-8　污水处理工艺流程图

7.6.2　污水处理厂工控系统的总体设计

1. 控制系统总体设计

（1）污水处理设备的控制原则和要求

污水处理厂工程规模大、设备种类较多，按重要性分为 3 类，对这些分类设备的控制总体原则如下：

1）控制系统对特别重要设备　如各类潜水泵、鼓风机等做到全自动控制，并且将考虑故障应急措施。

2）控制系统对重要设备　如格栅、搅拌机、鼓风机等可实施自动控制，中控室可监控设备运行状态。

3）控制系统对一般设备　各类闸门、堰门等设备可实施自动控制和现场点动控制，中控室既可监视也可远程启停。

（2）污水处理工控系统结构设计

结合上述设备控制要求及工艺流程和总平面布置，以及 MCC（电机控制中心）的位置和供配电范围，按照控制对象的区域、设备量，以就近采集和单元控制为划分区域的原则，设计包括一座中央监控站和四座现场 PLC 控制站的分布式工业控制系统，系统结构如图 7-9 所示。

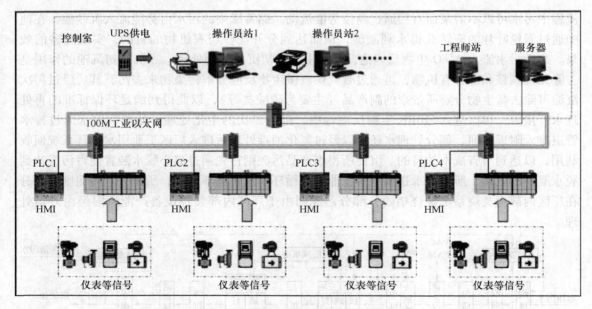

图 7-9　污水处理厂工控系统结构

整个系统是一个具有客户机/服务器结构的集散控制系统。中央控制室可采集现场 PLC 控制站的全部运行参数和信息，实时监控整个污水处理流程和设备运行状况，通过权限约定，在线遥控现场主要设备的工作。通过控制系统软件的开发和功能设计，确保系统达到生产现场无人值守的目标。

中央控制室的操作站、工程师站、数据服务器以及视频监视计算机等通过工业以太网交换机接入光纤环网，与各现场 PLC 控制站实现数据交换，完成数据采集、遥控和管理各现场 PLC 控制站内的机电设备功能，并可与生产管理室和化验室构成厂级生产管理网络，实现数据共享和信息化管理。

中央控制室还对现场 PLC 控制站所收集的运行数据和状态参数进行汇总分析、统计存储、报表生成、事件记录、报警和打印等处理。中央控制室还生成实时数据库和历史数据库，作为日常管理和决策依据，支持在线查询、修改、处理、打印等功能，数据库带有标准的 SQL 接口和 ODBC 接口，可与其他关系数据库建立共享关系，为企业信息化管理系统提供基础数据。

控制网络选用多模冗余光纤工业以太网交换机，具有 5 个 10/100BASE-T（X）口（RJ45 口），2 个 100BASE-FX 全双工多模光纤口，还有 1 个 stand-by 口用于多个环之间的冗余连接，在一个环上可以串接多达 50 个交换机（快速媒体冗余）。在两个交换机之间光纤长度可达 3km，同时具有 DC24V 冗余电源连接和带电模块化设计，扩展十分方便。由于网络与通信技术的快速发展和价格的下降，目前工业控制系统的主干网络已经普遍采用这种冗余环网结构，极大提升了通信速率、实时性和可靠性。

除了主干网络，系统还配置了一些网关设备，从而实现对现场带总线接口的智能设备数据采集和远程监控。在设备层系统还配置了设备网及相关的总线设备，从而使得系统具有总线控制系统的一系列优点。

2. 中央控制系统功能设计

中央监控系统主要功能：

1）通过通信系统监控各个现场设备的运行状态，并采集相关的工艺参数，根据设备控制方案和相关设备的运行情况进行统一监控。

2）负责对全厂设备的监测和控制，以及对现场控制站各控制参数的设定和修改；监控整个污水处理流程，确保水质达标排放，同时力争实现节能运行。

3）数据处理和管理功能：建立生产历史数据库存储生产原始数据，供统计分析使用，利用在线数据和数据库中的历史数据进行分析统计。能在故障恢复时，补齐数据。

4）显示功能：动态地显示相关的工艺流程、设备状态、网络状态、工艺数据等；显示工艺区域图，工艺控制图，单元控制图、厂区平面图等。

5）报警功能：具有报警组态、报警、报警记录等功能。

6）报表功能：能按照企业要求生成日报、月报和年报，覆盖设备状态信息、污水处理信息、水质信息等。

7）初步的故障自诊断功能。

8）信息安全防护能力，能抵御一般的网络攻击和病毒，确保数据的完整性、保密性和可用性。

3. 现场控制站设计

（1）现场控制站功能设计

现场控制站采用的是美国罗克韦尔自动化公司的 ControlLogix 控制系统，主要负责采集污水处理工艺流程的生产参数，实现污水厂全流程的自动或手动控制，监测设备的运行状态，提供操作人员进行操作管理接口。

现场 PLC 控制站主要功能包括：

1）设备控制功能　控制各类泵、阀/堰门、格栅、鼓风机、搅拌机等设备。

2）工艺参数采集功能　对生产过程参数和水质参数进行实时检测、监控、采集和处理，通过传输网络送中央监控系统储存、显示。过程参数包括工艺流程范围内的压力、液位、流量等参数，水质参数如溶解氧（DO）、污泥浓度（MLSS）、氨氮、PH 值、总磷（TP）等。

3）设备状态采集与监控　各现场控制站的 PLC 监控所属工艺段范围内设备的运行状态，将采集到的状态信号通过传输网络送中央监控系统储存、显示。

4）电量信号采集与监控　通过总线网关对各变配电/所的电力信号进行采集，实现对电气系统的连续监控。

5）远控功能　接收中央监控系统的调度指令对各类设备进行远程控制，并且具有对上位机的错误指令进行屏蔽处理的功能。

6）保护功能　具有越限保护及设备故障情况下的自动保护功能。

7）组态功能　可以因工艺的改变而调整系统的组态。

8）用户管理功能　可通过设置安全措施，如保护口令，来防止程序的越权修改。

9）故障处理功能　系统具有故障自检、故障恢复功能，发生故障时，自动启用备份程序以最短的速度恢复正常功能。

（2）现场控制站配置

根据工艺流程和设备控制要求，统计各站 I/O 点数和对外接口，结果见表 7-4。通信接口配置主要是基于所有控制站都要能连接到全厂以太网上。由于选用了罗克韦尔 ControlLogix5000 控制器，因此选用了 DeviceNet 现场总线。由于一些设备自带了具有 Profibus-DP 接口的控制设备，因此也配置了相关的网关模块。

表 7-4　IO 点数和对外接口表

序号	名称	DI	DO	AI	AO	配置接口
1	1#PLC	384	256	48	2	以太网、DeviceNet、Profibus-DP
2	2#PLC	128	96	32	16	以太网、DeviceNet、Profibus-DP
3	3#PLC	160	64	32	8	以太网、Modbus、Profibus-DP
4	4#PLC	256	96	64	32	以太网、DeviceNet、Profibus-DP

本系统共设计了 4 个现场控制站（1#PLC ~ 4#PLC）。每个 PLC 站的基本配置包括：

1）一套冗余 PLC 可编程序控制器，含有中央处理器（CPU）、电源模块、数字量输入/输出模块、模拟量输入/输出模块、通信模块（包括总线和以太网）等。

2）一套 PLC 控制柜及相应配套元件。

3）一套安装于 PLC 柜内 UPS。

4）PLC 柜进线电源避雷器。

不同的 PLC 站由于各种类型的 I/O 点不一样，因此机架及模块数量有所不同。考虑到维护等方便，模块配置时不同的站点尽量配置同类型的模块。

现场控制站直接对污水处理过程进行现场控制，为了确保污水处理过程的正常进行，提高工控系统的可靠性和可用性，对现场控制站采取了一系列冗余设计。PLC 控制器采用双电源、双 CPU、双以太网冗余结构。其中，双电源冗余即在每个冗余机架上配有 1 套专用冗余电源模块（含 2 块电源），一旦其中 1 块损坏，另一块会进行实时无缝切换，保证该机架上 CPU 模块和网络模块的正常供电，具有极高的供电安全系数。双 CPU 冗余即在每个冗余机架上各配有 1 块 CPU 模块，其中 1 块充当主站，另一块作为从站，平时主站负责对所有的设备、子站进行采集数据、判断处理、控制设备，而从站实时进行程序、数据的备份，一旦主站损坏，冗余系统立即实时、无缝切换到从站工作，保证对相关设备输出控制的连续性，绝不会丢失任何数据，因此具有很高的系统可靠性。双以太网冗余即 2 个冗余机架上各配 1 块以太网模块，主站以太网模块损坏，系统会自动切换到从站以太网模块，从而保证本站和中控室通信正常。此外，ControlLogix5000 控制器支持模块的带电插拔，因此即使出现模块故障，也可以在控制器不停机的情况下实现设备维护，确保系统的长期、连续和稳定运行。

（3）现场控制站任务

1）进水房 1#PLC 控制站　该站主要负责进水泵房、细格栅机、隔油池、沉淀池、排泥泵等设备或构筑物内设备的运行控制和工艺数据采集。主要被控设备包含 7 个电动进水阀门、2 台细栅格机（1 台作为冗余）和 3 个污水潜水泵（1 个作为冗余）。

2）A^2/O 反应池 2#PLC 站　该站主要实现对反应池相关设备的控制。主要设备包括：

①A^2/O 池包括前置缺氧池、厌氧池、后置缺氧池的阀门、搅拌器及仪表；

②好氧池内回流泵、空气调节阀及相关仪表；

③加药间液下泵、搅拌器、计量泵及相关仪表。主要设备有曝气电动碟阀门 2 套（好

氧池)、水下推进器 2 套 (厌氧池，缺氧池，好氧池各一套)、搅拌机 2 套 (缺氧池)、回流潜水泵 1 套、滗水器 4 套 (厌氧池)、进水电动堰门 1 套，3 台鼓风机及鼓风机电动阀门。

3) MBBR 反应池 3#PLC 站　该站主要实现对 MBBR 反应过程的控制。曝气生物流化反应池共 1 座，分为 2 组，为钢筋混凝土结构。反应池采用穿孔管曝气系统。每组生反池有 4 格缺氧池，其中 2 格缺氧池不设填料，设置潜水搅拌器 4 台；另 2 格缺氧池布置填料，设置低速潜水搅拌器 2 台。好氧区布置填料及穿孔管曝气系统，每组在出水区设潜水轴流泵 2 台 (1 用 1 备)，用于混和液内回流。

4) 污泥调配泵房 4#PLC 站　该站主要用于污泥调配泵房系统，负责采集相关仪表的数据及设备监控。由于污泥处理设备自带控制系统，因此该站主要通过通信接口与第三方设备通信而实现相关的参数采集，不进行现场控制和遥控。

7.6.3　现场控制站控制功能的设计

1. 1#PLC1 站控制功能设计

(1) 控制功能总体设计

1#PLC 站设在进水机房，根据现场实际情况可分为手动和自动两种模式。

在手动模式下，现场工人可通过现场控制柜对格栅机、污水潜水泵、细栅格阀门、清污机进行人工操作，改变阀门开度来控制进出水流量，从而实现对系统的人工操作及调试。

自动模式指的是 PLC 上电运行后，操作人员按下系统自动运行按钮，使得系统按照 PLC 内部预置的程序进行自动控制。

进水机房的自动控制系统主要完成以下工序的自动操作：

1) 系统上电后，按下自动启动确认按钮，开启电动后进水阀门。

2) 启动细格栅系统。

3) 启动隔油池系统。

4) 启动潜水泵系统。

5) 开启水解池系统。

以上工序并非按照顺序进行，其启动条件相对独立，取决于与设备控制有关的信号。

(2) 细栅格机控制

细栅格机系统的主要流程如下：

1) 系统上电，按下自动启动确认按钮后，开启细栅格机。

2) 开启细栅格机同时，启动定时器计时 20min。

3) 定时到后，关闭细栅格机 10min。

4) 10min 后，再启动粗栅格机并循环上述工序。

5) 系统启动的同时开始检测液面高度信号，高于最高位时启动清污机。

6) 如果液位信号低于最低位时则关闭清污机。

上述定时时间在中控人机界面可以修改。

(3) 潜水泵控制系统

潜水泵系统主要实现的是对潜水泵的运行和停止的控制，其工作流程如下：

1) 系统上电，按下自动启动确认按钮后，潜水泵处于待机状态。

2) 启动条件：若检测到液位信号高于设定开泵液位，为避免液位波动影响所带来的扰动，开始定时防止误判。定时时间到后，若液面仍持续高于该液位，则启动。

3）停止条件：若液位低于停泵液位设定值，为防止误操作选择开启定时器。若定时到后液位仍然低于该值，则停止潜水泵运行。

开、关 2 台潜水泵的液位设定值在上位机可以分别独立设置。

（4）其他设备控制

水解池系统主要实现的是在生物反应池前，对污水中的污泥进行排除的控制；隔油池系统主要实现的是对污水中的油性物质进行有效分离，生产副产品。其中有关设备的控制也是根据液位信号，与水泵控制较为类似，这里不再详述。

2. 2#PLC 控制站功能设计

A^2/O 反应池是污水处理中不可缺少的一环，其主要作用就是通过物化作用，将已初步处理过，去除了较大固体颗粒的污水进行再次处理，将其中所含的呈现液状，作为细微颗粒悬浮的有机污染物及重金属离子在曝气供氧的条件下由微生物进行分解转换，使之变为无害的污泥。因此，反应池在污水处理中起到重要作用，其工序的安排合理与否，自动控制系统是否正常稳定都决定着污水处理效果。

A^2/O 工艺通过设置反应池运行周期来实现对不同工况的污水处理。将反应池运行周期设置为 6 小时，1~6 个批处理阶段。具体控制时间安排如下：

阶段 1：时间为 1h（可调），开启配水阀门，污水通过配水闸门进入厌氧池和缺氧池，厌氧池中开启滗水器，滗水器开始滗水，流过厌氧池，进入缺氧池内，开启潜水搅拌机。

阶段 2：时间为 0.5h（可调），关闭配水阀门，关闭滗水器，开启好氧池进水阀门。处理后的污水与活性污泥一起进入好氧池，关闭缺氧池的搅拌机。

阶段 3：时间为 1.5h（可调），关闭好氧池进水阀，开启好氧池的鼓风机电动阀门。鼓风机空气流量大于高位限制时，开启流量高位报警灯，关闭鼓风机阀门；鼓风机空气流量小于低位限制时，开启流量低位报警灯，开启鼓风机阀门。鼓风机开启 1h 后，关闭鼓风机阀门，开启曝气电动阀 0.5h。

阶段 4：时间 1h，关闭好氧池的曝气电动阀，好氧池停止曝气，开启污泥回流泵，开始泥水分离，至该阶段末，分离过程结束。在本阶段，开启配水阀门，入流污水进入厌氧池和缺氧池，处理后污水仍然通过好氧池排出。

阶段 5：时间 1h，污水流入厌氧池和缺氧池，关闭配水阀门，厌氧池中开启滗水器，滗水器开始滗水，同时，缺氧池开启搅拌机，进行搅拌，厌氧池仅用作沉淀池，使泥水分离，处理后的出水通过滗水器流出。

阶段 6：时间为 1h，关闭滗水器，开启好氧池阀门，污水流入好氧池，缺氧池搅拌机关闭，开启曝气电动阀门，0.5h 后，关闭曝气电动阀门，开启二沉池阀门，污水流入二沉池。1h 后关闭二沉池。

2#PLC 站能按照上述工艺要求，自动对 A^2/O 反应池设备及污水处理工艺过程进行自动控制，确保每个周期准确切换，设备工作逻辑正常，关键工艺参数控制符合工艺要求。

3. 3#PLC 站控制功能设计

MBBR 反应池是污水处理中最具特色的一个环节，其主要作用就是通过向反应器中投加一定数量的悬浮载体，提高反应器中的生物量及生物种类，从而提高反应器的处理效率。在MBBR 反应池中，曝气生物流化反应池的曝气作用体现在它一方面供给氧气同时又利用空气的搅拌作用。鼓风机供气量满足搅拌所需，供给氧气富裕。

MBBR 反应池也通过设置反应池运行周期来实现对不同工况的污水处理。运行周期设置为 6h，1~6 个批处理阶段。具体工艺如下：

阶段 1：时间为 1h（可调），开启缺氧池进水阀门，污水通过配水闸门进入缺氧池，缺氧池中开启搅拌机。

阶段 2：时间为 0.5h（可调），关闭缺氧池进水阀门，开启好氧池进水阀门。处理后的污水与活性污泥一起进入好氧池，关闭缺氧池的搅拌机。

阶段 3：时间为 1.5h（可调），关闭好氧池进水阀，开启好氧池的鼓风机电动阀门。鼓风机空气流量大于高位限制时，开启流量高位报警灯，关闭鼓风机阀门；鼓风机空气流量小于低位限制时，开启流量低位报警灯，开启鼓风机阀门。鼓风机开启 1h 后，关闭鼓风机阀门，开启曝气电动阀 0.5h。

阶段 4：时间 1h（可调），关闭好氧池的曝气电动阀，好氧池停止曝气，开启污泥回流泵，开始泥水分离，至该阶段末，分离过程结束。在 4 阶段，开启配水阀门，入流污水进入缺氧池，处理后污水仍然通过好氧池排出。

阶段 5：时间 1h，开启搅拌机，污水流入好氧池，关闭回流泵，关闭缺氧池配水阀门。

阶段 6：时间为 1h，开启好氧池阀门，污水流入好氧池，缺氧池搅拌机关闭，开启曝气电动阀门，如果液位低至标准时，开启曝气液位报警灯，关闭曝气电动阀门。0.5h 后，关闭曝气电动阀门，开启终沉池阀门，污水流入终沉池。1h 后关闭终沉池阀门。

3#PLC3 站能按照上述工艺要求，自动对 MBBR 反应池设备及污水处理工艺过程进行自动控制，确保关键工艺参数控制符合工艺要求。

7.6.4　污水处理工控系统的程序设计

1. 现场控制站程序开发

（1）现场控制站硬件组态

以 2#PLC 为例，说明用 RSLogix5000 进行系统硬件配置。在硬件组态环境中，添加各种设备，包括控制器、电源、网络和通信模块、I/O 模块等。设备添加完成后，可以双击设备，进入设备属性窗口，修改设备属性。

（2）用户自定义指令开发

在污水处理厂有许多同类设备，它们的工作方式在本质上是一致的如细格栅、二沉池进水电动闸门、二沉池与终沉池全桥式刮泥机、二沉池污泥泵房电动闸门、曝气池电动闸门、终沉池进水电动闸门等设备。此外，还存在统计设备的工作时间工作次数这种通用功能。为了简化程序设计，提高程序可重用性。RSLogix5000 编程环境提供了用户自定义指令功能。通过该功能，用户可以自定义指令的接口与功能，把常用的指令及程序封装起来，建立面向同类设备或满足行业需要的专业指令。用户自定义指令可以允许重复使用代码，提供友好的接口界面以及提供加密保护等。在此将简要介绍两个自定义功能。

1）设备计时自定义指令　对于许多设备，要统计其工作时间。这里以泵类设备为例，定义了一个这样的自定义指令 pump_runtime_c。这个自定义指令的定义过程如下，首先定义其要使用的输入、输出和内部参数，如图 7-10a 所示。然后定义该指令的逻辑功能，可以采用 RSLogix5000 编程环境支持的编程语言。这里使用了梯形图语言，如图 7-10b 所示。程序通过一个分钟脉冲来计时，同时把分钟转换为小时。

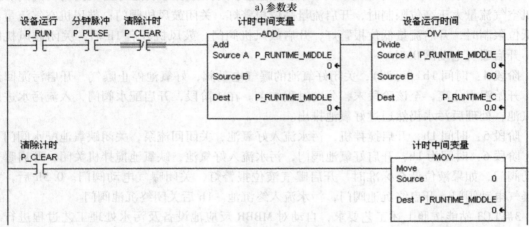

a) 参数表

b) 梯形图逻辑程序

图 7-10　计时自定义指令的定义

自定义指令定义好后，就可以在程序中加以调用。选择指令选项卡的"Add – On"选项，就会出现创建的指令，将光标置于指令上，会出现指令的详细信息。单击该指令，然后拖动至梯形图上即可，然后完成实参到形参的赋值，编写好的梯级如图 7-11 所示。

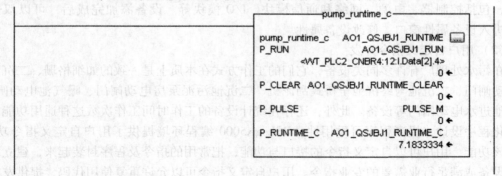

图 7-11　对自定义指令的调用

2）阀类设备控制用自定义指令　本系统中细格珊、二沉池进水电动闸门、二沉池与终沉池全桥式刮泥机、二沉池污泥泵房电动闸门、曝气池电动闸门、终沉池进水电动闸门等设备全部可以采用该自定义指令来进行控制。阀类设备的控制包括上位机手动、自动操作。其中手动操作是指操作员通过手动方式操作，而自动操作是指上位机操作员置设备于自动方式，PLC 根据工艺要求自动开、关阀门。因此，在上位机上通过一个变量来表示是否自动方式。阀门的现场输入信号包括允许自动、开到位、关到位和故障信号。阀门的输出控制信号包括开、关阀门。采用定时器来监控阀门开、关过程的时间，超过时间就提示超时错误。

　　在编写该自定义指令的程序时，对于开、关过程都要用开到位、关到位信号互锁。同时，一旦出现故障或超时也要却断开、关操作指令。对于开过程，要包括自动开与上位机手动开。该自定义指令的参数如图 7-12a 所示，梯形图程序如图 7-12b 所示。对该指令的调用如图 7-13 所示。

（3）冗余 PLC 系统状态监控

　　由于本系统采用的是冗余 PLC，需要监视系统的工作状态。除了可以监视是哪个机架在工作外（PhysicalChasisID 属性标志机架代码，1 表示 A 机架，2 表示 B 机架），还可以监视冗余功能是否正常。图 7-14 所示为监控 PLC 是否有故障的程序。通过 GSV 指令读取机架冗余状态给变量 PLC03 _ RY，然后把该值与故障状态值比较，若相等，则置位故障标志变量。

2. 上位机监控软件开发

　　采用罗克韦尔公司的 RSView Enterprise 作为上位机组态软件，利用 RSView Enterprise 系列的共用开发环境 RSView Studio 进行开发。RSView SE 是基于网络的分布式监控，因此分布式应用的方案可以方便地在它的多服务器多客户端结构中建立，而客户端可随意调用 RSView SE 服务器中的各个应用。这种具有高度伸缩性的结构适合于具有多服务器多客户端的大网络系统上，并具有开放、灵活、实用、可靠、有效的特点。

　　RSView 系列软件是一个高度集成化的管理级软件，支持图形显示、报警、控制操作、报警记录、历史数据趋势等人机界面的核心功能，组态方式多变。

Name	Usage	Default	Forc	Style	Data T	Description	Constant
EnableIn	Input	1		Decimal	BOOL	Enable Input - Syste...	☐
EnableOut	Output	0		Decimal	BOOL	Enable Output - Syst...	☐
overtime_reset	Input	0		Decimal	BOOL	超时复位	☐
+ times	InOut	{...}	{...		TIMER		☐
v_auto	Input	0		Decimal	BOOL	上位自动允许	☐
v_close	Input	0		Decimal	BOOL	远控关	☐
v_closed	Input	0		Decimal	BOOL	关到位	☐
v_crel	Output	0		Decimal	BOOL	执行关	☐
v_fault	Input	0		Decimal	BOOL	故障	☐
v_needclose	Input	0		Decimal	BOOL	自动关	☐
v_needopen	Input	0		Decimal	BOOL	自动开	☐
v_open	Input	0		Decimal	BOOL	远控开	☐
v_opened	Input	0		Decimal	BOOL	开到位	☐
v_orel	Output	0		Decimal	BOOL	执行开	☐
v_overtime	Output	0		Decimal	BOOL	超时	☐
v_remote	Input	0		Decimal	BOOL	现场远控允许	☐

a) 参数表

图 7-12　阀类设备控制自定义指令

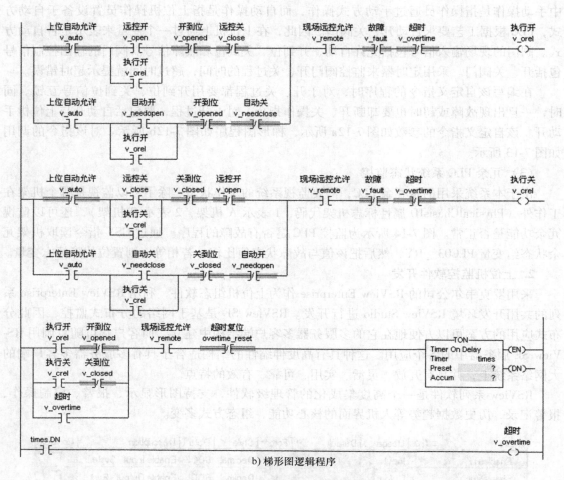

b) 梯形图逻辑程序

图 7-12　阀类设备控制自定义指令（续）

　　整个上位机的监控界面包括全厂流程动态显示、各个关键工艺流程的局部显示、设备状态显示和报警、工艺参数显示和报警、设备远程监控、报表功能、参数实时和历史趋势等。整个污水处理厂的全厂动态流程显示如图 7-15 所示。该流程实时动态地显示污水处理厂工艺流程，包括污水流程、污泥处理流程等。流程图上包含主要设备实时运行状况、关键工艺参数实时数值。该流程图采用纵断流程和平面流程相结合的流程图显示方式。点击各区域可进入相关的处理区域。流程图中所有设备的运行状态采用绿色表示；停止状态采用红色表示；故障状态采用黄色表示。

　　图 7-16 所示为进水区人机界面。该界面可以显示进水区的工艺流程、相关参数及设备监控的细节。由于污水处理厂的进、出水的水质参数是污水厂最为重要的工艺参数，因此在这个界面上对进水水质参数进行了显示。进水区的主要设备潜水泵和粗格栅在界面也进行了显示，与进水区有关的进水流量和格栅液位等工艺参数也进行了动态显示。潜水泵和粗格栅的运行既可以在上位机上置于自动状态，操作人员也可以根据格栅机前后的液位决定格栅机阀门的控制操作。

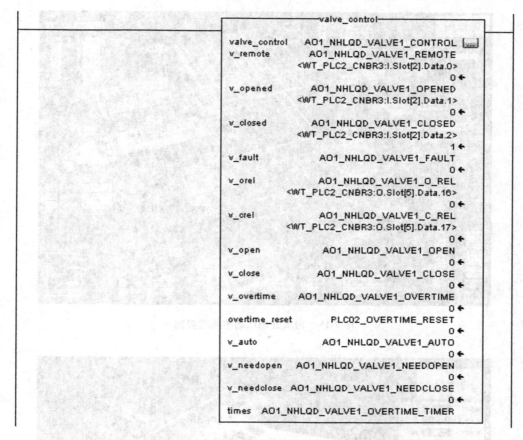

图 7-13　对自定义指令 valve _ control 的调用

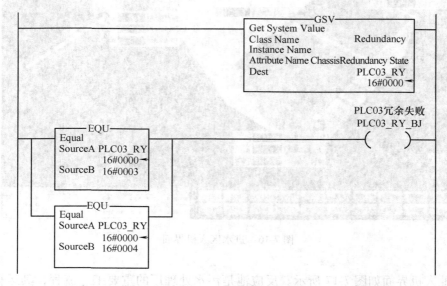

图 7-14　冗余 PLC 工作状态监控

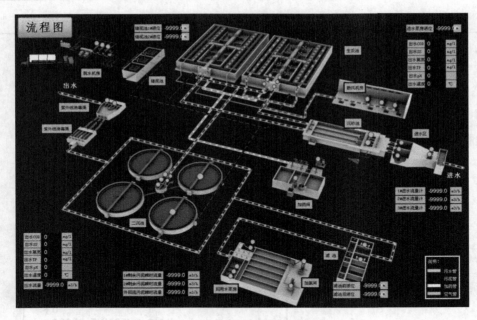

图 7-15　污水处理厂动态流程界面

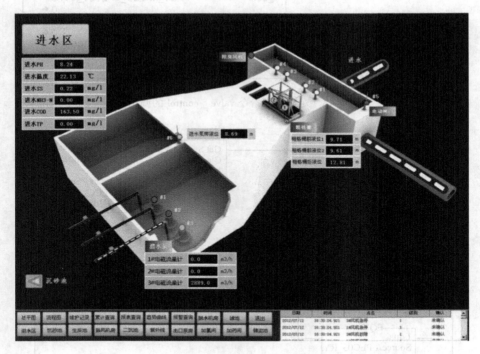

图 7-16　进水区人机界面

　　反应池人机界面如图 7-17 所示。反应池是污水处理厂的重要工艺流程，其运行状态对于出水水质起重要作用，因此加强对反应池的监控十分重要。该反应池人机界面显示了生物反应系统有关的工艺、设备和参数。在此人机界面可操控潜水搅拌器、内回流泵、进气蝶阀、立式搅拌机、进水调节堰、回流污泥堰闸门、回流泵和剩余污泥泵等设备。界面中还显示各设备的启停和故障状态。操作人员也可以根据反应池中的混合液悬浮固体浓度（MLSS）和污水中溶解氧（DO）的含量等参数决定人工监控该反应过程的方式，以提高污水处理的效果。

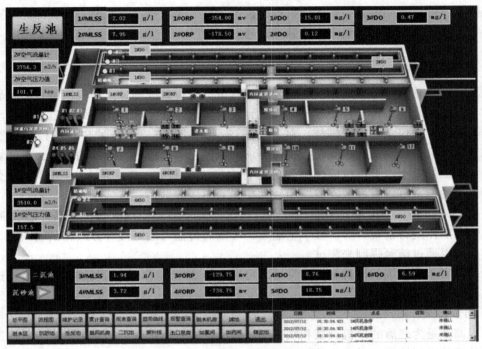

图 7-17 反应池人机界面

在本系统中，所有的设备操作流程是一致的，以本界面设备为例加以说明。操作员点击图中任意一个潜水搅拌器，则弹出搅拌器操作对话框。点击"启动"或"停止"来控制设备。可以点击图中任意一个进气蝶阀，弹出进气蝶阀操作对话框，直接在开度设定内白底红字处点击修改设定数值，当阀门处在"远程"状态下，将会自动开或关到所设开度位置。

正如在本章第 7.2 节说到的，当开发 SCADA 系统时，上、下位机参数通常要定义 2 次，且要确保参数地址的对应。结合这里对应蝶阀的控制来分析，为了实现在上位机上的自动与手动操作，必须在上位机上设置与该设备"远控"按钮对应的通信变量，操作该按钮后，将会把该变量置位，而该变量对应的就是 PLC 中自定义指令中的"v_auto"参数，即"v_auto"也被置位，因此该设备就按照自动方式工作了。当"v_auto"为 0 即选择手动操作时，操作员需要对上位机上的手动开、关按钮操作以实现手动遥控功能。上位机人机界面中的开、关按钮对应的 2 个变量与 PLC 中的"v_open"与"v_close"对应的 2 个寄存器地址相关联，从而使得 PLC 中的程序可以根据操作员的操作指令来执行手动操作。由于上位机上对"v_auto"是置位，对"v_open"与"v_close"采取的是脉冲信号，因此在 PLC 程序中对开、关的控制输出进行了自保，读者可以结合图 7-12 的程序来分析。通过这样的方式，就实现了上位机上的操作对 PLC 程序的执行产生影响，从而达到了操作人员对于污水处理过程的监控。从这里也可以进一步明确，上位机中的监控功能是需要通过下位机

（PLC）才能起作用，下位机是工控系统的核心设备。

上位机中手动、自动控制实现的方式与下位机中程序是对应的，当上位机中采用其他的手动、自动操作方式时，上、下位机中的通信参数数量等也要改变，同时下位机的 PLC 程序也要相应的调整。此外，还要注意上位机上对于与控制关联的布尔类型变量的操作方式，是置位还是脉冲，不同的方式，下位机程序也不一样。采取脉冲方式时，要确保脉冲宽度足够长，否则会导致下位机接受不到该脉冲信号。

7.6.5　系统调试与运行

在系统应用软件开发完成，设备安装后，就可以进行系统调试。系统调试目的是确定整个控制系统软、硬件工作是否正常，能否达到设计要求，能完成对污水处理过程的自动控制和监控与管理，确保水质达标排放。在进行现场系统调试前，要确保 PLC 的控制程序已经过仿真测试，且仿真测试能达到功能设计要求。对于无法进行仿真调试的功能，在现场调试中要作为调试的重点。上位机应用软件的运行也经过了测试，特别是由于 OPC 数据交换方式支持仿真功能，可以更好地支持应用软件功能的离线测试。

对于 PLC 设备，在现场安装前，可以通过信号发生器、万用表等测试各个模拟通道的输入和输出工作是否正常。对于数字量输入，可以通过输入端短接等方式测试输入点，对于输出接点可以通过信号强制来测试。

在确保安装到现场的设备工作正常后，可以进行现场调试。现场调试包括初步调试、单机调试和联动调试。

1. 初步调试

初步调试是为之后的单机调试和联机调试做准备的。初步调试的主要内容为对控制系统相关设备硬件进行检查，对发现的问题逐一解决，具体调试内容及步骤包括：

1）检验控制柜电源、端子、接地等。检验控制柜中 PLC 系统的电源、CPU、输入/输出模块、通信模块的数量、型号是否和配置图中的设计一致。特别要注意一些特殊的 PLC 模块安装位置，如有些模块只能安装在主机架上。

2）检查仪表量程、信号输出方式、报警参数、通信参数等设置是否符合要求。流量仪表要注意前后直管段是否符合要求，安装方向是否准确。超声波液位仪表要注意盲区是否符合仪表要求。对于分析仪表要确保插入深度是否符合设计要求。这是因为反应池是一个分布参数系统，不同测点其参数不一样。

3）回路测试：该测试主要是确保现场仪表或各种接点与控制器 I/O 模块的连接情况。回路测试时，控制系统二次回路可以上电调试。要注意检查所有的信号对应的 PLC 的地址与设计的一致性。针对数字量信号和模拟信号的测试内容如下：

①对于数字输入信号，在设备端将被测信号的端子短接或者在 MCC 柜上进行相应的操作，如转动设备工作模式选择开关，或在过热继电器上模拟过热等，观察 PLC 端信号是否准确。对于数字量输入信号，要特别注意正常工况下是常开还是常闭触点；另外，对于接近开关等含有 NPN 或 PNP 电路的输入设备其电源接线。

②对于模拟量输入信号测试，目前许多现场仪表支持信号的模拟输出，通过该功能，可以测试程序中各模拟通道的工作。对于模拟量输出，可以在 PLC 中强制输出，在现场相应的端子测量是否接收到准确的信号。

4）检验上位机系统网络连接是否正常，网络上设备 IP 地址分配是否准确。检验总线模块通信是否正常。检查网关、交换机、路由器、防火墙等设置。

5）上位机系统连续运行，检查上位机是否存在死机等异常情况。

6）观察上位机上相应设备状态指示及模拟量显示是否正确，报警功能是否正常，数据记录是否准确，用户权限分配是否合理等。

在进行初步调试前，除了中央控制室，其他现场设备的控制柜只对控制回路（二次回路）通电，一次设备不通电。

2. 单机调试

在初步试结束，确保工控系统信号准确之后。检查确认一次回路正常后，就可以对一次回路供电，开始设备的单机调试了。首先对具有现场手动按钮的设备，在现场手动开启设备，检查设备单机工作是否正常。设备正常后，就可在控制室或现场触摸屏对设备进行遥控调试了。为了更好地监控程序运行，调试过程可以通过 PLC 编程软件对相关信号和数据进行实时监控。主要调试内容有：

1）对设备的启停控制。在上位机或触摸屏上执行"启动/停止"或"开/关"、"复位"、"自动"、"急停"等命令，测试设备的远程控制。同时观察设备的"启/停"、"全开到位"、"全关到位"等反馈信号是否一致。

2）闸门、堰门类设备差动报警时间参数确定。闸门控制命令有"全开"、"全关"两种。闸门"全开"、"全关"命令输出后，在预定时间内若没有接收到设备发来的"全开"、"全关"到位信号，则程序判断为"差动"并产生报警信号传送给上位机。预定时间的选取方式为在闸门全开、全关时间基础上预留 30% 左右的时间。闸门全开、全关的时间的获取步骤为：

①将差动报警中"开延时检测"（"关延时检测"）时间设到足够大，以免在设备正常开（关）过程中程序错误判断为差动而导致开（关）动作中断。

②在上位机执行"全开"（"全关"）命令，此时开（关）操作定时器的累加器开始计时，观察累加器的数值变化。

③当闸门全开（全关）执行到位后，设备输出到位信号，到位信号的常闭触点断开，"全开"（"全关"）命令失电，累加器停止计时还原为 0，记下累加器还原前的最大值，作为闸门全开（全关）时间。

堰门控制命令只有"启动"和"阀位"控制命令。差动报警的判断准则为：在预定时间内，若设备检测的阀位值始终在给定阀位值 ±1% 的范围外，则程序判断为产生差动。预定时间测试方式同闸门测试方式。

3）变频泵变频测试。与变频泵正常运行相关的信号有"运行"信号，"频率"信号以及"开"命令、"停"命令、"频率控制"命令。变频测试步骤如下：

①对控制变频泵频率的变频器进行设置，使其频率输入和输出的方式和量程与 PLC 中设置数值相同。

②上位机设置变频泵的工作频率为 50Hz，然后执行"开命令"，观察变频器上的频率值是否可以达到 50Hz，并观察上位机的频率信号是否与变频器上一致。

③上位机改变变频泵的工作频率为其他数值，观察变频器上的频率值是否可以追踪到上位机的设定值，并观察上位机的频率信号是否与变频器上一致。

　　通过以上单机调试，发现系统中存在的各种问题并进行整改，确保单机系统能正常地执行现场控制和遥控，为下一步系统联动调试打下基础。

3. 联机调试

　　设备联动调试是测试整个污水处理相关的设备是否可以按照预先设计的逻辑协同工作，完成污水处理的各个工艺过程，实现污水的达标排放。

　　联动调试涉及污水处理的各个环节，包括固体漂浮物处理、固体沉淀物处理、污水生化处理过程以及污泥的处理等。联动调试涉及整个污水处理流程的各个单机。例如：

　　（1）粗、细格栅、格栅除污机自动运行调试。格栅和除污机是否能联动工作。

　　（2）初沉池污泥泵与电动浆液阀的联动调试。

　　（3）进、出水泵的自动运行调试。

　　（4）内、外回流泵的自动变频调试。

　　（5）生化反应池进、出水闸门、污泥回流泵的联动，鼓风曝气与生化池工作周期的联动等；反应池是按照时间周期工作的，要确保工作周期却换时各个设备的工作状态要准确，以及在每个周期内设备工作逻辑的准确性。

　　由于受到调试时间的限制，程序中设置的定时/计数器的参数值并不适用于调试（例如生化池的运行周期），在联机调试阶段，为了加快调试过程，提高调试效率，可以暂时减小定时器或计数器的设定值，待调试结束后再重新写入它们的实际设定值。另外，变频器等设备可以工作于面板操作，也可工作于外部控制。在调试完成后，要确保其工作方式设置符合要求。

　　该系统经过调试后已经正式投入运行，控制系统工作正常，污水厂出水水质达到了设计要求，符合国家相关的规范。

复习思考题

　　1. 工业控制系统在设计时主要考虑的原则是什么？

　　2. 工业控制系统设计与开发的一般步骤是什么？

　　3. 工业控制系统的安全主要包括哪几类？

　　4. 工业控制系统的信息安全与传统 IT 信息安全有何不同？

　　5. 安全仪表系统一般的设计步骤是什么？

　　6. 工控系统调试主要包括哪些类型，其内容各是什么？

　　7. 工业控制系统主要有哪些类型干扰？如何克服？

　　8. 工控系统现场安装时有哪几类地？

　　9. 上网检索目前油气长距离管道输送工业控制系统的结构及主要的控制设备使用情况。

　　10. 上网检索目前大型过程工业控制系统代表性供应商有哪些？其主要的解决方案是什么？各自有何特点。

　　11. 工业控制系统在设计时如何实现环境友好？

参 考 文 献

[1] 王华忠. 监控与数据采集(SCADA)系统及其应用[M]. 3 版. 北京:电子工业出版社,2011.

[2] 何衍庆,黎冰,黄海燕. 集散控制系统原理及应用[M]. 3 版. 北京:化学工业出版社,2009.

[3] 李磊. 罗克韦尔自动化设备应用基本教程[M]. 北京:机械工业出版社,2013.

[4] 张继国. 安全仪表系统在过程工业中的应用[M]. 北京:中国电力出版社,2010.

[5] 林小峰,等. 基于 IEC61131-3 标准的控制系统及应用[M]. 北京:电子工业出版社,2007.

[6] 何衍庆. 常用 PLC 应用手册[M]. 北京:电子工业出版社,2008.

[7] 陆会明等. 控制装置标准化通信——OPC 服务器开发设计与应用[M]. 北京:机械工业出版社,2010.

[8] 钱晓龙,赵强,李成铁. ControlLogix 系统组态与编程——现代控制工程设计[M]. 北京:机械工业出版社,2013.

[9] Stuart G McCrady. Designing SCADA Application Software:A Practical Approach[M]. London:Elsevier Inc,2013.